Impulse Physik 9

für die Jahrgangsstufe 9
der Gymnasien in Bayern

Neubearbeitung
von

Martin Donat
Berthold Freytag
German Hacker
Walter Jordan
Norbert Schell
Anton Wiedemann
Christian Wolf

Ernst Klett Verlag
Stuttgart · Leipzig

Das Unterrichtswerk **Impulse Physik 9, Bayern G8** wurde auf der Grundlage der

Ausgabe **Impulse Physik, Mittelstufe**
Autoren: Wilhelm Bredthauer, Klaus Gerd Bruns, Manfred Grote, Gunter Klar, Prof. Dr. Wieland Müller, Klaus Niemann, Jürgen Reimers, Ute Schlobinski-Voigt, Martin Schmidt, Prof. Dr. Werner Theis, Peter Wessels und Peter Wojke

sowie der Ausgabe **Impulse Physik 2**
Autoren: Reinhard Bayer, Wilhelm Bredthauer, Klaus Gerd Bruns, Gunter Klar, Michael Lichtfeldt, Martin Schmidt, Peter Wessels

von Martin Donat, Dr. Berthold Freytag, Dr. German Hacker, Walter Jordan, Norbert Schell, Anton Wiedemann und Christian Wolf in Zusammenarbeit und Beratung mit Norbert Schell und Anton Wiedemann verfasst.

1. Auflage A 1 5 4 3 2 1 | 2011 2010 2009 2008 2007

Alle Drucke dieser Auflage sind unverändert und können im Unterricht nebeneinander verwendet werden. Die letzte Zahl bezeichnet jeweils die Auflage und das Jahr des Druckes.

Internetadresse: www.klett.de
Redaktion: Peter Anselment
Einbandgestaltung: normaldesign GbR, Maria und Jens-Peter Becker, Schwäbisch Gmünd.
Gestaltung: B2 Büro für Gestaltung, Andreas Staiger, Stuttgart.
Grafiken: Alfred Marzell, Schwäbisch Gmünd und Jörg Mair, München.
Entstanden in Zusammenarbeit mit dem Projektteam des Verlags.
Reproduktion: Meyle + Müller, Medien-Management, Pforzheim.
Druck: Firmengruppe APPL, aprinta druck, Wemding.
Printed in Germany.
ISBN 978-3-12-772464-6

9 783127 724646

Inhaltsverzeichnis

* Unterkapitel für Profilbereich NTG

Hinweise zur Gliederung des Buches

Dieses Buch soll Schüler und Lehrer durch den Physikunterricht begleiten. Es will den Unterricht mit seinen Experimenten nicht ersetzen, doch bietet es die Möglichkeit, den Lernstoff selbstständig nachzuarbeiten. Ferner enthält es interessante Zusatzinformationen und gibt zahlreiche Anregungen, um selbst zu forschen.

Die Seiten im Buch sind so gestaltet worden, dass ein rascher Überblick über deren Inhalt und den Gedankengang möglich ist. Dabei werden die Informationen nur mit den notwendigen Begriffen angeboten, um Schwierigkeiten zu vermeiden. Dies kann und soll eine Erarbeitung nach eigenen Bedürfnissen nicht ersetzen.

Vorhaben Elektrizitätslehre

Vorhaben
Blauer Balken über die ganze Seitenbreite. Das Buch ordnet den Stoff in drei Themenbereiche, denen projektartige Fragestellungen vorangestellt werden. Mit ihnen kann der Stoff selbstständig, etwa in Kleingruppen, erarbeitet werden. Die Lehrkraft sollte organisatorische und inhaltliche Hilfestellung bieten. Die Stoffreihenfolge wird dann von den Anforderungen beim Lösen bestimmt.

Werkstatt
Graublauer Hintergrund, blaue Fahne mit Schriftzug „Werkstatt“. Inhalt: Beschreibung der grundlegenden Arbeitsmethoden und Vorgehensweisen der Physik sowie Anleitungen zu selbstständigem Arbeiten und Experimentieren.

Elektrisches Feld

Kapitelbeginn
Abbildung mit Phänomen aus dem Kapitelinhalt über die ganze Seitenbreite. Darunter Kapitelüberschrift (siehe Inhaltsverzeichnis); die Überschrift wird auf jeder der folgenden Seiten unten bei der Seitenzahl wiederholt. Inhalt: Verschiedene Probleme, die zum folgenden Stoff hinführen.

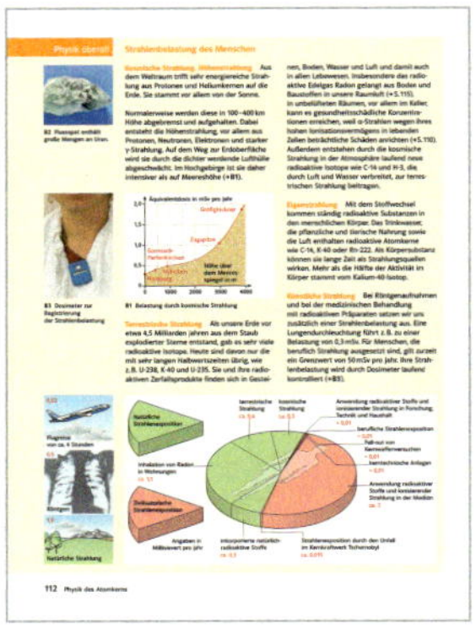

Ergänzungen
Abschnitte oder ganze Seiten auf hellem Hintergrund. Orangefarbene Fahne mit Schriftzug „Physik überall“. Inhalt: Weiterführender Stoff sowie Zusatzinformationen zu Kontexten aus Umwelt, Medizin und Naturwissenschaften, Technik und Geschichte.

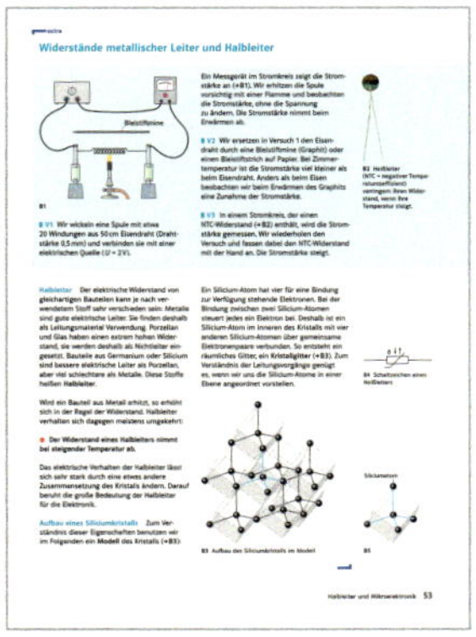
Widerstände metallischer Leiter und Halbleiter

Versuche
Hellblauer Hintergrund. Inhalt: Beschreibung der grundlegenden Versuche, Beobachtungen und Messergebnisse. Anschließend Grundwissen ohne gesonderte Kennzeichnung.

Grundwissen
Inhalt: Problemgeschichte mit Begriffsdefinitionen, Erklärungen und Folgerungen aus Experimenten, Merksätzen und Fragen.

Rückblick
Am Ende eines Kapitels befinden sich, auf blauem Hintergrund und mit „Fahnen“ gekennzeichnet, zusammenfassend
- Fragen zum Merkwissen als Rückblick auf die wichtigsten Inhalte zum Selbstprüfen,
- Phänomene, Alltagserscheinungen als Bildfragen,
- Lösungsbeispiele von Musteraufgaben,
- Heimversuche,
- Fragen zu den verschiedenen Unterabschnitten des Kapitels.

extra

Optionale Vertiefungs- bzw. NTG-Inhalte auf den einzelnen Seiten sind mit blauen Klammern markiert.

Vorhaben **Elektrizitätslehre**

Untersuche in „Forschungsvorhaben", wie elektrische in mechanische Energie umgewandelt werden kann und umgekehrt!
- **Formuliere dein Vorhaben genau.**
- **Plane deine Experimente und führe sie sorgfältig durch.**
- **Protokolliere zuverlässig.**
- **Entwickle eine Präsentation und trage sie vor.**

Der Elektromotor und der Generator Eine stromdurchflossene Spule erzeugt ein Magnetfeld. Möchte man Bewegungen erzeugen, kann man ausnutzen, dass sich nicht gleichnamige Pole von Magneten anziehen.

Konstruiere deinen eigenen Elektromotor, der dieses Prinzip verwendet.

Hilfen:
- Die Spulen kannst du aus 4 Meter Klingeldraht oder Telefondraht selbst wickeln. Achte darauf, dass die Spulen keinen zu großen Durchmesser haben.
- Als Halterung für die Spulen eignen sich runde, längliche Körper, z. B. eine Plastikflasche, ein Besenstiel, Korken … Wichtig ist, dass der Körper nicht zu dick ist.
- Die Bürsten sollten leicht federn. Hierzu eignet sich das Metallplättchen aus einem Schnellhefter. Diese sind allerdings teilweise lackiert und leiten den Strom erst, wenn man die Lackierung mit Schleifpapier entfernt.
- Die Magnete sollten sehr stark sein. Hierzu eignen sich Neodym-Magnete, die du im Handel bekommen oder im Internet bestellen kannst.
- Zur Energieversorgung des Elektromotors brauchst du ein Netzgerät, das eine große Leistung zur Verfügung stellen kann. Bei 4,5 V Spannung sollten bis zu 8 A fließen können.
- Die Achse sollte möglichst mittig sein, damit der Spulenkörper nicht zu sehr „eiert" und die Bürsten immer Kontakt haben.
- Die Achse sollte am besten auf Metall gelagert werden, damit die Reibung der Achse den Motor nicht zu stark bremst.

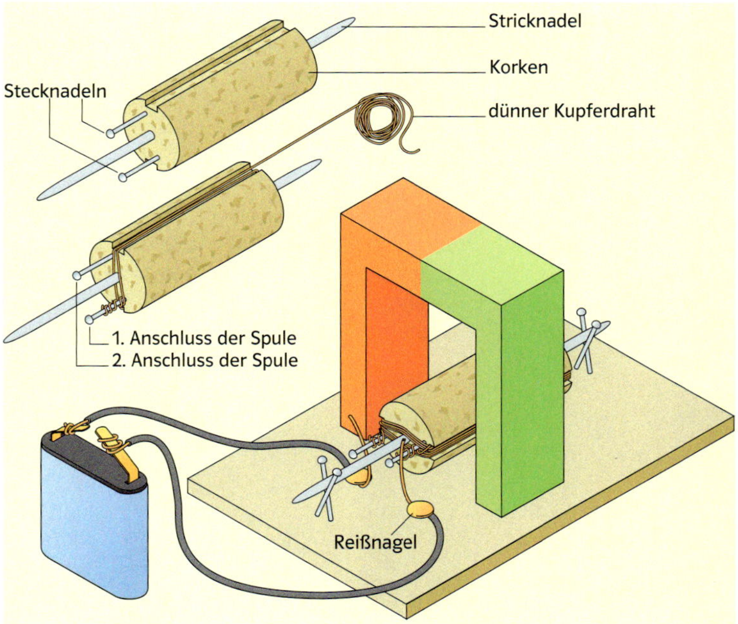

B1

- Probiere verschiedene Methoden aus, wie dein Motor „besser" werden könnte, d. h. dass der Motor sich schneller drehen kann.
- Wenn du deinen Motor deutlich verbessert hast, kannst du ihn vielleicht mit einer 4,5-V-Batterie antreiben.
- Kannst du mit deinem Motor auch elektrische Energie erzeugen?
- Versuche aus deinem Motor ein kleines Windkraftwerk zu bauen.

Wichtige Kenntnisse zur Lösung:
- Wozu dient der äußere Magnet?
- Was ist ein Kommutator?
- Was versteht man unter Bürsten?
- Was ist ein Generator?
- Wie unterscheiden sich Elektromotor und Generator?

Wichtige Untersuchungen:
- Wovon hängt die Stärke der Abstoßung zweier Magnete ab?
- Wie kann man das Magnetfeld einer Spule verstärken?
- Welche Auswirkung hat die Dicke des Spulenkörpers?
- Welche Möglichkeiten gibt es für die Lagerung der Achse?
- Welche Auswirkung hat eine Veränderung der:
  - angelegten Spannung?
  - Entfernung der Magnete zum Spulenkörper?
  - Drahtdicke?
  - Drahtlänge?
- Betreibe den Motor als Generator und untersuche, wie groß die erzeugte Spannung ist. Wovon hängt die Größe der erzeugten Spannung ab?

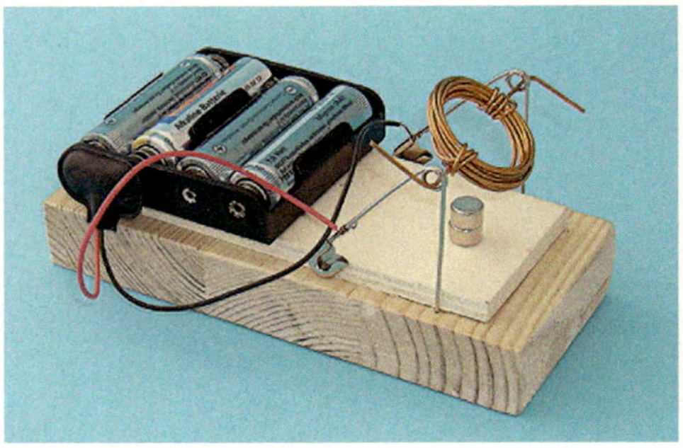

B1 Bürstenloser Motor mit ringförmiger Drehspule und Batterieantrieb 6 V. Sicherheitsnadeln als Lagerung.

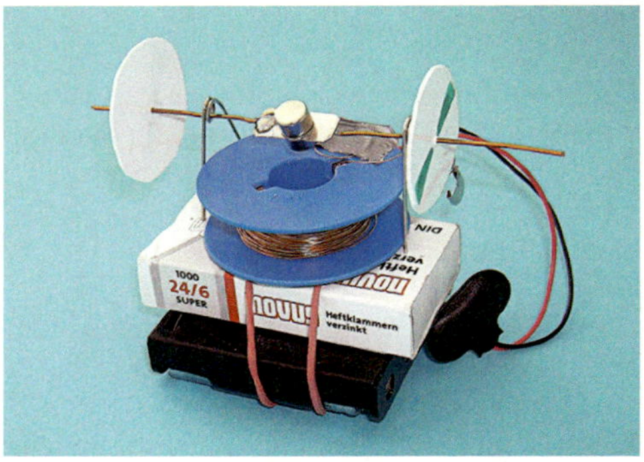

B2 Bürstenloser Motor mit feststehender Spule und Neodymmagnet als Rotor.

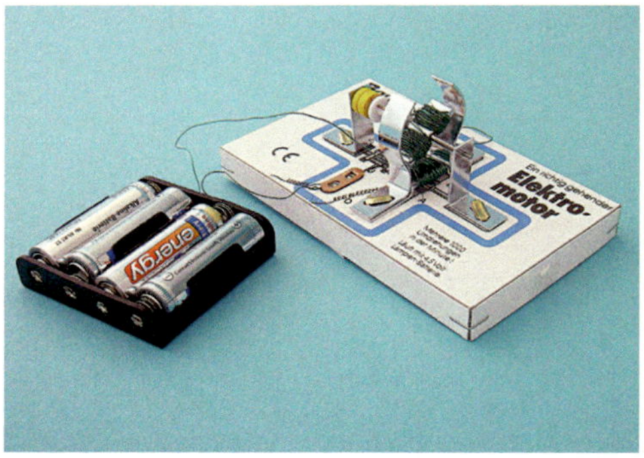

B4 Bausatzmotor

B3 Bürstenloser Motor mit feststehender Spule und Neodymmagnet als Rotor.

Zum weiteren Nachdenken:
- Welche Merkmale muss ein Motor haben, damit man ihn mit einer Batterie betreiben kann?
- Ein Generator wird mit einem Windrad angetrieben. Überlege dir Möglichkeiten, wie man die erzeugte Spannung vergrößern kann. Denke hierbei auch an die Gangschaltung eines Fahrrades.
- Statt der Spule kann auch der viel kleinere Magnet rotieren. Hierbei helfen dir Überlegungen zum Drehmoment.
- Konstruiere einen bürstenlosen Aufbau. Hilfreich ist hierfür lackierter Kupferdraht, den man an bestimmten Stellen abisoliert, damit er bei Drehung um seine Längsachse wie ein Kommutator wirken kann.
- Verwende andere Batterietypen und andere Magnet- und Spulenmaterialien.

Prüfe dein Wissen – Elektrizitätslehre

Im Fach Natur und Technik und im Fach Physik hast du schon einige Versuche und Begriffe aus der Elektrizitätslehre kennengelernt. Mit folgendem Arbeitsauftrag kannst du diese wiederholen und dein Wissen überprüfen. Dazu solltest du auch deine alten Hefte und Bücher zu Rate ziehen oder im Internet nachschlagen.

A1 Rechts sind Kärtchen mit wichtigen physikalischen Begriffe, Größen, Einheiten und Formeln abgebildet. Fertige eine Tabelle mit den Überschriften Größe/Begriff, Symbol, Einheit und Formel an. Trage in diese Tabelle die zueinander passenden Begriffe, Symbole und Einheiten der abgebildeten Kärtchen ein. Versuche Zusammenhänge zwischen den Größen durch entsprechende Formeln in der letzten Spalte zu beschreiben.

A2 Elektrische Schaltungen sind oft unübersichtlich, kreuz und quer liegen Kabel herum, die Geräte verbinden. Um einen guten Überblick über Schaltungen zu erhalten, fertigt man daher Schaltpläne an. Hier gelten klare Regeln. Erinnerst du dich an sie (→**B3**)? Entwirf die Schaltung eines Versuches, mit dem man den Zusammenhang zwischen Spannung und Stromstärke bei einem Eisendraht messen kann (→**B2**). Erkläre die Begriffe Spannung, Stromstärke und Widerstand.

A3 Erinnere dich an das Wassermodell des elektrischen Stroms. Darin sind die Wasserteilchen die Ladungsträger im Stromkreis. Die kleinste Ladungsmenge ist die Elementarladung *e* eines Elektrons. Schlage nach, wie groß diese Ladung ist. Der elektrische Strom wird definiert durch die Menge der Ladung, die an einer Stelle in einem Leiter in einer gewissen Zeit vorbeifließt. Gib die Formel dafür an und vergleiche die Größen mit dem Wassermodell.

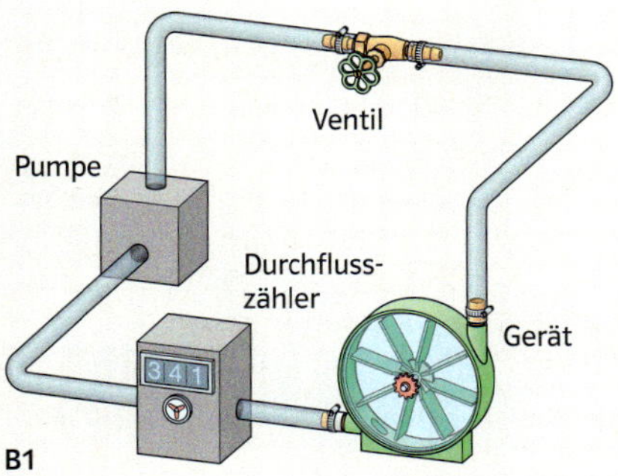

B1

Es gibt positive und negative Ladung. Hier kann uns das Wassermodell in unserer Vorstellung nicht mehr helfen. Welche Kräfte wirken auf geladene Körper? Wie kann man Ladungen trennen, wie kann man sie transportieren? (→**B4**, **5**, **6**).

A4 Energie ist ein zentraler Begriff der Physik. Die potenzielle Energie einer Ladung wird durch die Spannung beschrieben. Welche Formel beschreibt diesen Zusammenhang? Wie kann elektrische Energie gemessen werden?

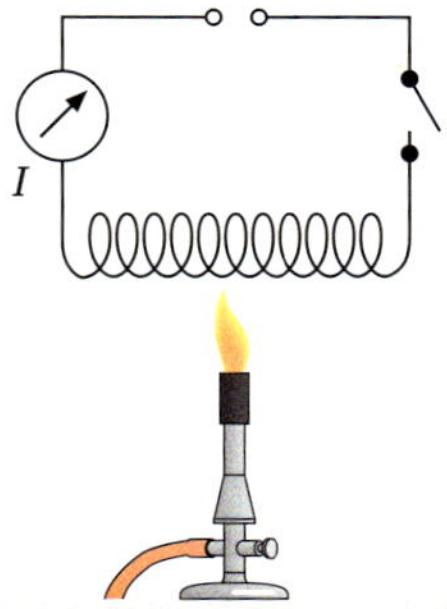

B2

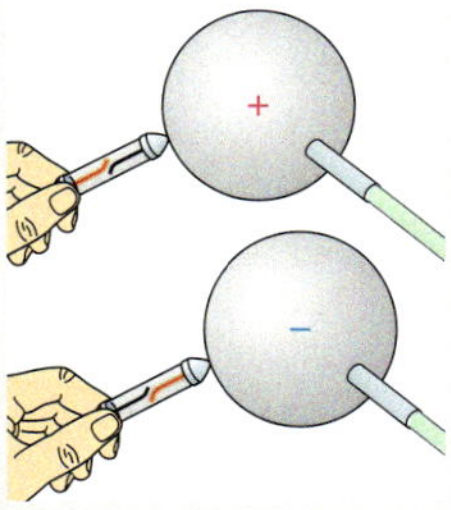
B4

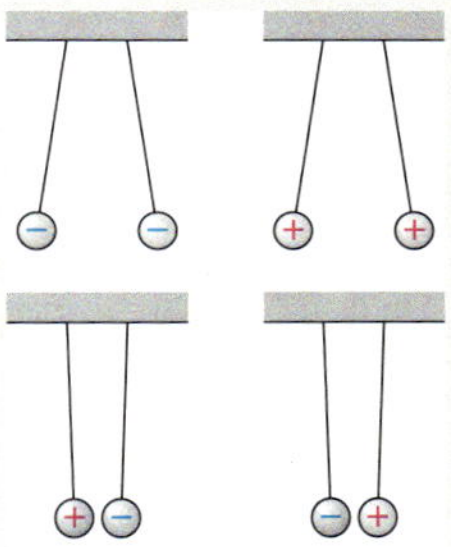
B5

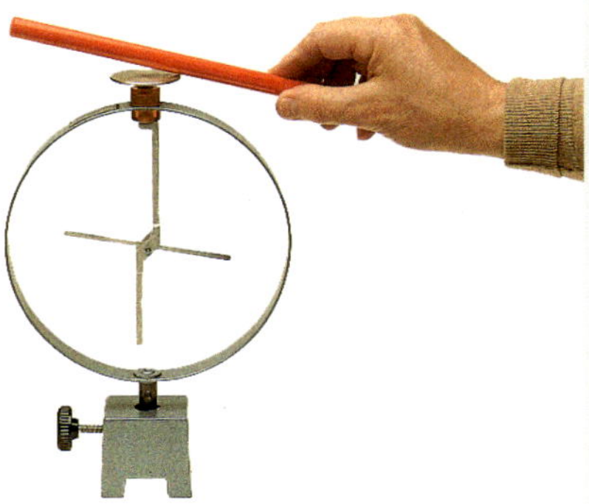
B6

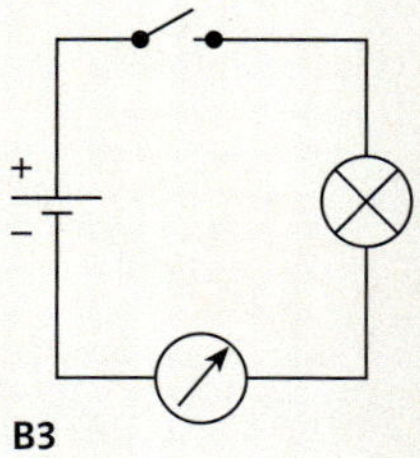

B3

- Spannung U
- 1 Ω (Ohm); 1 Ω = 1 V/A
- elektrische Ladung Q
- 1 C (Coulomb) 1 C = 1 As
- elektrischer Widerstand R
- 1 V (Volt)
- Leistung P
- Elementarladung
- Stromstärke I
- $1{,}6 \cdot 10^{-19}$ C
- $P = U \cdot I$
- $I = \frac{Q}{t}$
- $U = R \cdot I$
- $R = \frac{U}{I}$
- $U = \frac{\Delta E}{Q}$
- Elektron
- 1 A (Ampere)
- 1 W (Watt); 1 W = 1 VA

Werkstatt

Prüfe dein Wissen – Magnetismus

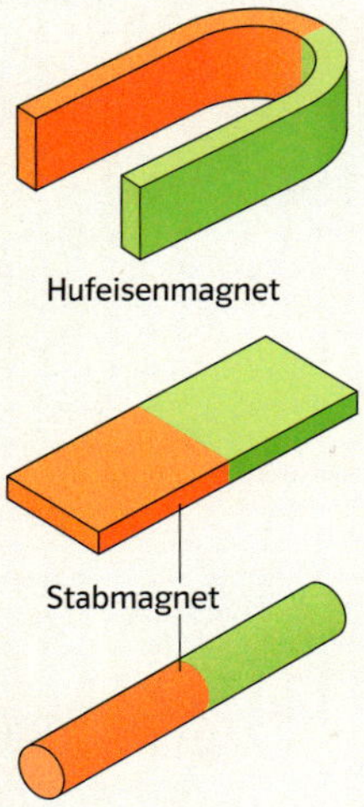

B1

A5 Ein Dauermagnet (Permanentmagnet) kann ferromagnetische Stoffe wie z. B. Eisen anziehen. Zeichne einen solchen Magneten und beschrifte ihn mit den Fachbegriffen Nordpol und Südpol. Färbe die Pole gemäß der Vereinbarung farbig ein. Erkläre, an welchen Stellen die magnetische Kraft auf einen Körper aus Eisen am größten ist.

A6 Den Aufbau von Permanentmagneten kann man durch ein Modell beschreiben, in dem man sich den Magneten aus sogenannten Elementarmagneten aufgebaut denkt (→**B2**).

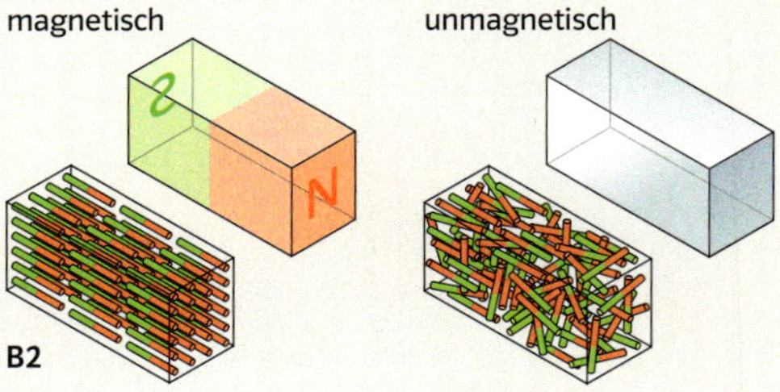

B2

Beschreibe mit Hilfe dieses Modells folgende Versuchsergebnisse:

1 Teilt man einen Magneten, so entstehen zwei neue vollständige Magnete.

2 Erhitzt man einen Magneten oder schlägt man mehrfach mit einem Hammer auf ihn, so verliert er an magnetischer Wirkung.

3 Bringt man einen eisenhaltigen Stoff in die Nähe eines starken Magneten und erhitzt ihn, so wird daraus nach dem Abkühlen ein Magnet.

4 Streicht man mit einem Magneten über einen Eisenkörper, so wird dieser magnetisch.

A7 Beschreibe, wie mit Hilfe einer Magnetnadel die Himmelsrichtung auf der Erde bestimmt werden kann. Was lässt sich deshalb über die Erde als Magnet sagen?

A8 Wie kann man die magnetische Wirkung eines stromdurchflossenen Leiters nachweisen bzw. verstärken? Nenne eine technische Anwendung für einen Elektromagneten.

Lösungen

L1

Größe/Begriff	Symbol	Einheit	Formel
el. Spannung	U	1 V (Volt)	$U = R \cdot I$ $U = \Delta E/Q$
el. Ladung	Q	1 As = 1 C	$Q = I \cdot t$
Elementarladung; Elektron	e	$1{,}6 \cdot 10^{-19}$ C	
Widerstand	R	1 Ω (Ohm)	$R = U/I$
Stromstärke	I	1 A (Ampere)	$I = U/R$ $I = Q/t$
Leistung	P	1 VA = 1 W (Watt)	$P = U \cdot I$

L2 Leiter werden als gerade Linien gezeichnet, die sich nicht schneiden. Verzweigungen werden mit einem Punkt markiert. Für Bauteile werden die festgelegten Symbole benutzt (→**B3**).

L3 $e = 1{,}6 \cdot 10^{-19}$ C; $I = Q/t$; Der elektrischen Stromstärke I im Stromkreis entspricht die Wasserstromstärke im Wassermodell, die Ladung Q hat im Wasserstromkreis keine Entsprechung! (Modellgrenze!); anziehende Kräfte (ungleichartig geladene Körper); abstoßende Kräfte (gleichartig geladene Körper); Trennung: z. B. durch Reiben versch. Gegenstände; Messung: über eine Glimmlampe oder ein Ladungsmessgerät; Transport: Aufbringen auf einen Leiter; Strom durch einen Leiter.

L4 $U = \Delta E/Q$; elektrische Energie kann zum Beispiel durch Stromstärke, Spannung und Zeit gemessen werden.

L5 Nordpol rot, Südpol grün; an den Polen ist die Kraft am stärksten.

L6 **1** Im zerschnittenen Teil des Magneten befinden sich wiederum Elementarmagneten mit Nord- und Südpol.
2 Die Ordnung der Elementarmagnete geht verloren.
3 Die Elementarmagnete richten sich aus und bleiben nach dem Abkühlen in dieser Lage.
4 Die Elementarmagnete richten sich aus.

L7 Der magnetische Nordpol der Nadel richtet sich zum magnetischen Südpol (= geografischer Nordpol) hin aus. Die Erde zeigt die Eigenschaften eines großen Magneten, dessen Pole in der Nähe der geografischen Pole sind.

L8 Bringt man kleine Magnetnadeln in die Nähe eines Leiters, so richten sich diese aus, wenn der Leiter von Strom durchflossen wird. Durch Aufwickeln eines Leiters zu einer Spule auf einen Eisenkern wird die magnetische Wirkung verstärkt (→**B4**). Eine Klingel oder ein Relais ist eine technische Anwendung eines Elektromagneten.

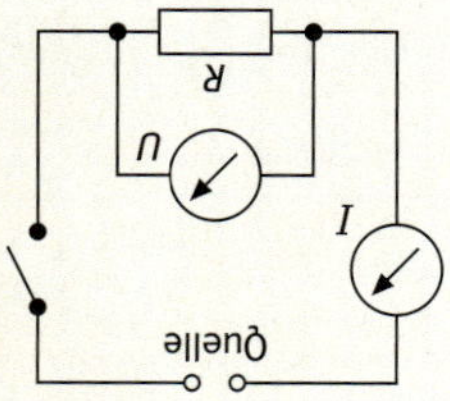

B3

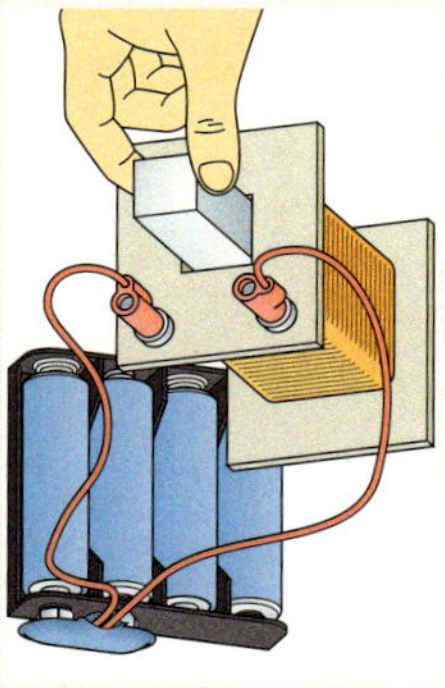
B4

Magnetisches Feld

Phänomene des Magnetismus In unserer Alltagswelt sind Magnete vertraute Gegenstände, offen erkennbar im Haltemagnet einer Schranktür, weniger offen in Anker oder Feldmagnet eines Elektromotors oder eines Generators.

Die Kenntnis vom Magnetfeld der Erde wird mit dem Kompass seit Jahrhunderten zur Navigation genutzt. Die durch dieses Magnetfeld hervorgerufenen Kräfte sind jedoch so klein, dass sich nur gut gelagerte Magnetnadeln drehen. Das Magnetfeld der Erde scheint daher schwach zu sein.

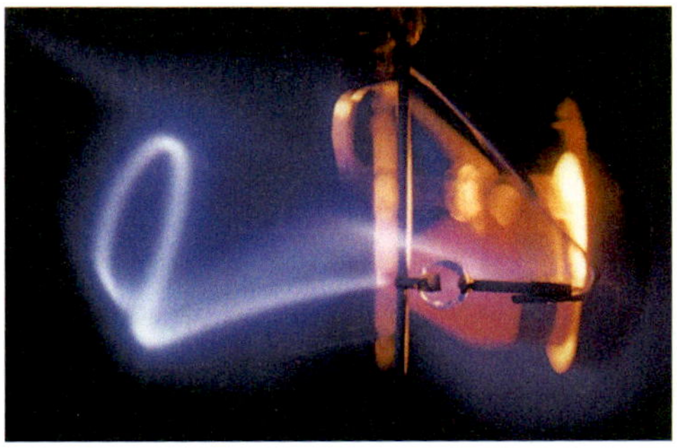

Zwischen dem 60. und 75. Breitengrad ist am Himmel ein faszinierendes Naturschauspiel zu beobachten, das Polarlicht. Das Erscheinungsbild kann mehrere hundert Kilometer hoch, einen Kilometer dick und tausend Kilometer lang sein. Aus der heißen Sonnenoberfläche herausgeschleuderte Protonen und Elektronen durchqueren als „Sonnenwind" nahezu ungehindert den fast leeren Raum zur Erde. Das Magnetfeld der Erde lenkt die Protonen und Elektronen bereits in mehreren Millionen Kilometern Entfernung ab und verhindert ein Eindringen in die Atmosphäre. Nur im Bereich über den Polen gelangen gelegentlich ganze Elektronenschauer auf immer enger werdenden Spiralbahnen bis zur Lufthülle der Erde. In Wechselwirkung mit den Luftmolekülen geben sie ab etwa 400 km Höhe kinetische Energie ab. Die Luftmoleküle werden dadurch zum Leuchten angeregt. Ab 100 km Höhe wird die Atmosphäre so dicht, dass alle Elektronen ihre Energie, die die Luftmoleküle zum Leuchten bringt, abgegeben haben. So entsteht ein vertikaler, farbig leuchtender Schleier, der sich völlig lautlos in den Höhen der Polregionen bildet.

Im Fadenstrahlrohr wird die Bahn eines Strahls aus sehr vielen Elektronen durch die Wechselwirkung mit einer Gasfüllung als Leuchtspur sichtbar gemacht. Nähert man dem Elektronenstrahl den Pol eines Stabmagneten, so kann eine Ablenkung der Elektronen, ganz ähnlich wie beim Sonnenwind über den Erdpolen, beobachtet werden.

Das magnetische Feld

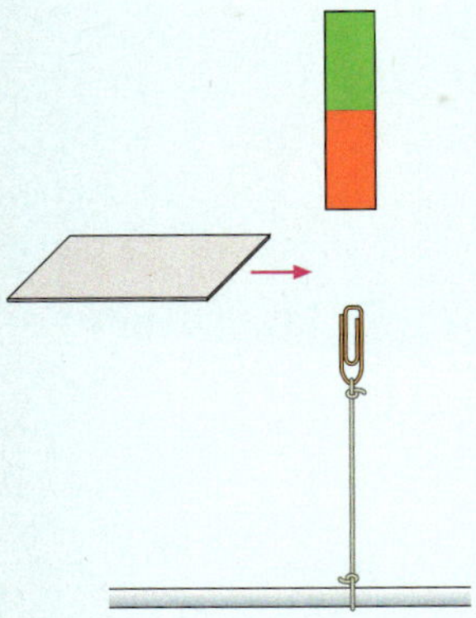

B1

V1 Eine an einem Faden befestigte Büroklammer aus Eisendraht wird von einem Magnet so angezogen, dass sie mit gespanntem Faden vor ihm schwebt (→**B1**). Wird zwischen Magnet und Büroklammer ein Stück Pappe, Holz oder eine Plastikfolie gehalten, so ändert sich dadurch nichts. Wird stattdessen ein Eisenblech verwendet, so fällt die Klammer nach unten.

V2 Wir legen eine Glasscheibe oder ein Blatt Papier auf einen Stabmagnet, streuen vorsichtig Eisenspäne darauf und klopfen dabei leicht an die Glasscheibe oder das Papier (→**B2**). Wir wiederholen den Versuch mit einem Hufeisenmagnet. Die Eisenspäne ordnen sich je nach Magnet in einem bestimmten Muster an.

V3 Ein Magnet wird auf die Mitte einer Kompassnadel gerichtet. Je näher sich der Magnet bei der Nadel befindet, umso größer ist die Ablenkung aus Nord-Süd-Richtung.

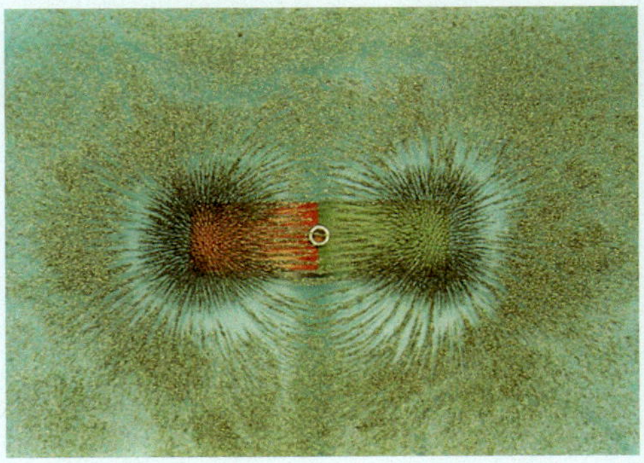

B2

Beachte:
Die Feldlinien zeigen die Richtung der Kraft auf einen magnetischen Nordpol an.

Magnetisches Feld und Feldlinien Magnete üben Kräfte aufeinander aus, ohne dass sie sich berühren. Die Kraft nimmt mit der Entfernung der Magnete ab. Wir stellen fest, dass Magnete ihre Umgebung so verändern, dass auf andere Magnete Kräfte ausgeübt werden. Diesen Wirkungsbereich nennen wir **magnetisches Feld**.

Befindet sich statt Luft ein Vakuum zwischen zwei Magneten, so ändern sich die Kräfte zwischen ihnen nicht. Dies gilt auch für alle anderen nicht magnetisierbaren Stoffe. Nur Gegenstände aus magnetisierbaren Stoffen, die sich zwischen den Magneten befinden, verringern diese Kräfte. So treten zwischen zwei Magneten viele geringere Kräfte auf, wenn man ein Eisenblech zwischen sie hält.

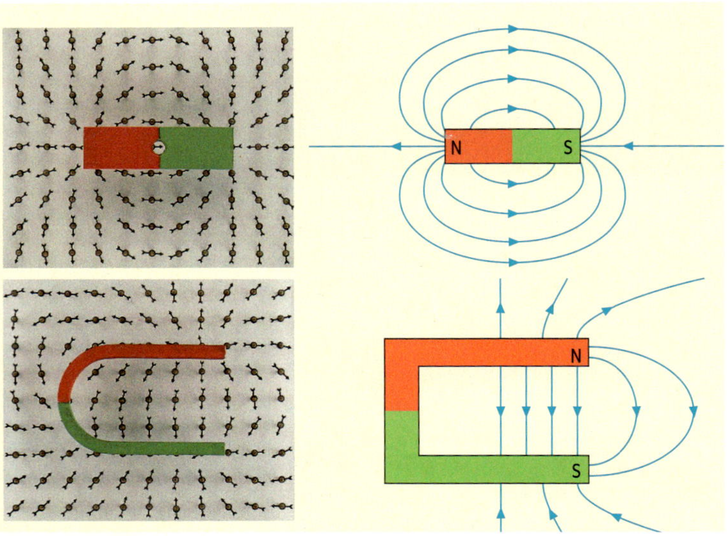

B3 Kleine Magnetnadeln zeigen die Kraftrichtungen an. Daraus leitet man ein Feldlinienbild ab.

● **Den Raum um einen Magneten, in dem magnetische Wirkungen auftreten, nennen wir magnetisches Feld.**

Bringt man eine Kompassnadel in die Nähe eines Magneten, so stellt sie sich in eine für diesen Ort typische Richtung ein. Hat man mehrere kleine Magnetnadeln (→**B3**), so ergibt sich ein Muster, bei dem sich die Nadeln in Linien aneinanderreihen. Diese gedachten Linien veranschaulichen das magnetische Feld. Man nennt sie **magnetische Feldlinien**. An jedem Punkt einer Feldlinie zeigt sie in die Richtung der Kraft, die auf den magnetischen Nordpol eines anderen Magneten wirken würde. Deshalb beginnen sie am Nordpol und enden am Südpol. Die Pfeilspitzen an den Feldlinien zeigen auf den Südpol des Magneten. Bereiche, in denen die Feldlinien parallel verlaufen und den gleichen Abstand besitzen, bezeichnet man als **homogenes Feld**.

Magnetfeldlinienbilder sind aber nur ein Modell. Eigentlich existiert an jedem Punkt im Feld eine magnetische Kraft und somit eine Feldlinie, die uns die Richtung der Kraft zeigen müsste. Modellhaft kann man dies mit Eisenfeilspänen zeigen (→**B2**).

Die magnetische Wirkung des Stromes

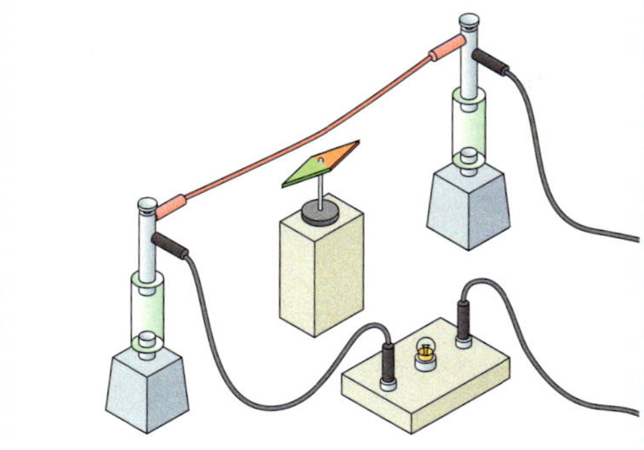

B1

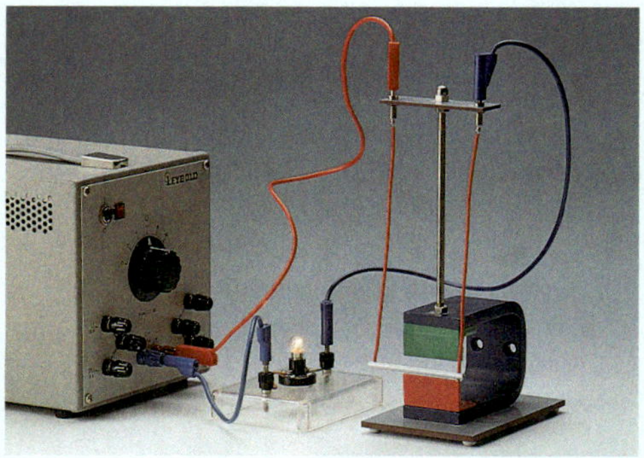

B2

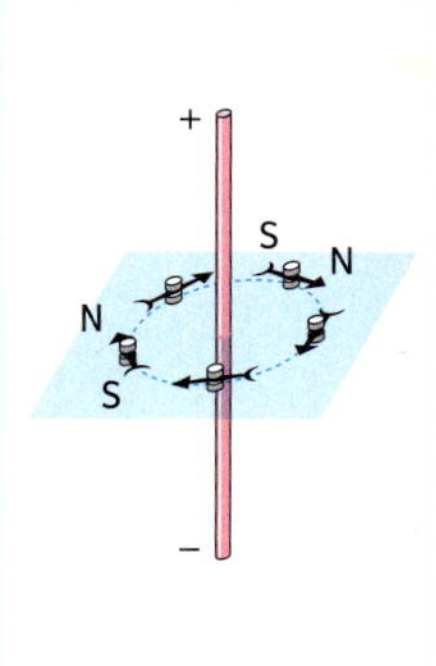

B3

V1 Wir stellen eine Magnetnadel in Nord-Süd-Richtung auf und spannen in der gleichen Richtung einen Leiter darüber (→**B1**). Fließt in dem Leiter ein elektrischer Strom, so dreht sich die Nadel aus der Nord-Süd-Richtung heraus.

V2 Wir führen einen geraden Leiter durch ein Loch in einer senkrecht zu ihm angebrachten Glas- oder Plexiglasplatte. Auf diese Platte stellen wir viele kleine Magnetnadeln. Schließen wir den Draht an eine elektrische Quelle, richten sich die Magnetnadeln aus (→**B3**).

V3 Mit Hilfe eines beweglichen Leiterstücks bauen wir eine „Leiterschaukel". Der untere Teil der „Leiterschaukel" befindet sich im Feld eines Hufeisenmagneten (→**B2**). Schließen wir die Schaukel an eine elektrische Quelle an, so wird die Schaukel ausgelenkt und verharrt in der ausgelenkten Position, bis wir den Stromkreis wieder öffnen. Ändern wir durch Vertauschen der Anschlüsse die Stromrichtung, bewegt sich die Schaukel in die entgegengesetzte Richtung.

B4 Der Strom richtet Eisenfeilspäne aus.

Das Magnetfeld eines stromführenden Leiters In der Nähe stromführender Leiter kann man ein Auslenken kleiner Magnetnadeln aus der Nord-Süd-Richtung beobachten. Je größer die Stromstärke ist, desto stärker ist die Kraftwirkung auf die Magnetnadeln. Diese Kraftwirkung stammt von einem Magnetfeld, das mit dem Strom entsteht und nach dem Ausschalten wieder verschwindet. Die magnetische Wirkung des Stromes wurde 1820 von dem Dänen **Hans Christian Oersted** (1777–1851) entdeckt. Er konnte nachweisen:

- **Jeder stromführende Leiter ist von einem Magnetfeld umgeben.**

Bringt man Eisenfeilspäne in die Nähe eines stromführenden Leiters, so ordnen sich die Eisenfeilspäne zu konzentrischen Kreisen. Der Leiter geht durch den gemeinsamen Mittelpunkt dieser Kreise und steht senkrecht zu den Kreisflächen (→**B4**). Im Feldlinienmodell zeichnet man um den Leiter geschlossene, konzentrische Kreise. Mit zunehmender Entfernung vom Leiter ist die Ordnung der Eisenfeilspäne weniger ausgeprägt, dort ist das Magnetfeld schwächer.

- **Die magnetischen Feldlinien eines geraden, stromführenden Leiters sind in sich geschlossene Kreise, sie haben weder Anfang noch Ende.**

Benutzt man zum Nachweis des Feldes kleine Magnetnadeln, so stellt man beim Ändern der Stromrichtung fest, dass gleichzeitig mit der Umpolung die Ausrichtung der Nadeln umgekehrt wird. Die Richtung des Feldes und damit der gekennzeichneten Feldlinien ist von der Stromrichtung abhängig. Es gilt die **Rechte-Hand-Regel** (→**B5**):

- **Umfasst man den Leiter so mit der rechten Hand, dass der ausgestreckte Daumen in Richtung der technischen Stromrichtung zeigt, so geben die gekrümmten Finger die Richtung der Feldlinien an.**

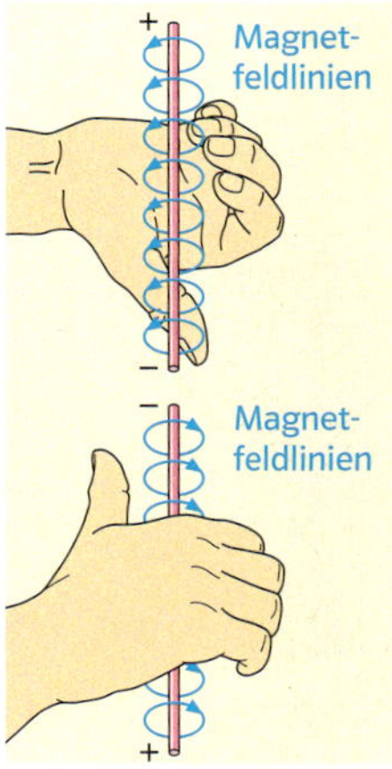

B5 Rechte-Hand-Regel

Beachte:
Die (technische) Stromrichtung verläuft vom Pluspol zum Minuspol einer Spannungsquelle. Die Elektronen bewegen sich in die entgegengesetzte Richtung.

Kraftwirkung im Magnetfeld Befindet sich ein Leiterstück eines geschlossenen Stromkreises im Feld eines Magneten, so wirkt auf das Leiterstück eine Kraft. Eine in das Magnetfeld eines Hufeisenmagneten gehängte „Leiterschaukel" wird nach Einschalten des Stromes ausgelenkt. Die auf das Leiterstück wirkende Kraft hängt von der Stromstärke im Leiter, der Stärke des Magnetfeldes und von dem Winkel ab, den der Leiter mit dem Magnetfeld bildet. Versuche zeigen, dass die Kraft am größten ist, wenn der Leiter senkrecht zu den Feldlinien steht. Haben Magnetfeld und Leiter die gleiche Richtung, so wirkt keine Kraft.

Mit der **Drei-Finger-Regel** der rechten Hand (→**B1**) lässt sich die Richtung der Kraft auf den Leiter ermitteln:

- **Zeigt der Daumen der rechten Hand in die technische Stromrichtung und der Zeigefinger in Richtung des Magnetfeldes, so gibt der Mittelfinger die Richtung der wirkenden Kraft an.**

Um sich diese Regel leichter merken zu können, kann man die Abkürzung „U, V, W" verwenden. Dabei steht U (= Ursache, Daumen) für die technische Stromrichtung, V (= Vermittlung, Zeigefinger) für die Feldrichtung und W (= Wirkung, Mittelfinger) für die Kraftrichtung. Die Kraft wird nach dem holländischen Physiker **Hendrik Antoon Lorentz** (1853–1928) **Lorentzkraft** genannt. Diese wirkt nur, wenn im Leiter ein Strom fließt, das bedeutet, dass diese Kraft nur auf bewegte, nicht auf ruhende Ladungsträger wirkt. Bei Elektronen, also negativ geladenen Teilchen, muss man als Richtung die technische Stromrichtung (also entgegen ihrer Bewegungsrichtung) benutzen. Bei positiven Teilchen, z.B. Protonen, ist die technische Stromrichtung gleich der Bewegungsrichtung. Bewegen sich Teilchen parallel zu den magnetischen Feldlinien, so wirkt keine Lorentzkraft.

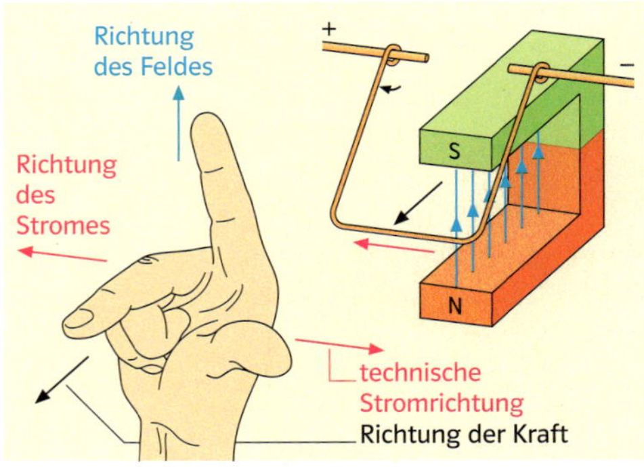

B1 Drei-Finger-Regel der rechten Hand

Physik überall

Bewegte Elektronen im Magnetfeld

Auch auf Elektronen, die sich frei im Raum durch ein Magnetfeld bewegen, wirkt eine Kraft (→**B2**). Für die Kraftwirkung gilt dasselbe wie in Leitern: Die Elektronen werden am stärksten abgelenkt, erfahren also die größte Kraft, wenn sie sich senkrecht zu den Feldlinien bewegen. Sie werden nicht abgelenkt, wenn sie sich genau in Richtung der Feldlinien bewegen.

Die Richtung der Kraft auf die Elektronen ergibt sich nach der Drei-Finger-Regel der rechten Hand: Zeigt der Daumen entgegengesetzt zur Bewegungsrichtung der Elektronen, also in Richtung der technischen Stromrichtung, der Zeigefinger in die Richtung des Magnetfeldes, so weist der Mittelfinger in die Richtung der Kraft auf die Elektronen. Da die Kraft immer senkrecht zur Bewegungsrichtung wirkt, kann man einen Elektronenstrahl sogar auf eine Kreisbahn zwingen (→**B2**). Die Kraft auf die Elektronen wächst mit der Stärke des Magnetfeldes und der Geschwindigkeit der Elektronen.

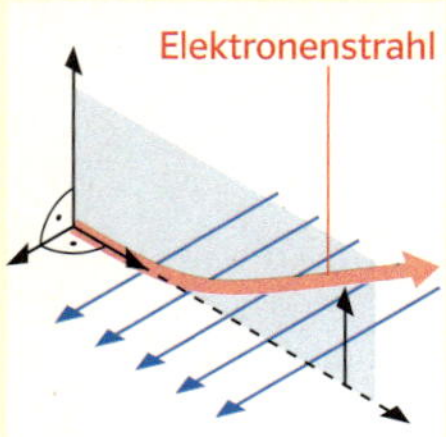

B2 Ein Elektronenstrahl wird im Magnetfeld abgelenkt.

Die Ablenkung von bewegten Elektronen im Magnetfeld hat nicht nur für die Funktionsweise der Fernsehbildröhre große praktische Bedeutung in Wissenschaft und Technik.
Sie ermöglicht auch die Erzeugung elektronenmikroskopischer Bilder (→**B3**). In einem Elektronenmikroskop werden die elektronenoptischen „Linsen" durch Spulenanordnungen gebildet. Sie wirken auf die Elektronen wie die Glaslinsen in einem Lichtmikroskop auf das Licht.

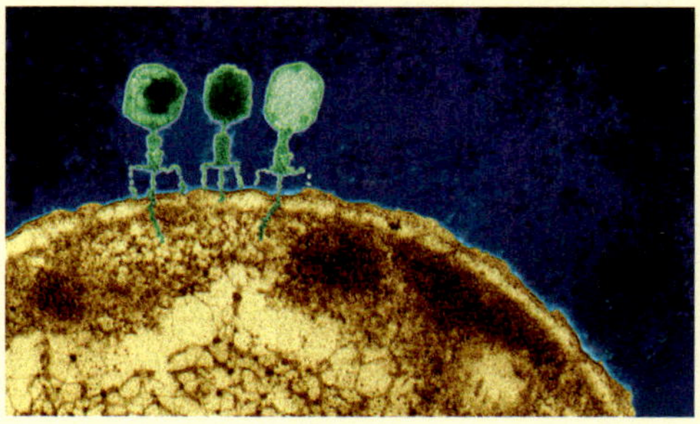
B3 Viren auf Bakterienzelle

Das Magnetfeld einer Spule

V1 Ein dicker Nagel wird mit einem isolierten Kupferdraht umwickelt. Die Drahtenden verbinden wir mit den Anschlüssen einer Flachbatterie. Wir halten den Nagel mit dem Draht in die Nähe einer Magnetnadel. Sie wird ausgelenkt. Kleine Eisennägel, die wir in die Nähe des Nagels bringen, werden angezogen.

V2 Wir führen die Windungen einer Spule lotrecht durch die Bohrungen einer Plexiglasscheibe und streuen Eisenfeilspäne auf die Platte. Dann schließen wir den Draht an eine elektrische Quelle an und klopfen leicht an die Platte. Wir beobachten, dass sich die Eisenspäne ausrichten (→**B1**).

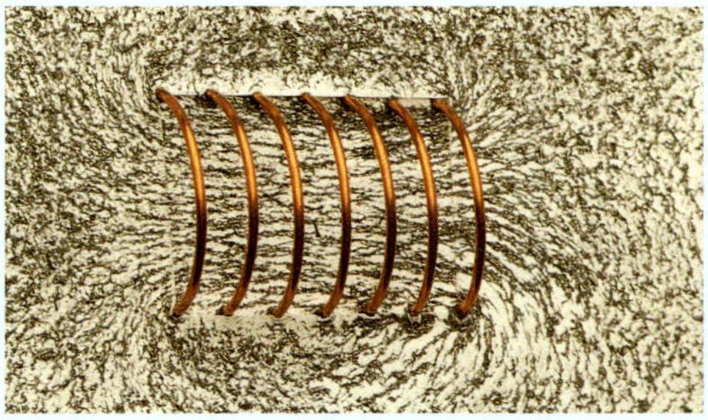

B1

V3 Über das Ende einer Spule aus Kupferdraht hängen wir an einen Kraftmesser ein Eisenstück (→**B2**). Das Eisenstück wird angezogen, solange in der Spule Strom fließt.
Die Kraft wächst mit der Stärke des Stromes.

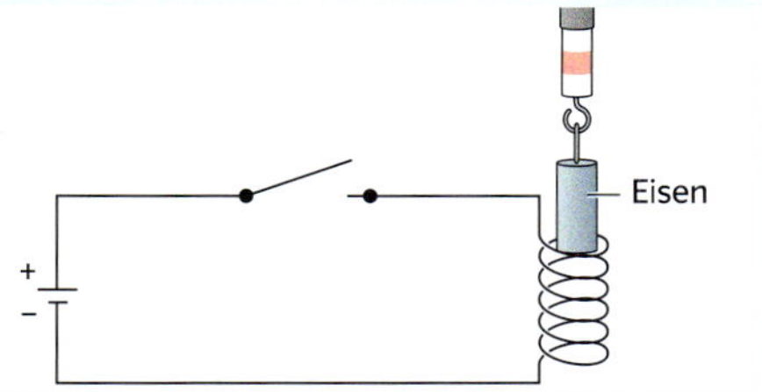

B2

V4 Wir wiederholen den dritten Versuch mit einer Spule größerer Windungszahl. Bei gleicher Stromstärke stellen wir eine größere Kraftwirkung fest.

Das magnetische Feld von Leiterschleife und Spule Biegt man einen Leiter wie in **B3a**, so entsteht eine **Leiterschleife**. Die den Leiter an jeder Stelle kreisförmig umgebenden magnetischen Felder überlagern sich gegenseitig und es kommt im Inneren der Leiterschleife zur Verstärkung des Feldes. Die Richtung der Feldlinien findet man mit der Rechte-Hand-Regel.

Eine **Spule** lässt sich aus mehreren parallelen Leiterschleifen zusammengesetzt denken. Verbindet man eine Spule mit einer elektrischen Quelle, so entsteht innerhalb der Spule und um die Spule herum ein Magnetfeld. Dessen Form verdeutlichen wir uns mit Hilfe von kleinen Magnetnadeln (→**B3b**). Innerhalb der Spule verlaufen die Feldlinien annähernd parallel. Das Magnetfeld ist dort überall gleich stark, das Feld ist homogen. An einem Ende treten die Feldlinien aus der Spule heraus und verlaufen zum anderen Ende. Die Feldlinien sind geschlossen.

Außerhalb der Spule ähnelt das Magnetfeld dem eines Stabmagneten. Die Seite, an der die Feldlinien aus der Spule hinausweisen, wirkt wie ein Nordpol. Die Seite, an der die Feldlinien in die Spule hineinweisen, wirkt wie ein Südpol (→**B3b** und **B1**).

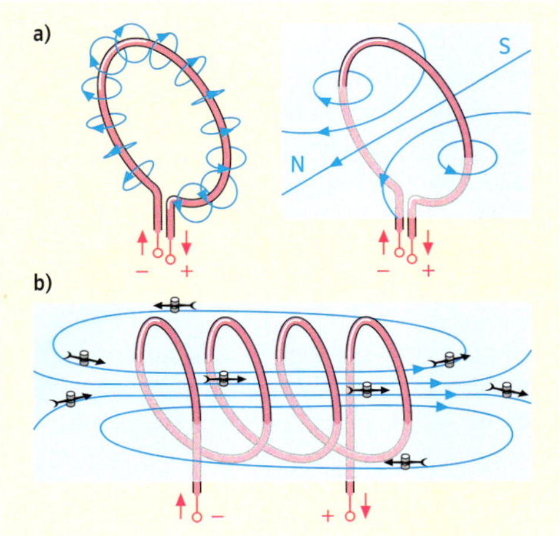

B3 Magnetfeld einer Leiterschleife (a) und einer Spule (b)

● **Das Feld einer stromführenden Spule gleicht im Außenraum dem eines Stabmagneten.**

Die Erde als Magnet

B1

Das Magnetfeld der Erde Drehbar gelagerte Magnete richten sich in Nord-Süd-Richtung aus. Daraus schließt man, dass die Erde und dieser Magnet wechselseitige Kräfte aufeinander ausüben. Andere Versuche zeigen, dass die Erde von einem weitreichenden Magnetfeld umgeben ist, das in seiner Geometrie dem eines Stabmagnets ähnelt. Das Magnetfeld der Erde wird mit Hilfe des Feldlinienmodells in (→**B1**) angedeutet.

Die magnetischen Pole liegen nicht exakt auf den geografischen Polen. Eine Kompassnadel zeigt daher nicht genau die Nord-Süd-Richtung an. Die Abweichung von der Nordrichtung nach Westen hin nennt man Deklination. Sie liegt zwischen 2° im Westen und 6° im Osten Deutschlands. Abseits der magnetischen Pole sind die Feldlinien des Erdmagnetfeldes auch horizontal geneigt. Eine Magnetnadel mit waagerechter Drehachse (→**B2**) zeigt an, dass die Feldlinien in Süddeutschland mit 63° und in Norddeutschland mit 69° gegenüber der Horizontalen in den Boden „tauchen".

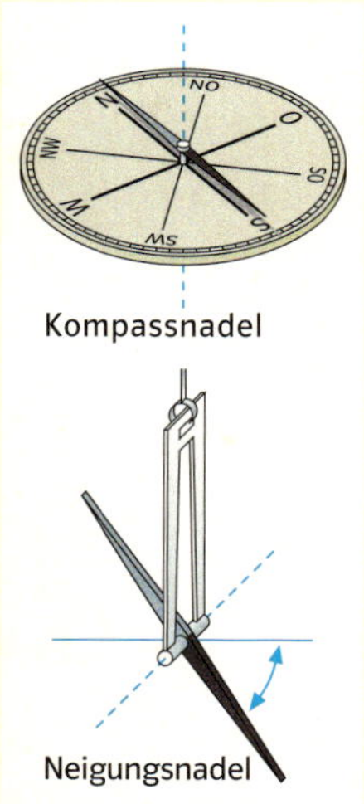

B2

Anhand von Lavagesteinsschichten kann man eindeutig nachweisen, dass sich die Lage der Pole im Verlauf der Erdgeschichte verändert. Sogar die Polung des Magnetfeldes hat sich wiederholt umgekehrt.

Kühlt sich flüssige Lava nach einem Vulkanausbruch ab, so entstehen im Basalt eisenhaltige Kristalle, die sich im Magnetfeld der Erde ausrichten und deren magnetische Ausrichtung über Millionen Jahre hinweg erhalten bleiben. Die Schichten verschiedener Vulkanausbrüche geben somit Auskunft über die Richtung des Erdmagnetfeldes vergangener Zeiten. So weiß man: In den letzten 3,6 Millionen Jahren gab es neun Umpolungen, die letzte fand vor etwa 730 000 Jahren statt.

Polarlicht Polarlichter (→**B3**) entstehen, wenn elektrisch geladene Teilchen, die von der Sonne ausgesandt werden, auf die oberen Schichten der Atmosphäre der Erde treffen. Dort regen sie Moleküle der Luftschicht zum Leuchten an. Diese Leuchterscheinungen treten vor allem in den Polarregionen auf, da die geladenen Teilchen durch die Lorentzkraft im Magnetfeld der Erde dorthin abgelenkt und sogar wieder zurück in den Weltraum gelenkt werden. Das Magnetfeld der Erde beschützt uns also vor solchen „Sonnenteilchen". Auch auf anderen Planeten unseres Sonnensystems, die ein Magnetfeld besitzen, werden solche Polarlichter beobachtet (→**B4**).

B3 Polarlicht vom Weltraum aus

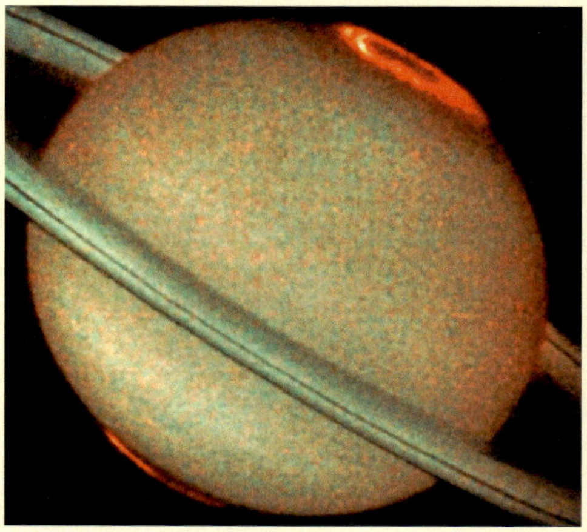

B4 Polarlicht auf dem Saturn

Anwendungen in der Technik

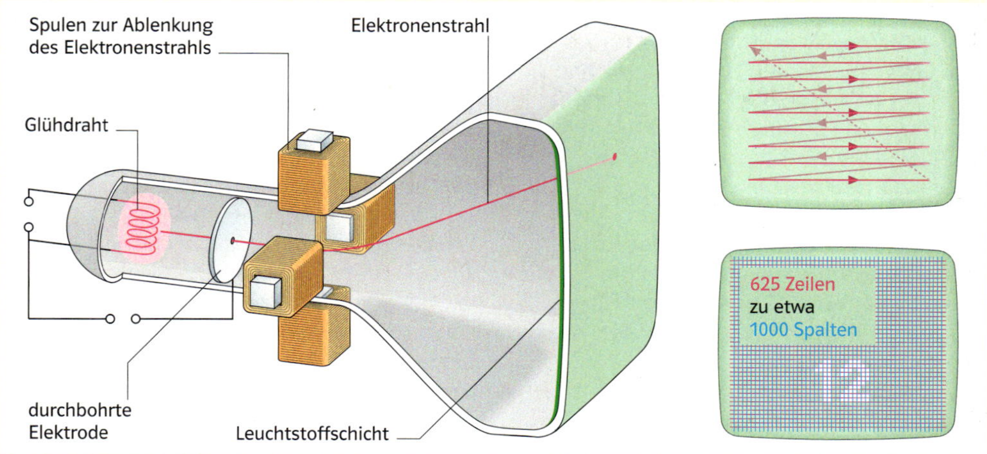

B1 Die Fernsehröhre (im Farbfernsehgerät sind es drei Strahlen auf einmal).

Die Ablenkung des Elektronenstrahles in der Fernsehröhre Das Fernsehbild besteht aus vielen einzelnen Punkten. Sie werden von einem Elektronenstrahl zum Leuchten gebracht (→**B1**).

Im Prinzip funktioniert jede Fernsehröhre so: Im hinten liegenden Teil der Fernsehröhre treten Elektronen aus einem Glühdraht aus. Durch eine sehr hohe Spannung zwischen dem Draht und einer durchbohrten Elektrode erhalten die Elektronen eine hohe Geschwindigkeit. Die durch das Loch dieser Elektrode hindurchtretenden Elektronen bewegen sich weiter durch den luftleer gepumpten Innenraum der Röhre auf den Bildschirm zu. Dort lassen sie an ihrem Auftreffpunkt die Leuchtstoffschicht aufleuchten.

Die sich schnell bewegenden Elektronen werden magnetisch durch zwei Spulenpaare abgelenkt. Ein Spulenpaar erzeugt ein horizontal gerichtetes Magnetfeld – damit wird der Elektronenstrahl nach oben bzw. unten abgelenkt. Das zweite Magnetfeld ist vertikal gerichtet und lenkt den Elektronenstrahl nach rechts oder links ab. Durch Umpolen der Richtung und Verändern der Stärke der Magnetfelder lässt sich der Elektronenstrahl an jeden Punkt des Bildschirmes lenken.
Die Helligkeit auf dem Bildschirm wird durch die Anzahl der pro Sekunde auftreffenden Elektronen gesteuert.

Im Fernsehgerät wird der Strahl zeilenweise über den Bildschirm geführt. Der Elektronenstrahl erzeugt ein Bild mit 625 Zeilen.

In 1 Sekunde entstehen 25 Bilder. Die rasch nacheinander erzeugten Bilder unterscheiden sich nur so wenig voneinander, dass sie für den Betrachter zu einem ununterbrochenen Bewegungsablauf verschmelzen.

Beim Farbfernsehgerät werden drei Elektronenstrahlen nebeneinander erzeugt und gemeinsam von Magnetspulen über den Bildschirm geführt. Sie lassen auf dem Bildschirm jeweils grüne, blaue und rote Farbpunkte aufleuchten (→**B2**).

Aus diesen drei Grundfarben lässt sich durch Überlagerung jede Farbe erzeugen. Je nachdem wie intensiv die einzelnen Farben durch den Elektronenstrahl auf dem Bildschirm leuchten, ergeben sich unterschiedliche Farben, wenn man die drei Farbpunkte aus einer gewissen Entfernung betrachtet.

Moderne Farbbildschirme benutzen keine magnetische, sondern eine elektrische Ablenkung wie in der Braun'schen Röhre. Das spart das Gewicht der schweren Spulen und die Röhre kann auch kürzer gebaut werden.

Aber auch hier werden die Farben durch die Überlagerung der drei Grundfarben rot (r), grün (g) und blau (b) erzeugt. In der Informatik nennt man die Werte, die für die Farbkombinationen dieser Farben stehen, deshalb rgb-Werte. Sie variieren zwischen 0 und 255 und ergeben daher 256 hoch 3 Kombinationen, also mehr als 16 Millionen verschiedene Farben – mehr als das menschliche Auge unterscheiden kann.

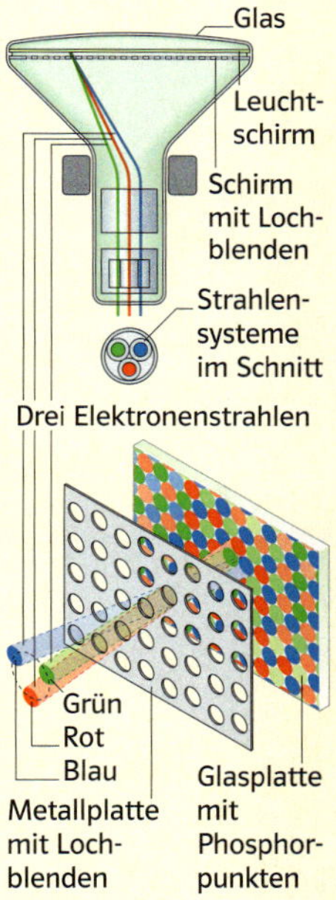

B2

Überall Magnete!

B1 Nester der Kompasstermiten

Der Magnetsinn Brieftauben finden über tausend Kilometer zu ihrem Schlag zurück, auch über unbekanntes Gebiet, sogar ohne Sicht. Meeresschildkröten kehren zu ihrem Geburtsstrand auf ein winziges Eiland inmitten des Atlantiks aus der riesigen Weite des Ozeans zur Eiablage zurück.

Australische Kompasstermiten bauen ihre sehr schmalen, aber bis 3 m langen und 4 m hohen Plattennester exakt in Nord-Süd-Richtung, um zu starkes Aufheizen durch Sonnenstrahlung zu vermeiden (→**B1**).

Viele Wirbeltiere, Insekten, sogar manche Bakterien können das Magnetfeld der Erde wahrnehmen und sich danach orientieren. Mit künstlichen Magnetfeldern, die das Erdfeld überlagern, kann man den Magnetsinn der Tiere stören. **B2** zeigt einen solchen Versuch mit Tauben. Fließt Strom durch die Leiterspulen am Kopf, fliegen sie beim Start zum Rückflug in die falsche Richtung ab. Die Tiere orientieren sich dabei nach der Neigung der magnetischen Feldlinien gegenüber der Vertikalen, die am Pol parallel, am Äquator senkrecht zur Schwerkraftrichtung verlaufen (→S.14).

Welcher Kompass zeigt ihnen den Feldlinienverlauf? Es sind winzige permanentmagnetische Kristalle aus Fe_3O_4, „Magnetite", die man bei magnetisch sensiblen Bakterien zuerst entdeckt hat (→**B3**). Ketten solcher Kristallkörnchen reagieren wie eine Kompassnadel auf die Veränderung der Magnetfeldrichtung. Solche Magnetit-Sensoren wurden auch in bestimmten Zellen vieler Tiere entdeckt, und bei Tauben, Rotkehlchen und Forellen fand man auch die Nervenfasern, die deren Signale ins Gehirn leiten.

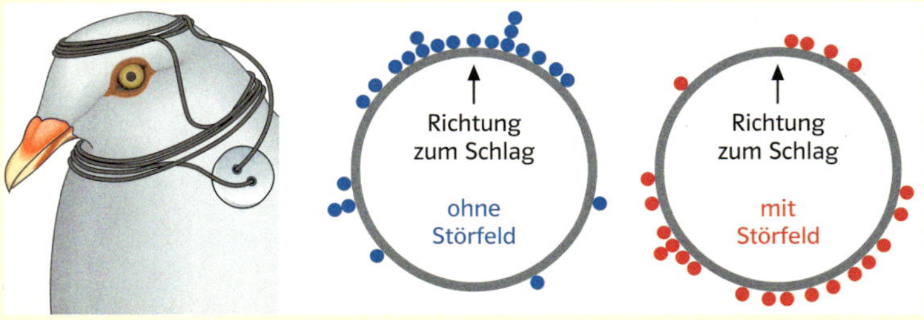

B2 Magnetspulen stören die Orientierung der Taube.

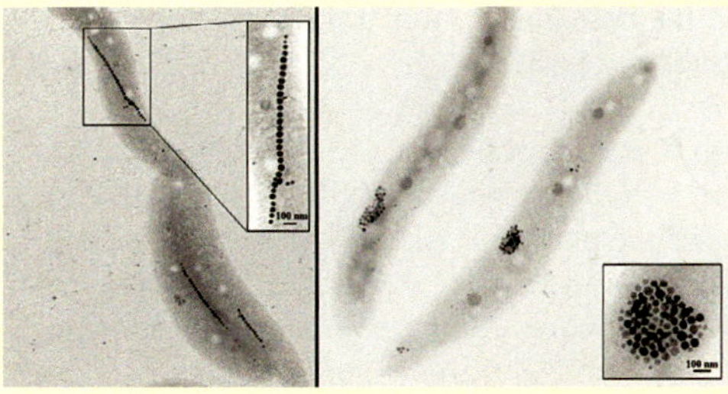

B3 Magnetite in Bakterienzellen

Neodym-Supermagnete Besonders starke Magnete werden aus einer Neodym-Eisen-Bor-Verbindung ($Nd_2Fe_{14}B$) hergestellt. In vielen Spielwarengeschäften kannst du sie für wenig Geld kaufen. Im Fach Natur und Technik haben wir gesehen, dass sich Eisennägel sehr leicht durch eine äußeres Magnetfeld magnetisieren lassen. Durch Vorgänge im atomaren Bereich sind sie zu Dauermagneten (Permanentmagneten) geworden. Vereinfacht sagt man, dass sich die im Eisen vorhandenen „Elementarmagnete" dauerhaft ausgerichtet haben.
Die chemischen Elemente Bor und vor allem Neodym sorgen dafür, dass die magnetische Wirkung der Legierung auch ohne äußeres Magnetfeld lange erhalten bleibt.

Wie werden solche Permanentmagnete hergestellt? Das chemische Element **Neodym** (von griech. neos = neu und didymos = Zwilling) kommt nur in Verbindungen vor und muss erst in aufwendigen Prozessen abgetrennt werden. Das so gewonnene Material wird gemahlen und mit Eisen- und Borpulver in einem bestimmten Verhältnis vermischt. Diese Legierungsmischung kann jetzt in die gewünschte Form gepresst werden. Im nächsten Schritt, dem sog. Sintervorgang, werden die Presslinge in mehreren Stufen fast bis zum Schmelzpunkt erhitzt. Dabei treten im Inneren der Legierung Veränderungen auf, es entstehen neue kristalline Strukturen und der Pressling gewinnt zusätzliche Festigkeit. Während dieses Prozesses ist die Legierung einem starken äußeren Magnetfeld ausgesetzt. Das Werkstück wird so selbst zu einem Magneten.

Weil sich die Legierung bei Luftkontakt zersetzen würde, wird der Magnet zum Schluss noch mit einer Schutzschicht (meist Nickel) überzogen. Diese Neodym-Magnete sind viel „kraftvoller" als die früheren klassischen Hufeisenmagnete, die aus Schichten magnetisierten Stahls hergestellt wurden (→**B4**).

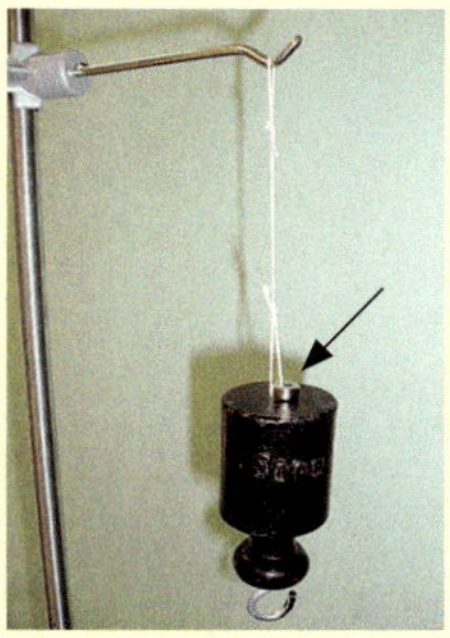

B4 Neodym-Magnet (siehe Pfeil) hält Massestück von 600 g

1 Begriffe

Was versteht man unter
- einem Magneten?
- einem Magnetpol?
- der Stärke eines Magneten?
- einem Magnetfeld?
- einer Feldlinie?
- einer Spule?
- der Rechte-Hand-Regel?
- der Lorentzkraft?

2 Beobachtungen

Was beobachtet man, wenn man
- einen Magneten in eine Schachtel mit Eisennägeln taucht und wieder herauszieht?
- einem Magneten einen zweiten beweglichen Magneten nähert?
- Eisenfeilspäne auf eine Glasplatte über einem Magneten streut?
- einen Magneten zerbricht und die Teile untersucht?
- einen Magneten in die Nähe eines Fernsehbildschirmes bringt?
- kleine bewegliche Magnete in die Nähe eines stromdurchflossenen Leiters bringt?
- zwei stromdurchflossene Leiter nahe aneinander bringt?

3 Erklärungen

Wie lässt sich erklären, dass
- eisenhaltige Körper in der Nähe von Magneten selbst zu Magneten werden?
- ein Kompass durch einen stromdurchflossenen Leiter beeinflusst werden kann?
- das Magnetfeld einer Spule stärker wird, je größer die Zahl der Windungen ist?
- eine Spule ein Magnetfeld erzeugt, das wie das Magnetfeld eines Permanentmagneten aussieht?

4 Gesetzmäßigkeiten

Beschreibe mit eigenen Worten die Regel für
- das Zeichnen von Magnetfeldlinien.
- die Kraftrichtung auf einen stromdurchflossenen Leiter in einem Magnetfeld.
- die Kraftrichtung auf bewegte Elektronen in einem Magnetfeld.
- die Kraftrichtung auf bewegte positiv geladene Teilchen in einem Magnetfeld.
- die Richtung von Magnetfeldlinien um einen stromdurchflossenen Leiter.

Erläutere die Erscheinungen in den folgenden Bildern und beantworte die Fragen

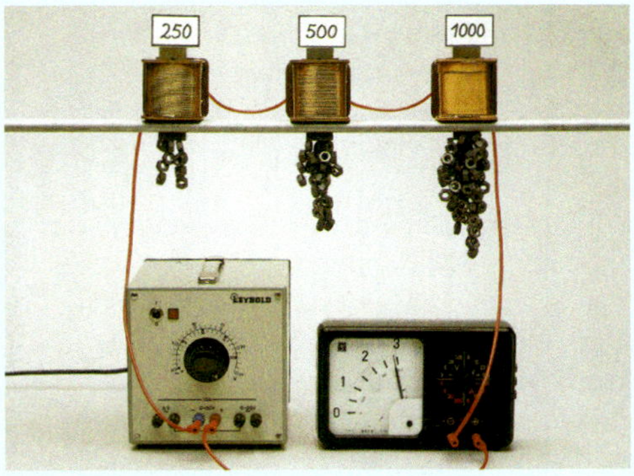

B1 Die drei in Reihe geschalteten Spulen halten jeweils die maximale Zahl an Schrauben. Wie kommt es zu den Unterschieden?

B2 Wo ist die Leiterschaukel mit dem Plus-, wo mit dem Minuspol der Quelle verbunden?

B3 Weshalb ordnen sich die Eisenspäne in einem bestimmten Muster an?

B4 Welchen Stoff enthält das Schüttgut?

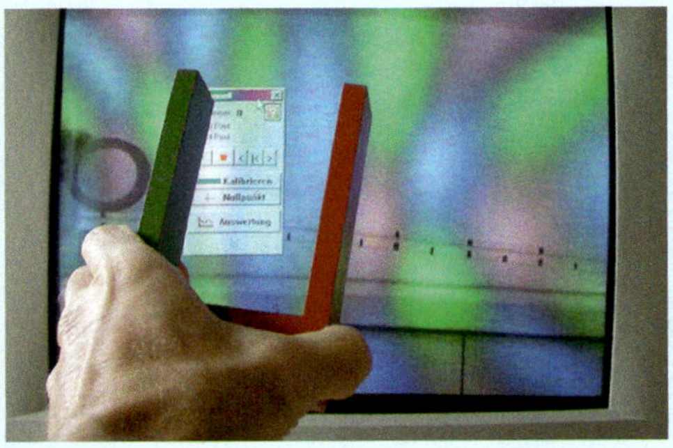
B5 Wie kommt es zur Verzerrung des Monitors?

Heimversuche

1 Der Datenkiller Nimm eine alte Tonbandkassette und spiele einen kurzen Teil davon ab. Lass das Band wieder zurücklaufen. Überstreiche den nach außen zeigenden Teil des Bandes mit einem kleinen Magneten, während du den vorher abgehörten Abschnitt des Bandes mehrmals darunter hin und her ziehst (etwa mit einem Bleistift vor- und zurückspulen). Höre das so behandelte Tonband ab. Notiere und deute deine Beobachtungen.

2 Starke und schwache Magnete Verwende verschiedene Magnete und untersuche sie daraufhin, wie viele Eisennägel maximal als Kette an einem Pol angehängt werden können.

Weshalb ist es sinnvoll, die Länge der längstmöglichen Kette und nicht die Gesamtzahl möglichst vieler am Magnet hängender Nägel als ein Maß für die Stärke des Magneten heranzuziehen?

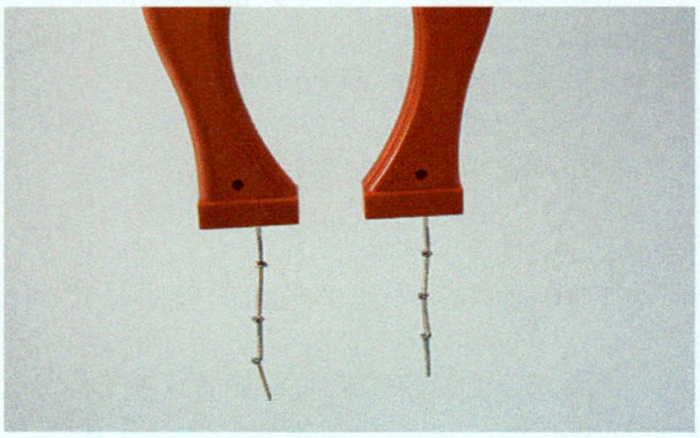

Fragen

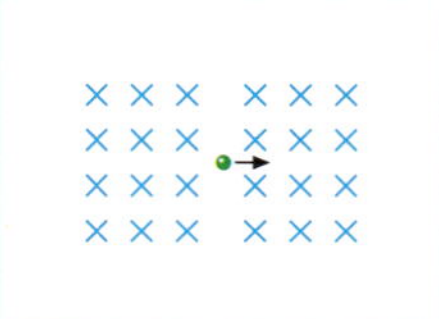

B1 „x" bedeutet: Richtung der Feldlinien senkrecht in die Zeichenebene hinein.

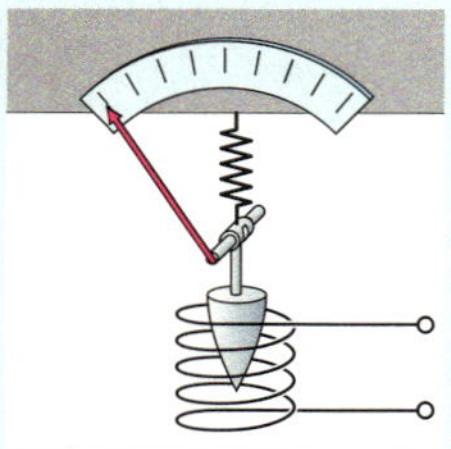

B2

1 Zeichne das Feldlinienbild einer Spule. Wie verlaufen die Feldlinien innerhalb und wie außerhalb der Spule? Welche Vorteile hat ein Elektromagnet gegenüber einem Permanentmagneten?

2 In einem Magnetfeld befindet sich eine Elektronenquelle (→**B1**). Beschreibe die Bahn schneller und weniger schneller Elektronen. Wie würden Elektronen abgelenkt, die längs der Magnetfeldlinien aus der Quelle austreten?

3 In zwei parallelen Drähten herrschen Ströme gleicher Stärke und gleicher Richtung (→**B3**). Ermittle für die Punkte P_1 bis P_3 jeweils die Richtung des Magnetfeldes!

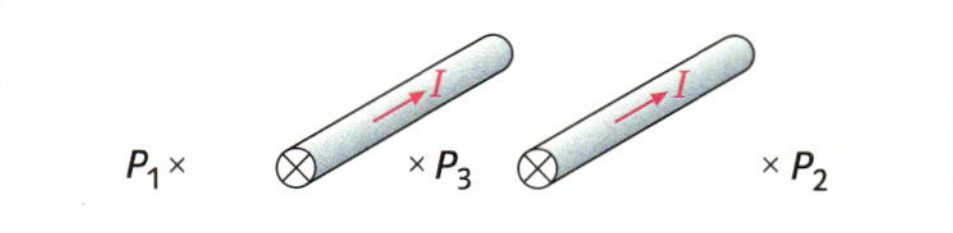

B3

B4 Magnetische Flüssigkeit in einem Teller über einem Neodym-Magneten

4 Zeichne einen geraden stromdurchflossenen Leiter an einer Stromquelle, kennzeichne die Bewegungsrichtung der Elektronen und die technische Stromrichtung und ermittle daraus die Richtung der magnetischen Feldlinien.

5 a) Zwei gleich starke Stabmagnete stehen sich in 5 cm Abstand mit ihren Nordpolen gegenüber. Zeichne das Feldlinienbild!
b) Was ändert sich, wenn ein Magnet um 180° gedreht wird?

6 Erläutere, wie es zu dem Phänomen in der Abbildung (→**B4**) kommt!

7 Erkläre mit dem Modell der Elementarmagnete, wieso ein Eisenstück im Magnetfeld magnetisch und ohne Magnetfeld wieder unmagnetisch werden kann.

8 Kann man mit Eisenfeilspänen die Richtung des Stromes in einem Leiter herausfinden? Begründe!

9 Erkäre die Wirkungsweise des am Rand abgebildeten alten Stromstärkemessgerätes (→**B2**). Kann man damit auch bei Wechselströmen die Stromstärke messen?

10 Zeichne das Feldlinienbild einer Spule! Kennzeichne an der Spule die Bewegungsrichtung der Elektronen und ermittle daraus die Richtung des Magnetfeldes!

Elektrisches Feld

Rätselhafte Kräfte Bereits vor mehr als zweitausend Jahren beobachteten die Griechen eine merkwürdige Erscheinung. Mit einem Stück Bernstein, das zuvor an einem Fell oder einem Wolltuch gerieben wurde, konnten leichte Gegenstände, wie z. B. Asche oder getrocknete Kräuter bewegt bzw. sogar angehoben werden. Sie konnten sich dieses Phänomen aber nicht erklären, erst ab dem 16. Jahrhundert wurde es systematisch erforscht.

Vorsicht beim Tanken Beim Auffüllen der Vorratstanks der Tankstellen fließt eine große Menge Benzin bzw. Diesel durch den Schlauch des Tankwagens. Bei diesem Vorgang kommt es zur Ladungstrennung und es besteht die Gefahr des Ladungsausgleichs durch Funken, es könnte zu einer folgenschweren Explosion kommen. Um dies zu vermeiden, wird der Tankwagen geerdet, damit sich der Ladungsausgleich ungefährlich vollziehen kann.

Warum „klebt“ der Luftballon an der Decke? Beim Betreten des Physikraumes hängt dort ein Luftballon an der Decke. Peter sagt: „Ist doch klar, er ist mit Gas gefüllt!“ Darauf überlegt Karin: „Wenn wir ihn dann herunterziehen, müsste er ja von allein wieder hoch steigen.“ Doch dieser Versuch misslingt, der Ballon bleibt auf dem Fußboden liegen. Was steckt da wohl dahinter?

Die elektrische Ladung

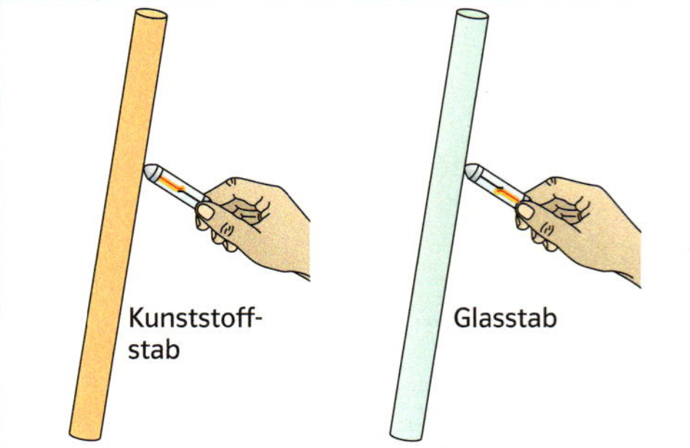

B1

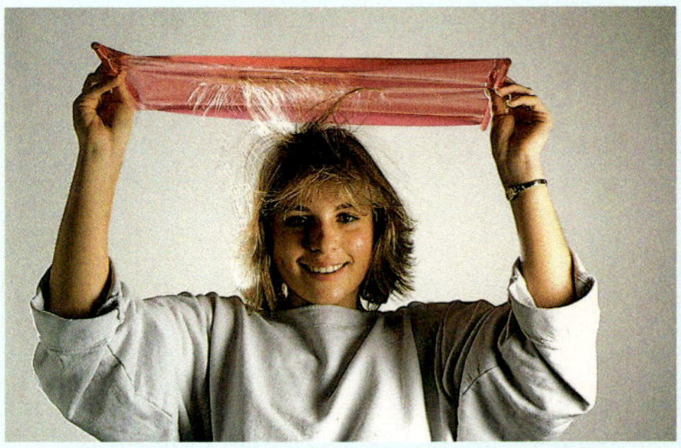

B2

V1 Reibt man einen Gegenstand aus Kunststoff (Kugelschreiber, Lineal o.Ä.) mit einem Wolltuch, so werden kleine Papierschnipsel von diesem angezogen. Zum Teil bleiben sie sogar daran hängen und werden anschließend wieder abgestoßen.

V2 Wiederholt man **V1** mit einem Glasstab, so beobachtet man dieselben Vorgänge.

V3 Nacheinander werden ein Kunststoffstab mit einem Wolltuch und ein Glasstab mit einem Seidentuch gerieben. Hält man jeweils eine Glimmlampe an die geriebenen Stäbe (→ **B1**), so kommt es zu einem kurzen Aufleuchten an einem Pol der Glimmlampe. Dabei leuchten bei verschiedenen Stäben verschiedene Pole.

V4 Reibt man eine Kunststofffolie kräftig mit einem Wolltuch und hält sie dann über trockene, möglichst frisch gewaschene Haare eines Schülers, stehen diesem „die Haare zu Berge" (→ **B2**).

Elektrisch geladene Körper Beim Ausziehen eines Pullovers kann es passieren, dass es knistert und die Haare zu Berge stehen. Ist es dann auch noch dunkel im Raum, können wir sogar kleine Funken sehen. Auch beim Aussteigen aus dem Auto erhalten wir beim Berühren der Karosserie manchmal einen elektrischen Schlag.

Verschiedene Körper können unter bestimmten Voraussetzungen **elektrisch geladen** werden. Berühren sich zwei Isolatoren, z.B. ein Kunststoffstab und ein Wolltuch, so sind sie nach ihrer Trennung unterschiedlich elektrisch geladen. Um zu sichern, dass die Berührung möglichst intensiv ist, reibt man deshalb diese beiden Körper aneinander. Dabei kommt es jedoch nicht auf ein möglichst schnelles Bewegen an, vielmehr hat die Kraft, mit der die beiden Körper aneinander gedrückt werden, die entscheidende Bedeutung. Vor der Berührung sind beide Körper elektrisch neutral, d.h., die Größe der positiven Ladung entspricht genau der Größe der negativen Ladung (→ **B3a**). Während der Berührung geht Ladung von einem Körper auf den anderen über (→ **B3b**). Dadurch überwiegt nach der Berührung auf dem einen Körper die positive Ladung (Wolltuch), auf dem anderen die negative Ladung (Kunststoffstab) (→ **B3c**).

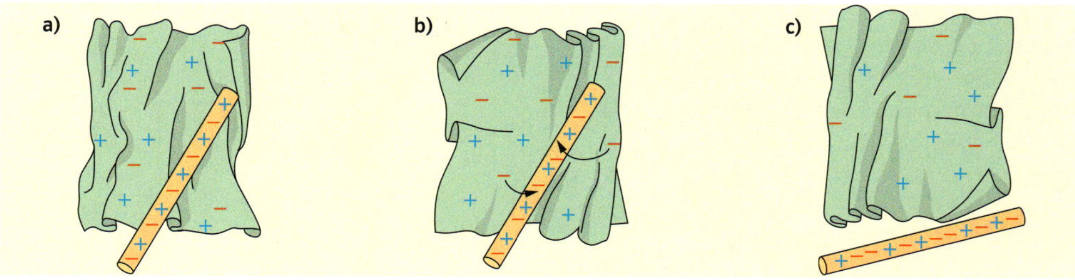

B3 vor der Berührung (a); während der Berührung (b); nach der Berührung (c)

Berührt man mit einer neutralen Metallkugel einen geladenen Körper, so kann man einen Teil der Ladung auf die Kugel übertragen (→**B1**).

B1 Übertragen von Ladung

Ladung kann aber auch übertragen werden, wenn man die geladene Metallkugel mit Hilfe eines Kabels mit einer zweiten ungeladenen Kugel verbindet. Über das Kabel, einen elektrischen Leiter, fließt jetzt Ladung auf diese Kugel.

● **Elektrische Ladung kann von einem Körper auf einen anderen übertragen werden.**

Kräfte zwischen geladenen Körpern Zwischen Körpern, die elektrisch geladen sind, wirken Kräfte. Besonders gut kann man das untersuchen, wenn man zwei an Fäden hängende Kugeln elektrisch lädt (→**B2**).

● **Sind zwei Körper unterschiedlich geladen, so ziehen sie einander an. Besitzen sie gleichartige Ladung, so stoßen sie einander ab.**

Diese Eigenschaft nutzt man auch für die Messung von Ladung aus: Je größer die Kraft ist, die auf einen geladenen Körper in einem bestimmten Abstand zu einem anderen geladenen Körper wirkt, desto größer ist auch dessen Ladung.

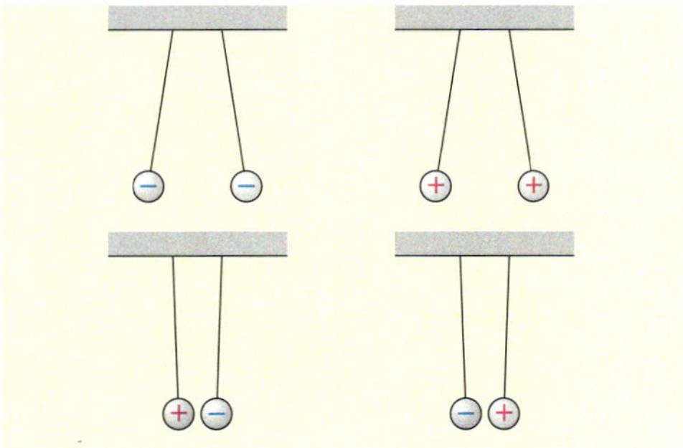

B2 Kräfte zwischen geladenen Körpern

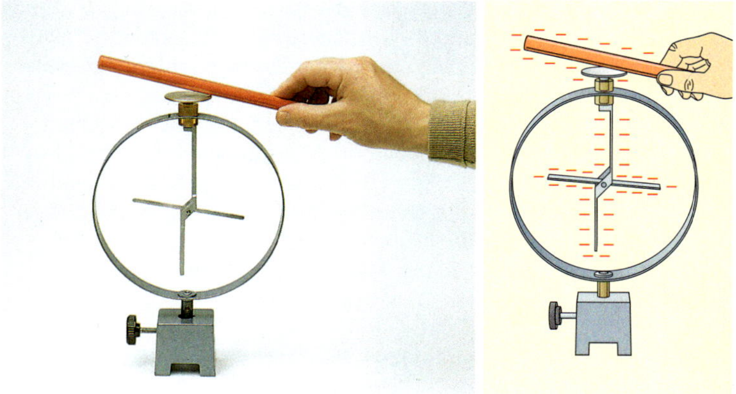

B3 Aufbau und Funktion eines Elektroskops

Ein **Elektroskop** (→**B3**) besteht aus einem senkrechten Metallstab, an dem sich ein leichter Metallzeiger befindet. Dieser ist drehbar und mit dem Stab elektrisch leitend verbunden. Gegenüber dem Gehäuse sind Stab und Zeiger elektrisch isoliert.

Wird der Metallstab elektrisch geladen, so verteilt sich die Ladung gleichmäßig auf dem ganzen Stab und auf dem Zeiger. Da Zeiger und Stab gleichartig geladen sind, wirken zwischen ihnen abstoßende Kräfte. Die Größe des Ausschlages des Zeigers ermöglicht ein Vergleichen von verschiedenen Ladungen. Die Art der Ladung (positiv oder negativ) kann mit dem Elektroskop allein nicht bestimmt werden. Dies ist jedoch leicht mit Hilfe einer Glimmlampe möglich. Berührt man mit ihr den geladenen Körper, so kommt es zu einem kurzen Aufleuchten an einer der beiden eingeschmolzenen Metallelektroden.

Ist der Körper negativ geladen, so leuchtet die Seite der Glimmlampe auf, die dem Körper zugewandt ist. Ist er positiv geladen, so leuchtet die andere Seite auf (→**B4**).

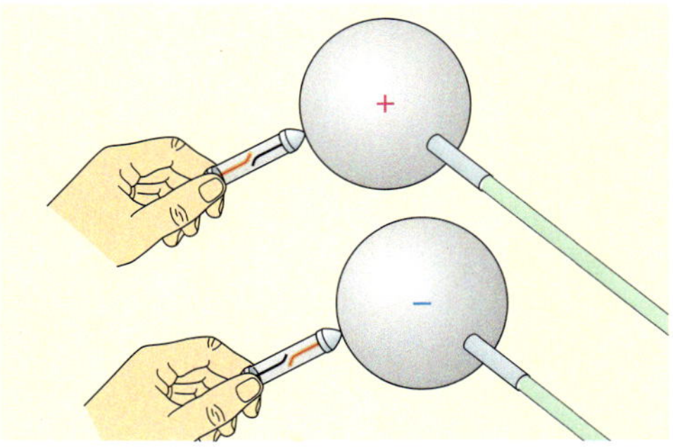

B4 Untersuchung mit der Glimmlampe

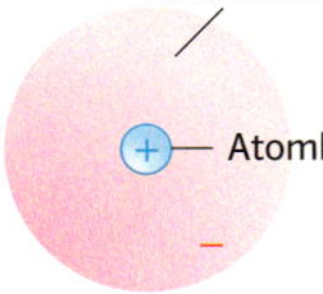

B1a) neutrales Atom

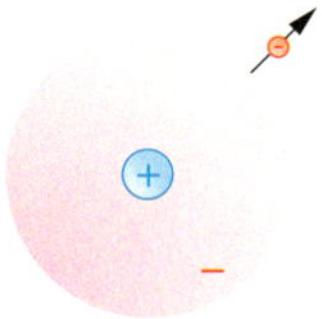

B1b) positives Ion, Elektron verlässt Hülle

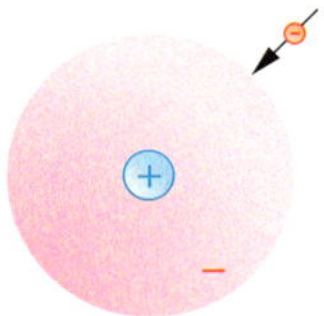

B1c) negatives Ion, Elektron tritt in Hülle ein

Der Aufbau der Stoffe Um Ladungstrennung und Ladungsübertragung zu verstehen, ist es nötig, den inneren Aufbau der Stoffe genauer zu betrachten. Alle Stoffe bestehen aus Atomen, jedes Atom aus einem Atomkern und einer Atomhülle. Im Atomkern befinden sich unter anderem Protonen, in der Atomhülle Elektronen. Diese beiden Teilchen sind jeweils Träger der kleinsten in der Natur vorkommenden Ladung. Man bezeichnet sie als **Elementarladung *e*.**

In der Kernphysik (vergleiche S. 79) ordnet man den Teilchen, aus denen Protonen und Neutronen bestehen, auch Bruchteile dieser Ladung zu. Diese sogenannten Quarks besitzen eine Ladung von $2/3\,e$ bzw. $-1/3\,e$. Jedoch kommen einzelne Quarks in der Natur nicht in einem stabilen Zustand vor.

Die Ladung eines Elektrons ist negativ, die eines Protons positiv. Ein Atom ist elektrisch neutral, denn es enthält im Kern ebenso viele Protonen wie Elektronen in der Hülle. Verlässt allerdings ein Elektron die Hülle, so ist der verbleibende „Atomrumpf" (Ion) positiv geladen. Wird dagegen ein zusätzliches Elektron eingefangen, so ist das jetzt entstandene Ion negativ geladen (→**B1**).

Positiv elektrisch geladene Körper haben während der Berührung mit einem anderen Körper Elektronen abgegeben, auf ihnen herrscht Elektronenmangel. Negativ elektrisch geladene Körper haben Elektronen aufgenommen, auf ihnen herrscht ein Elektronenüberschuss.

● **Die elektrische Ladung eines Körpers gibt an, wie groß der Elektronenmangel oder der Elektronenüberschuss ist.**

Als Formelzeichen für die physikalische Größe elektrische Ladung wird Q (engl. quantity = Menge) verwendet. Die Einheit ist 1 Coulomb (1 C): $[Q] = 1\,\text{C} = 1\,\text{As}$. Sie wurde nach dem französischen Physiker **Charles Augustin de Coulomb** (1736 – 1806) benannt.

Die elektrische Ladung eines Körpers ist allerdings nicht beliebig teilbar, sie ist immer ein Vielfaches der Elementarladung *e*. Diese Elementarladung beträgt $1{,}6 \cdot 10^{-19}\,\text{C}$. Bei einem Blitz wird eine Ladung von durchschnittlich 30 C, maximal bis zu 100 C, transportiert. Eine solch große Ladung tritt bei den uns bekannten Experimenten jedoch nicht auf. Stoßen sich zwei gleich geladene Kugeln (Entfernung 1 m) mit einer Kraft von 1 N ab, so hat jede Kugel eine Ladung von etwa 0,000 01 C.

Physik überall

Charles Augustin de Coulomb (1736 – 1806)

Charles Augustin de Coulomb (1736 – 1806)

Eigentlich war Charles Augustin de Coulomb Offizier der technischen Truppen des französischen Heeres und unter anderem verantwortlich für Festungsbauten. Diese Arbeit befriedigte ihn aber zunehmend weniger, deshalb wandte er sich wissenschaftlichen Arbeiten auf dem Gebiet der Physik zu. Dafür besaß er gute Voraussetzungen, hatte er doch vor Eintritt in den Heeresdienst in Paris Mathematik und Naturwissenschaften studiert.

Besonders interessierten Coulomb die gegenseitige Anziehung bzw. Abstoßung elektrisch geladener Körper. Beeindruckt von den Arbeiten Isaac Newtons zur Massenanziehung verfolgte er zielstrebig die Idee, den Zusammenhang zwischen dem Abstand der elektrisch geladenen Körper und den wirkenden Kräften zu untersuchen. Eigens für diese Untersuchungen entwickelte er eine Drehwaage, ein Messgerät für die nur sehr kleinen elektrischen bzw. magnetischen Kräfte. Im Jahre 1785 konnte er folgenden Zusammenhang feststellen: Verdoppelt sich der Abstand der geladenen Körper, so sinkt die Kraft zwischen ihnen auf ein Viertel des ursprünglichen Wertes.

Coulombs Untersuchungen brachten ihm Anerkennung, militärische Beförderungen und die Mitgliedschaft in der französischen Akademie der Wissenschaften. Für die Elektrizitätslehre begann damit eine neue Periode, das bloße Beobachten von Phänomenen wurde durch exaktes Messen bereichert. Auch auf diesem Gebiet der Physik war es jetzt möglich, die Beziehung zwischen verschiedenen Größen mathematisch exakt zu beschreiben. Die Arbeiten wurden in den folgenden Jahrzehnten unter anderem durch Oersted, Ampère und Weber fortgesetzt.

Elektrische Ladung und elektrischer Strom

V1 Lädt man zwei isoliert aufgestellte Metallplatten mit Hilfe eines Hochspannungsnetzgerätes unterschiedlich auf, so zeigen Elektroskope an, dass beide Platten geladen sind (→**B1**). Unterbricht man die Verbindungen zum Hochspannungsnetzgerät, so bleibt die Ladung längere Zeit erhalten.

V2 Wiederholt man den Versuch 1, berührt aber nun nach Lösen der Verbindungen zum Hochspannungsnetzgerät die Platten nacheinander abwechselnd mit einer kleinen Metallkugel, so stellt man fest, dass der Ausschlag des Elektroskops langsam zurückgeht. Die Platten werden entladen.

V3 Versucht man die Platten mit Hilfe eines ungeladenen Kunststoffstabes zu entladen, so gelingt dies nicht. Verbindet man jedoch die beiden Platten mit einem Metallkabel, so geht der Ausschlag der Elektroskope schlagartig zurück.

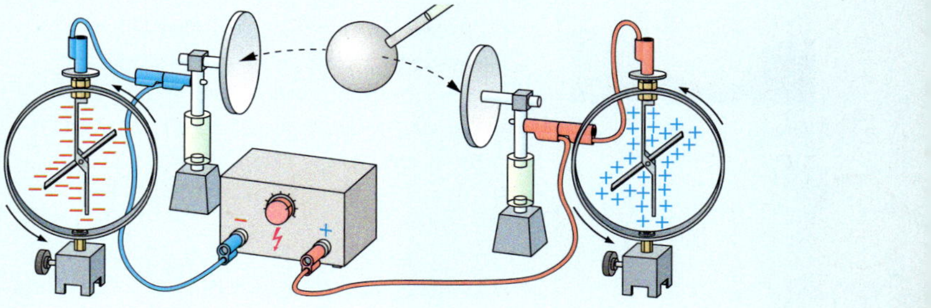

B1

Ladungsausgleich Bringt man zwischen zwei unterschiedlich geladene Körper (z. B. zwei Metallkugeln) eine leichte, elektrisch geladene Kugel mit metallischer Oberfläche, so treten auch bei diesem Versuch Anziehungs- und Abstoßungskräfte auf (→**B2**). Ist die Kugel negativ geladen, so wird sie von der positiv geladenen Metallkugel angezogen und berührt diese sogar kurzzeitig. Bei dieser Berührung kommt es zum Ladungsausgleich und zum erneuten Aufladen der Kugel, jetzt ist sie allerdings positiv geladen. Sie schwingt zur negativ geladenen Kugel und wird dort wiederum umgeladen. Dieser Vorgang vollzieht sich mehrfach, dabei nimmt die Ladung der Metallkugeln immer mehr ab, da durch die bewegliche Kugel Ladung transportiert wird.

Elektrischer Strom Ladungsausgleich erfolgt auch, wenn man die beiden Kugeln durch einen metallischen Leiter verbindet. Nach einiger Zeit ist auf beiden Kugeln keine Ladung mehr nachweisbar. Im Leiter befinden sich frei bewegliche Elektronen, die von der positiv geladenen Kugel angezogen werden. Gleichzeitig fließen von der negativ geladenen Kugel Elektronen nach, im Leiter fließt ein **elektrischer Strom** (→**B3**).

Ein elektrischer Strom ist die gerichtete Bewegung von Ladungsträgern. Aus historischen Gründen ist die technische Stromrichtung von Pluspol zu Minuspol festgelegt, also genau entgegensetzt zur Bewegungsrichtung der Elektronen. Die elektrische **Stromstärke** I gibt an, wie viel Ladung Q in einer bestimmten Zeit t durch den Leiterquerschnitt fließt:

$$\text{Stromstärke} = \frac{\text{Ladung}}{\text{Zeit}};\ I = \frac{Q}{t}.$$

Die Einheit der elektrischen Stromstärke ist 1 Ampere (1 A): 1 A = 1 C/s.

$[I]$ = 1 A (Ampere) = 1 C/s

Beispiele für Stromstärken:

Leuchtdiode	20 mA
60-W-Glühlampe	0,3 A
Waschmaschine	10 A
Elektrolok	500 A
Blitz	10 – 200 kA

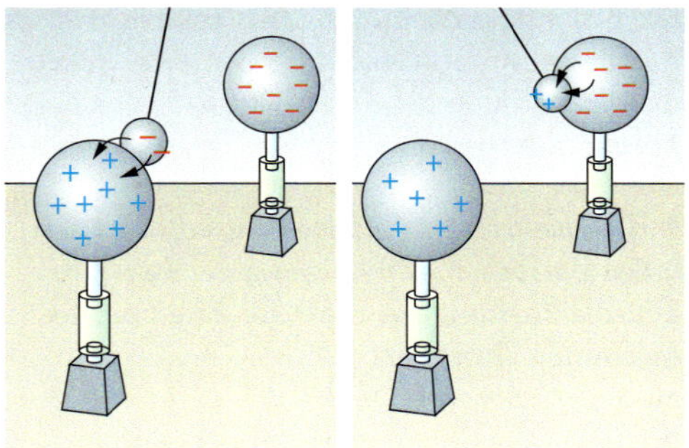

B2 Ladungsausgleich durch eine Kugel

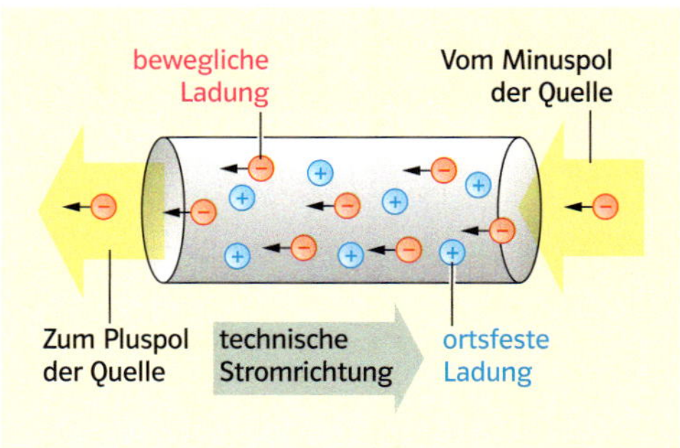

B3 Entstehen eines elektrischen Stromes

Das elektrische Feld

B1

V1 Eine biegsame Kunststofffolie wird kräftig gerieben und über lange, frisch gewaschene Haare gehalten (→**B1**). Biegt man die Folie durch, ändert sich auch die Richtung, in die die Haare sich sträuben.

V2 Auf eine Glasplatte mit aufgeklebten Elektroden streuen wir Kunststoffspäne. Die Elektroden sind mit einer geeigneten elektrischen Quelle verbunden (→**B2**). Die Kunststoffspäne ordnen sich zu bestimmten Linienbildern.

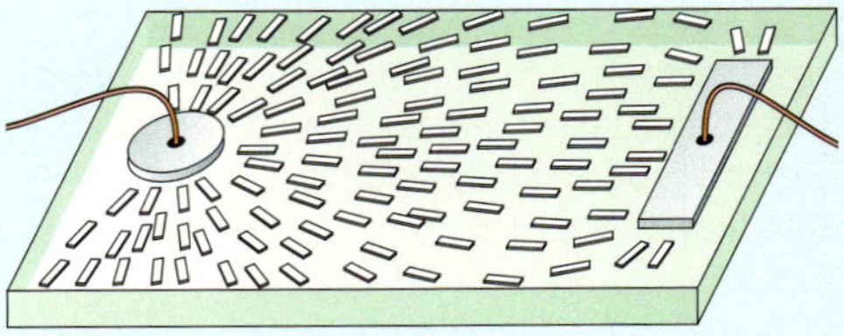

B2

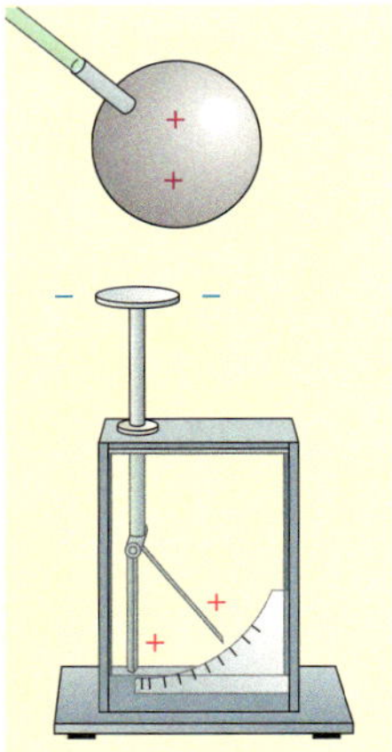

B3 Influenz

Die Umgebung geladener Körper Geladene Körper üben Kräfte aufeinander aus, ohne sich zu berühren. Die Kraftwirkung nimmt mit der Entfernung der Körper ab. Wir stellen fest, dass geladene Körper ihre Umgebung so verändern, dass auf andere geladene Körper Kräfte ausgeübt werden. Diesen Wirkungsbereich nennen wir **elektrisches Feld.**

● **Der Wirkungsbereich in der Umgebung elektrischer Ladung, in dem auf andere Ladungen Kräfte ausgeübt werden, nennt man elektrisches Feld.**

Bringen wir eine geladene Kugel in die Nähe eines Elektroskopes, ohne es zu berühren, so schlägt der Zeiger aus. Entfernen wir die Kugel, so geht der Zeigerausschlag wieder zurück. Wir erklären uns das so: Durch das elektrische Feld der Kugel wird Ladung im Elektroskop getrennt. Ist die Kugel z. B. positiv geladen, so wird von ihrem Feld negative Ladung im Elektroskop zur Kugel hingezogen (→**B3**). In dem weiter von der Kugel entfernten Stab und Zeiger des Elektroskops überwiegt nun positive Ladung. Sie wird durch einen Zeigerausschlag angezeigt. Man spricht von einer **Influenz** (lat. Beeinflussung) durch das Feld.

● **Bei der Influenz werden in einem Leiter durch ein elektrisches Feld positive und negative Ladung getrennt.**

In **Leitern** lässt sich Ladung durch ein elektrisches Feld leicht verschieben, so dass sich positive bzw. negative Ladung an entfernten Stellen des Leiters getrennt ansammeln können. Bei **Nichtleitern** ist durch Influenz keine Ladungstrennung möglich, denn ihre Ladung ist nicht beweglich. In einem elektrischen Feld erfolgt nur eine Ladungsverschiebung innerhalb kleiner Bereiche des Nichtleiters. Dadurch kommt es im elektrischen Feld zur Ausrichtung von Kunststoffspänen oder Grießkörnern (→**B4**), ähnlich der von kleinen Magneten im Magnetfeld.

Man veranschaulicht das elektrische Feld eines geladenen Körpers durch gedachte **Feldlinien,** die die Richtung der Kraft auf positiv geladene Körper anzeigen.

● **Das elektrische Feld lässt sich durch Feldlinien darstellen. Die Richtung der Feldlinie gibt die Richtung der Kraft auf einen positiv geladenen Körper an.**

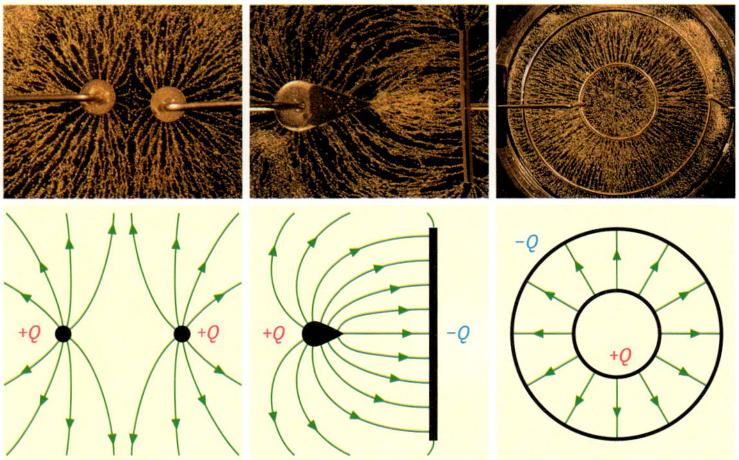

B4 Elektrische Felder bei verschiedenen Anordnungen der Ladung

A1 Woran erkennt man, dass ein Körper durch Influenz geladen worden ist?

Feldlinien Wenn sich ein Körper in einem auf ihn wirkenden Feld befindet (z. B. eine Ladung im elektrischen Feld oder ein Probemagnet im Magnetfeld) so wirkt in jedem Punkt des Feldes eine Kraft auf ihn. Diese Kräfte kann man nicht sehen, deshalb veranschaulicht man sie durch ein Modell, das sogenannte **Feldlinienmodell.**

In **B1** rechts sind sie durch Grießkörner veranschaulicht. Grießkörner haben, wie auch die Kunststoffspäne aus **V2**, die Eigenschaft, dass sie sich im elektrischen Feld ausrichten (ähnlich wie Eisenspäne im Magnetfeld). In **B1** sind die Feldlinien eines elektrischen Feldes zwischen zwei unterschiedlich geladenen Platten dargestellt.

Die Richtung der Pfeile ist festgelegt: Bringt man ein positiv geladenes Teilchen an den Punkt A, dann erfährt es eine Kraft in Pfeilrichtung. Im Punkt B erhält man die Richtung der Kraft (nicht der Bewegungsrichtung!) auf eine positive Ladung, indem man eine Tangente an die Feldlinie durch B zeichnet und die Pfeilrichtung übernimmt.

Natürlich gibt es für C, wie für alle Punkte, eine Feldlinie, die durch C geht. Wenn man alle Feldlinien zeichnen würde, wäre die Skizze allerdings komplett grün.

Nun hilft uns die folgende Überlegung weiter: Feldlinien können sich nicht schneiden, denn an einem Schnittpunkt gäbe es sonst zwei Kräfte in verschiedene Richtungen an einem Punkt. Dies kann nicht sein.

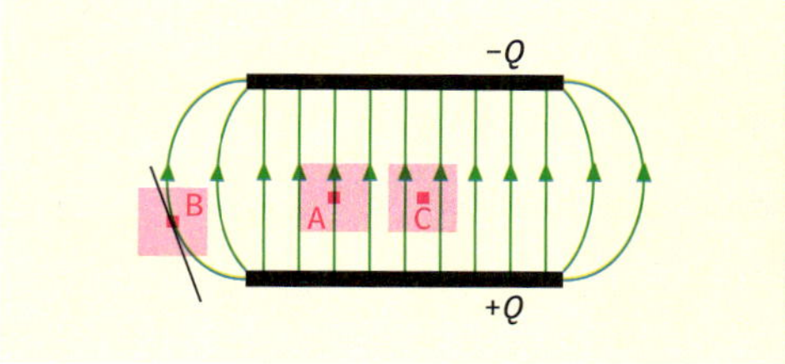

B1

Dadurch ist der Verlauf der Feldlinie durch C durch die gezeichneten „Nachbarlinien" eingeschränkt, man kann sich ihren Verlauf also denken.

● **Feldlinien können sich nie schneiden, sie zeigen an jedem Punkt in eine eindeutige Richtung. Diese Richtung zeigt**
- **im Magnetfeld an, in welche Richtung die Kraft auf einen magnetischen Nordpol wirkt.**
- **im elektrischen Feld an, in welche Richtung die Kraft auf einen positiv geladenen Körper wirkt.**
- **Bereiche eines Feldes, in denen Feldlinien mit gleichem Abstand parallel verlaufen, bezeichnet man als homogenes Feld.**

A1 Denke dir die geladenen Platten in **B1** weg. Die Feldlinien seien die Feldlinien eines **a)** magnetischen Feldes **b)** elektrischen Feldes. Du setzt nacheinander verschiedene bewegliche Körper an die Stelle A. Mit welcher Eigenschaft erfahren sie eine Kraft in welche Richtung? Notiere alle möglichen Fälle.

Feldlinienbilder und Kraftbeträge

Physik überall

Aus einem Feldlinienbild kann man nur etwas über die Richtung und den Angriffspunkt einer Kraft aussagen, nicht aber über ihren Betrag. Um wenigstens Wertevergleiche in einem Feldlinienbild zu dokumentieren, kann man sie nach der folgenden Regel zeichnen: Je mehr Feldlinien durch eine Vergleichsfläche (z. B. 1 cm^2) gezeichnet werden, umso größer sind das Kraftfeld in diesem Bereich und die daraus resultierenden Kräfte (→**B2**). Durch die Vergleichsfläche bei C verläuft nur eine Feldlinie, in der durch B zwei, durch A drei. Die Kraft auf den gleichen Körper ist somit in A am größten und in C am kleinsten.

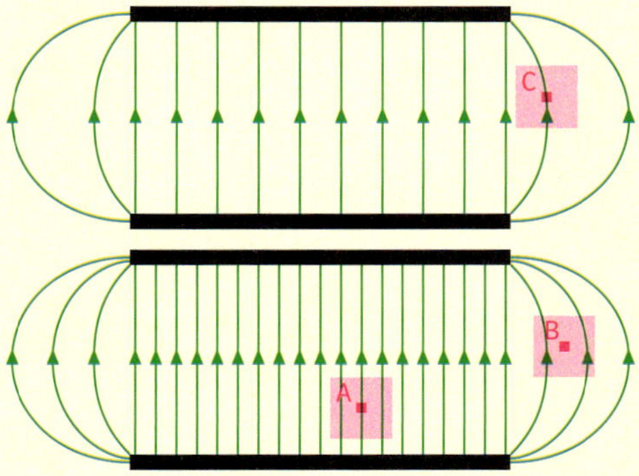

B2

extra

Physik überall

Anwendungen in der Technik

B1 Kabelabschirmung

Schutz vor elektrischen Feldern Befindet sich ein Elektroskop unter einem Metallkäfig, so schlägt es nicht aus, wenn wir ihm einen geladenen Körper nähern. Der Drahtkäfig schirmt das elektrische Feld aller Ladungen ab, die sich außerhalb befinden. Deshalb ist man auch im Inneren eines Autos (→**B2**) oder eines Drahtkäfigs vor Blitzen geschützt.

Der englische Forscher **Michael Faraday** setzte sich 1836 als erster in einen solchen **Faraday-Käfig** und demonstrierte seine abschirmende Wirkung. Übertragungskabel für elektronische Messgeräte, Antennen und Computer sind mit einem Drahtgeflecht umgeben. Dadurch werden Störungen durch äußere elektrische Felder abgeschirmt (→**B1**).

B2 Sicher vor Blitzschlag im Faraday-Käfig

Rauchgasreinigung im elektrischen Feld
Die Abgase von Verbrennungskraftwerken enthalten viele Verunreinigungen. In elektrischen Luftreinigern (→**B3**) werden bis zu 99,75 % der Rauchteilchen herausgefiltert.

Die Abgase müssen dabei, bevor sie aus dem Schornstein ins Freie gelangen, in einem vielfach gewundenen Weg durch ein Filter strömen. In diesem besteht ein sehr starkes elektrisches Feld zwischen Sprüh- und Niederschlagselektroden. Die Rauchteilchen werden dabei elektrisch so geladen, dass sie von den Niederschlagselektroden angezogen werden. Dort geben sie ihre Ladung wieder ab und fallen als Staubteilchen herunter.

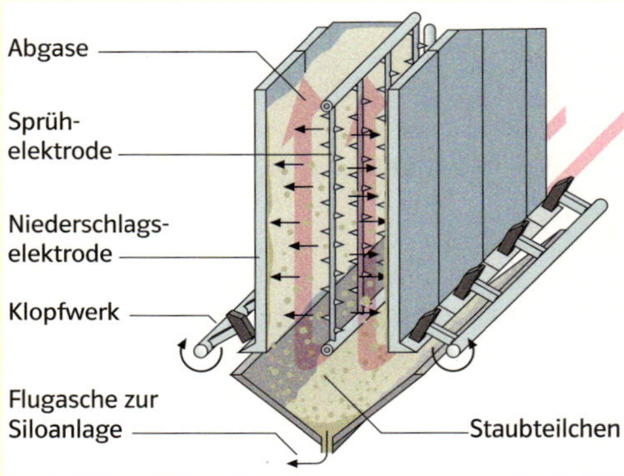

B3 Elektrische Reinigung von Rauchgas; es entsteht Staub, der zu Asche verdichtet wird.

Teilchenbeschleuniger Um in kleinere Dimensionen vordringen zu können, benötigt man Elektronen- oder Atomstrahlen hoher Energie. Diese werden in sogenannten Teilchenbeschleunigern (→**B4**) erzeugt. Ein **Teilchenbeschleuniger** ist ein Gerät, in dem geladene Teilchen (z. B. Elementarteilchen, Atomkerne oder ionisierte Atome und Moleküle) durch elektrische Felder auf große Geschwindigkeiten beschleunigt werden. In magnetischen Feldern werden diese Teilchen abgelenkt und so auf Kreisbahnen gebracht. Durch immer wiederkehrende Beschleunigungen können Teilchen für manche Anwendungen fast die Geschwindigkeit von Licht erreichen. In Experimenten im Hamburger DESY oder im Europäischen Forschungsinstitut CERN bei Genf werden so kleinste Strukturen für die Grundlagenforschung in der Teilchenphysik untersucht. Nebenprodukte dieser Forschungen liefern aber auch Anwendungen in der medizinischen Strahlendiagnostik und Strahlenbehandlung.

B4 Teilchenbeschleuniger in Hamburg

1 Begriffe
Was versteht man unter
- Elektroskop?
- Ladungsart?
- technischer Stromrichtung?
- Elektronenstromrichtung?
- elektrischem Feld?
- Feldlinien?

2 Beobachtungen
Was beobachtet man, wenn
- zwei unterschiedlich geladene Körper sich nähern?
- zwei gleich geladene Körper sich nähern?
- man verschiedene Leiter aneinander reibt?
- man verschiedene Isolatoren (z. B. Glasstab, Wolle) aneinander reibt?
- einen geladenen Körper in ein elektrisches Feld bringt?

3 Erklärungen
Wie lässt sich erklären, dass
- beim Reiben von Isolatoren Ladungen getrennt werden?
- geladene Körper im elektrischen Feld beschleunigt werden?

4 Gesetzmäßigkeiten
Beschreibe mit eigenen Worten
- welche Regeln beim Zeichnen von Feldlinien beachtet werden müssen.
- wie man die Kraftrichtung auf geladene Körper in einem elektrischen Feld ermitteln kann.

Erläutere die Erscheinungen in den folgenden Bildern und beantworte die Fragen.

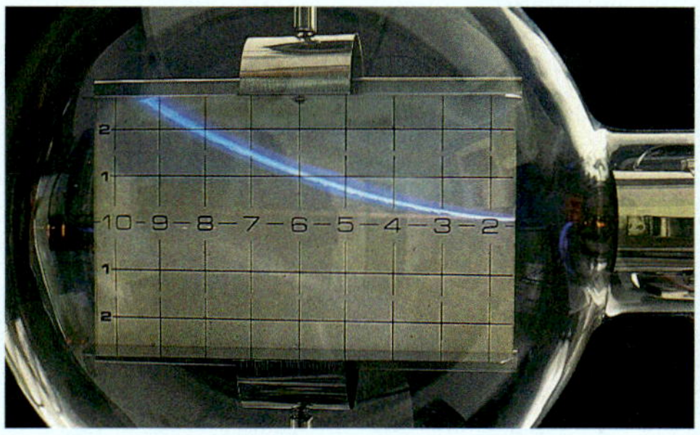

B1 Wie muss das elektrische Feld gerichtet sein, damit der Elektronenstrahl so abgelenkt wird?

B2 Wie erreicht man diese Anziehung?

B3 Lassen sich diese Stoffe elektrisch laden?

B4 Muss die Person um ihr Leben fürchten?

B5 Erkläre!

B6 Wozu dient das Drahtgeflecht?

Heimversuche

1 Ballonzauber Binde zwei aufgeblasene Luftballons mit einem etwa 1 m langen Faden zusammen. Bitte eine zweite Person, die Ballons so zu halten, dass sie nahe beieinanderliegen. Lade sie jetzt durch Reiben mit einem Wolllappen auf! Sie stoßen sich gegenseitig ab.

2 Wassermagie Reibe einen Kunststoffkamm mit einem Wolltuch und halte ihn in die Nähe eines dünnen Wasserstrahls. Dieser Strahl wird ein wenig in Richtung zum Kamm hin abgelenkt (→**B1**). Kannst du diese Erscheinung erklären?

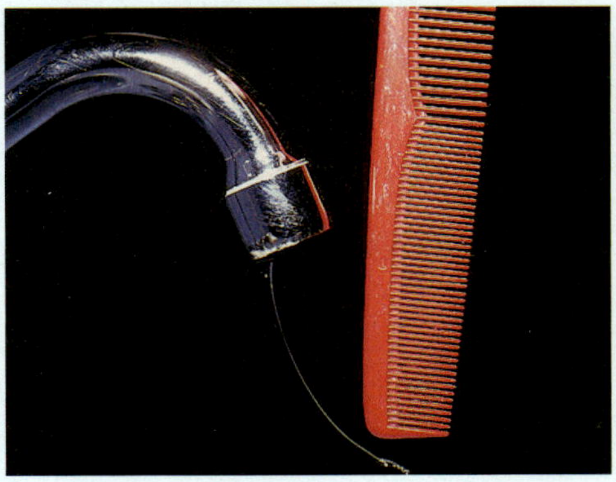

B1

Fragen

Elektrische Ladung

1 Zähle auf, welche Arten von elektrischer Ladung es gibt. Wie unterscheiden sie sich?

2 Mit einer Glimmlampe werden die geladene Kugel des Bandgenerators (→**B4**) und ein großes aufgeladenes Kunststofflineal nacheinander an mehreren Stellen berührt. Beim Berühren der Kugel leuchtet sie nur einmal auf, beim Lineal mehrmals. Begründe!

B4 Bandgenerator

3 Warum kann es passieren, dass man beim Berühren der Autotür einen leichten, aber deutlich spürbaren elektrischen Schlag erhält?

4 Die Produktion von elektronischen Bauelementen und Geräten findet unter besonderen Bedingungen statt. So tragen die Arbeiter spezielle Kleidung und sind leitend mit der Erde verbunden.
a) Warum sind diese Maßnahmen notwendig?
b) Sieh dir die Abbildung **B2** genau an! Die Qualitätsprüferin trägt eine rote Manschette an ihrem linken Handgelenk. Wozu dient diese?

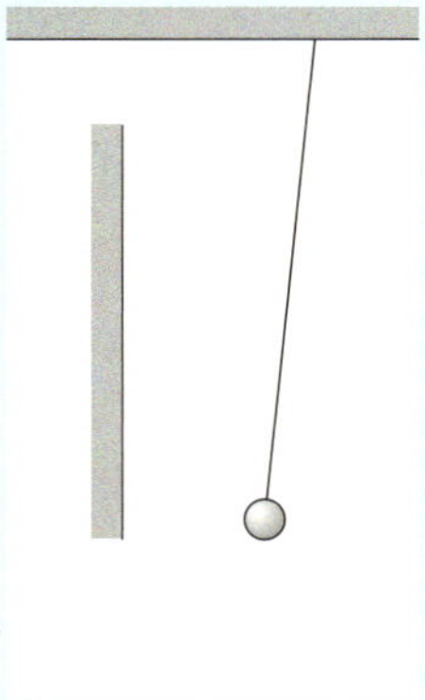

B5 Zu Frage 9

B2

Elektrisches Feld

5 Skizziere das Feldlinienbild für die Umgebung zweier Kugeln, wenn diese
a) gleichartig und **b)** unterschiedlich aufgeladen sind.

6 Wo existieren in den unten stehenden Abbildungen (→**B3**) homogene elektrische Felder, wo sind sie inhomogen?

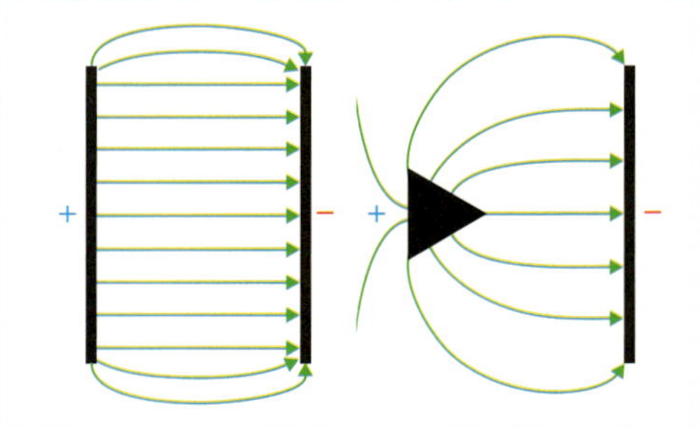

B3

7 Erkläre, warum sich Grießkörner in einem starken elektrischen Feld zu Ketten anordnen.

8 a) Warum schneiden sich elektrische Feldlinien nicht?
b) Wie lässt sich nachweisen, dass das elektrische Feld zwischen zwei parallelen Metallplatten homogen ist? Beschreibe alle möglichen Schwierigkeiten.

9 Eine geladene Kugel hängt an einem langen Faden vor einer neutralen Metallplatte (→**B3**). Weshalb wird die Kugel ausgelenkt?

10 Kann man ein Elektroskop zum Ausschlag bringen, ohne es zu berühren? Überlege dir mehrere Möglichkeiten.

Elektromagnetismus

Der Dynamo – eine elektrische Quelle 1879 hat der Amerikaner Edison die Glühlampe zur Serienreife entwickelt. Sie hätte wohl nie eine so große Bedeutung erreicht, wenn es nicht gleichzeitig gelungen wäre, leistungsfähige elektrische Quellen zu entwickeln – die Generatoren. Generatoren stehen heute in jedem Elektrizitätswerk. Auch im „Kleinformat" findest du einen Generator im Dynamo am Fahrrad.

Wie funktionieren Generatoren? Einen Hinweis darauf erhältst du, wenn du ein Messgerät, das den Nullpunkt in der Skalenmitte hat, an den Dynamo anschließt. Die Anschlüsse sind die Kontaktklemme am unteren Ende und irgendeine Stelle am Gehäuse des Dynamos. Beobachte das Messgerät, während du langsam am Antriebsrad drehst.

Eine Schachtel als elektrische Quelle Eine Glühlampe ist nur mit einer Spule verbunden. Diese Spule hat keine Verbindung zu einer elektrischen Quelle. Trotzdem leuchtet das Lämpchen.

Die Lösung des Rätsels verbirgt sich in der Schachtel. Wie ihr Inhalt das Lämpchen zum Leuchten bringt, erfährst du in diesem Kapitel.

Elektromotoren

V1 Ein drehbar gelagerter Stabmagnet befindet sich vor einem Elektromagneten. Mit einem Drückschalter lässt sich der Strom im Elektromagneten ein- und ausschalten (→**B1a**). Bei geschlossenem Stromkreis dreht sich der Stabmagnet.

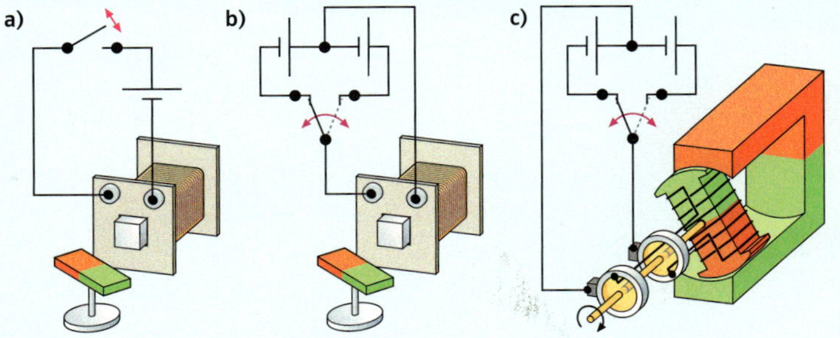

B1

V2 Statt des Drückschalters verwenden wir einen Umschalter und eine zweite Quelle (→**B1b**). Damit lässt sich auch die Richtung des Stromes umkehren. Der Stabmagnet dreht sich, beim Schalten im richtigen Takt, fortlaufend. Der Versuch lässt sich auch mit einem drehbar gelagerten Elektromagneten im Feld eines Dauermagneten durchführen (→**B1c**). Die Anschlüsse zwischen Quelle und Elektromagnet werden über zwei getrennte Schleifringe hergestellt.

V3 Wird ein Ring aus zwei getrennten Hälften anstatt der zwei Schleifringe eingebaut, entfällt die Umschaltung der Richtung des Stromes mit der Hand (→**B2**). Der Elektromagnet dreht sich immer in die gleiche Richtung.

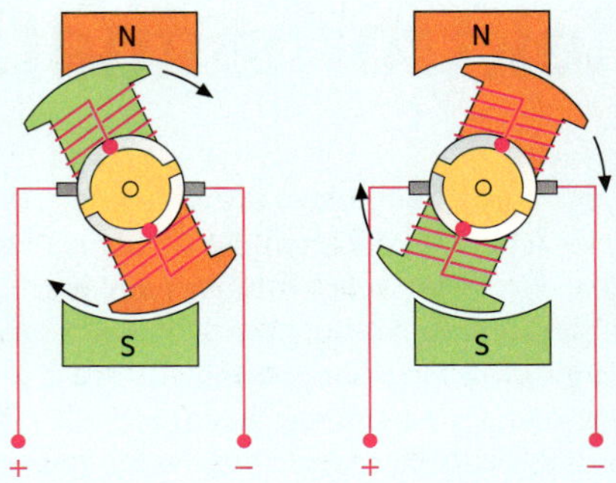

B2

Aufbau eines Elektromotors Ein einfacher Elektromotor besteht aus einem Dauermagneten und einem Elektromagneten, der sich im Feld des Dauermagneten dreht (→**B3** und **B4**). Der drehbare Magnet heißt **Anker** und der Dauermagnet heißt **Feldmagnet**. Der Anker ist über zwei Schleifkontakte mit der elektrischen Quelle verbunden. Die Schleifkontakte berühren zwei gegeneinander isolierte Halbringe, die fest mit der Achse des Ankers verbunden sind. Die beiden Anschlüsse der Spule sind mit je einer Ringhälfte verbunden. Diese als Umschalter für die Richtung des Stromes wirkende Anordnung heißt **Kommutator**.

B3

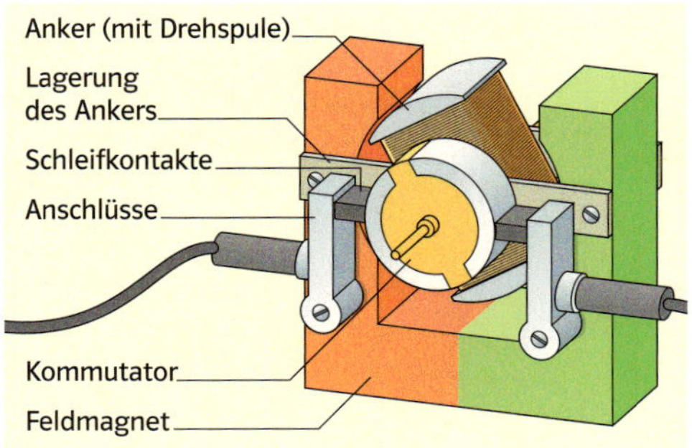

B4 Hauptbestandteile eines Elektromotors

● **Beim Elektromotor dreht sich ein Elektromagnet im Magnetfeld eines anderen Magneten. Ein Umschalter ändert während der Drehung die Stromrichtung.**

Wie arbeitet ein Elektromotor? Wird der Anker eines Elektromotors mit einer elektrischen Quelle verbunden, so verhält er sich wie ein Stabmagnet. Welcher Magnetpol an welchem Ende des Ankers entsteht, hängt von der Stromrichtung in der Spule ab. Im Feld des Dauermagneten bewegt sich der Anker, weil sich ungleichnamige Pole von Dauermagnet und Anker anziehen und weil sich gleichnamige Pole abstoßen (siehe **B1a** auf der nächsten Seite).

Die Drehung müsste aufhören, wenn sich ungleichnamige Pole gegenüberstehen. Nun liegen aber in dieser Stellung die Schleifkontakte gerade auf dem Nichtleiter zwischen den Halbringen des Kommutators (→**B1b** auf der nächsten Seite). Der Stromkreis ist unterbrochen, so dass in dieser Stellung keine Magnetkräfte mehr wirken. Der Anker dreht sich wegen seiner Trägheit weiter. Dadurch berühren die Schleifkontakte jeweils die andere

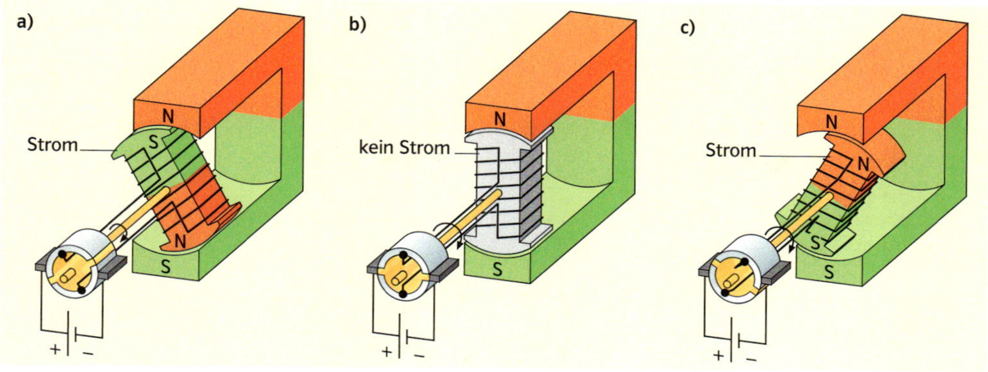

B1 Zur Wirkungsweise des Kommutators

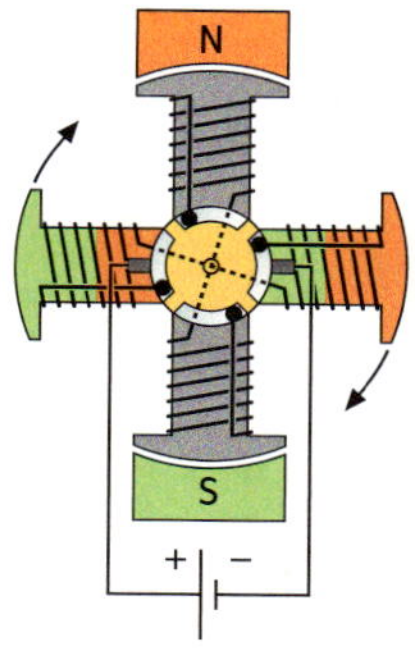

B2 Vierpoliger Anker

Hälfte des Kommutators. Der Stromkreis ist wieder geschlossen, nun aber mit umgekehrter Richtung des Stromes in der Spule. Der vorher mit dem Pluspol der Quelle verbundene Halbring ist jetzt mit dem Minuspol verbunden. Auch der Anschluss des zweiten Halbringes hat sich verändert (→**B1c**). Entsprechend ändern sich die Magnetpole des Ankers. Gegenüber dem Dauermagneten werden nun abstoßende Kräfte wirksam, der Anker dreht sich weiter.

Nach jeder halben Drehung ergibt sich wieder eine Lage wie in **B1a**. Der Vorgang beginnt von Neuem. Der Anker dreht sich fortlaufend in eine Richtung. Wird bei der Stellung von **B1b** der Strom eingeschaltet, so läuft der Motor nicht an. Nimmt man zwei Elektromagnete und einen Kommutator mit vier Viertelringen – je zwei für einen Elektromagneten –, so läuft er auch in dieser Lage an (→**B2**). Je mehr Pole der Anker hat, desto besser startet und läuft er. Motoren in der Technik haben meist Anker mit wesentlich mehr als zwei Elektromagneten. Sie heißen **Trommelanker** (→**B3**).

● **Beim Elektromotor werden Kräfte zwischen Magnetpolen ausgenutzt. Ein drehbarer Elektromagnet wird dabei – je nach Stellung gegenüber einem festen Magneten – so gepolt, dass durch anziehende bzw. abstoßende Kräfte eine andauernde Drehbewegung entsteht.**

A1 Wodurch wird erreicht, dass auf den Anker stets eine die Drehung in gleiche Richtung fortsetzende Kraft einwirkt?

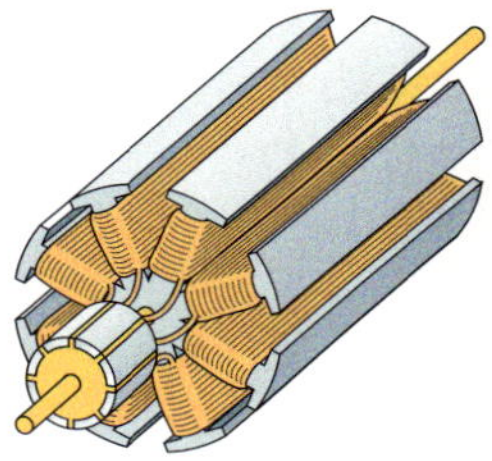
B3 Ein Trommelanker

extra

Physik überall

Elektromotoren ohne Dauermagnete

Die Stärke eines Dauermagneten reicht nicht, um das Magnetfeld für große und starke Motoren zu erzeugen. Bei solchen Motoren werden statt Dauermagneten Elektromagnete als Feldmagnete verwendet. Die Spule eines solchen Feldmagneten kann mit der Spule des Ankers in Reihe oder parallel geschaltet werden (→**B4**).

Vertauscht man die Anschlüsse zur Quelle, ändert sich die Drehrichtung der Motoren in beiden Fällen nicht: Die Pole werden beim Feldmagneten wie beim Ankermagneten gleichzeitig umgekehrt. Der Drehsinn der Motoren ist daher von der Polung der Anschlüsse unabhängig. Sie laufen also auch mit Wechselspannung und heißen deshalb **Allstrommotoren**.

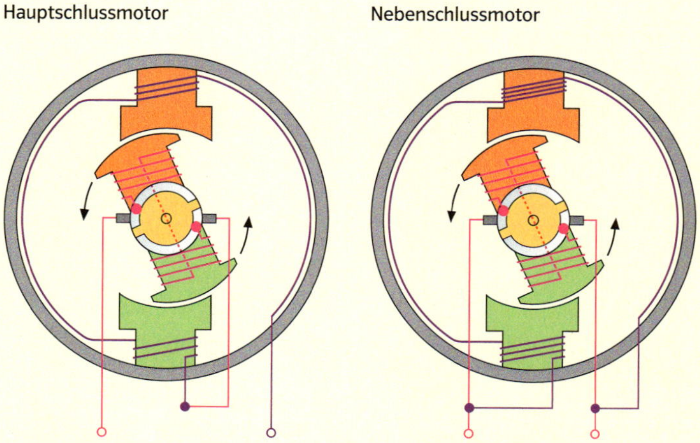

B4 Reihen- und Parallelschaltung von Anker und Feldmagnet

Die elektromagnetische Induktion

V1 Wir verbinden die Anschlüsse eines Elektromotors mit einer passenden elektrischen Quelle: Die Motorachse dreht sich.

Verbinden wir die Anschlüsse eines Elektromotors dagegen mit einer kleinen Glühlampe oder mit einem Messgerät für die Spannung und drehen schnell am Anker des Motors, so leuchtet die Glühlampe auf, das Messgerät zeigt eine Spannung an (→**B1**).

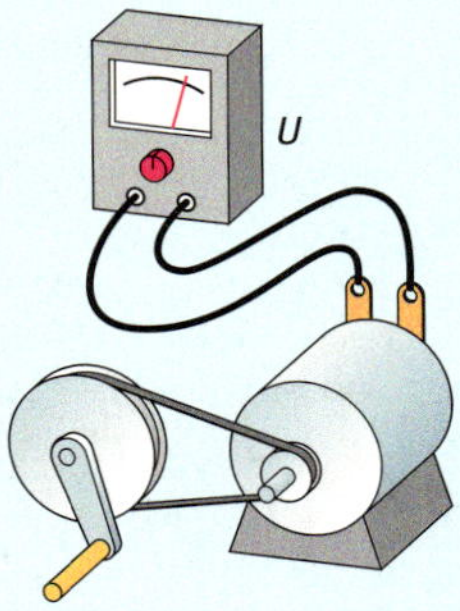

B1

V2 Wir legen einen Stabmagneten der Länge nach in eine Spule. Die Anschlüsse der Spule verbinden wir mit einem empfindlichen Spannungsmessgerät (→**B3**). Der Zeiger des Messgerätes bewegt sich erst, wenn wir den Magneten bewegen. Die Richtung des Zeigerausschlags und damit die Polung der Spannung hängen sowohl von der Bewegungsrichtung des Magneten als auch von der Lage von Nord- und Südpol ab.

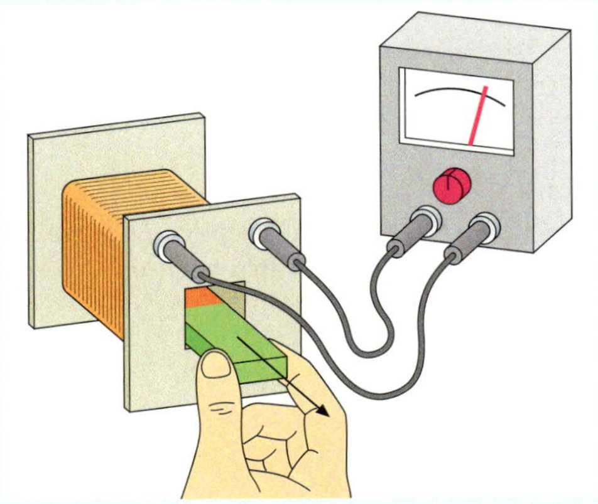

B3

Es entsteht auch dann eine Spannung zwischen den Enden der Spule, wenn wir den Magneten relativ zur Spule oder die Spule relativ zum Magneten hin und her bewegen oder drehen.

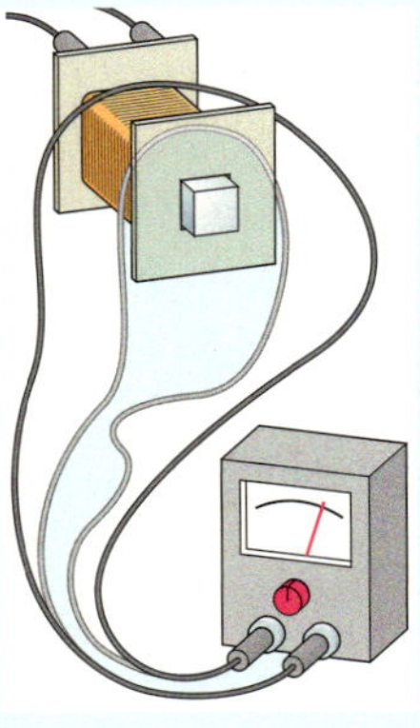

B2

V3 Wir bewegen einen Elektromagneten vor einer Spule. Das Messgerät zeigt wieder eine Spannung an, gleichgültig, ob der Elektromagnet oder die Spule bewegt wird.
Die Spannung wird größer durch
- größere Geschwindigkeit beim Bewegen,
- höhere Windungszahl bei der Spule,
- ein stärkeres Magnetfeld des Elektromagneten.

V4 Ein Elektromagnet steht neben einer Spule mit Messgerät. Der Elektromagnet ist an ein regelbares Netzgerät angeschlossen.

Wird die Stromstärke im Elektromagneten erhöht oder verringert, so zeigt das Messgerät eine Spannung an. Der Betrag dieser Spannung hängt zusätzlich von der Stellung der Spule zum Elektromagneten ab. Er ist am größten, wenn die Achsen von Spule und Elektromagnet zusammenfallen.

V5 Wir schließen ein wie eine Schaukel bewegliches Leiterstück an eine Quelle an (→**B4a**). Der untere Teil der „Leiterschaukel" befindet sich in einem Magnetfeld. Sobald der Stromkreis geschlossen wird, wird die Leiterschaukel ausgelenkt.

Ersetzen wir die Quelle durch ein empfindliches Messgerät (→**B4b**), so zeigt es eine Spannung an, wenn sich die Leiterschaukel bewegt. Wir beobachten, dass sich die Polung der Spannung umkehrt, wenn sich die Bewegungsrichtung der Leiterschaukel im Magnetfeld umkehrt oder wenn die Richtung des Magnetfeldes umgekehrt wird.

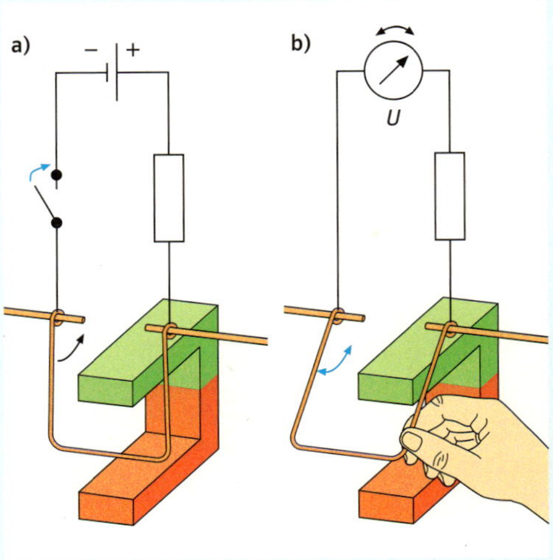

B4

Schließt man an das Messgerät statt der Leiterschaukel ein zu einer Schleife geformtes flexibles Kabel an und verändert dessen Querschnittsfläche im Magnetfeld des Elektromagneten, so erhält man ebenfalls eine Spannung (→**B2**).

Spannung durch Induktion Wird ein Magnet in oder vor einer Spule bewegt, so zeigt ein zwischen den Anschlüssen der Spule geschaltetes Messgerät in bestimmten Fällen eine elektrische Spannung an. An Stelle des Dauermagneten kann auch ein Elektromagnet verwendet werden. Eine elektrische Spannung entsteht dabei nur, wenn
- sich der Magnet relativ zur Spule bewegt. Dazu muss Spule oder Magnet hin und her bewegt oder gedreht werden.
- sich die Stromstärke im Elektromagneten und damit die Stärke des Magnetfeldes ändert. Spule und Elektromagnet können dabei in Ruhe bleiben.

In allen Fällen ändert sich das Magnetfeld, welches die Spule durchsetzt. Diese Änderung des Magnetfeldes ist die Ursache für die im Messgerät angezeigte elektrische Spannung.

Diese Spannungserzeugung heißt **elektromagnetische Induktion**. Die entstehende Spannung heißt **induzierte Spannung**. Wird der Elektromagnet wie in **B1b** aufgestellt, so entsteht keine Spannung. Hier verläuft das Magnetfeld parallel zur **Windungsebene** der Spule. Eine Spannung kann also nur dann induziert werden, wenn das Magnetfeld die Ebenen der Spulenwindungen durchsetzt!

● **An den Enden einer Spule entsteht durch Induktion eine Spannung, wenn die Windungsebenen der Spule von einem Magnetfeld durchsetzt werden und sich dabei mindestens eine der drei Größen ändert:**
- **die Stärke des Magnetfeldes,**
- **die vom Magnetfeld durchsetzte Querschnittsfläche der Spule,**
- **der Winkel zwischen Spulenachse und Feldlinienrichtung.**

Die induzierte Spannung wird größer, wenn die Windungszahl der Spule größer wird oder wenn die Änderung des Magnetfeldes rascher erfolgt. Haben die Feldlinien des Magnetfeldes die umgekehrte Richtung oder bewegt man die Spule in die entgegengesetzte Richtung, so kehrt sich die Polung der induzierten Spannung um. Die Polung der induzierten Spannung ändert sich auch, sobald aus einer Verstärkung des Magnetfeldes eine Abschwächung bzw. aus einer Abschwächung eine Verstärkung wird. Bei gleichzeitiger Änderung mehrerer Größen können sich ihre Wirkungen verstärken oder aufheben.

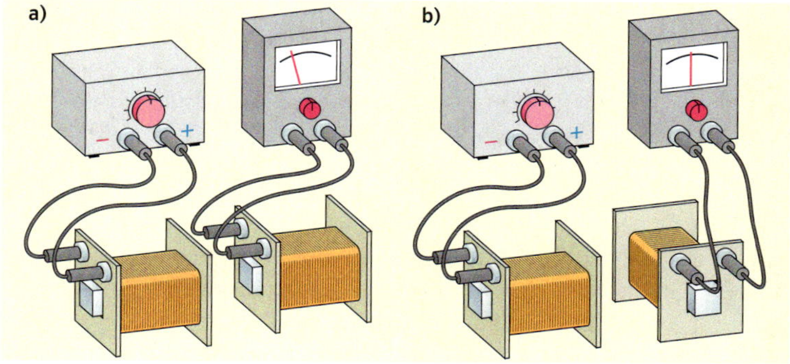

B1 Wann entsteht eine Spannung durch Induktion?

Regel von Lenz Fließt in der Leiterschleife durch die induzierte Spannung ein Strom, so erzeugt dieser wiederum ein magnetisches Feld. Aufgrund der Energieerhaltung muss dieses so gerichtet sein, dass es seiner Entstehung entgegenwirkt. Der bewegte Leiter würde sonst ohne Energieaufwand immer schneller in das magnetische Feld gezogen werden.

● **Der Induktionsstrom ist stets so gerichtet, dass er seiner Ursache entgegenwirkt.**

Spannung durch Bewegung Ein im Magnetfeld bewegter Leiter erscheint uns als elektrische Quelle, denn zwischen den Enden des Leiters können wir eine Spannung messen. Viele Elektronen im Metall des Leiters sind leicht verschiebbar. Bewegt sich der Leiter in einem Magnetfeld wie in **B2** nach vorn aus der Zeichenebene heraus, so erfahren die mit dem Leiter mitbewegten Elektronen eine Kraft. Die „Drei-Finger-Regel" der rechten Hand liefert die technische Stromrichtung längs des Leiters nach links. Die leicht beweglichen Elektronen werden in die entgegengesetzte Richtung verschoben. Rechts entsteht Elektronenüberschuss, links Elektronenmangel. Der Leiter erhält so zwei Pole und wird zu einer elektrischen Quelle.

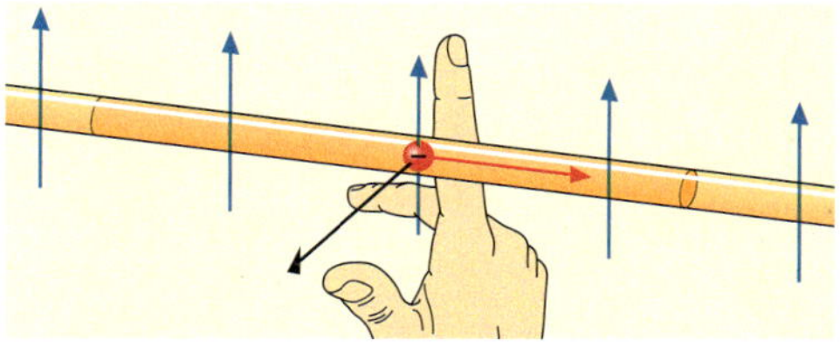
B2 Kraft auf Elektronen (rot) bei der Bewegung des Leiters (schwarz) im Magnetfeld (blau)

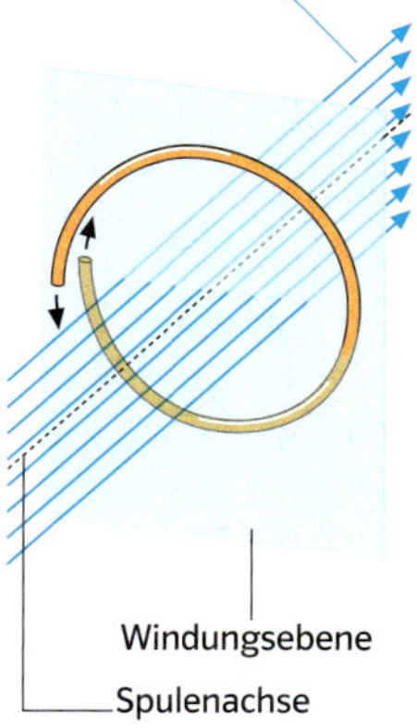

B3

● **Bewegt sich ein Leiter im Magnetfeld, so wird er zur elektrischen Quelle, außer er bewegt sich parallel zum Feld.**

Generatoren

V1 Der Fahrraddynamo ist eine elektrische Quelle. Durch das Antriebsrädchen wird in seinem Inneren ein Magnet gedreht, der wie ein Zylinder aussieht. Zerlege einen Demonstrationsdynamo und weise mit Hilfe von Eisenfeilspänen sein Magnetfeld nach (→**B1**). Bestimme die Lage der Pole und die Feldlinienrichtung.

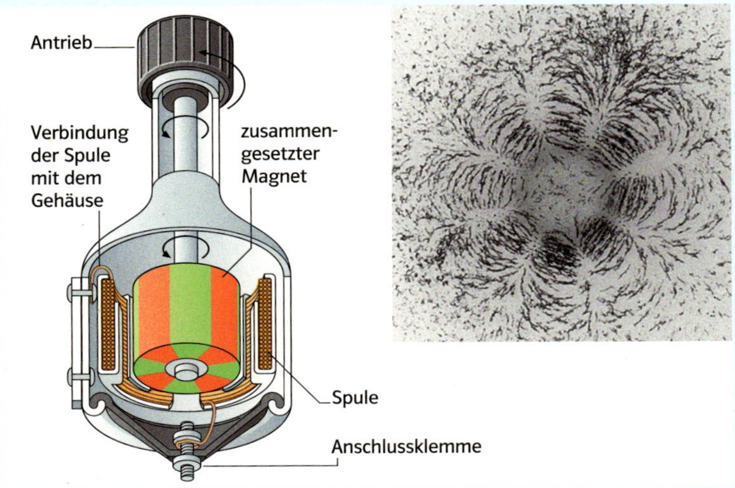

B1

V2 Außer dem Magneten befindet sich im Fahrraddynamo noch eine Spule. Sie ist mit der Anschlussklemme und dem Gehäuse des Dynamos verbunden. Nimm eine solche Spule und schließe sie an ein Messgerät für die Spannung an, dessen Nullpunkt in der Skalenmitte liegt. Drehe vor dieser Spule einen Stabmagneten. Das Messgerät zeigt eine Spannung an, deren Betrag und Polung sich ständig ändern.

V3 Wir drehen eine Spule im Magnetfeld. Der Anschluss des Messgerätes an die Spule erfolgt über zwei Schleifkontakte (→**B2**).

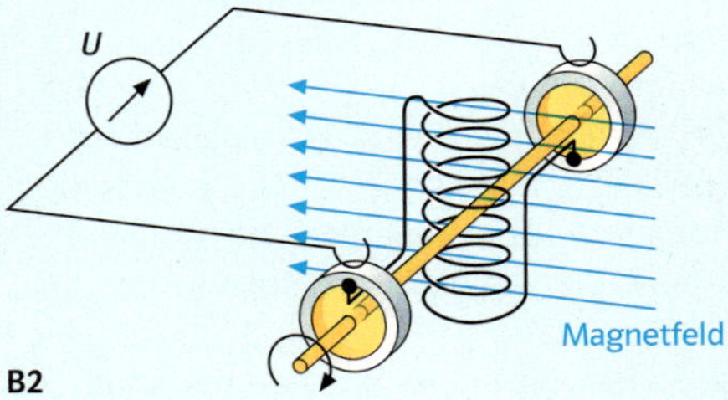

B2

Das Messgerät zeigt eine Spannung an, deren Betrag und Polung sich ständig ändern.

V4 Dreht man in Versuch 2 und 3 den Magneten oder die Spule mit Hilfe eines Motors immer schneller, werden die Ausschläge des Zeigers kleiner, bis sie ganz verschwinden. Dagegen zeigt ein Messgerät für Wechselspannung weiterhin eine Spannung an, deren zeitlicher Verlauf sich mit einem Oszilloskop verfolgen lässt.

Generatoren erzeugen Spannungen Dreht sich eine Spule in einem Magnetfeld wie in **B4**, so entsteht an ihren Enden eine Spannung, die über Schleifkontakte an zwei Anschlüsse weitergegeben wird. Eine solche Anordnung heißt **Generator**. Die Spule bildet zusammen mit dem Eisenkern den **Anker**. Während jeder Umdrehung des Ankers ändern sich der Betrag und die Polung der entstehenden Spannung. Sie heißt deshalb **Wechselspannung**. In einem Generator entsteht auch eine Wechselspannung, wenn die Spule fest steht und das Magnetfeld von einem sich drehenden Magneten stammt. Ein Beispiel hierfür ist der **Dynamo** (→**B1**).

● **Im Generator entsteht durch Drehen einer Spule im Magnetfeld oder eines Magneten vor einer Spule eine Wechselspannung.**

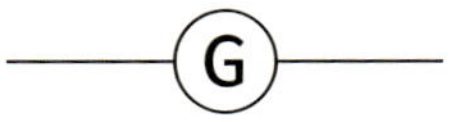

B3 Schaltzeichen für Generatoren

A1 Wie lässt sich unter Verwendung eines Stabmagneten eine Wechselspannung erzeugen?

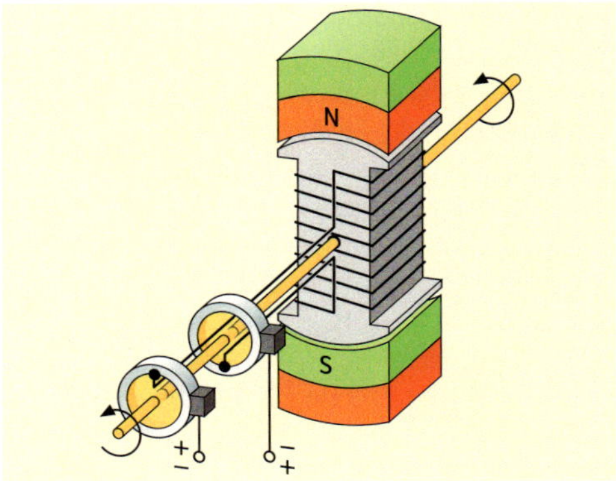

B4 Ein Generator

Die Wechselspannung **B1** zeigt den zeitlichen Verlauf einer von einem Generator erzeugten Wechselspannung, wie sie mit dem Oszilloskop zu beobachten ist.

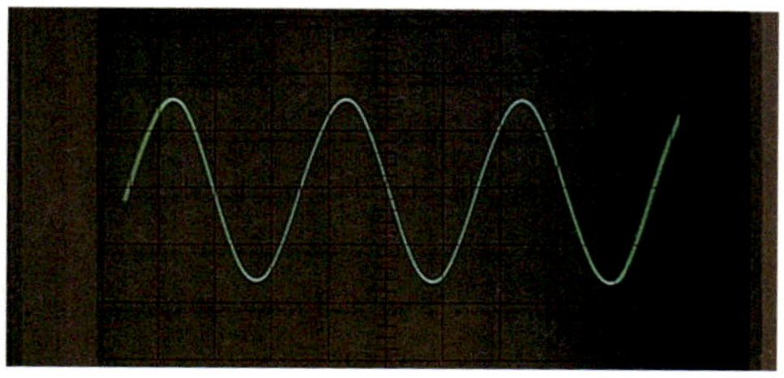

B1

Entsprechend den beiden Polungen, die die Spannung an den Anschlüssen bei jeder Umdrehung hat, gibt man in Diagrammen (→**B2b**) die Spannung mit positiven oder mit negativen Werten an. Die Spule befindet sich im Feld eines Magneten. Bei der Drehung ändert sich ständig der Winkel zwischen der Ebene ihrer Windungen und den magnetischen Feldlinien. Entsprechend ändert sich auch der Anteil des Magnetfeldes, der die in der Windungsebene liegende Spulenfläche durchsetzt. Diese Änderung induziert eine Spannung an ihren Enden (→**B3**).

● **Durch die Drehung des Ankers wird der Anteil des Magnetfeldes, der die Windungsebene seiner Spule durchsetzt, ständig verändert. Das induziert eine Wechselspannung zwischen den Enden der Spule.**

In **B2** wird der Zusammenhang zwischen der Position des Ankers, also der Drehspule, und der induzierten Spannung dargestellt. Dreht man den Anker z.B. von Stellung 1 etwas weiter, so ändert sich der Querschnitt des Magnetfeldes durch die Spule viel weniger als etwa bei Stellung 2 oder 3. Deshalb hat die induzierte Spannung ihren größten Betrag in den Stellungen 3, 7 und 11. Erstaunlich ist, dass gerade in Stellung 1 die induzierte Spannung 0 Volt beträgt, obwohl dort der größtmögliche Anteil des Magnetfeldes die Windungen der Spule durchsetzt. Entscheidend für den Betrag der induzierten Spannung ist aber nicht der Anteil des Magnetfeldes, sondern das Ausmaß seiner Änderung in der Spule (→**B2a**)!

Die Zeiger von Messgeräten mit Skalen, die die Polung der Spannung zeigen, können raschen Polwechseln nicht mehr folgen. Zum Messen solcher Wechselspannungen benutzt man ein Oszilloskop, das eine Zeit-Spannung-Kurve wie in **B1** anzeigt.

Man kann auch ein Drehspul-Messgerät für Wechselspannungen umrüsten. Es enthält einen Gleichrichter und zeigt dann eine entsprechende Gleichspannung an. Deren Wert ist um den Faktor 0,7 kleiner als der Maximalwert der ursprünglichen Wechselspannung. Für die im Generator induzierte Spannung gilt:

● **Der Höchstwert der vom Generator erzeugten Wechselspannung steigt bei**
- **höherer Drehgeschwindigkeit,**
- **stärkerem Magnetfeld,**
- **größerer Windungszahl und Querschnittsfläche der Spule im Anker.**

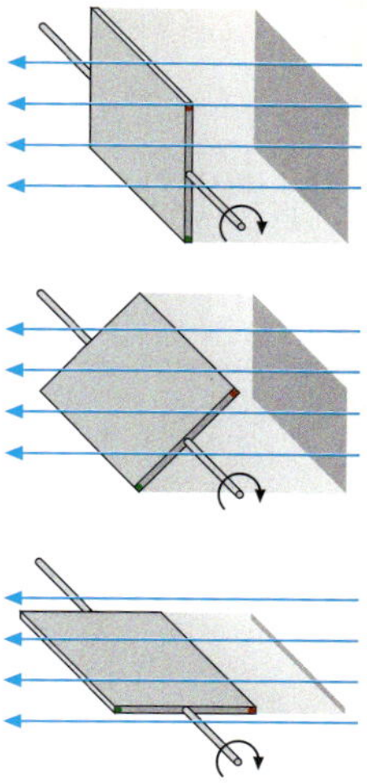

B3 Windungsebene mit vom Magnetfeld durchsetzter Fläche

B4 Schaltzeichen für eine Quelle mit Wechselspannung

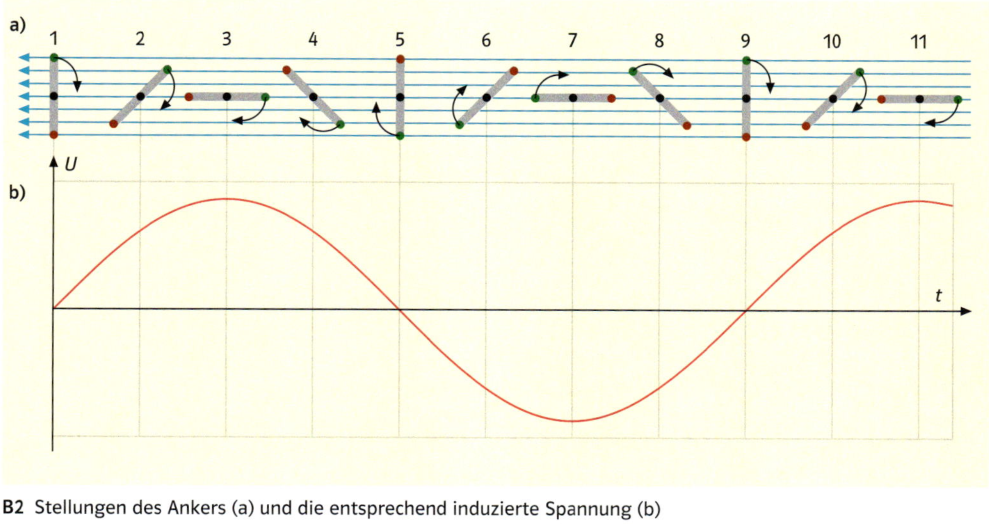

B2 Stellungen des Ankers (a) und die entsprechend induzierte Spannung (b)

extra

Physik überall

Unter Gleichspannung versteht man eine Spannung, die ihre Polung nicht ändert.

Unter Wechselspannung versteht man eine Spannung, die ihre Polung ständig ändert.

Generatoren für Gleichspannung

Eine Glühlampe kann man ebenso gut an Gleichspannung wie an Wechselspannung anschließen. In vielen Geräten wie Computern, Radio- oder Fernsehgeräten wird aber Gleichspannung benötigt.

Man kann auf zwei Arten aus der Wechselspannung des Generators eine Gleichspannung herstellen: Man benutzt entweder einen Gleichrichter (→S. 59), der nur eine Richtung des Stromes zulässt, oder man verändert den Aufbau des Generators so, dass eine Gleichspannung an seinen Anschlüssen entsteht:

Ein Generator für Wechselspannung hat zwei getrennte Schleifringe als Anschlüsse, beim Generator für Gleichspannung werden sie durch einen Ring, der aus zwei Halbringen besteht (→**B1**), ersetzt. Der Schleifring aus den beiden Halbringen heißt **Kommutator**. Er wird auch im Elektromotor verwendet. An den Anschlüssen des Kommutators entsteht statt der Wechselspannung (→**B2a**) eine pulsierende Gleichspannung (→**B2b**). Will man vermeiden, dass diese Spannung immer wieder auf 0 Volt absinkt, dann verwendet man Anker mit mehreren Spulen. Bei zwei Spulen auf senkrecht zueinander angeordneten Eisenkernen (4-fach-T-Anker) entstehen in den Spulen zwei zeitlich gegeneinander verschobene pulsierende Spannungen (→**B2c**). Der Kommutator besteht aus vier Viertelringen, von denen jeweils gegenüberliegende Viertelringe zusammen mit einer Ankerspule verbunden sind.

Bei einem Anker mit sehr vielen Spulen nehmen die Schwankungen der Spannung immer weiter ab.

Generatoren wie in **B3**, die nur Spulen mit Eisenkernen und keine Dauermagnete enthalten, sollten eigentlich nicht funktionieren. Werner von Siemens hatte 1866 die Idee, den in den Eisenkernen stets vorhandenen geringen Dauermagnetismus zu verwenden. Er genügt, um zunächst kleine Spannungen zu induzieren, so dass die kleine Stromstärke in den Elektromagneten ein stärkeres Magnetfeld erzeugt. Das wieder führt zu höheren Spannungen und Stromstärken und so fort.

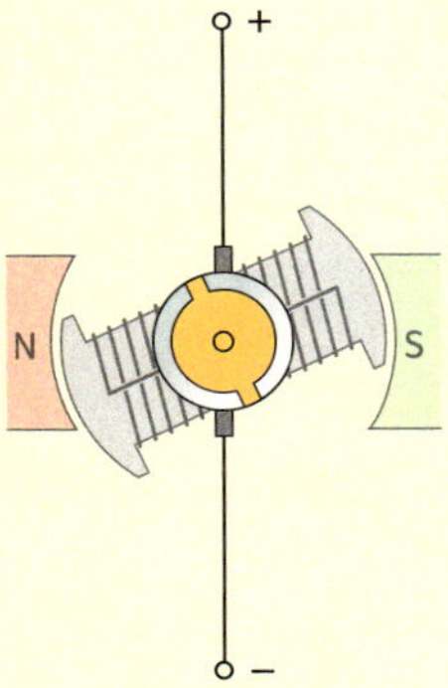

B1 Kommutator für Gleichspannung

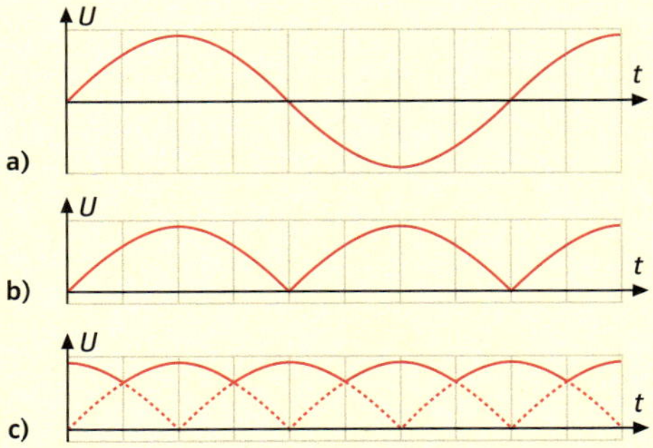

B2 Wechselspannung (a) und pulsierende Gleichspannungen (b) und (c)

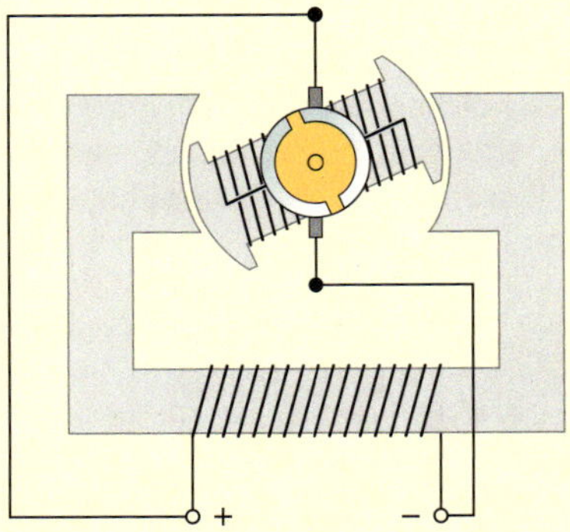

B3 Selbsterregter Generator für die Gleichspannung

Michael Faraday (1791–1867)

Die Geburt der Elektrotechnik Gäbe es keine stärkeren elektrischen Quellen als Batterien, hätte es kein Zeitalter der Elektrotechnik gegeben. Mit Batterien allein ließen sich die unzähligen Motoren in der Industrie, im Verkehr und im Haushalt nicht betreiben.

Der englische Forscher **Michael Faraday** (1791–1867) entdeckte 1831, dass in einer im Magnetfeld bewegten Spule eine elektrische Spannung entsteht. Infolge dieser Entdeckung wurde es möglich, Maschinen zu bauen, die durch mechanischen Antrieb zu elektrischen Quellen werden. Mit Generatoren können heute Spannungen bis zu mehreren tausend Volt und Stromstärken bis zu zehntausend Ampere erzeugt werden. Eng mit der Erfindung von Generatoren ist auch die Entwicklung von Elektromotoren verbunden. Es dauerte jedoch noch mehr als 30 Jahre, bis die technischen Probleme gelöst waren und elektrische Quellen und Motoren in großer Zahl hergestellt und verbreitet werden konnten. Entscheidenden Anteil an der Lösung elektrotechnischer Probleme hatte **Werner von Siemens** (1816–1892). Er erfand Telegrafen, Kabelpressen, Messgeräte, die elektrische Eisenbahn, den Aufzug und die Straßenbahn.

Transformatoren

VORSICHT! Versuche mit Transformatoren können gefährlich sein! Das gilt auch dann, wenn die Quelle weniger als 24V hat: Am Transformator können trotzdem viel höhere, **lebensgefährliche Spannungen** entstehen! Deshalb dürfen alle Versuche nur im Beisein der Lehrkraft durchgeführt werden.

V1 Eine Spule mit Anschluss für Netzspannung (230V) steckt auf einem geschlossenen Eisenkern. Ein isoliertes Experimentierkabel wird mit einigen Windungen um einen Schenkel des Eisenkerns gewickelt. Eine kleine Glühlampe, die an das Kabel angeschlossen ist, leuchtet auf, sobald der Stromkreis mit Anschluss zum Netz geschlossen ist. Ein Oszilloskop zeigt, dass an der Glühlampe eine Wechselspannung vorhanden ist.

V2 Wir verbinden eine Spule mit einer Quelle für Wechselspannung und eine zweite Spule mit einem Messgerät für Wechselspannung. Wir messen die Spannungen und vergleichen die Anzeigen am Messgerät für beide Spulen bei folgenden Anordnungen:

- die beiden Spulen werden einmal mit, einmal ohne Eisenkern in geringer Entfernung voneinander aufgestellt;
- eine der Spulen wird durch einen Pappkarton abgedeckt;
- die kleinere Spule wird in die größere geschoben;
- beide Spulen werden auf einen gemeinsamen, offenen oder geschlossenen Eisenkern gesteckt;
- parallel zum Messgerät wird zusätzlich ein geeignetes Lämpchen angeschlossen.

Das Messgerät schlägt am stärksten aus, das Lämpchen leuchtet am hellsten, wenn die beiden Spulen einen gemeinsamen, geschlossenen Eisenkern haben.

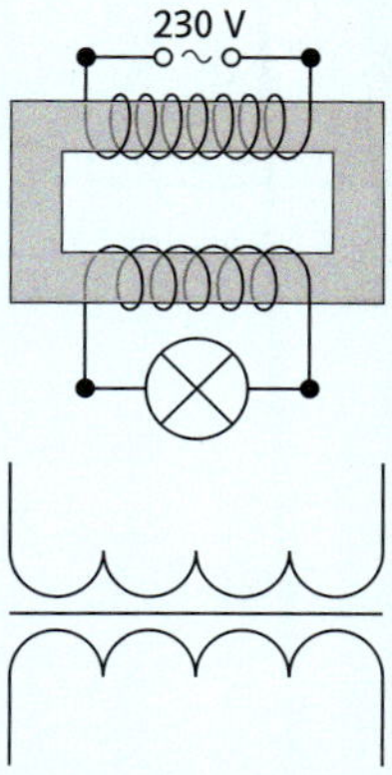

B1 Schaltzeichen für Transformatoren

Die Funktionsweise des Transformators

Ein Transformator besteht aus zwei Spulen auf einem gemeinsamen, meist geschlossenen Eisenkern. Dabei gibt es weder zwischen den beiden Spulen noch zwischen dem aufgewickelten Draht und dem Eisenkern eine elektrisch leitende Verbindung! Die beiden Spulen können, wie beim Experimentiertransformator, nebeneinander angeordnet sein. Bei den meisten technischen Transformatoren sind sie übereinander gewickelt (→**B2**). Die an die Quelle für Wechselspannung angeschlossene Spule wird **Primärspule**, die zweite Spule wird **Sekundärspule** genannt.

● **Ein Transformator besteht aus Primär- und Sekundärspule mit gemeinsamem Eisenkern.**

Der Wechselstrom in der Primärspule erzeugt ein sich ständig änderndes Magnetfeld. Durch den geschlossenen Eisenkern wird es verstärkt und praktisch vollständig durch das Innere der Sekundärspule geführt. Die Windungsebenen der Sekundärspule werden somit von einem sich ständig ändernden Magnetfeld durchsetzt. Damit wird in der Sekundärspule eine Spannung induziert, so dass sie in einem zweiten Stromkreis als Quelle mit Wechselspannung wirken kann.

● **Beim Transformator entsteht durch Wechselstrom in der Primärspule ein veränderliches Magnetfeld, das in der Sekundärspule eine Wechselspannung induziert.**

A1 Weshalb funktioniert ein Transformator nur mit einer sich ständig ändernden Spannung?

Ein Transformator kann nur mit einer Spannung betrieben werden, die sich ständig ändert.

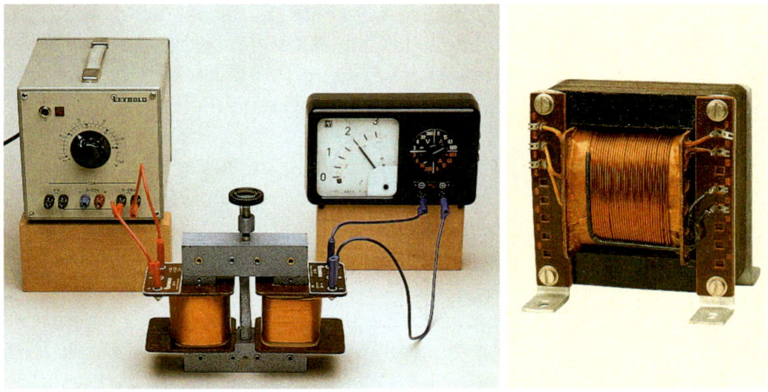

B2 Experimentiertransformator und technischer Transformator

Messungen am Transformator

Vorsicht bei allen Versuchen mit Transformatoren!

In den folgenden Versuchen wird ein Transformator verwendet, der aus einem geschlossenen Eisenkern und zwei auswechselbaren Spulen besteht.

V1 Wir untersuchen die Spannung U_2 an der Sekundärspule (→**B1a**):
a) Wird die Spannung U_1 an der Primärspule erhöht, so erhöht sich auch die Spannung U_2.
b) Erhöhen wir die Anzahl n_2 der Windungen der Sekundärspule, so erhöht sich die Spannung U_2 ebenfalls.
c) Bei Erhöhung der Anzahl n_1 der Windungen der Primärspule verringert sich die Spannung U_2.

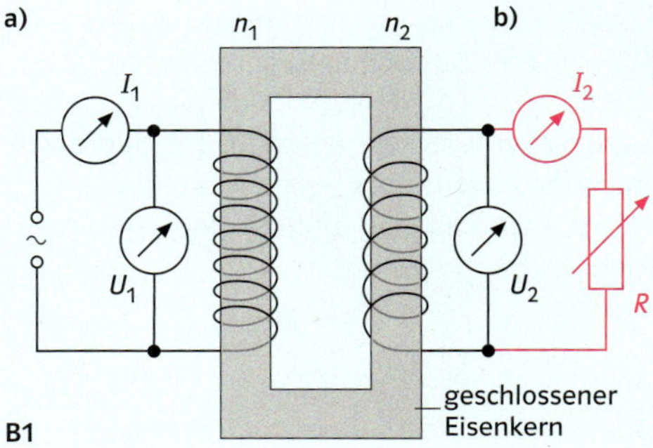

B1

V2 Wir schließen an den Transformator einen veränderbaren Widerstand R an (→**B1b**). Wird dieser verändert, so ändert sich nicht nur die Stromstärke I_2, sondern auch die Stromstärke I_1. Wird I_2 größer, so wird auch I_1 größer.

V3 Eine Primärspule mit 500 Windungen wird mit Netzspannung betrieben. Als Sekundärspule wählen wir zuerst eine mit n_2 = 23 000 Windungen und aufgesteckten „Hörnerelektroden" (→**B2**). Danach verwenden wir eine Spule mit n_2 = 5 Windungen und als Widerstand R einen Nagel (→**B3**)! Die Wirkungen sind erstaunlich verschieden!

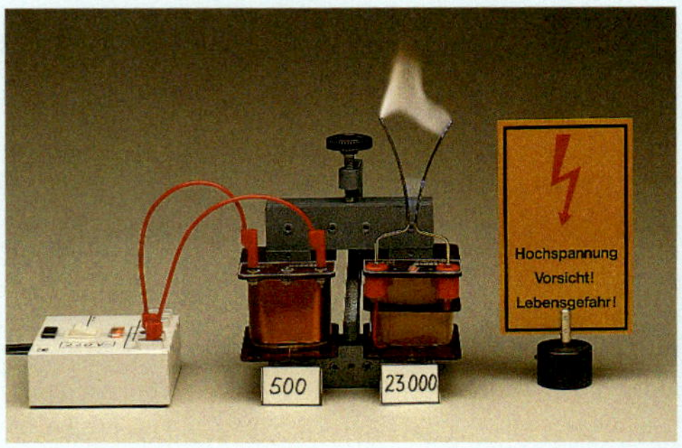

B2

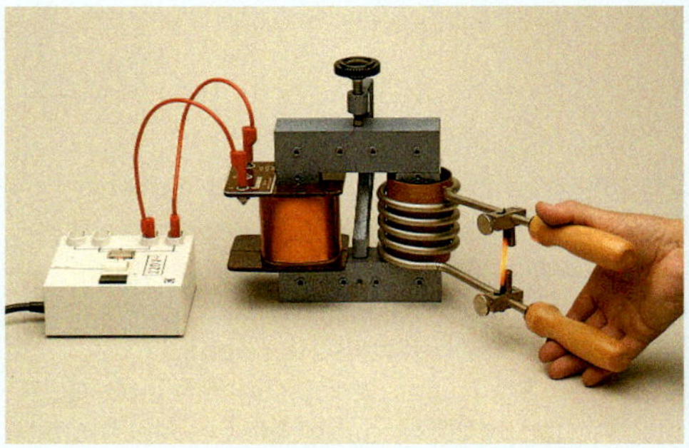

B3

Gesetze beim Transformator Schließt man an die Sekundärspule eines Transformators ein elektrisches Gerät an, so ist der Transformator Bauteil von zwei Stromkreisen, die an keiner Stelle leitend miteinander verbunden sind: Der erste Stromkreis wird von einer Quelle mit Wechselspannung (Spannung U_1) und der Primärspule gebildet. Die Sekundärspule wirkt ebenfalls als elektrische Quelle (Spannung U_2). Mit einem angeschlossenen Gerät, das den Widerstand R hat, bildet sie den zweiten Stromkreis.

Ist an der Sekundärspule nur ein Messgerät für die Spannung angeschlossen, so bezeichnet man die gemessene Spannung U_2 als **Leerlaufspannung**.

Ein solcher Transformator ist unbelastet, die Stromstärken auf Primär- und Sekundärseite sind praktisch Null. Der Transformator ist belastet, wenn über die Sekundärspule ein Gerät mit dem Widerstand R betrieben wird. Dann sind die Stromstärken auf Primär- und Sekundärseite nicht mehr Null und die Spannung U_2 sinkt unter die Leerlaufspannung.

Zunächst untersuchen wir am unbelasteten Transformator, welchen Einfluss die Spannung U_1 an der Primärspule auf die Spannung U_2 an der Sekundärspule hat. Anschließend verändern wir die Windungszahlen n_1 und n_2 von Primär- und Sekundärspule und messen bei stets gleicher Spannung U_1 die Werte für U_2.

Die Schaltskizze zu den Versuchen für Tabelle **T1** ist am Rand wiedergegeben:

n_1	n_2	U_1	U_2	n_2/n_1	U_2/U_1
500	250	5 V	2,4 V	0,5	0,48
500	250	10 V	4,6 V	0,5	0,46
500	250	15 V	7,1 V	0,5	0,47
500	250	20 V	9,5 V	0,5	0,48
500	125	10 V	2,3 V	0,25	0,23
500	500	10 V	9,0 V	1,0	0,90
500	1000	10 V	18,0 V	2,0	1,80
250	1000	10 V	38,0 V	4,0	3,80

T1

Der obere Teil der Tabelle zeigt, dass U_2 nahezu proportional zu U_1 ist. Der Quotient $U_2 : U_1$ stimmt fast mit dem Quotienten $n_2 : n_1$ überein. Der untere Teil der Tabelle lässt erkennen, dass die Quotienten $U_2 : U_1$ und $n_2 : n_1$ auch bei Spulen mit anderen Windungszahlen nahezu übereinstimmen.

● **Für die Spannungen am unbelasteten Transformator gilt näherungsweise:**

$$\frac{U_2}{U_1} = \frac{n_2}{n_1}$$

Werden wie in der Schaltskizze zu Tabelle **T2** an die Sekundärspule ein Widerstand R und ein Messgerät für die Stromstärke angeschlossen, so lässt sich die Stromstärke I_2 in diesem Stromkreis durch verschiedene Werte von R verändern. Dann verändert sich bei gleich bleibender Primärspannung U_1 auch die Stromstärke I_1 auf der Primärseite. Bei der konstanten Primärspannung $U_1 = 20\,\text{V}$ erhält man z. B.:

n_1	n_2	I_1	I_2	n_1/n_2	I_2/I_1
500	250	0,17 A	0,30 A	2,0	1,76
500	250	0,30 A	0,56 A	2,0	1,87
500	250	0,46 A	0,89 A	2,0	1,93
250	500	0,68 A	0,30 A	0,5	0,44
250	1000	1,28 A	0,30 A	0,25	0,23
1000	250	0,08 A	0,30 A	4,0	3,75

T2

Die erste Messreihe zeigt: Die Stromstärken I_2 und I_1 sind näherungsweise proportional zueinander. Die Quotienten $I_2 : I_1$ und $n_1 : n_2$ stimmen mit wachsender Belastung, das heißt mit steigender Stromstärke I_2, immer besser überein. Die zweite Messreihe lässt erkennen, dass $I_2 : I_1$ und $n_1 : n_2$ auch bei anderen Spulen fast übereinstimmen.

● **Für die Stromstärken beim stark belasteten Transformator gilt näherungsweise:**

$$\frac{I_2}{I_1} = \frac{n_1}{n_2}$$

A1 Unter welchen Voraussetzungen gelten die Gesetze mit den Windungszahlen für die Spannungen bzw. Stromstärken?

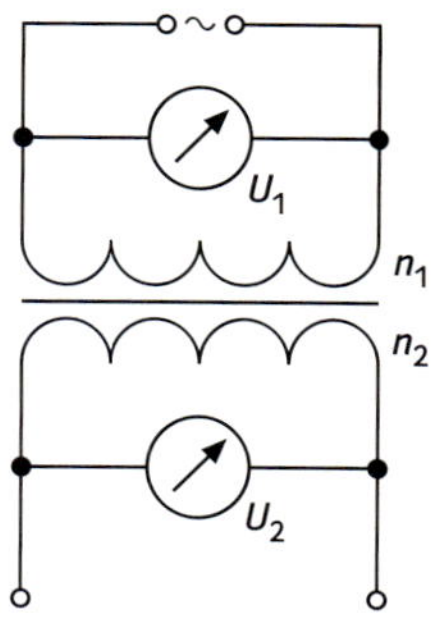

Zu Tabelle 1

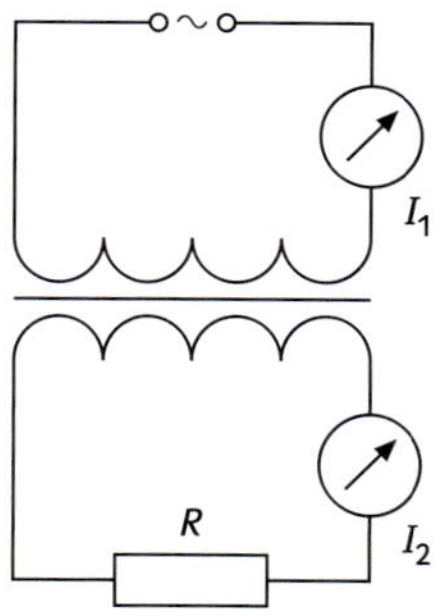

Zu Tabelle 2

Anwendungen des Transformators

Physik überall

1 Zur Änderung der Spannung Wechselspannungen lassen sich mit Transformatoren vergrößern oder verkleinern. Beim **Klingeltransformator** wird aus der Netzspannung von 230 V eine Spannung von etwa 8 V erzeugt. Hier hat die Primärspule eine wesentlich größere Windungszahl als die Sekundärspule. Auch in den Transformatoren für Spielzeuge wird die Netzspannung auf ungefährliche Werte herabgesetzt. In Röntgengeräten oder im Elektrizitätswerk werden dagegen Transformatoren mit sehr großen Windungszahlen in den Sekundärspulen verwendet. Sie erzeugen aus etwa 6 000 V Spannungen bis zu mehreren 100 000 Volt.

2 Zur Änderung der Stromstärke Hat der Transformator auf der Sekundärseite eine kleinere Windungszahl als auf der Primärseite, so erhält man eine größere Stromstärke. Besteht die Sekundärspule nur aus wenigen Windungen eines dicken Kupferdrahtes, so kann ein Metallstück zwischen den Anschlüssen dieser Spule zum Schmelzen gebracht werden. **Elektrische Schweißgeräte** arbeiten mit diesen hohen Stromstärken.

3 Als Trenntransformator Ein Transformator zwischen einem Gerät und dem Netz trennt das Gerät vom Stromkreis des Netzes ab (→**B1**): Die Gefahr, im Sekundärkreis durch Berühren **einer** Leitung einen lebensgefährlichen elektrischen Schlag zu bekommen, ist nun geringer geworden. Solche Trenntransformatoren sollten z. B. immer in Badezimmern benutzt werden.

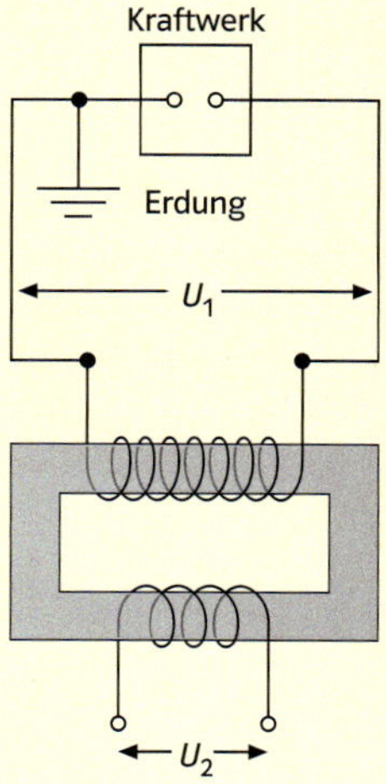

B1

Physik überall

Sicherheit im Haushalt

Warnung: Versuch aus B1b nicht mit der Netzspannung durchführen!

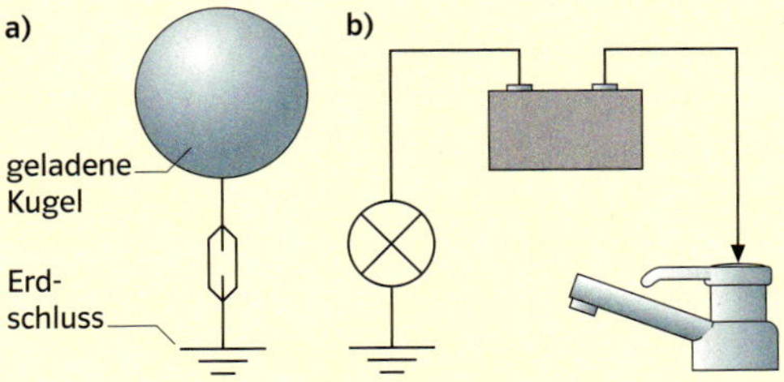

B1 Ein Strom entsteht auch über die leitende Verbindung mit der Erde.

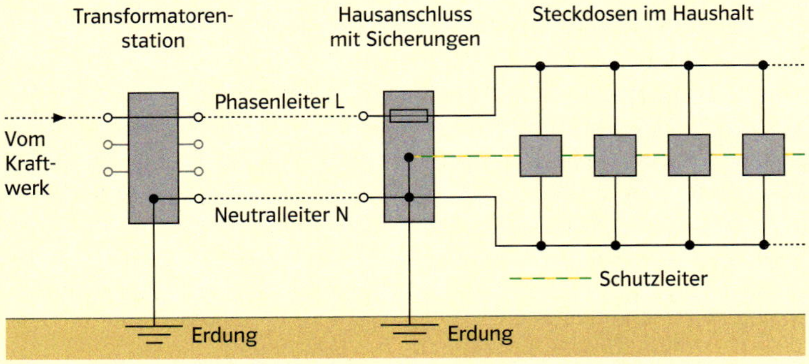

B2 Von der Transformatorenstation zum Haushaltsgerät gibt es mindestens zwei Leitungen – und die leitende Erde – für einen Stromkreis.

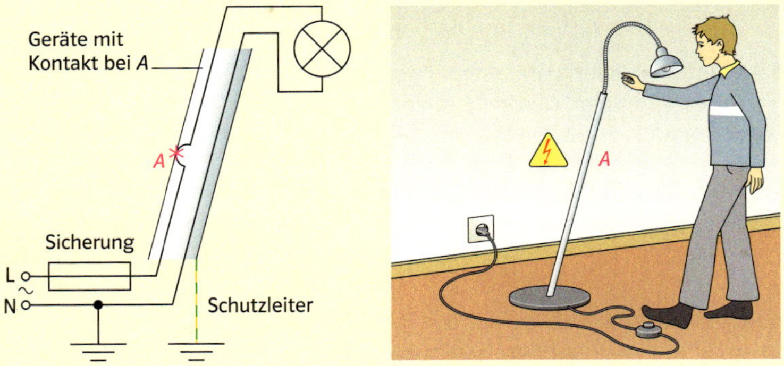

B3 Die Gefahr durch einen Kontakt mit dem leitenden Außenteil an der Stelle A wird durch den Schutzleiter gebannt.

Warnung: Schon kleine Stromstärken von 40 mA können tödlich sein!

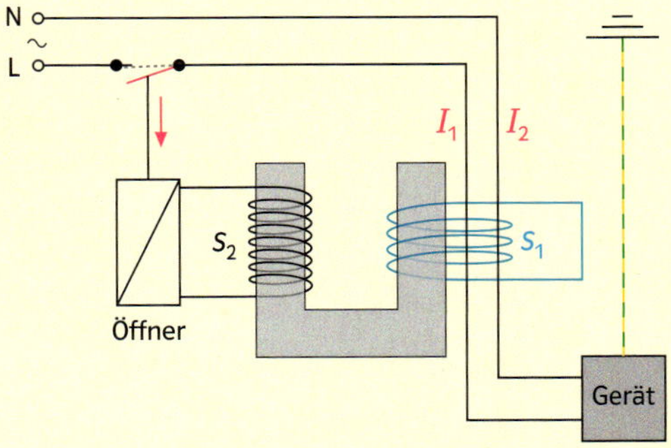

B4 Der *FI*-Schalter öffnet bei einem Unterschied zwischen I_1 und I_2 den Schalter in L.

Häufig spielt beim Stromkreis der Kontakt zur Erde eine entscheidende Rolle: In dem Versuch nach **B1a** leuchtet die Glimmlampe kurz auf, wenn ein Kontakt der geladenen Kugel zur Erde hergestellt wird. Die Kugel wird entladen. Im Versuch nach **B1b** leuchtet die Lampe auf, wenn der zweite Pol der Quelle mit der Erde über die gut leitende Wasserleitung verbunden wird. Offenbar ist die Erde ein elektrischer Leiter.

Auch die öffentliche Stromversorgung benutzt die Erde als Leiter (→**B2**). Zwischen dem Phasenleiter L und dem Neutralleiter N besteht eine Wechselspannung von 230 V. Der Neutralleiter ist mit der Erde verbunden, man sagt **geerdet**, damit keine gefährliche Spannung zwischen ihm und der Erde ensteht. Der Generator im Kraftwerk und die Transformatorenstation sind ebenfalls mit einem Anschluss mit der Erde verbunden, damit auch hierüber der Stromkreis geschlossen ist.

In Geräten, die gegenüber der Erde isoliert sind, können schadhafte Leitungen eine direkte Verbindung zwischen Phasenleiter und Gehäuse herstellen, ohne dass die Sicherung anspricht, weil der Stromkreis noch offen ist. Wird ein Metallteil des Gerätes berührt, so kann es nun über den Menschen zum Kurzschluss mit der Erde kommen (→**B3**). Diese Gefahr beseitigt ein in den Kabeln mitgeführter dritter, geerdeter und mit den Gehäusen der Geräte verbundener Leiter, der **Schutzleiter**. Bei Kurzschluss mit dem Gehäuse wird sofort die Sicherung im Phasenleiter ausgelöst.

Es kann vorkommen, dass durch einen Fehler eine Verbindung zur Erde besteht, die Stromstärke aber wegen der Widerstände im Kreis unter derjenigen liegt, bei der die Sicherung anspricht. Bei solchen Fehlerströmen sind die Stromstärken im Phasen- und Neutralleiter verschieden. Ein ***FI*-Schalter** (Fehlerstrom-Schutzschalter, →**B4**) verhindert dies; in ihm werden Phasen- und Neutralleiter durch die Primärspule S_1 eines Transformators geführt. Sind die Stromstärken gleich, hebt sich die induzierte Spannung auf, sind sie nicht gleich, weil ein Teil des Stromes über den Schutzleiter oder den Menschen zur Erde geht, löst dies über die Sekundärspule S_2 einen Schalter aus, der den Stromkreis unterbricht.

Wirbelströme

V1 In einer Spule mit $N = 1500$ Windungen, die an die Netzspannung angeschlossen ist, befindet sich ein massiver Eisenkern mit Bohrung. In diese wird ein Thermometer gesteckt und die Zeit gemessen, bis die Temperatur um 5 °C gestiegen ist. Der Versuch wird mit einem geblätterten Eisenkern wiederholt. Die dabei gemessene Zeit ist wesentlich größer.

V2 Eine horizontal drehbar gelagerte Aluminiumscheibe befindet sich zwischen den Polen eines Elektromagneten. Um die Drehachse der Scheibe wird ein Faden gewickelt und ein Massestück angehängt, so dass sich die Scheibe dreht (→**B1a**). Nach Einschalten des Elektromagneten wird die Scheibe abgebremst.

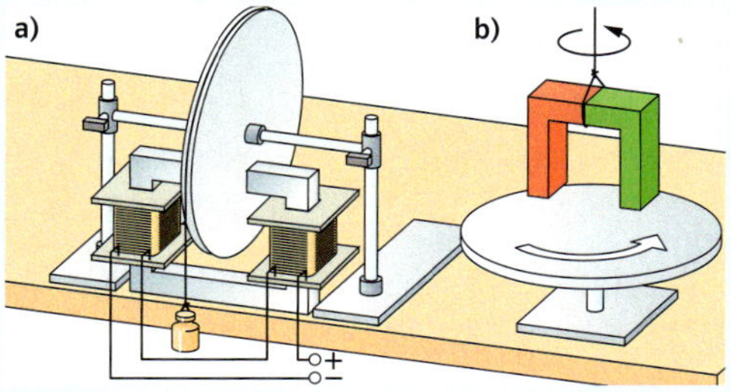

B1

V3 Ein Hufeisenmagnet rotiert über einer drehbaren Aluminiumscheibe. Diese folgt der Drehung des Magneten verzögert. Bei Umkehrung der Drehrichtung wiederholt sich der Vorgang (→**B1b**).

Entstehung von Wirbelströmen Ein massives Aluminiumpendel bewegt sich zwischen den Polen eines Elektromagneten (→**B3**). Nach dem Schließen des Stromkreises wird ein starkes Abbremsen des Pendels beobachtet. Durch das Hineinbewegen des Pendels in den Elektromagneten verstärkt sich das Magnetfeld um die Aluminiumplatte. In ihr wird ein Strom hervorgerufen, der nach der Regel von Lenz seiner Ursache entgegenwirkt. Der Strom baut ein Magnetfeld um die Platte auf, das sich vom Feld des Elektromagneten abstößt und somit das Hineinbewegen behindert. Beim Herausbewegen polt sich der Strom um und baut ein Magnetfeld auf, welches vom Feld des Elektromagneten angezogen wird.

Beim Wiederholen des Versuches mit einer geschlitzten Aluminiumplatte wird ein geringeres Abbremsen beobachtet. Die Schlitze behindern die Ausbildung von Strömen, so dass sich nur ein schwaches Magnetfeld um die Platte aufbaut. Durch die geringe Kraftwirkung zwischen den Magnetfeldern wird die Bewegung kaum behindert.

Bei allen Wechselstromgeräten befinden sich massive Metallteile in einem veränderlichen Magnetfeld. Durch Induktion werden in den Metallteilen wirbelförmige Ströme hervorgerufen. Diese bezeichnet man als Wirbelströme (→**B2a**). Durch Verwendung von geblätterten Metallteilen, die gegeneinander isoliert sind, wird der wirksame Leiterquerschnitt verringert, so dass der elektrische Widerstand steigt

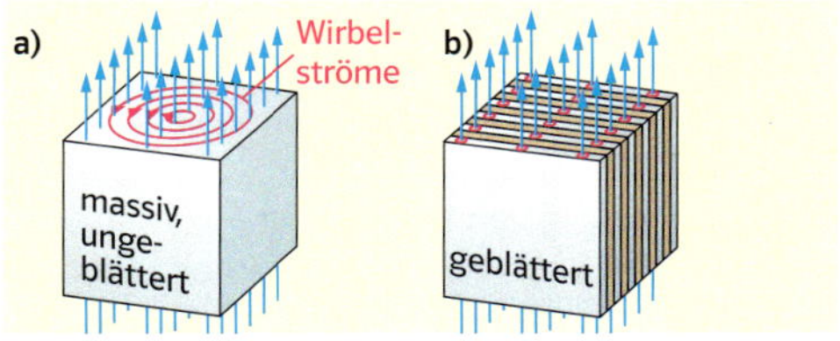

B2 Ausbildung von Wirbelströmen

(→**B2b**). Aufgrund dieser Maßnahme kann die Erwärmung der Metallteile verringert und der Wirkungsgrad der Elektrogeräte erhöht werden. So sind z. B. die Eisenkerne von Transformatoren und die Anker von Elektromotoren geblättert. Wirbelströme sind nicht immer unerwünscht, sondern werden auch ganz gezielt genutzt. Bei Induktionsherden zum Beispiel werden in dem Metalltopf durch ein schnell wechselndes Magnetfeld Wirbelströme erzeugt, die den Metalltopf aufheizen, ohne dass sich die Keramikherdplatte erwärmt (→**B4**).

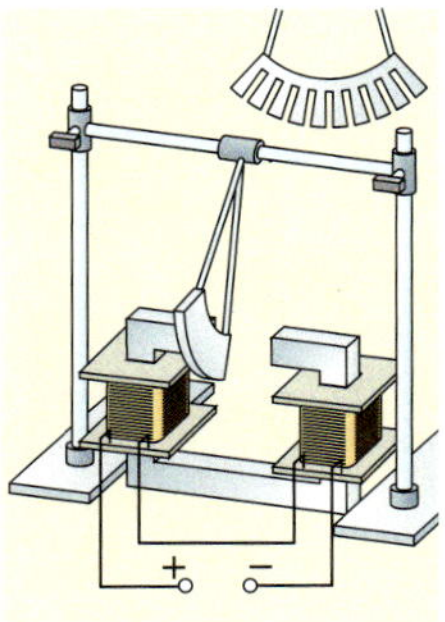

B3

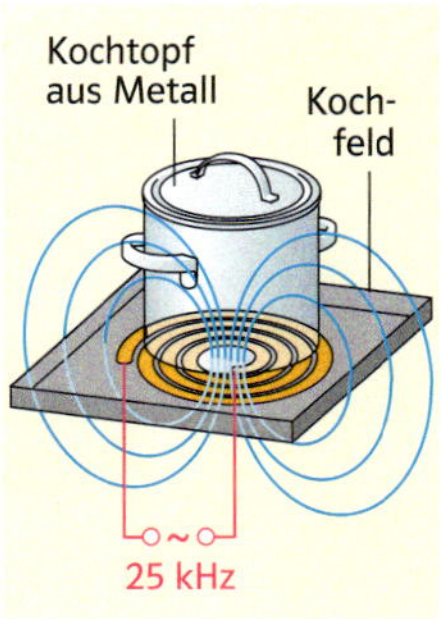

B4 Induktionsherd

Physik überall

Berührungsfrei Bremsen und Beschleunigen

Die Wirbelstrombremse Die Wirbelströme sind nicht nur hinderlich, sondern können auch sinnvoll angewandt werden, z. B. in **Wirbelstrombremsen.** Bewegt sich eine Metallplatte in einem Magnetfeld, werden in ihr Wirbelströme induziert. Diese Ströme erzeugen wiederum ein Magnetfeld, das nach der Regel von Lenz dem äußeren entgegengesetzt ist. Die Metallplatte wird dadurch gebremst. Die Bewegungsenergie wird dabei in innere Energie umgewandelt. Durch Wirbelstrombremsen (→**B1**) kann ein Fahrzeug (z. B. LKW, Zug, usw.) verschleißfrei und berührungslos fast bis zum Stillstand abgebremst werden. Der ICE der dritten Generation hat drei voneinander unabhängige Bremssysteme. Grundsätzlich fungieren die Motoren als verschleißfreie, generatorische Bremse. Bei geringen Geschwindigkeiten werden pneumatische Scheibenbremsen hinzugeschaltet, bei Hochgeschwindigkeit eine besonders konstruierte Wirbelstrombremse. Starke Magnetfelder erzeugen in den Schienen (nicht im Rad, vgl. **B1**) ein abbremsendes Gegenfeld. Dies hat den Vorteil, dass die Bremskraft unabhängig von den Schienenverhältnissen ist. Glätte, Laub o. Ä. haben keinen Einfluss! Ein Nachteil ist das starke Magnetfeld der Wirbelstrombremse. Es kann die Signaltechnik beeinflussen, weswegen die elektrischen Einrichtungen entlang der Gleise speziell abgeschirmt werden müssen. Zudem wärmen sich die Schienen beim Bremsen so stark auf, dass die Bremse auf noch vorhandenen alten Trassen mit Holzschwellen bis Ende 2002 nicht eingesetzt werden konnte.

Wirbelstrombremsen finden sich wegen ihrer stufenlosen und einfachen elektronischen Regelbarkeit häufig auch in Fitnessgeräten (Hometrainer) und Achterbahnen.

Die Magnetschwebebahn Die Magnetschwebebahn (z. B. der „Transrapid", →**B2**) schwebt mit Hilfe von Tragemagneten ca. 15 cm über der Fahrbahn und wird durch Führungsmagnete seitlich in der Spur gehalten, wobei die Elektronik für einen Abstand von 10 mm sorgt (→**B3**). Hierfür wird ungefähr dieselbe Energie benötigt, die auch die Klimaanlage an Bord erfordert. Angetrieben und auch im Normalbetrieb gebremst wird die Magnetschwebebahn durch einen sogenannten „Langstator- Linearmotor", der ebenfalls berührungsfrei arbeitet. Er ist im Fahrweg installiert und funktioniert wie ein herkömmlicher Elektromotor, dessen Stator aufgeschnitten und auf dem Fahrweg „gestreckt" ausgebreitet ist. Der Motor erzeugt anstelle eines magnetischen Drehfeldes ein magnetisches Wanderfeld. Von diesem Wanderfeld wird der Zug durch seine Tragmagnete mitgenommen. Das magnetische Wechselfeld in der Fahrbahn schiebt und zieht den Zug bzw. bremst den Zug. Hierbei ist nur der Abschnitt des Fahrweges angeschaltet, auf dem sich der Zug gerade befindet.

Durch eine Veränderung der Frequenz des Wechselfeldes wird die Geschwindigkeit des Zuges gesteuert. Beim Bremsen kann dabei die kinetische Energie teilweise als elektrische Energie wieder genutzt werden.

Als Notbremsen werden Wirbelstrombremsen eingesetzt, mit denen der schwebende Zug bis auf ca. 10 km/h abgebremst wird. Erst dann setzt er auf Kufen auf und kommt nach wenigen Metern zu stehen. Die Energie für Wirbelstrombremse und Tragemagnete wird von den Bordbatterien geliefert, so dass die Bahn auch bei einem Stromausfall im Fahrweg sicher zu Stillstand kommen kann.

Weder das ICE-Unglück in Eschede am 3.6.1998 noch der Transrapid-Crash am 22.9.2006 in Lathen sind auf ungenügende Bremssysteme zurückzuführen, sondern wohl auf menschliches Fehlverhalten und/oder Materialprobleme.

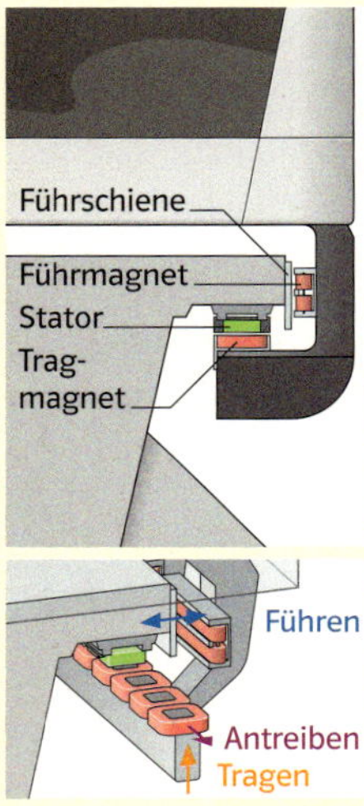

B3 Magnetsystem beim Transrapid

B1 Wirbelstrombremse am ICE

B2 Schema des Transrapid

Aufnahme, Speicherung und Wiedergabe von Daten

B1

B3

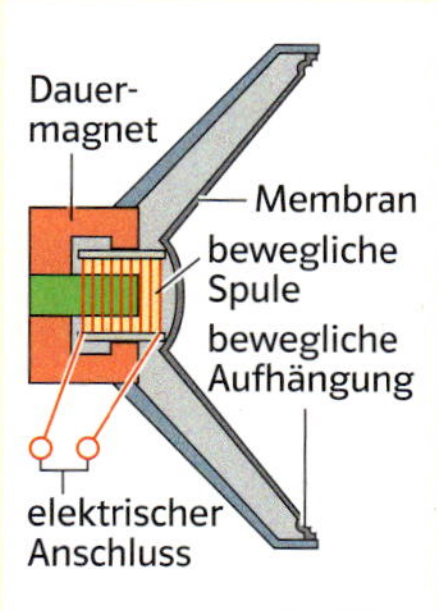

B5 Prinzip des elektrodynamischen Lautsprechers

Magnetische Speicherung und Festplatte

Die Speicherung von Daten kann auf unterschiedliche Weise erfolgen, z. B. in Papierform, als Buch, auf Schallplatten, in Bildern auf CDs oder auch mit elektromagnetischen Speichermedien wie etwa Magnetbändern, Disketten oder Festplatten (→**B1**).

Bei modernen elektromagnetischen Speichern müssen die zu speichernden Daten vorher in einen binären Code umgewandelt werden.

Die Arbeitsweise beruht auf der Magnetisierung der Speicherschicht (→**B2**). Dabei kommt es zur Ausrichtung von Mikromagneten – definierte Bereiche in der Magnetschicht – durch ein elektromagnetisches Feld, das im Takt der binären Information umgepolt wird.

Beim Lesen der Information wird die Polung dieser Mikromagnete abgefragt.

Alle Informationen stecken in dem binären Code (z. B. 010110), wobei der Zahl 0 die Polung des Mikromagneten in die eine Richtung entspricht und der Zahl 1 dann die Polung des Mikromagneten in die entgegengesetzte Richtung.

Mikrofon und Lautsprecher

Die Spule des elektrodynamischen **Lautsprechers** (→**B3**, **B5**) ist mit der Lautsprechermembran fest verbunden. Bei geschlossenem Stromkreis erzeugt die Spule ein Magnetfeld, das sich mit dem konstanten Magnetfeld des Dauermagneten überlagert (→**B5**). Je nach Stromrichtung wird die Spule in das Magnetfeld des Dauermagneten gezogen oder von ihm abgestoßen. Bei wechselnder Stromrichtung schwingt die Spule und mit ihr die Membran im Rhythmus des Stromes hin und her. Dadurch wird die Luft in Schwingungen versetzt, es entsteht Schall.

Im sogenannten **„dynamischen Mikrofon"** (→**B6**) ist an einer dünnen Kunststoffmembrane eine Schwingspule befestigt, die sich im Feld eines starken Permanentmagneten befindet. Auftreffende Schallwellen bringen die Membrane zum Schwingen. Dabei wird in der Spule eine elektrische Spannung induziert, die ein „Abbild" der Schallwellen darstellt (→**B4**). Neben dem dynamischen Mikrofon wurden weitere Arten von Mikrofonen entwickelt.

● **Mikrofone und Lautsprecher sind elektroakustische Signalwandler, die Schall und elektrische Strom- und Spannungsschwankungen ineinander umwandeln.**

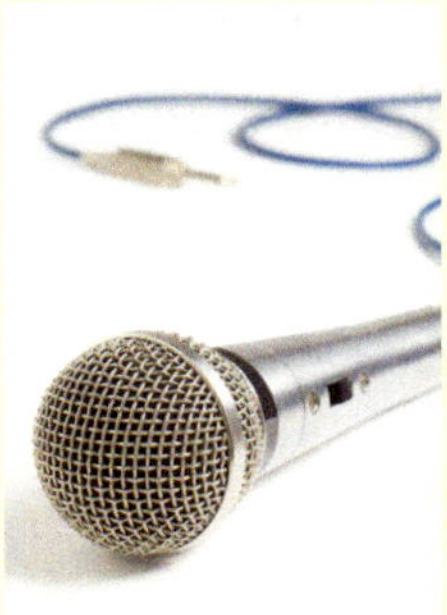

B6 Dynamisches Mikrofon

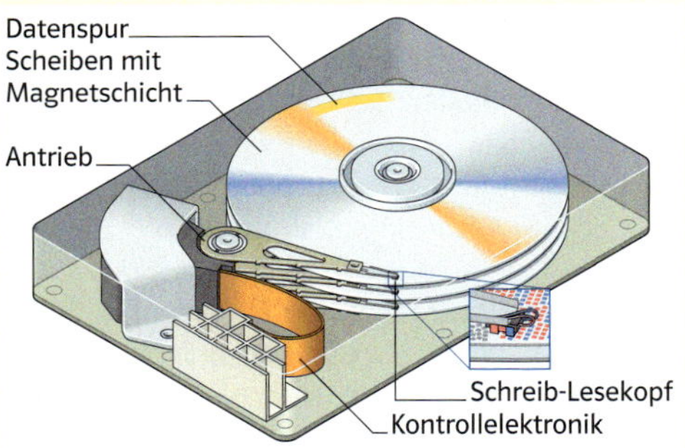

B2 Schreib- und Lesekopf einer Festplatte

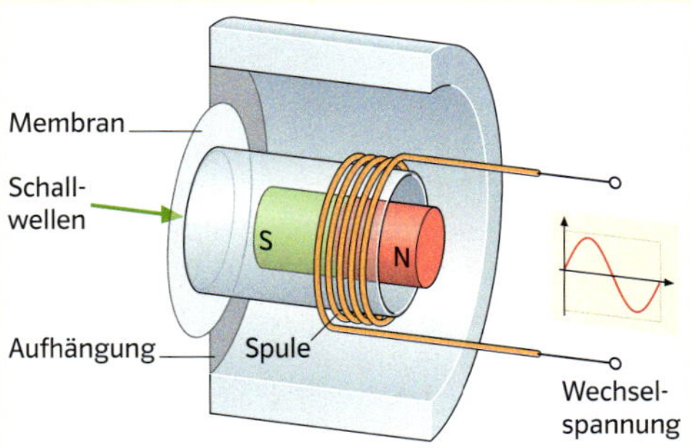

B4 Prinzip des dynamischen Mikrofons

Physik überall

Siegeszug der Elektrizität?

Thomas Alva Edison (1847–1931)

Edison erfand das Kohlekörnermikrofon, den Phonografen, eine Kohlefadenlampe, einen Filmaufnahmeapparat und ein Filmwiedergabegerät. Er koppelte als erster eine Dampfmaschine mit einem Gleichstromgenerator zur Stromerzeugung und gründete das erste öffentliche Elekrizitätswerk.

Als Beispiel für die Gefährlichkeit des Wechselstromes wird der elektrische Stuhl genannt. Auf so einem Stuhl wurde am 6. August 1890 der erste Mensch mit 1700 V Wechselspannung hingerichtet.

Gleichstrom gegen Wechselstrom Der erfolgreiche Erfinder **Thomas Alva Edison** vertrat 1889 folgende Meinung: *„My personal desire would be to prohibit entirely the use of alternating currents. They are unnecessary as they are dangerous.* [...] *I can therefore see no justification for the introduction of a system which has no element of permanency and every element of danger to life and property."*

Die Entdeckung der Induktion durch Faraday führte unmittelbar zu vielfältigen Forschungen und Anwendungen auf allen Gebieten der Elektrizitätslehre: So konstruierte der Physiker **Moritz Hermann Jacobi** 1834 einen Gleichstrommotor auf der Basis von rotierenden Elektromagneten. Den elektrischen Strom lieferte eine Batterie von 64 Plattenpaaren aus Zink und Platin. Diesen Motor nutzte er zum Antrieb eines Bootes, das mit 14 Personen besetzt war. Mit der Motorleistung von ungefähr 1 kW erreichte es eine Geschwindigkeit von 4 km/h.

Die sich ständig verbessernden Batterien ermöglichten es vielen Städten, Beleuchtungsanlagen mit Bogenlampen zu errichten. Letztlich erwies sich diese Entwicklung aber wegen der hohen Kosten für die Batterien als Sackgasse. Um eine auf der elektromagnetischen Induktion beruhende kostengünstigere Versorgung mit elektrischer Energie zu erreichen, waren umfangreiche theoretische Forschungen über das Verhalten verschiedener Stoffe in Magnetfeldern nötig. Diese Entwicklung der Elektrotechnik dauerte fast 50 Jahre. Einen ersten Durchbruch schaffte Edison 1882 in den USA. Er entwickelte zur Beleuchtung eines Stadtteiles von New York ein ganzes System elektrischer Einrichtungen. Von einem zentralen Elektrizitätswerk wurde die elektrische Energie bereitgestellt. Diese wurde durch ein Leitungsnetz zum Abnehmer der Energie herangeführt. Stromzähler zur Berechnung des Energieumsatzes und Sicherungen ergänzten beim Abnehmer das System. Dieses erste Stromnetz war ein Gleichstromnetz. Wesentliches Merkmal dieses Konzeptes ist der zentrale Charakter der Energiebereitstellung, der bis heute erhalten geblieben ist. Die Entwicklung von Transformatoren und besonders robuster Drehstrommotoren führte zu einem „Stromkrieg" zwischen Anhängern des Gleich- und des Wechselstromes, hinter dem auch massive wirtschaftliche Interessen standen.

Die zweite industrielle Revolution Michael Faraday soll auf die Frage eines Politikers, was denn seine Entdeckung wert sei, geantwortet haben: *„Im Moment weiß ich es noch nicht, aber eines Tages wird man sie sicher besteuern können."* Lenin hat 1920 proklamiert: *„Kommunismus – das ist Sowjetmacht plus Elektrifizierung des ganzen Landes."*

Die Entstehung der Elektrotechnik, besonders die Erfindung des Elektromotors, fiel in eine Zeit wirtschaftlicher Depression. Technische Entwicklungen können dann zu neuem Aufschwung führen. Vor dem Elektromotor war die Dampfmaschine die hauptsächliche Antriebsquelle (erste industrielle Revolution). Die Eigenschaften des Elektromotors waren denen der Dampfmaschine überlegen und führten rasch zu vielseitiger Verwendung. Der Elektromotor kann für beliebige Leistungen gebaut und überall aufgestellt werden. Er kann seine Drehzahl rasch und ohne drastische Leistungseinbußen an die nötigen Maschinengeschwindigkeiten anpassen. Vor allem konnten ihn sich auch kleinere Betriebe als Antriebsmaschine leisten. Da Elektromotoren dort aufgestellt werden können, wo ihre Arbeit auch benötigt wird, ließen sich bislang sehr aufwendige Materialtransporte innerhalb der Betriebe erleichtern und verbilligen. Dies ermöglichte eine arbeitsteilige Produktion, in Fortsetzung die Produktion am **Fließband**, die sich zur **Automation** weiterentwickelt hat.

Aus der rasch zunehmenden Nachfrage nach elektrischer Energie ergab sich die Notwendigkeit, **Kraftwerke** zu bauen. Dies erforderte viel Kapital, welches nur von Großbetrieben aufgebracht werden konnte. Kraftwerke entstanden daher zunächst bei Konzernen, die dabei oft kleinere Firmen übernahmen, wie General Electric die amerikanische Edison-Firma oder die AEG die Niederlassung von Edisons Firma in Deutschland. Die Verfügbarkeit von elektrischer Energie ließ die Versorgung mit Konsumgütern anschwellen. So fanden Elektrogeräte für den Haushalt, Radio, Telefon und elektrisches Licht immer weitere Verbreitung. Die wohl größte Änderung des täglichen Lebens bewirkten die beiden letzten Einrichtungen. Beide haben zwar nicht den Elektromotor als Ursache, sind aber ebenfalls technische Errungenschaften der Elektrotechnik. So ist es üblich, von der „Zweiten industriellen Revolution" zu sprechen.

Die Elektrifizierung des Haushalts

Die zweite industrielle Revolution unterschied sich von der ersten dadurch, dass zuerst wissenschaftliche Grundlagen entwickelt wurden und dann deren technische Anwendung folgte. Die Elektrizitätslehre war der erste Wissenschaftszweig, auf dem eine eigene Industrie basiert. Der Einsatz der Elektrizität ermöglichte die Massenproduktion und damit ein preiswertes Angebot von Elektrogeräten für die privaten Haushalte. Ab 1920 wurde die Elektrifizierung der Haushalte mit Anschlüssen an das elektrische Leitungsnetz verwirklicht. Elektrische Haushaltsgeräte gab es aber schon von 1880 an. Eines der ersten Geräte war das elektrische Bügeleisen. Auch Geräte, deren Betrieb durch einen Elektromotor erfolgte, wie Waschmaschine und Staubsauger, sind schon früh erfunden worden. Sie fanden rasch großes Interesse (→**B1** und **B2**).

B1 Vom Bottich zur Waschmaschine

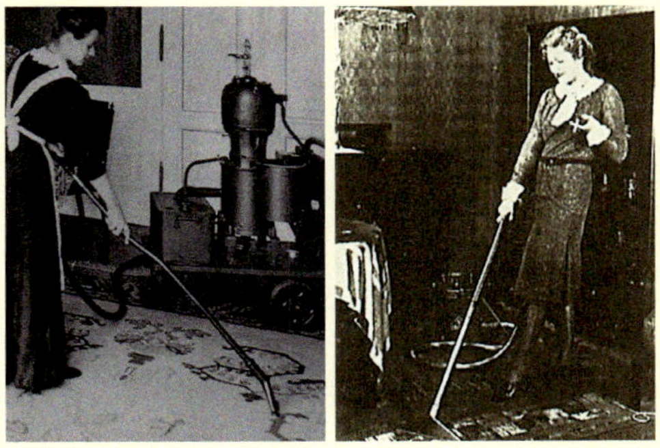

B2 Von der Entstaubungspumpe (1900) zum Staubsauger (1920)

Die Werbung in den 20er Jahren für den elektrischen Staubsauger verspricht den Hausfrauen leichtes Arbeiten und Emanzipation. Das Arbeiten mit einer Hand und die Zigarette sind Metaphern dafür.

Man kann sich heute kaum noch vorstellen, wie mühsam etwa das Wäschewaschen früher war. Deshalb soll der **Waschtag** einer Hausfrau aus vergangener Zeit beschrieben werden: Eine Vielzahl von Geräten war dazu nötig: Holzzuber, Bottiche, Blechwannen, Platten, Wringer, Ständer, Waschbrett, Bürsten, Körbe und Waschtücher. Größere Waschvorhaben fanden in der Waschküche statt, die sich in Mietshäusern meist im Keller befand, so wie heute elektrische Waschmaschinen und -trockner. Der Waschvorgang begann am Vorabend des Waschtages mit dem Befeuchten und Einseifen der Wäsche. Am nächsten Tag wurde in aller Frühe der Waschkessel beheizt und die Wäsche darin ausgekocht. Während des Kochens wurde die Wäsche mit großen Holzlöffeln umgerührt, um den Schmutz besser zu lösen bzw. das Anbrennen der Wäsche am Boden zu verhindern. Anschließend wurde die heiße Wäsche auf gerippten Waschbrettern zur Beseitigung des Schmutzes gebürstet und gerieben. Nach dem Ausspülen der Seife in kaltem Wasser wurde die Wäsche zum Trocknen aufgehängt. Das alles dauerte einen Tag, daher der Name „Waschtag".

Auch der **Staubsauger** führte zur Erleichterung der Hausarbeit. Um 1900 wurden mechanische Staubsauger verwendet, die zwei Personen zum Betrieb benötigten. Eine musste einen Blasebalg zum Ein- und Absaugen der Luft betätigen, die andere führte den Schlauch. Eine Weiterentwicklung war ein Gerät mit einer Luftpumpe, mit der Luft mit dem Staub über Filter und Leinwandgewebe abgesaugt wurde. Diese großen Saugsysteme wurden von einem Benzinmotor angetrieben und waren auf einem Wagen montiert. Man zog mit ihnen von Haus zu Haus und saugte den Staub über einen 100 m langen Schlauch aus den Wohnungen ab. Diese teure Staubentfernung war nur reichen Bürgern zugänglich. Bald folgten elektrisch angetriebene, kleinere Vakuumgeräte, sie hatten aber immer noch ein Gewicht von 25 kg und waren von einer Person kaum zu bedienen. Ab 1918 wird statt der Vakuumpumpe ein Ventilator verwendet. Er benötigt viel weniger Platz. Der Staub wird in einem Staubbeutel aufgefangen. Solche Geräte gab es auch schon als Handstaubsauger mit einem Gewicht von 6 kg. Diese Konstruktion hat sich im Prinzip bis heute erhalten. Die Werbung machte sich die mit der leichteren Arbeit einhergehende scheinbare „Emanzipation" der Frau zunutze (→**B2** rechts).

Physik überall Transport und Verteilung elektrischer Energie

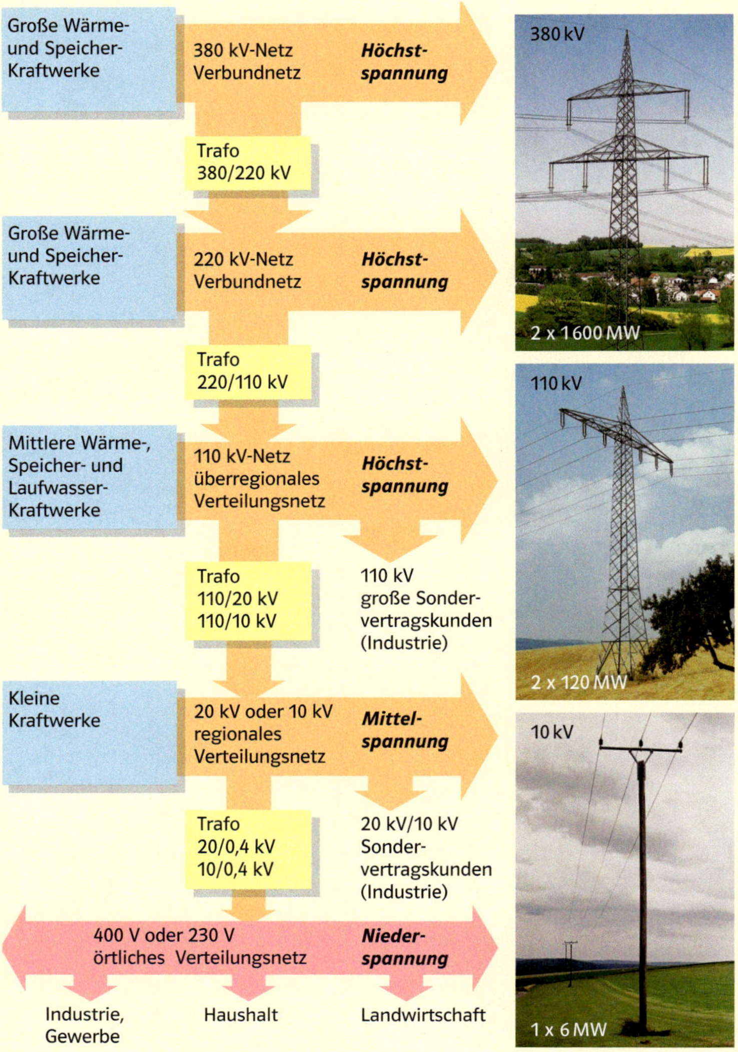

B1 Nutzen des Transformators bei der Übertragung elektrischer Energie

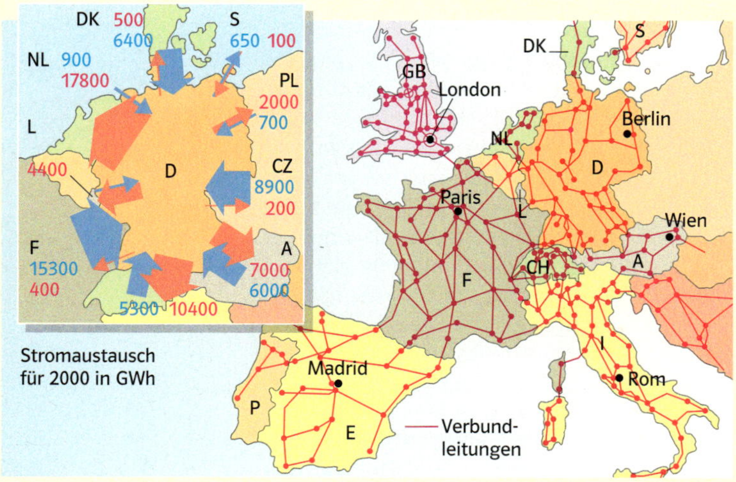

B2

Der Transport elektrischer Energie erfolgt durch Drähte, die sich dabei erwärmen. Ein Teil der am Generator bereitgestellten Energie wird somit auf dem Transport in innere Energie umgewandelt und steht am Ende nicht mehr zur Verfügung.

● **Der Transport von elektrischer Energie ist mit Leitungsverlusten verbunden.**

Aus dem Widerstand R_L einer Leitung und der Stromstärke I berechnen wir die für die Leitung erforderliche Leistung:

$$P_L = U \cdot I = R_L \cdot I^2$$

Die Leistung, also auch die in den Leitungen umgesetzte Energie, ist umso geringer, je kleiner R_L und I sind. Zur Übertragung elektrischer Energie sollte man deshalb immer dicke Kabel aus guten Leitern und möglichst kleine Stromstärken verwenden. Kleinere Stromstärken bei gleicher Leistung bedeuten wegen $P = U \cdot I$ höhere Spannungen.

Wenn die Energie einer Quelle wegen langer dünner Leitungsdrähte nicht mehr ausreicht, ein Glühlämpchen zum Leuchten zu bringen, so gelingt dies mit Hilfe von **Transformatoren** doch noch. Mit einem ersten Transformator wird die Spannung erhöht und die Stromstärke verringert. Bei der Übertragung wird der Verlust an Energie über die Leitungen geringer. Mit einem zweiten Transformator wird am anderen Ende der Leitung die Spannung wieder herabgesetzt und die Stromstärke erhöht. Ein Glühlämpchen kann nun normal leuchten, weil nur wenig elektrische Energie auf dem Transport in innere Energie umgewandelt wurde. Bei der öffentlichen Versorgung mit elektrischer Energie gelten diese Überlegungen erst recht (→**B1**).

● **Die Fernleitung elektrischer Energie erfolgt mit Hilfe von Hochspannung.**

Wegen der notwendigen Transformatoren wird Wechselspannung verwendet. Im europäischen **Verbundnetz** überschreiten Fernleitungen Ländergrenzen und sichern so die Versorgung unabhängig von Schwankungen im Bedarf oder bei der Bereitstellung (→**B2**).

■ **A1** Wie gelingt es, die Übertragungsverluste in Fernleitungen klein zu halten?

Begriffe
Was versteht man unter
- einem Anker?
- einem Kommutator?
- einem Elektromotor?
- einem Generator?
- elektromagnetischer Induktion?
- einer induzierten Spannung?
- einer Wechselspannung?
- einem Transformator?

Beobachtungen
Welche Wirkungen beobachtet man, wenn
- durch eine drehbare Spule Strom fließt und sie sich in einem Magnetfeld befindet?
- eine Spule im Magnetfeld gedreht wird?
- eine Spule 1 an eine Wechselstromquelle angeschlossen wird und eine Spule 2 davor steht?

Erklärungen
Wie lässt sich begründen, dass
- ein Magnetfeld Kräfte auf einen stromdurchflossenen Leiter ausübt?
- sich drehbare Spulen in einem Magnetfeld fortwährend drehen können?
- Elektronen in der Fernsehröhre abgelenkt werden können?
- zwischen den Enden eines im Magnetfeld bewegten Leiters eine Spannung entsteht?
- ein Transformator nicht mit konstanter Spannung betrieben werden kann?

Gesetzmäßigkeiten
Beschreibe mit eigenen Worten
- die Drei-Finger-Regel der rechten Hand.
- die Regel von Lenz.
- die Beziehungen für die Stromstärken bzw. die Spannungen in den Primär- und Sekundärspulen eines Transformators.
- den Zusammenhang zwischen induziertem Strom und Stärke und Richtung des dazugehörenden Magnetfelds.

Erläutere die Erscheinungen in den folgenden Bildern und beantworte die Fragen!

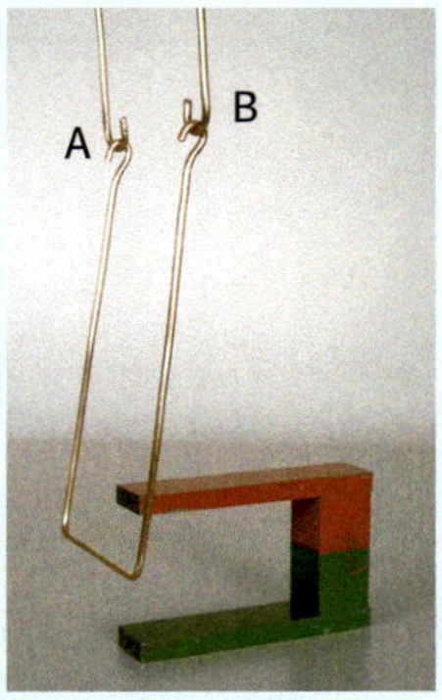

B1 Welche Stelle der Leiterschlaufe ist mit dem Plus-, welche mit dem Minuspol der Quelle verbunden?

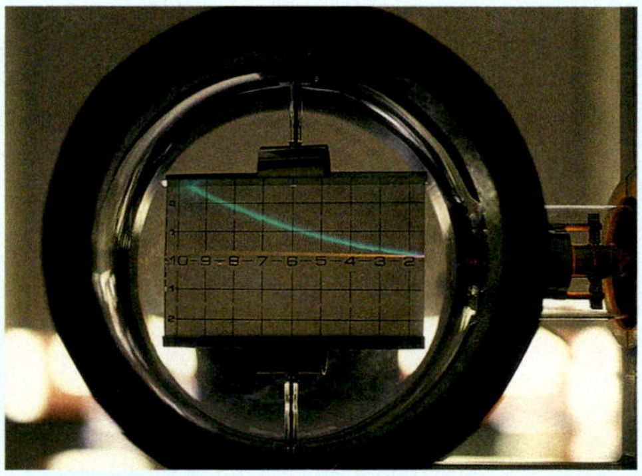

B2 Der Elektronenstrahl kann mit einer Spule (großer Ring) oder einem Kondensator (waagerechte Bleche) abgelenkt werden. Wie müssen jeweils das Magnetfeld bzw. die elektrischen Anschlüsse gepolt sein?

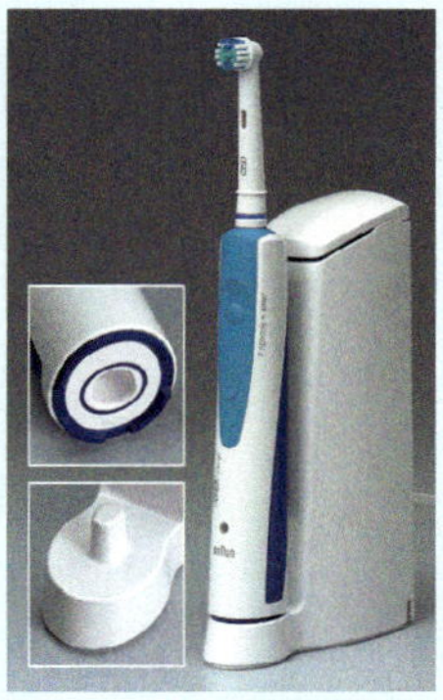

B3 Wie gelangt die Energie drahtlos in den Zahnbürstenakku?

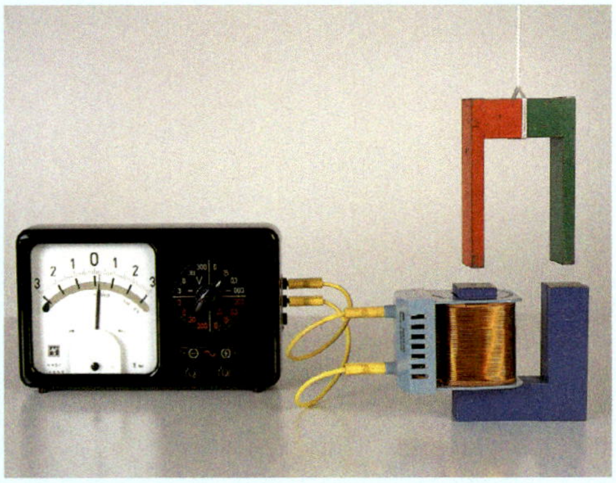

B4 Wenn sich der Hufeisenmagnet dreht, schlägt der Zeiger des Messgerätes aus. Wie kommt das? Was geschieht, wenn sich der Magnet wieder zurückdreht?

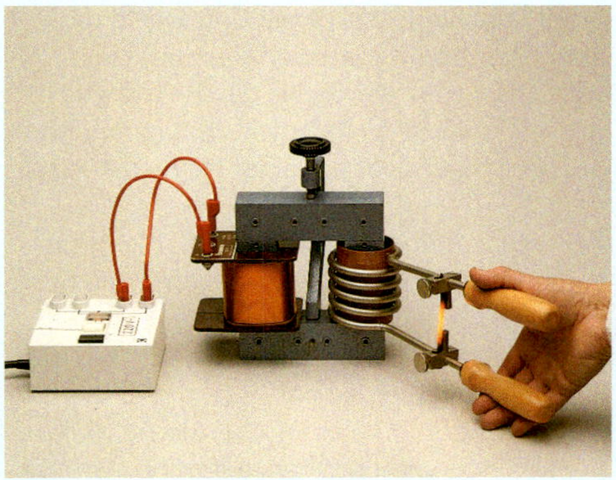

B5 Wieso glüht der dünne Metallnagel?

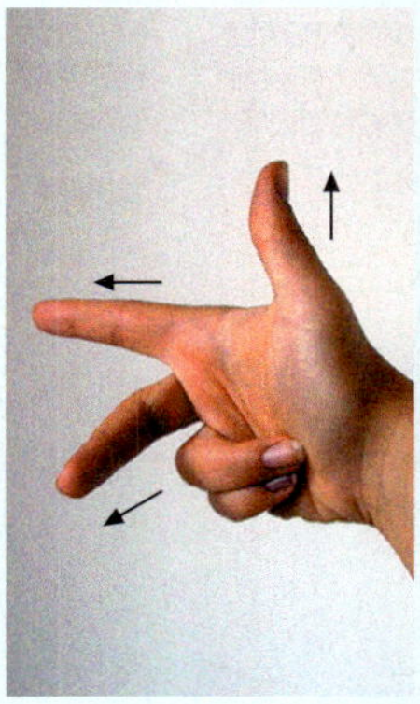

B6 Welche Bedeutung haben die Pfeile an dieser Hand?

Beispiele

1 Kräfte zwischen Leitern im Stromkreis
Warum stoßen sich zwei parallele Leiterstücke ab, die sich in geringem Abstand nebeneinander befinden, wenn in ihnen die Ströme entgegengesetzt gerichtet sind?

Lösung: Wir zeichnen einen Stromkreis mit den beiden Leiterstücken (siehe Rand):
Um den Leiter A erzeugt der Strom ein Magnetfeld, in dem sich der Leiter B befindet, und umgekehrt.

Zunächst betrachten wir die Kraft, die das Magnetfeld des Leiters A auf den Leiter B ausübt. Hierzu tragen wir eine Feldlinie, die durch den Leiter B geht, in unsere Skizze ein und bestimmen die Richtung des Feldes mit der Hilfe der Rechte-Hand-Regel.

Die Richtung der Kraft $\vec{F}$ auf den Leiter in B finden wir mit Hilfe der Drei-Finger-Regel der rechten Hand: Weist die technische Stromrichtung in B nach unten, so ist die Kraft von A weg nach rechts gerichtet.

Entsprechend findet man die Kraft auf den Leiter A, die aus Symmetriegründen (stelle die Skizze auf den Kopf!) nach links gerichtet ist, also ebenfalls abstoßend ist.

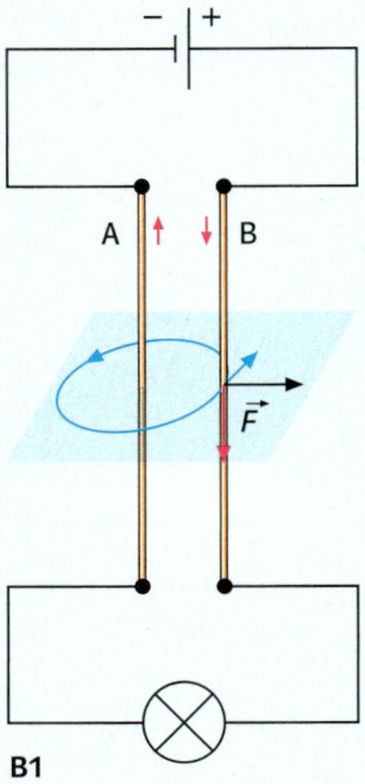

B1

2 Berechnungen zum Transformator Ein Klingeltransformator soll mit 230 V betrieben werden und auf der Sekundärseite mit 50 Windungen die Spannung 8 V zur Verfügung stellen. Ein Absinken der Sekundärspannung durch die Belastung werde vernachlässigt.
a) Wie viele Windungen muss die Primärspule haben?
b) Wie groß wird die Stromstärke in Primär- und Sekundärspule, wenn die Klingel mit 5 Ω Widerstand angeschlossen ist?

Lösung: a) Für die Spannungen ergibt sich aus der Beziehung $n_1 : n_2 = U_1 : U_2$:

$$n_1 = \frac{n_2 \cdot U_1}{U_2} = \frac{50 \cdot 230\,\text{V}}{8\,\text{V}} = 1438$$

Die Primärspule hat 1438 Windungen.

b) Wegen der Definition von $R = U/I$ wird:

$$I_2 = \frac{U_2}{R} = \frac{8\,\text{V}}{5\,\Omega} = 1{,}6\,\text{A}$$

Die Stromstärke im Sekundärkreis beträgt also 1,6 A. Im Primärkreis berechnen wir sie mit der Beziehung $I_1 : I_2 = n_2 : n_1$:

$$I_1 = \frac{n_2 \cdot I_2}{n_1} = \frac{50 \cdot 1{,}6\,\text{A}}{1438} = 0{,}056\,\text{A}$$

Die Stromstärke im Primärkreis ist 0,056 A.

Heimversuche

1 Wir bauen einen Elektromotor Hierzu benötigen wir eine Batterie, einen Holzklotz, Gummibänder, zwei Sicherheitsnadeln, einen isolierten dünnen Kupferdraht und einen starken Magneten (z. B. aus Neodym). Baue den Motor entsprechend **B2** zusammen. Die Pole der Batterie bzw. des Batteriepacks werden mit den beiden Sicherheitsnadeln leitend verbunden. Nun forme aus dem Kupferdraht eine Spule, die durch Umwickeln der Enden gegen Auseinanderfallen gesichert wird. Die Enden der Spule, die zukünftigen Achsen, isolierst du nicht vollständig rundherum ab, sondern nur auf einer Hälfte der Achse.

Wenn ein leitender Kontakt durch die Achse vorhanden ist, fließt ein Strom durch die Spule und induziert ein Magnetfeld in der Spule.
Der Neodym-Magnet kann nun eine Kraft auf die Spule ausüben, so dass sich diese dreht.
Da die Achse nur halb abisoliert ist, wird der Kontakt nun unterbrochen, aufgrund der Trägheit der Spule dreht sich diese weiter.
Der Kontakt wird wieder geschlossen und der Vorgang kann erneut beginnen.

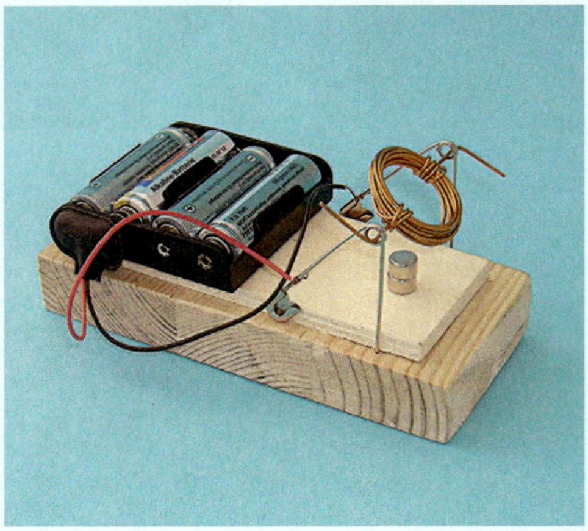
B2

Heimversuche

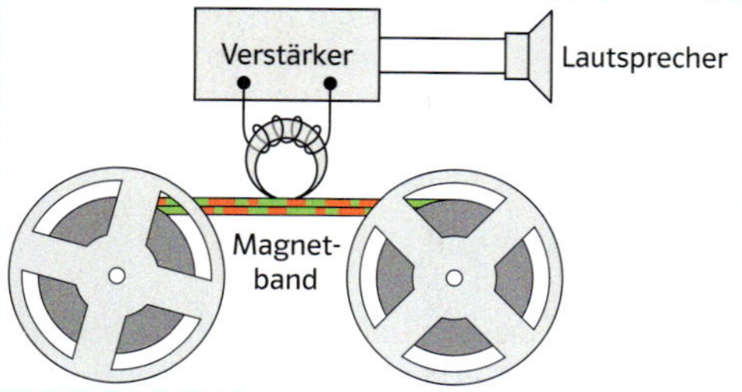

B1

2 Die Magnetschrift auf dem Tonband

Nimm eine leere Tonband-Kassette und streiche mit einem Magnet über das freie Stück des Tonbandes. Drehe das Band weiter und streiche abwechselnd mit dem Nord- und dem Südpol des Magneten darüber. Spiele nun das Band ab, stelle die Lautstärke zunächst möglichst niedrig ein! Du kannst deine „Magnetschrift“ hören. Überlege mit **B1**, wie das möglich ist.

3 Versuche mit dem Dynamo

a) Drehe das Antriebsrädchen am Dynamo mit der Hand. Warum lässt es sich nicht gleichmäßig drehen? Wie viele Stellen mit erhöhtem Kraftaufwand treten bei einer Umdrehung auf?
b) Schließe einen Kopfhörer an Gehäuse und Anschlusskontakt des Dynamos an. Schiebe nun das Fahrrad langsam bei laufendem Dynamo. Wie kommt es zu den Tönen, die du im Kopfhörer hörst?

4 Wechselspannung sichtbar gemacht Eine **LED** (Licht emittierende Diode) kennst du als Signallämpchen an elektronischen Geräten. Du kannst sie dir in jedem Elektronikladen besorgen. Im Unterschied zu normalen Glühlampen leuchten sie nur bei einer bestimmten Polung. Schließe eine rote LED in Reihe mit einem Widerstand von etwa 420 Ω an einen Experimentiertransformator bei 6 V an. Bewege die LED rasch hin und her. Warum ergibt sich keine durchgehende Lichtspur? Schließe parallel zur ersten LED eine zweite, grüne mit Widerstand an, jedoch mit umgekehrter Polung. Bewege nun beide LEDs zugleich.

Fragen

Zum Elektromotor

1 Warum wickelt man die Spule im Anker eines Motors auf einen Eisenkern?

2 Erläutere Aufbau und Wirkungsweise eines Elektromotors. Erkläre die Wirkungsweise des Kommutators im Elektromotor.

3 a) In manchen Motoren findet man auch einen Anker mit drei Spulen (→**B2**). Verfolge den Stromkreis und erläutere, wie sich dieser Anker bewegt.
b) Welchen Vorteil hat er gegenüber einem Anker mit nur zwei gegenüberliegenden Spulen?

4 Allstrommotoren haben Elektromagnete als Feldmagnete, die ihren Strom in Parallel- oder Reihenschaltung mit den Spulen im Anker erhalten. Diese Motoren behalten ihren Drehsinn bei, auch wenn die angelegte Spannung umgepolt wird. Wie lässt sich bei ihnen der Drehsinn umkehren? Fertige hierfür eine Schaltskizze an.

5 Man kann einen Dynamo mit Wechselspannung (etwa 6 V) als Motor betreiben. Das Prinzip zeigt das Bild **B3**. Erkläre diese Skizze und beantworte:
a) Warum läuft dieser Motor im Allgemeinen nur mit einer „Starthilfe“ an?
b) Warum erhöht sich die Drehzahl nicht, wenn man die Spannung erhöht?
c) Wie viele Umdrehungen müsste der Motor in einer Sekunde machen, wenn der Anker ein, zwei oder vier Polpaare hätte? (Die angelegte Wechselspannung mit 50 Hz ändert 100-mal in der Sekunde ihre Polung!)

Elektronen im Magnetfeld

6 Erkläre (wie in Beispiel 1, S. 48) die Wirkung der Kräfte bei zwei parallelen Leitern mit Strömen in gleicher Richtung.

7 Überlege dir für jedes Leiterstück der abgebildeten Leiterschleifen, ob und in welcher Richtung Kräfte auftreten. Übertrage die Bilder in dein Heft und zeichne die Kraftpfeile ein.

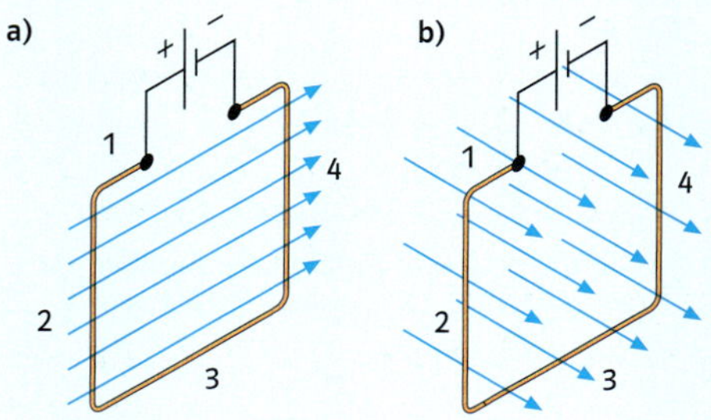

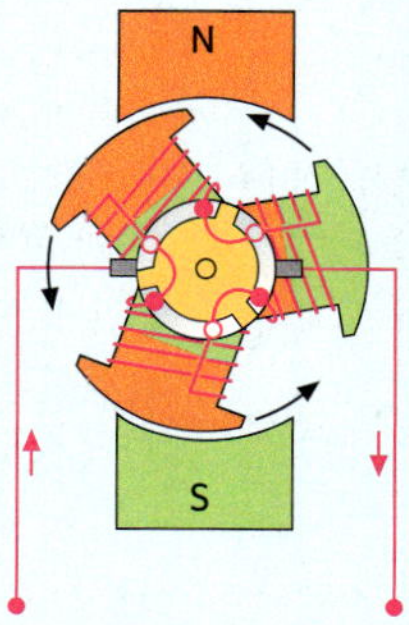

B2 Zu Aufgabe 3

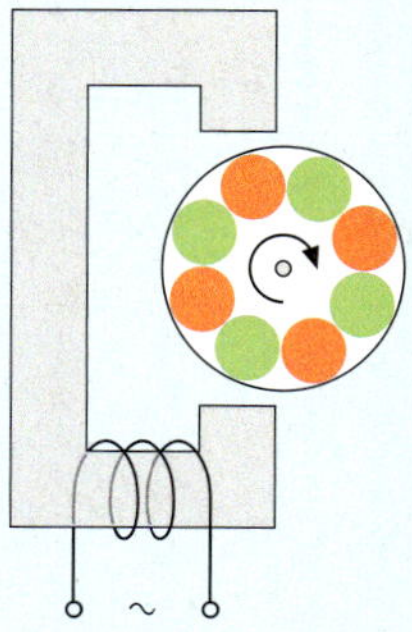

B3 Zu Aufgabe 5

Fragen

8 Elektronen bewegen sich auf ein Magnetfeld mit parallelen Feldlinien zu. In welche Richtung werden sie abgelenkt, wenn das Magnetfeld
a) in Bewegungsrichtung bzw. in Gegenrichtung weist,
b) senkrecht zur Bewegungsrichtung nach oben bzw. nach unten gerichtet ist,
c) senkrecht zur Bewegungsrichtung nach links bzw. rechts gerichtet ist?

9 Erläutere mit Hilfe der Rechte-Hand-Regel, ob und wie positiv und negativ geladene Teilchen, die von der Sonne ausgesandt als sog. „Sonnenwind" zur Erde kommen, im Magnetfeld der Erde (→ S. 14) abgelenkt werden.

Elektromagnetische Induktion

10 Unter welchen Bedingungen wird in einer Spule eine Spannung induziert? Weshalb wird die induzierte Spannung höher, wenn man Spulen mit Eisenkern verwendet?

11 Verbindet man zwei Drehspulmessgeräte miteinander durch zwei Kabel und dreht ein Gerät herum, so zeigen beide während des Drehens eine Spannung an. Wie kommt das?

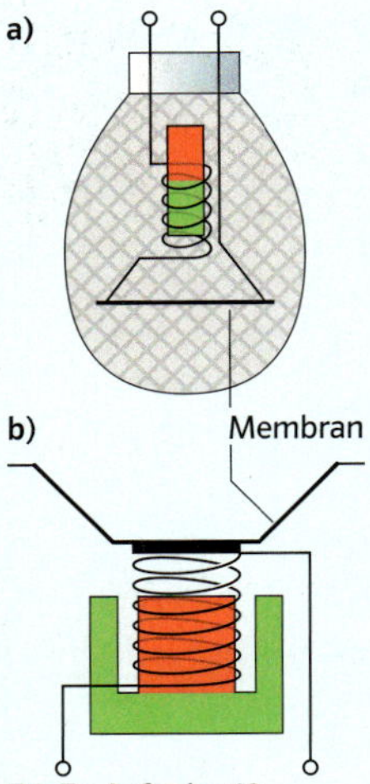

B1 Zu Aufgabe 12

12 a) Bei vielen Mikrofonen (→ **B1a**) ist eine bewegliche Membran fest mit einer Spule verbunden. Sie ragt in das Feld eines Dauermagneten hinein. Erkläre, wie der Schall, der die Membran zum Mitschwingen bringt, eine Wechselspannung zwischen den Spulenenden bewirkt.
b) Erkläre, wieso man einen Lautsprecher (siehe Bild am Rand) auch als Mikrofon benutzen könnte (→ **B1b**).

Zum Generator

13 Erläutere Aufbau und Wirkungsweise eines Generators. Wie lässt sich die erzeugte Spannung steigern?

14 a) Was versteht man unter einer Wechselspannung?
b) Was versteht man unter einer pulsierenden Gleichspannung? Wie kann man sie erzeugen?

15 Wie hängt die vom Generator erzeugte Wechselspannung von der Spulenstellung im Magnetfeld ab? Bei welcher Stellung ist die Spannung am größten?

16 Zeichne die Spannung U in Abhängigkeit von der Zeit t für eine Umdrehung beim Fahrraddynamo auf. Was ändert sich, wenn man die Umdrehungsgeschwindigkeit verdoppelt?

Zum Transformator

17 Erläutere Aufbau und Wirkungsweise eines Transformators. Formuliere die Gesetze für die Stromstärken und Spannungen.

18 Eine Berghütte wird über eine Stromleitung mit 15 Ω Widerstand mit elektrischer Energie versorgt. Im Tal werden 350 kW bei 230 V zur Verfügung gestellt. Durch Hochtransformieren versucht man, Leitungsverluste zu reduzieren. Welche Windungszahl muss die Sekundärspule haben, wenn bei einer Primärspule mit 500 Windungen die Verluste höchstens 4,4 % betragen sollen?

19 Berechne die fehlenden Größen, wenn der Transformator bei den Spannungsangaben unbelastet, bei den Stromstärkeangaben belastet sein soll:

	n_1	n_2	U_1 in V	U_2 in V	I_1 in A	I_2 in A
a)	2000	50	…	220	0,20	…
b)	500	…	220	6,00	…	5,00
c)	200	…	40,0	2000	2,0	…
d)	…	250	380	100	…	0,50

20 Bei einem Ringkern-Regeltransformator sind Primär- und Sekundärspule auf einen gemeinsamen Eisenring gewickelt.

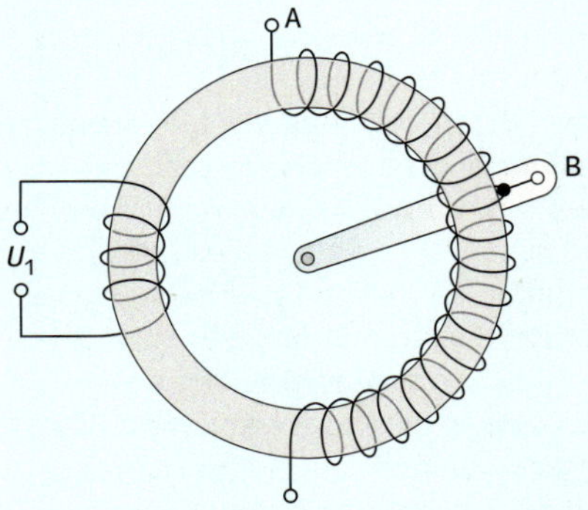

Ein Schleifkontakt B gleitet über die einzelnen Windungen der Sekundärspule, die an diesen Stellen nicht isoliert sind. Welche Spannung erhält man bei $U_1 = 220\,V$, $n_1 = 1200$ und $n_2 = 120$? In welchen Stufen erhält man die Spannung U_2 zwischen dem festen Kontakt A und dem Kontakt B?

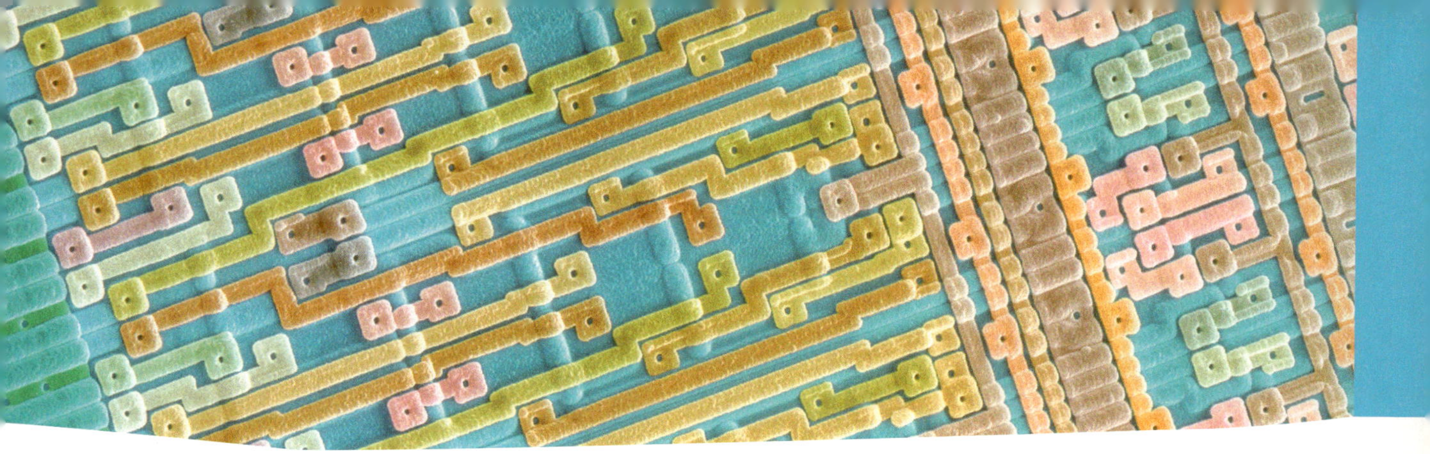

extra

Halbleiter und Mikroelektronik

Anfänge des Radios 1923 begannen in Deutschland regelmäßige Rundfunksendungen. Die ersten Empfänger arbeiteten mit Kristalldetektoren. Vorsichtig wurde eine gefederte Drahtspitze auf einen Bleisulfidkristall gedrückt. Oft musste man lange suchen, um eine geeignete Stelle auf dem Kristall zu finden. Das abgebildete Radio ist bereits eine Weiterentwicklung als Röhrengerät mit einer großen, starken Batterie zum Betrieb. Heute werden Halbleiterbauteile wie Dioden oder Transistoren anstelle von Röhren verwendet.

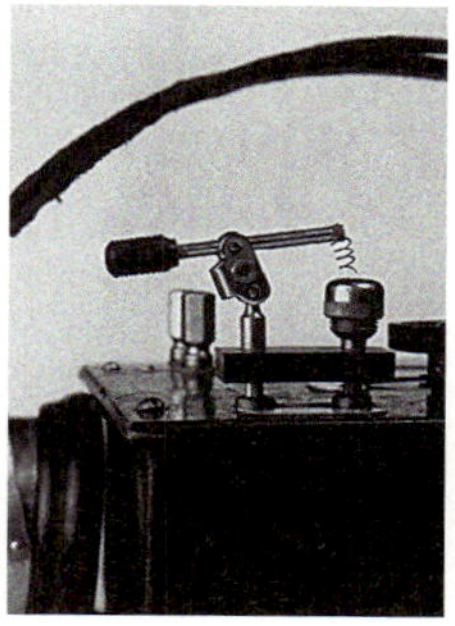

Dioden informieren uns Kleine Leuchtdioden informieren uns, ob Haushaltsgeräte, Stereoanlagen, Computer und anderes mehr eingeschaltet sind. Leuchtdioden gibt es in verschiedenen Farben. Handys sind allgegenwärtig – wie selbstverständlich erscheint uns die ständige Erreichbarkeit über Funk. Schrift und Bilder auf den kleinen Bildschirmen bestehen aus vielen winzigen Punkten, die jeder für sich elektronisch zum Erscheinen oder Verschwinden gebracht werden können.

Einbahnstraße für Elektronen Nimm eine Flachbatterie (4,5 Volt) und schließe ein Glühlämpchen (für 3,5 bis 6 Volt) an. Besorge dir eine Leuchtdiode und schalte sie in Reihe mit der Lampe. Was beobachtest du, wenn die Anschlüsse zur Batterie vertauscht werden?

ACHTUNG: Halbleiterbausteine benötigen in der Regel einen Schutzwiderstand!

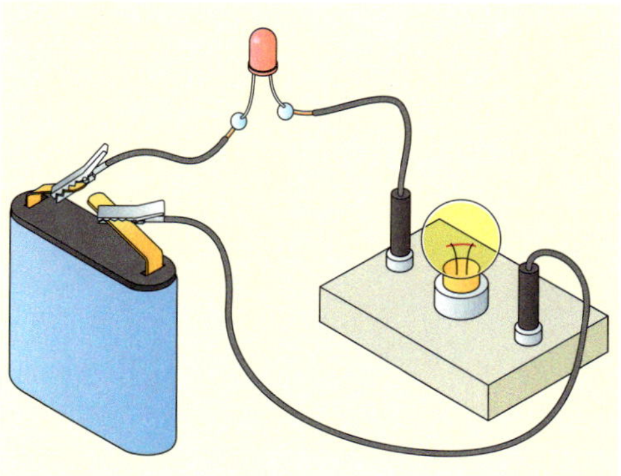

extra

Leitungsvorgänge

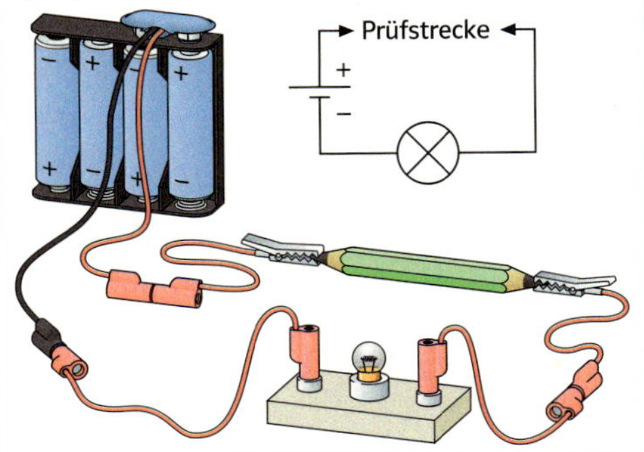

B1

V1 Wir ersetzen ein Stück des Kabels in einem Stromkreis durch einen Holzstift, eine Plastikschnur, eine Bleistiftmine, einen Löffel oder durch ähnliche Gegenstände (→**B1**). Wann leuchtet das Lämpchen?

V2 Die Abhängigkeit des Widerstandes eines Stoffes von der Temperatur soll untersucht werden. Dazu wird nacheinander ein Eisendraht, ein Konstantandraht und ein Graphitstab in destilliertem Wasser erwärmt (→**B2**).

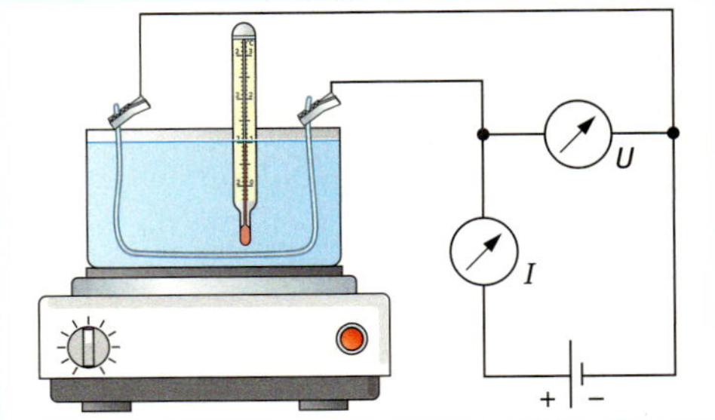

B2 Widerstandsmessung

Werden bei verschiedenen Temperaturen Stromstärke und Spannung gemessen, so ergibt sich z. B. für den Eisendraht:

ϑ in °C	20	40	60	80	100
U in V	2,3	2,3	2,3	2,3	2,3
I in mA	320	313	306	300	293

V3 Wir nehmen die U-I-Kennlinie einer Glühlampe auf. Dazu messen wir bei verschiedenen Spannungen die zugehörige Stromstärke. Man stellt fest, dass sich der Widerstand der Glühlampe mit steigender Spannung erhöht.

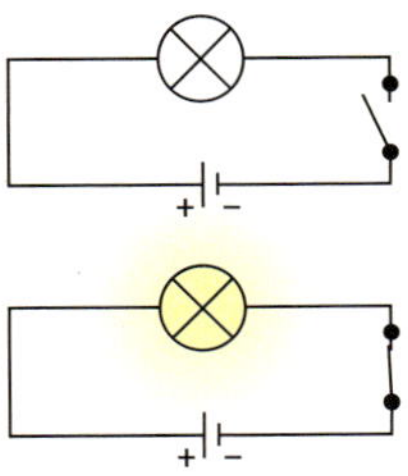

B3 Wenn der Schalter geschlossen wird, leuchtet die Lampe sofort.

Metalle leiten Strom Metalle leiten den elektrischen Strom gut oder sehr gut. Deshalb werden sie, insbesondere Kupfer und Aluminium, für elektrische Leitungen benutzt. Die Ursache liegt im Aufbau der Metalle begründet (→**B5**).

Schon bei Zimmertemperatur reicht die **innere Energie** aus, um bei fast allen Metallatomen die **Außenelektronen** abzulösen. Die Elektronen können sich im Metallgitter relativ frei bewegen. Man sagt, die Elektronen sind wanderungsfähig. Sie führen eine sehr schnelle ungerichtete Zitterbewegung aus. Legt man nun an das Metall eine elektrische Spannung an, bewegen sich die Elektronen infolge des elektrischen Feldes zum Pluspol entgegengesetzt zur technischen Stromrichtung (→**B4**).

Diese Bewegung ist aber nicht geradlinig, da die Elektronen auf ihrem Weg zum Pluspol mit Atomrümpfen zusammenstoßen oder sich an Metallionen anlagern. Diese gerichtete Bewegung und die Zitterbewegung überlagern sich. In Richtung des Feldes bewegen sich die Elektronen mit Geschwindigkeiten von etwa 1 mm/s. Da sich alle Elektronen gleichzeitig bewegen, fließt sofort ein elektrischer Strom (→**B3**). Bei diesem Vorgang wird Energie des elektrischen Feldes in kinetische Energie der Elektronen und in innere Energie des Metalls (Erwärmung) umgewandelt.

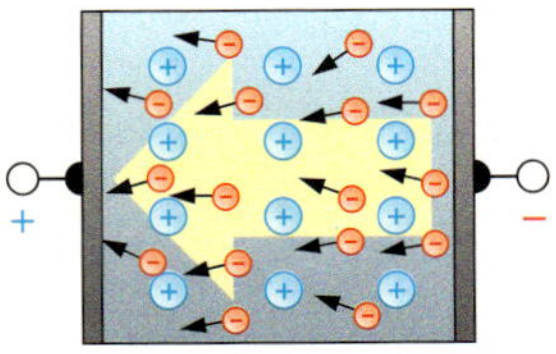

B4 Gerichtete Bewegung der Elektronen

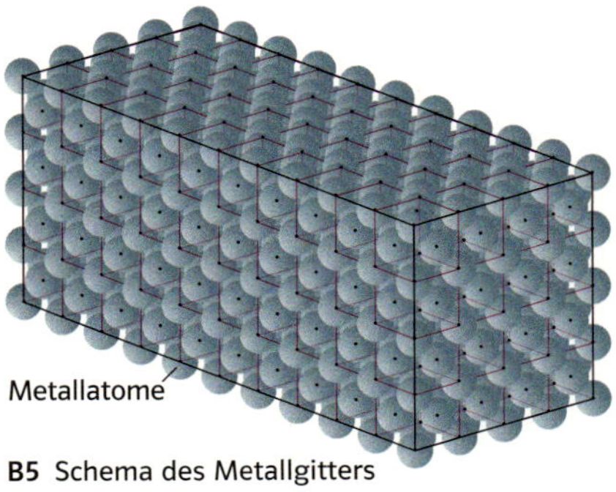

B5 Schema des Metallgitters

● **In Metallen befinden sich unter normalen Bedingungen wanderungsfähige Ladungsträger (Elektronen). Ist ein elektrisches Feld vorhanden, wirken auf die Elektronen Kräfte, so dass sie sich gerichtet (zum Pluspol) bewegen.**

extra

Widerstände metallischer Leiter und Halbleiter

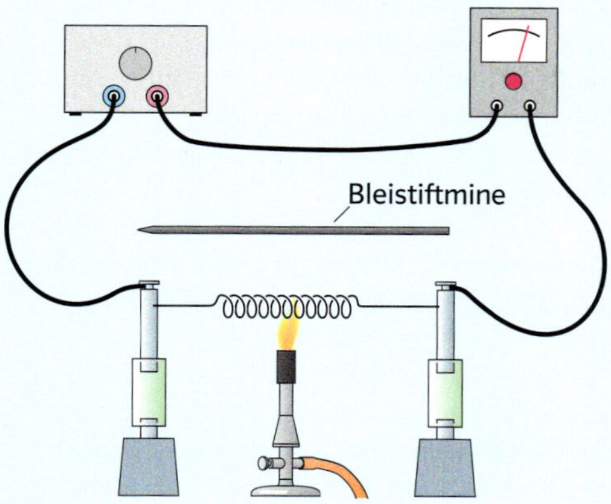

B1

V1 Wir wickeln eine Spule mit etwa 20 Windungen aus 50 cm Eisendraht (Drahtstärke 0,5 mm) und verbinden sie mit einer elektrischen Quelle (U = 2 V).

Ein Messgerät im Stromkreis zeigt die Stromstärke an (→**B1**). Wir erhitzen die Spule vorsichtig mit einer Flamme und beobachten die Stromstärke, ohne die Spannung zu ändern. Die Stromstärke nimmt beim Erwärmen ab.

V2 Wir ersetzen in Versuch 1 den Eisendraht durch eine Bleistiftmine (Graphit) oder einen Bleistiftstrich auf Papier. Bei Zimmertemperatur ist die Stromstärke viel kleiner als beim Eisendraht. Anders als beim Eisen beobachten wir beim Erwärmen des Graphits eine Zunahme der Stromstärke.

V3 In einem Stromkreis, der einen NTC-Widerstand (→**B2**) enthält, wird die Stromstärke gemessen. Wir wiederholen den Versuch und fassen dabei den NTC-Widerstand mit der Hand an. Die Stromstärke steigt.

B2 Heißleiter (NTC = negativer Temperaturcoeffizient) verringern ihren Widerstand, wenn ihre Temperatur steigt.

Halbleiter Der elektrische Widerstand von gleichartigen Bauteilen kann je nach verwendetem Stoff sehr verschieden sein: Metalle sind gute elektrische Leiter. Sie finden deshalb als Leitungsmaterial Verwendung. Porzellan und Glas haben einen extrem hohen Widerstand, sie werden deshalb als Nichtleiter eingesetzt. Bauteile aus Germanium oder Silicium sind bessere elektrische Leiter als Porzellan, aber viel schlechtere als Metalle. Diese Stoffe heißen **Halbleiter**.

Wird ein Bauteil aus Metall erhitzt, so erhöht sich in der Regel der Widerstand. Halbleiter verhalten sich dagegen meistens umgekehrt:

● **Der Widerstand eines Halbleiters nimmt bei steigender Temperatur ab.**

Das elektrische Verhalten der Halbleiter lässt sich sehr stark durch eine etwas andere Zusammensetzung des Kristalls ändern. Darauf beruht die große Bedeutung der Halbleiter für die Elektronik.

Aufbau eines Siliciumkristalls Zum Verständnis dieser Eigenschaften benutzen wir im Folgenden ein **Modell** des Kristalls (→**B3**): Ein Silicium-Atom hat vier für eine Bindung zur Verfügung stehende Elektronen. Bei der Bindung zwischen zwei Silicium-Atomen steuert jedes ein Elektron bei. Deshalb ist ein Silicium-Atom im Inneren des Kristalls mit vier anderen Silicium-Atomen über gemeinsame Elektronenpaare verbunden. So entsteht ein räumliches Gitter, ein **Kristallgitter** (→**B3**). Zum Verständnis der Leitungsvorgänge genügt es, wenn wir uns die Silicium-Atome in einer Ebene angeordnet vorstellen.

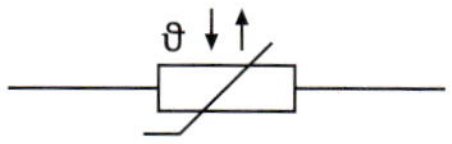

B4 Schaltzeichen eines Heißleiters

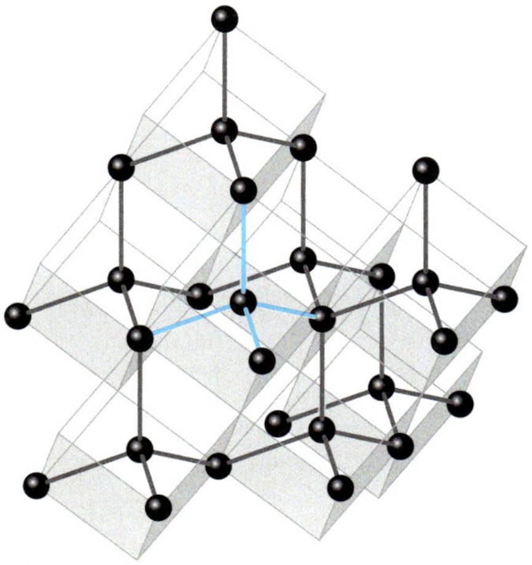
B3 Aufbau des Siliciumkristalls im Modell

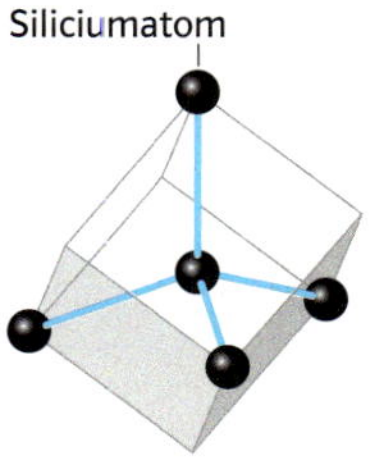

B5

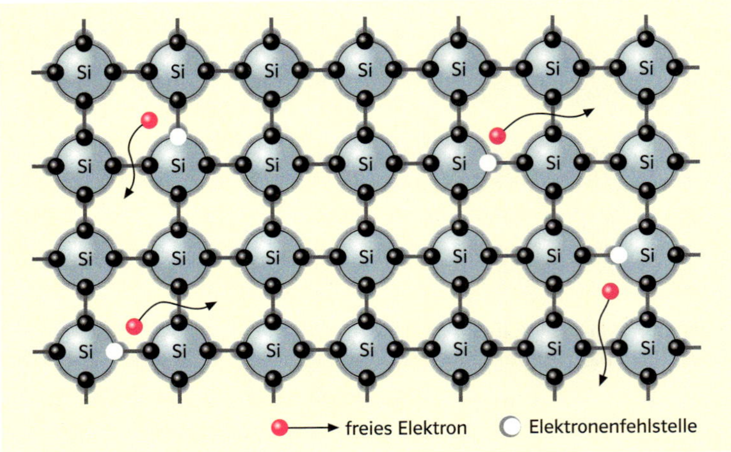

B1 Durch die innere Energie des Kristalls lösen sich Elektronen aus ihrer Bindung, es entstehen Elektronenfehlstellen.

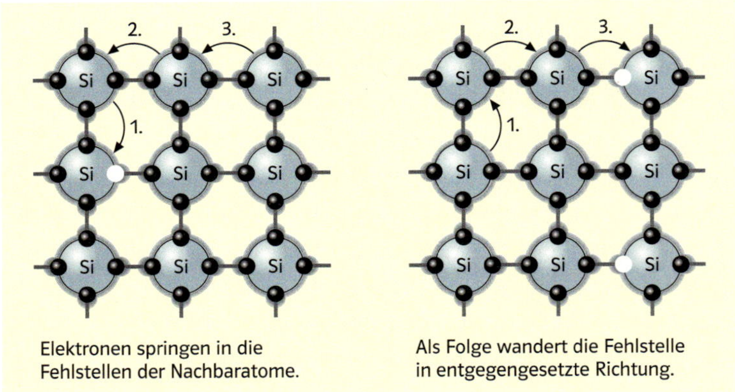

B2 Wanderung einer Elektronenfehlstelle durch wiederholtes Besetzen mit Elektronen von Nachbaratomen

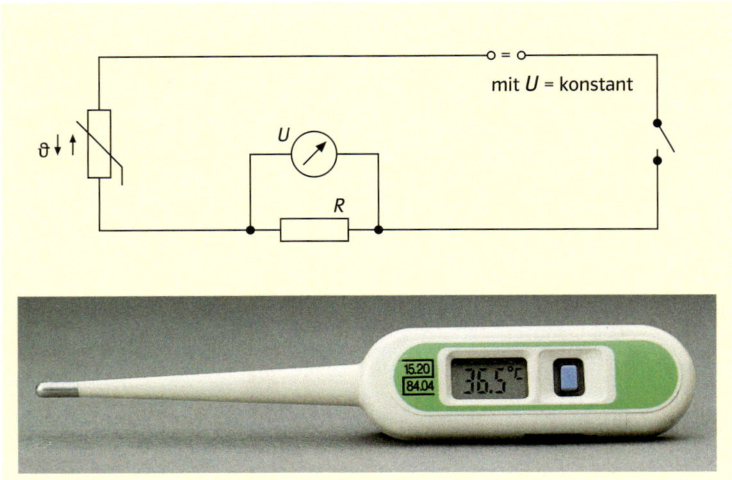

B3 Die Abnahme des Widerstandes eines Halbleiters mit der Temperatur wird zur Temperaturmessung herangezogen.

Elektrizitätsleitung in Halbleitern Eigentlich müsste Silicium ein Nichtleiter sein, weil keine bewegliche Ladung im Kristall vorhanden ist. Bei Zimmertemperatur hat der Kristall jedoch eine so große innere Energie, dass dadurch einzelne Elektronen aus ihrer Bindung mit einem anderen Silicium-Atom gelöst werden (→**B1**). Sie können sich im Kristall „frei" bewegen.

Diese **freien Elektronen** ergeben eine geringe Leitfähigkeit des Kristalls. Jedes Elektron, das die Bindung verlässt, hinterlässt eine Elektronenfehlstelle. Der Bereich um ein Atom mit einer **Elektronenfehlstelle** ist positiv geladen, da ein Elektron fehlt. Die negative Ladung befindet sich mit dem Elektron an anderer Stelle im Kristall. Der Kristall als Ganzes bleibt aber nach außen neutral (→**B1**).

Eine Fehlstelle (auch „Loch" genannt) kann durch ein Elektron eines Nachbaratoms besetzt werden. Die Fehlstelle und damit die positive Ladung geht dabei auf das Nachbaratom über. So können Elektronenfehlstellen im Kristall wandern (→**B2**).

● **Freie Elektronen und Elektronenfehlstellen ermöglichen eine elektrische Leitfähigkeit des Siliciums.**

Ein freies Elektron kann auf eine Elektronenfehlstelle (Loch) treffen. Die Ladungen neutralisieren sich. Man spricht von **Rekombination**. Beim Erwärmen erhöht sich die innere Energie des Kristalls. Dadurch können sich mehr Elektronen aus ihrer Bindung lösen; die Zahl der freien Elektronen und Fehlstellen wächst. Damit nimmt bei Erwärmung die Leitfähigkeit des Siliciums zu, sein Widerstand nimmt ab. Silicium ist ein **Heißleiter** (NTC) (→**B2, B4** S. 53).

In der Schaltung nach **B3** ist die Spannung konstant. Der Widerstand des Heißleiters und damit die Stromstärke ändern sich mit der Temperatur. Das Messgerät zeigt diese Temperatur an, indem es diese Stromstärke durch die Teilspannung an einem Festwiderstand bestimmt. Thermometer mit Heißleitern sind ungefährlicher und zeigen die Temperatur viel rascher an als Quecksilberthermometer.

A1 Wodurch unterscheidet sich das Leitungsverhalten der Halbleiter von dem der Metalle?

Dotierte Halbleiter Wird die stoffliche Zusammensetzung eines Siliciumkristalls gestört, indem an Stelle von Silicium-Atomen einige geeignete Atome anderer Stoffe eingefügt werden, so lässt sich die Leitfähigkeit des Kristalls beträchtlich steigern. Diese Veränderung des Kristalls durch Einbau von Fremdatomen heißt **Dotieren.** Silicium gehört, ebenso wie das sich ähnlich verhaltende Germanium, zur vierten Hauptgruppe des Periodensystems (→**B2**).

Wird ein Siliciumkristall mit Atomen eines Elements der V. Hauptgruppe, z. B. mit Arsen, dotiert, so bleibt jeweils ein Elektron des Arsens ungebunden, da Arsen über fünf äußere Elektronen verfügt (→**B4**). Dieses übrig gebliebene Elektron kann viel leichter als eines der an der Paarbindung beteiligten äußeren Arsen- bzw. Silicium-Elektronen vom Arsen-Atom abgelöst werden.

An den Stellen der Arsen-Atome entstehen ortsfeste positive Ladungen. Das abgelöste Elektron ist im Kristall beweglich und steht für die elektrische Leitung zur Verfügung (→**B1**). Weil die beweglichen Ladungen negativ geladen sind, sagen wir, das so dotierte Silicium ist **n-leitend**.

● **Wird ein Kristall aus Silicium oder Germanium mit Atomen von Elementen der fünften Hauptgruppe dotiert, so entsteht ein n-leitender Halbleiter.**

Perioden	Hauptgruppen II	III	IV	V	VI	VII	VIII
1							4,0 He 2
2	9,0 Be 4	10,8 B 5	12,0 C 6	14,0 N 7	16,0 O 8	19,0 F 9	20,2 Ne 10
3	24,3 Mg 12	27,0 Al 13	28,1 Si 14	31,0 P 15	32,1 S 16	35,5 Cl 17	39,9 Ar 18
4	40,1 Ca 20	69,7 Ga 31	72,6 Ge 32	74,9 As 33	79,0 Se 34	79,9 Br 35	83,8 Kr 36
5	87,6 Sr 38	114,8 In 49	118,7 Sn 50	121,8 Sb 51	127,6 Te 52	126,9 I 53	131,3 Xe 54
6	137,3 Ba	204,4 Tl	207,2 Pb	209,0 Bi	209 Po	210 At	222 Rn

B2 Ausschnitt aus dem Periodensystem der Elemente

Wird ein Siliciumkristall mit Atomen der III. Hauptgruppe, z. B. mit Indium (→**B4**), dotiert, so kann zwischen dem Indium-Atom und einem der vier benachbarten Silicium-Atome keine vollständige Paarbindung entstehen (→**B3**). Springt ein benachbartes Elektron an diese Stelle, so entsteht eine ortsfeste negative Ladung. Gleichzeitig erhalten wir eine bewegliche Elektronenfehlstelle. Die beweglichen Elektronenfehlstellen (Löcher) wirken wie positive Ladungen. Bei einem so dotierten Kristall sagen wir, er ist **p-leitend** (→**B3**).

Beim Dotieren kommt 1 Fremdatom auf ca. 100 Millionen Silicium-Atome.

● **Wird ein Kristall aus Silicium oder Germanium mit Atomen von Elementen der dritten Hauptgruppe dotiert, so entsteht ein p-leitender Halbleiter.**

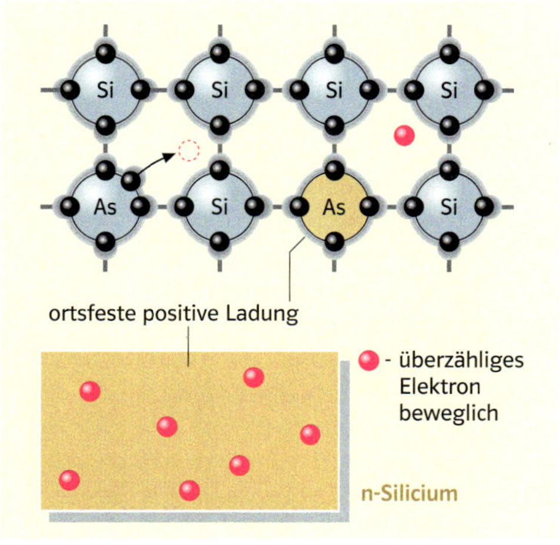

B1 Ein n-leitender Siliciumkristall

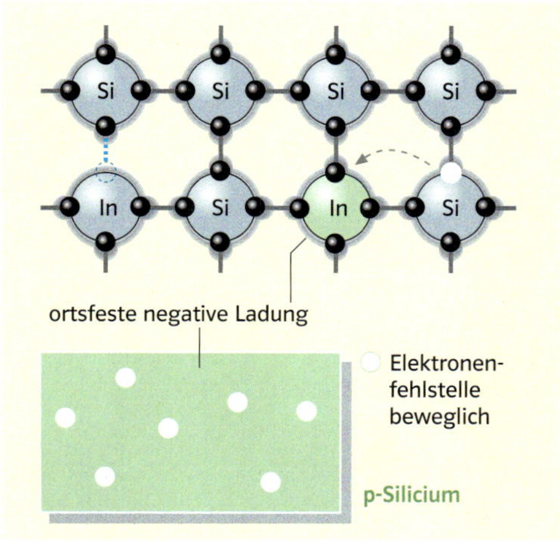

B3 Ein p-leitender Siliciumkristall

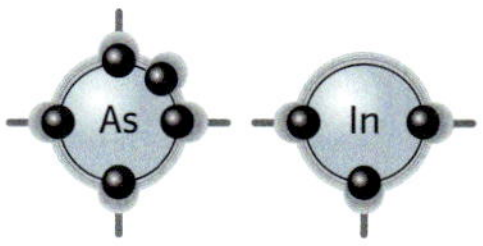

B4 Modell der neutralen Fremdatome

Chipherstellung

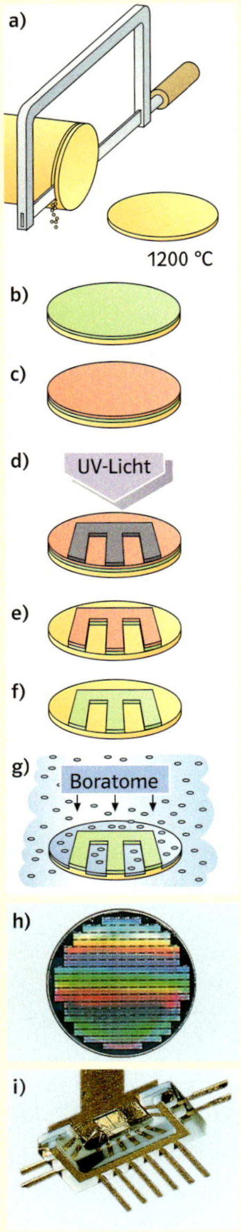

B2 Die Entstehung eines Chips

Vom Sand zum Chip Der Siliciumkristall ist der Halbleiter, der am häufigsten in der Elektronik verwendet wird. Silicium ist das zweithäufigste Element der oberen Erdrinde. Als Siliciumdioxid (SiO_2) oder Quarz ist es in fast allen Gesteinen und im Sand enthalten. Damit ist Quarz zum wichtigsten Ausgangsmaterial der Halbleiterproduktion geworden.

B1 Der Stab ist ein Siliciumkristall.

Zuerst wird auf chemischem Weg aus Quarz pulverförmiges Silicium gewonnen. Für die Halbleiter wird Silicium von höchster Reinheit benötigt. Deshalb schließt sich ein besonderes Schmelzverfahren an, bei dem Reste fremder Stoffe ausgeschieden werden. Das Ergebnis ist ein einzelner, stabförmiger, metallisch glänzender Kristall aus Silicium von extremer Reinheit (→**B1**). Es darf nur 1 Fremdatom auf etwa 10 Milliarden Silicium-Atome kommen.

Mit dem Reinkristall ist der Grundstoff geschaffen, aus dem elektronische Halbleiterbausteine wie Dioden, Transistoren bis hin zum Computerchip gefertigt werden können (→**B3**). Die Entwicklung begann mit Dioden (1942) und Transistoren (1948). Heute ist es möglich, auf kleinen dünnen Siliciumscheiben umfangreiche elektronische Schaltungen unterzubringen, zu integrieren. Sie benötigen wenig Energie und die Schaltvorgänge laufen sehr schnell ab.

B3 Von der Elektronenröhre zum IC; Röhren- und Transistorradio

Die Entwicklung solcher Chips macht immer noch große Fortschritte. Elektronische Geräte werden deshalb immer leistungsfähiger und kleiner. Es gibt kaum einen Lebensbereich, der von der Halbleitertechnik unberührt geblieben ist.

Die Herstellung von Chips Zur Herstellung von integrierten Schaltkreisen, sogenannten ICs (engl. **i**ntegrated **c**ircuit), werden dünne Scheiben von reinen Siliciumkristallen verwendet (→**B2**):

a) Die Kristalle haben bis zu 30 cm Durchmesser. Die davon abgesägten Scheiben sind hauchdünn.
b) Die Oberfläche der Scheiben wird bei 1200 °C zu Siliciumdioxid oxidiert.
c) Auf die Oxidschicht wird ein lichtempfindlicher Fotolack aufgetragen.
d) Auf einer Maske sind die elektronischen Schaltelemente der integrierten Schaltung wie in einem Dia eingezeichnet. Durch die Maske wird ultraviolettes oder Röntgen-Licht auf die Oberfläche mit dem Fotolack gelenkt.
e) An den belichteten Stellen ändert sich der Fotolack so, dass er leicht weggeätzt werden kann. Die darunter liegende Oxidschicht wird dabei ebenfalls entfernt.
f) Nun wird die restliche Fotolackschicht abgetragen, ohne dabei die isolierende Oxidschicht zu beseitigen.
g) Auf das freigelegte Silicium werden Fremdatome aufgedampft, die den Halbleiter an diesen Stellen dotieren. Es entstehen n- oder p-leitende Schichten.
Das Verfahren c) bis g) kann mit unterschiedlichen Masken wiederholt werden. Auf diese Weise entstehen winzig kleine Widerstände, Dioden und Transistoren, die mit Leiterbahnen zu Schaltkreisen verbunden sind.
h) Integrierte Schaltungen sind sehr klein. Mehrere Millionen Transistoren passen auf $1\,cm^2$. Auf einer Scheibe lassen sich dieselben Schaltkreise mehrfach nebeneinander unterbringen. Die Scheiben werden am Ende in ihre gleichartigen Schaltungen zersägt.
i) Jeder IC wird mit Anschlüssen versehen und in ein Gehäuse aus Kunststoff eingeschlossen. Es ist ein Chip entstanden.

Temperatursensoren

V1 Wir nehmen ein Lämpchen, das an einer Quelle mit der Spannung 6 V hell leuchtet. Wir messen dabei eine Stromstärke von z. B. 50 mA. Betreiben wir dasselbe Lämpchen mit 1 V, so leuchtet es nicht, obwohl wir noch eine Stromstärke von 20 mA messen. Der Widerstand des Lämpchens ändert sich von $R = 120\,\Omega$ auf $R = 50\,\Omega$.

V2 Ein Thermometer und einen NTC-Widerstand stecken wir in Sand, den wir zunächst erhitzt haben. Während der Abkühlung des Sandes messen wir den Widerstand des NTC-Widerstandes. Wir erhalten z. B. das Diagramm **B1**.

V3 Wir messen die Stromstärke in einer Germaniumdiode, die in Durchlassrichtung betrieben wird. Wir erwärmen die Diode mit den Fingern und bestimmen erneut die Stromstärke.

V4 Ein Konstantandraht wird an seinen Enden fest mit zwei Eisendrähten verdrillt und damit an ein empfindliches Messgerät für die Spannung angeschlossen. Wird die Temperatur eines der beiden Enden durch Eintauchen in ein Wasserbad gegenüber dem anderen Ende erhöht, so zeigt das Messgerät eine Spannung an. Sie ist proportional zum Temperaturunterschied zwischen den Enden (→**B2**).

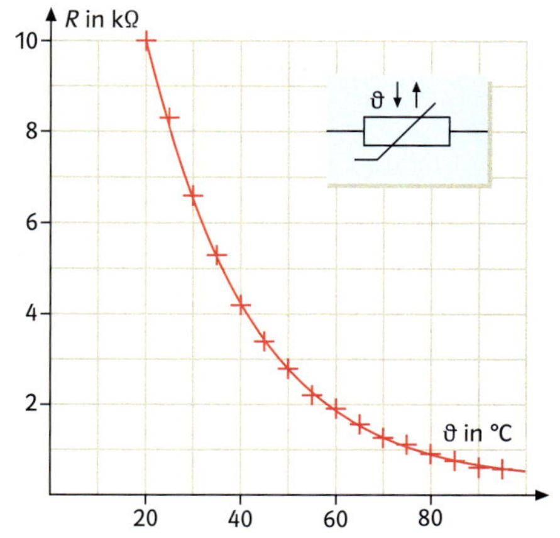

B1 NTC-Widerstand

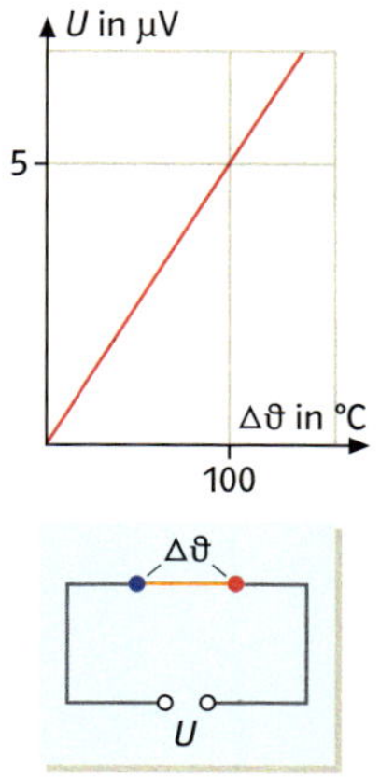

B2 Spannung durch Temperaturunterschied

Elektrische Temperaturmessung Heizungsthermostate, Temperaturfühler in Kühlschränken, Bewegungsmelder und vieles mehr enthalten Messfühler (**Sensoren**), die nichtelektrische Messgrößen, hier die Temperatur, in elektrische umsetzen. Ihre Arbeitsweise lässt sich mit einem NTC-Widerstand in einer Brückenschaltung (→**B3a**, zwei Reihenschaltungen mit jeweils zwei Widerständen werden parallel geschaltet) verdeutlichen.

Das Messgerät für die Spannung kann dabei so eingestellt werden, dass es z. B. für 0 °C oder für die Zimmertemperatur die Spannung 0 V anzeigt. Ändert sich die Temperatur, so zeigt das Messgerät eine Spannung an. Der NTC-Widerstand kann als **Temperatursensor** verwendet werden. Die Messreihe in **B3b** zeigt, dass der Zusammenhang von Temperatur und Spannung nicht über alle Messwerte proportional bleibt. Nur für den Temperaturbereich bis 50 °C erhalten wir eine Proportionalität mit der Spannung. Hier gilt ungefähr:

$$\vartheta \approx 93\,\frac{°\mathrm{C}}{\mathrm{V}} \cdot U$$

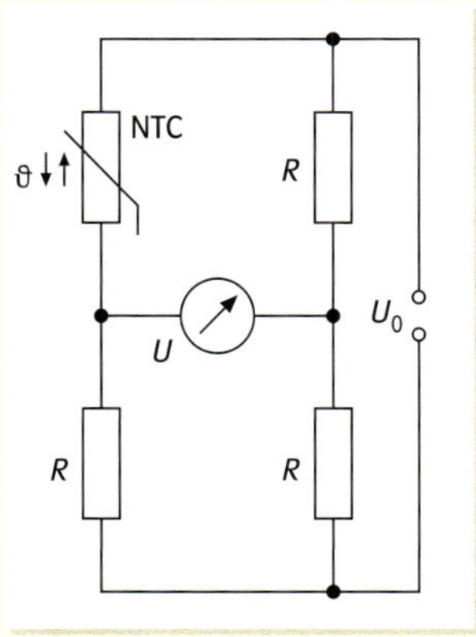

B3a Messschaltung

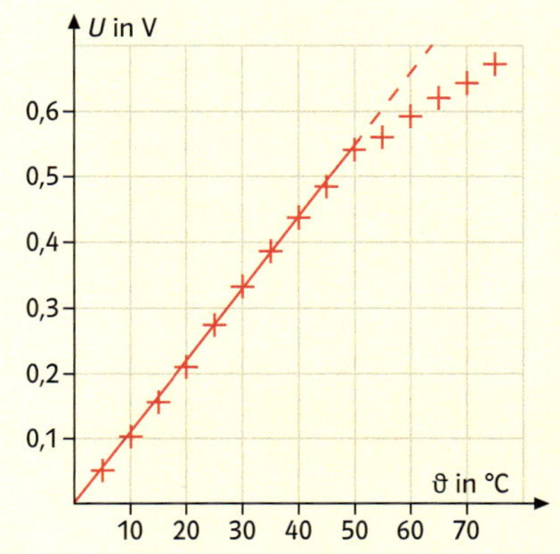

B3b Eichung des Temperatursensors

Mit Hilfe einer Messtabelle können wir unser Messgerät eichen und direkt mit einer Temperaturskala versehen. Werden die Enden eines Drahtes fest mit Drähten aus einem anderen Metall verbunden, so führen Temperaturunterschiede an den Kontaktstellen auch zu einer Spannung (→**B2**). Solche **Thermoelemente** wandeln ebenso wie NTC-Widerstände Temperaturwerte in elektrische Spannungswerte um.

extra

Ein Lichtsensor

B1 Fotowiderstand

V1 In einer Schaltung nach **B2** messen wir die Stromstärke. Wir stellen deutliche Änderungen der Stromstärke fest, wenn wir den Fotowiderstand (→**B1**) mit der Hand abdunkeln oder mit einer Lampe zusätzlich beleuchten.

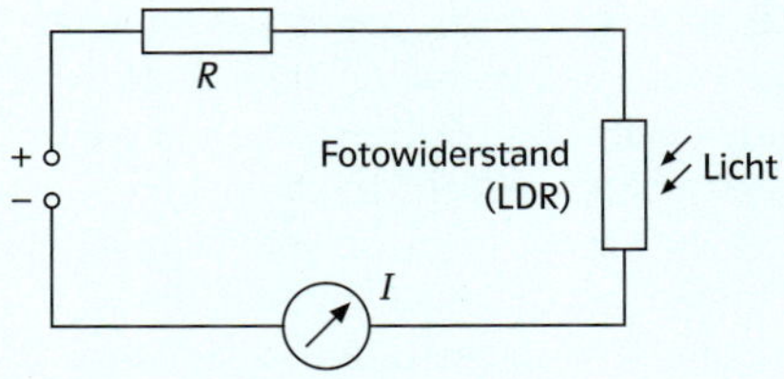

B2 Licht: Ja oder nein?

Ein Sensor für die richtige Stelle Es gibt Halbleiter, die ihren Widerstand stark verringern, wenn Licht auf sie trifft. Solche als **Fotowiderstände** (LDR) bezeichneten Bauteile sind damit in der Lage, ein elektrisches Signal zu erzeugen, sobald sich der Lichteinfall ändert.

Ordnet man mehrere solcher Fotowiderstände über- und nebeneinander an, so kann in diesem Bereich sogar die Stelle bestimmt werden, deren Belichtung sich im Verhältnis zur Umgebung verändert hat. In der Industrie werden **Positionssensoren** verwendet, deren lichtempfindliche Schicht als schmaler Streifen ausgebildet ist (→**B3**). Er wirkt wie ein Stromteiler, bei dem die Teilströme ein Maß für den Ort des Lichteinfalls auf der Sensoroberfläche sind. Trifft Licht an einer Stelle auf die lichtempfindliche Schicht, verringert sich an dieser Stelle ihr Widerstand so, dass hier der Stromkreis über die Schicht zum rückwärtigen Anschluss C geschlossen wird. Die Länge des Leiters von C nach A bzw. B ist vom Auftreffpunkt des Lichtes abhängig. Die Widerstände R_A und R_B bestimmen die Stromstärken I_A und I_B.

Zwischen der rückwärtigen Metallschicht mit dem Anschluss C und den Kontakten A und B besteht die Spannung U.

Wegen $U = I_A \cdot R_A = I_B \cdot R_B$ folgt: $I_A : I_B = R_B : R_A$.

Damit ergibt sich:

$$\frac{a}{l} = \frac{R_A}{R_A + R_B} = \frac{1}{1 + R_B/R_A} = \frac{1}{1 + I_A/I_B} = \frac{I_B}{I_A + I_B}$$

$$a = l \cdot \frac{I_B}{I_A + I_B}$$

Damit kann die Position a aus l und den Stromstärken I_A und I_B berechnet werden.

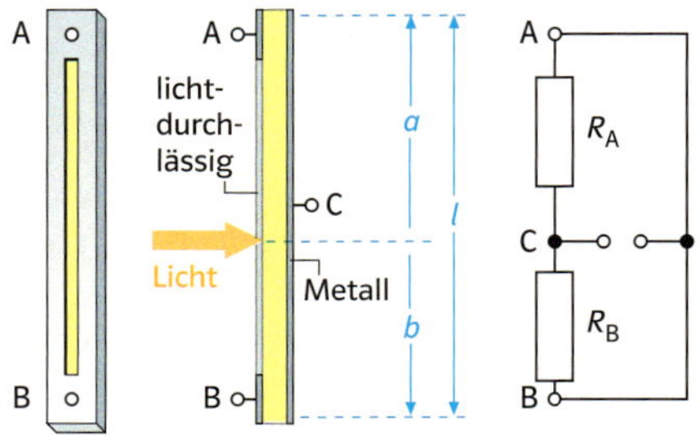

B3 An welcher Position ist Licht vorhanden?

Physik überall

Autofocus mit Positionssensor

Eine im Inneren der Kamera eingebaute Leuchtdiode sendet für das Auge unsichtbare Infrarotstrahlen aus. Diese werden von den zu fotografierenden Objekten zurückgestreut. Je nach Entfernung des Objekts treffen die Strahlen an verschiedenen Stellen hinter einer Öffnung in der Kamera auf. Aus den Informationen des Positionssensors berechnet ein Mikroprozessor die Entfernung des Objekts. Ein kleiner Elektromotor verschiebt dann die Objektivlinse an die richtige Position, so dass ein scharfes Bild auf dem Film entsteht.

Dioden

V1 Baue eine Schaltung mit einer Diode wie in **B1** auf. Beim Schließen des Schalters bleibt die Lampe dunkel. Nun werden die Anschlüsse zur Quelle vertauscht. Wird der Schalter geschlossen, so leuchtet die Lampe.

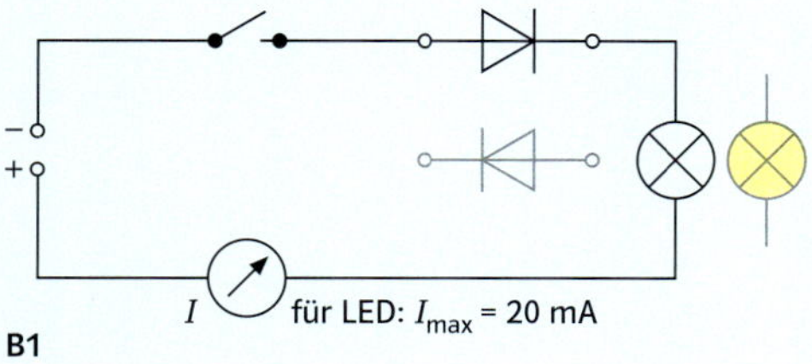

B1

V2 Ersetze in Versuch 1 die Diode durch eine Leuchtdiode (LED) und wiederhole den Versuch. Nur in einem Fall leuchten Lampe und Diode.

V3 Schließe zwei verschiedenfarbige Leuchtdioden so an eine Quelle für Wechselspannung an, wie es **B2** zeigt. Die Abgreifpunkte A und B bzw. A′ und B′ führen zu einem Oszilloskop. Wenn die Leuchtdioden vor dem Auge hin- und herbewegt werden, so sieht man, dass in jedem Moment nur eine von ihnen leuchtet.

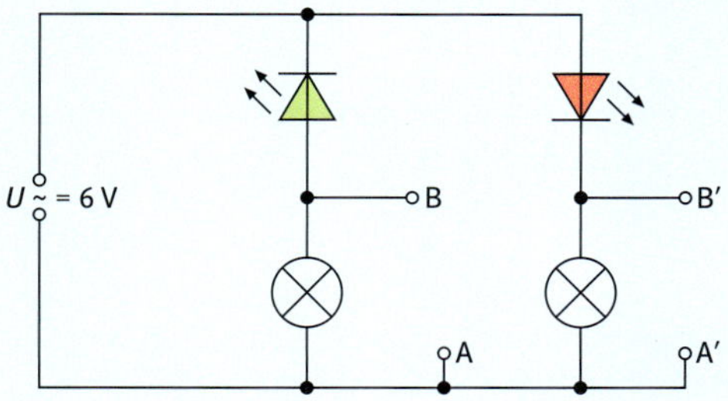

B2

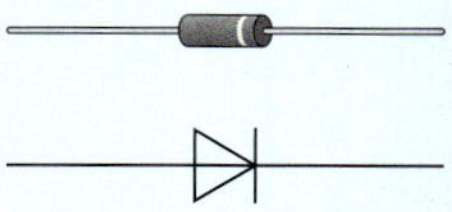

B3 Diode mit Schaltzeichen

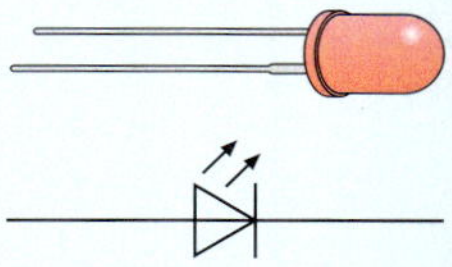

B4 Leuchtdiode mit Schaltzeichen

Die Diode – ein elektrisches Ventil

Wird eine Diode an eine Quelle für Gleichstrom angeschlossen, so lässt sie nur bei einer bestimmten Polung einen Strom im Stromkreis zu. Bei umgekehrter Polung verhindert sie einen Strom, man sagt sie sperrt. Die Diode wirkt wie ein elektrisches Ventil. Bei einer Quelle für Wechselstrom ändern die Elektronen ständig ihre Bewegungsrichtung. Da die Diode sie nur in einer Richtung durchlässt, entsteht ein **pulsierender Gleichstrom** (→**B5**). Dioden sind **Gleichrichter**. Wird eine Schaltung mit zwei Dioden und Glühlampen wie in **B2** betrieben, so zeigt **B5** den Verlauf der Spannung an der Quelle und an den Glühlampen.

Häufig wird eine Schaltung aus vier Dioden nach **B6** benutzt. Je nach Polung der Quelle fließt der Strom entweder durch die erste und vierte Diode (grüne Pfeile) oder durch die zweite und dritte Diode (blaue Pfeile). Die jeweils anderen Dioden sperren. Damit wird erreicht, dass der Strom bei jeder Polung in die gleiche Richtung durch die Lampe fließen. Diese Anordnung der vier Dioden wird Brückengleichrichter oder **Zwei-Weg-Gleichrichter** genannt.

In Spannungs- oder Stromstärke-Messgeräten, die sowohl für Gleichstrom als auch für Wechselstrom geeignet sind, werden solche Gleichrichter eingesetzt.

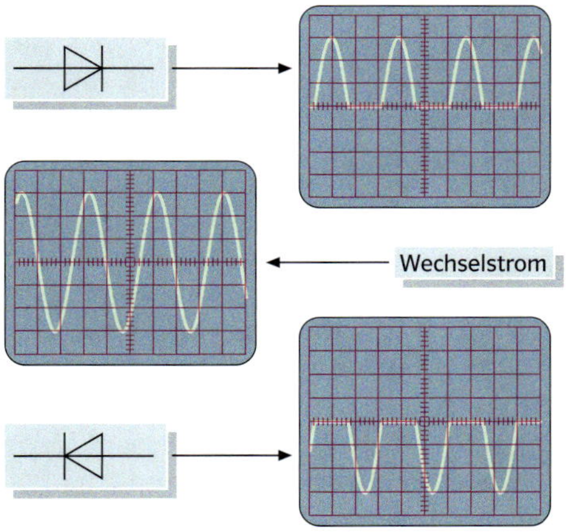

B5 An den Dioden wird jeweils nur die „halbe" Spannung angezeigt.

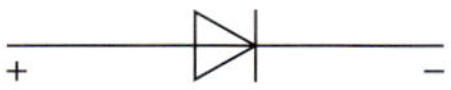

Strom ist vorhanden. Die Diode ist in **Durchlassrichtung** gepolt.

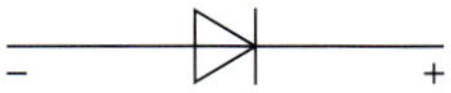

Kein Strom ist vorhanden. Die Diode ist in **Sperrrichtung** gepolt.

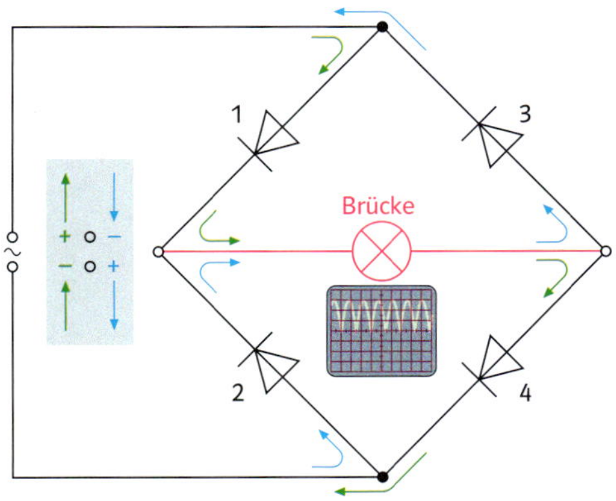

B6 Zwei-Weg-Gleichrichter mit technischer Stromrichtung

extra

Die Kennlinie einer Diode

V1 Wir untersuchen bei einer Diode mit einer Schaltung nach **B1** die Stromstärke in Abhängigkeit von der Spannung. Als Messwerte erhalten wir bei Polung in Durchlassrichtung z. B.:

U in V	0,50	0,60	0,70	0,75	0,80
I in mA	0,070	0,81	8,9	32	111

Bei Polung in Sperrrichtung stellen wir nahezu keine Stromstärke fest.

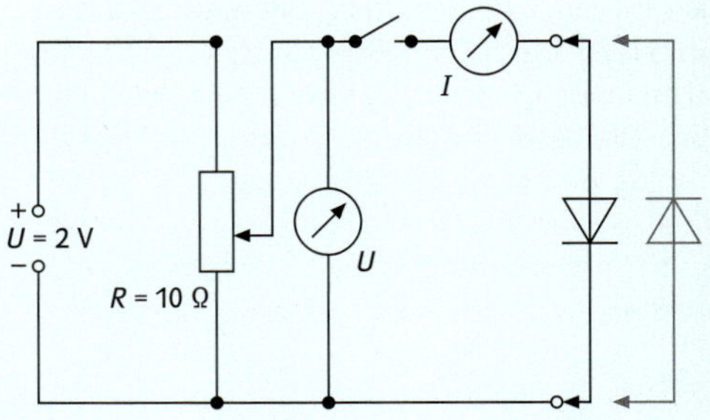

B1

ACHTUNG, Modell!

Beiderseits eines pn-Überganges bildet sich eine dünne, nichtleitende Schicht, die **Sperrschicht**.

Bei einer in **Sperrrichtung** gepolten Diode ist die Sperrschicht breiter.

Bei einer in **Durchlassrichtung** gepolten Diode verliert die Sperrschicht ihre Wirkung.

Der pn-Übergang Die Eigenschaften von Halbleiterdioden entstehen durch das Zusammenwirken einer p- und einer n-leitenden Schicht. Die Grenzfläche zwischen beiden Schichten heißt **pn-Übergang**.

Im n-leitenden Teil des Kristalls gibt es frei bewegliche Elektronen und ortsfeste positive Ladungen. Im p-leitenden Teil sind die Elektronenfehlstellen beweglich und die negativen Ladungen ortsfest (→**B2a**). Im Bereich der Grenzfläche rekombinieren die beweglichen Elektronen der n-Schicht mit den beweglichen Elektronenfehlstellen der p-Schicht. Auf der vorher p-leitenden Seite bleiben die ortsfesten negativen, auf der n-leitenden Seite die ortsfesten positiven Ladungen zurück (→**B2b**).

Die ortsfesten negativen Ladungen verhindern ein weiteres Eindringen von Elektronen aus der n-Schicht und die ortsfesten positiven Ladungen verhindern das weitere Eindringen von Elektronenfehlstellen aus der p-Schicht. Der pn-Übergang sperrt, man sagt, er bildet eine **Sperrschicht** (→**B2c**).

Wird die Diode an eine elektrische Quelle angeschlossen, so werden freie Elektronen zum Pluspol und Elektronenfehlstellen zum Minuspol gezogen. Wenn die n-Schicht mit dem Pluspol und die p-Schicht mit dem Minuspol der Quelle verbunden ist, wird dadurch die Sperrschicht breiter. Die Diode sperrt (→**B2d**). Wird stattdessen die p-Schicht der Diode an den Pluspol und die n-Schicht an den Minuspol der Quelle angeschlossen, so dringen freie Elektronen und Elektronenfehlstellen in die Sperrschicht ein. Sie verliert ihre Wirkung und die Diode leitet (→**B2e**). Die Kennlinie der Diode (→**B3**) zeigt, dass zur Überwindung der Sperrschicht einer Si-Diode eine Spannung von etwa 0,7 V erforderlich ist.

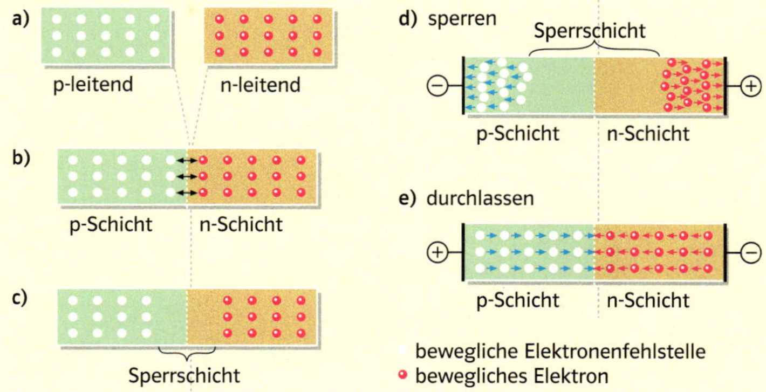

B2 Entstehung und Änderung der Sperrschicht (pn-Übergang)

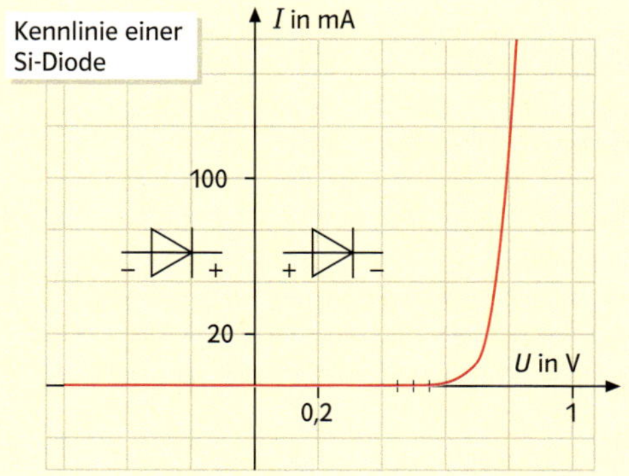

B3 Kennlinie einer Diode

Transistoren

V1 Baue eine Schaltung mit einem Transistor wie in **B1** auf. Das Lämpchen leuchtet nicht, wenn die Elektroden in reines Wasser tauchen, es leuchtet aber mit Salzlösung.

V2 Wir schließen einen npn-Transistor mit den Anschlüssen B, C und eine Glühlampe in Reihe an eine Quelle mit Gleichspannung. Die Lampe leuchtet nur, wenn der Pluspol der Quelle mit B verbunden ist (→**B2a**).

Wiederholen wir den Versuch mit den Anschlüssen B und E, so leuchtet die Lampe ebenfalls nur, wenn der Pluspol mit B verbunden ist (→**B2b**). Schließlich wiederholen wir den Versuch mit den Anschlüssen E und C des Transistors. Die Lampe bleibt bei jeder Polung dunkel (→**B2c**).

V3 Benutze die Transistorschaltung aus Versuch 2 und schließe zusätzlich eine Quelle mit 1,5 V über einen Schutzwiderstand (1 kΩ) zwischen Basis (B) und Emitter (E) an. Pole die Spannung um (→**B3**). Nur wenn der Pluspol am Anschluss B liegt, beobachten wir, dass die Lampe leuchtet.

V4 Wir ändern den Versuch 3 so ab, dass wir die zusätzliche Quelle weglassen und den Widerstand zwischen Anschluss B und Pluspol legen. Auch jetzt leuchtet die Lampe.

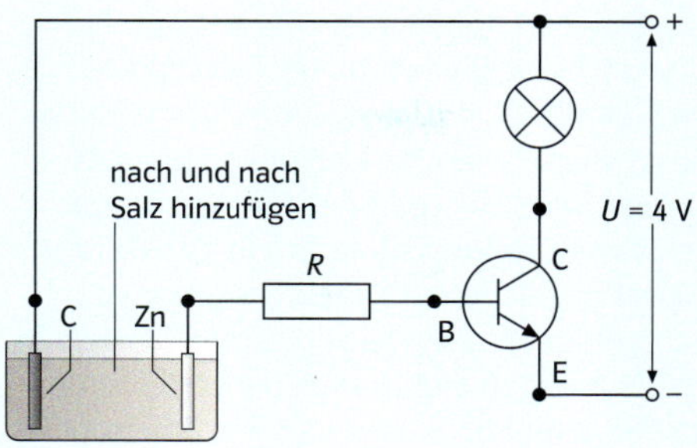

B1

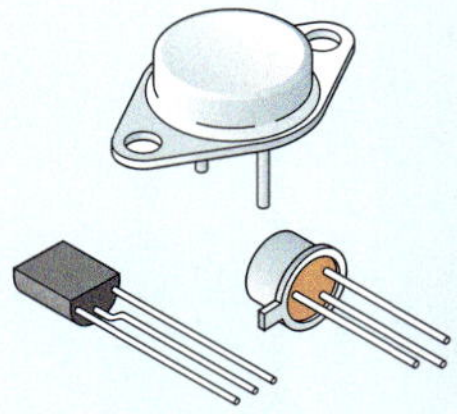

B4 Die drei Anschlüsse eines Transistors heißen Emitter (E), Basis (B) und Kollektor (C).

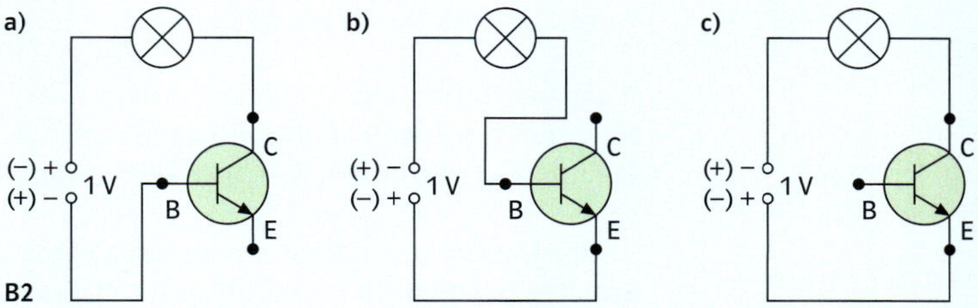

B2

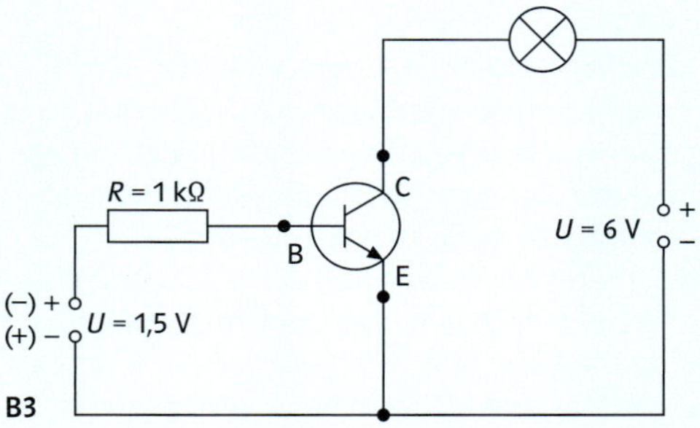

B3

Die Funktionsweise des Transistors Ein Transistor ist ähnlich wie eine Diode aufgebaut. Er besteht aus einem Siliciumkristall mit drei verschieden dotierten Schichten (→**B5**). Wir betrachten hier nur Transistoren mit der Schichtfolge n-p-n. Die Anschlüsse der drei Schichten heißen **Emitter E**, **Basis B** und **Kollektor C** (→**B5**).

Emitter und Basis haben wie Basis und Kollektor paarweise die Eigenschaften einer Diode. Wird der Anschluss zur Basis offen gelassen, so gelingt es nicht, zwischen Emitter und Kollektor einen Strom zu erzeugen. Stets ist eine der beiden Dioden in Sperrrichtung gepolt.

Durchlässig vom Emitter zum Kollektor wird ein npn-Transistor erst dann, wenn eine zusätzliche Spannung zwischen Emitter und Basis so angelegt wird, dass der Emitter-Basis-Übergang in der Durchlassrichtung gepolt ist (→**B5**).

● **Ein Transistor enthält zwei pn-Übergänge. Er leitet, wenn zwischen Emitter und Basis eine Spannung mit dem Pluspol an der Basis von mindestens 0,7 Volt besteht.**

Neben npn-Transistoren gibt es noch pnp-Transistoren. Sie unterscheiden sich in ihrem Verhalten im Prinzip nicht.

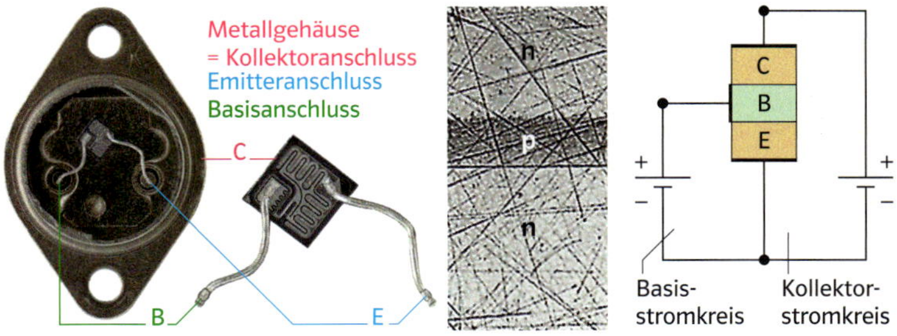

B5 npn-Transistor, Aufbau und Bezeichnungen

extra

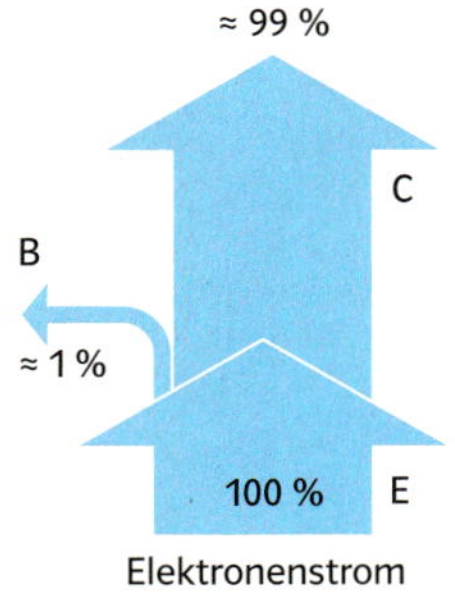

B1

Der Transistoreffekt Wird der Emitter-Basis-Übergang in Durchlassrichtung gepolt, so bewegen sich Elektronen vom Emitter zur Basis und die Sperrschicht wird leitend. Die Basisschicht ist sehr dünn. Deshalb geraten viele Elektronen, die vom Emitter in die Basis gelangt sind, in den Bereich des folgenden Kollektor-Basis-Überganges. Hier werden sie durch starke elektrische Kräfte in den Bereich des positiv geladenen Kollektors gezogen. Durch geeignete Bauweise lässt sich erreichen, dass die meisten Elektronen, die vom Emitter kommen, zum Kollektor gelangen, und nur ein geringer Anteil (etwa 1%) über den Anschluss der Basis abfließt. Man spricht vom **Transistoreffekt** (→**B1** und **B3**).

Wenn der Basisstromkreis unterbrochen wird, wird auch die Sperrschicht zwischen Basis und Emitter wieder wirksam. Der Transistor sperrt.

● **Der Transistor wirkt wie ein elektronischer Schalter, bei dem ein kleiner Basisstrom einen großen Kollektorstrom schaltet.**

Mit zwei einzelnen Dioden (→**B3b**) ist der Transistoreffekt nicht erreichbar, erst eine gemeinsame p-Schicht ermöglicht ihn. Folgende Maßnahmen erhöhen die Wahrscheinlichkeit dafür, dass Elektronen aus der Basis die angrenzende Kollektor-Basis-Sperrschicht überwinden, so dass der Transistoreffekt möglich wird:

- Die Basisschicht wird sehr dünn gemacht (etwa 0,005 mm).
- Die p-Schicht der Basis wird nur wenig dotiert, damit nicht zu viele Elektronen durch Rekombination verloren gehen.
- Der Weg vom Emitteranschluss zum Basisanschluss ist möglichst lang.
- Die Berührungsfläche zwischen Emitter und Basis ist viel kleiner als die zwischen Kollektor und Basis. Die beiden n-Schichten des Transistors sind also nicht gleichwertig. Dies zeigt sich, wenn der Transistor umgekehrt angeschlossen wird, d. h. Emitter und Kollektor vertauscht werden. Der Transistoreffekt ist dann kleiner.

Basisstrom bedeutet: Strom über den Basisanschluss;

Kollektorstrom heißt: Strom über den Kollektoranschluss.

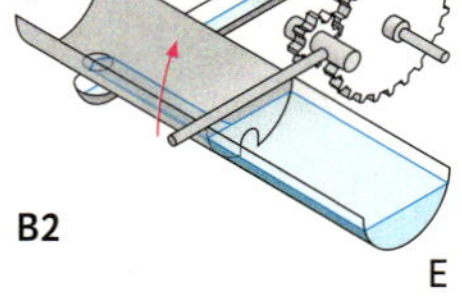

B2

Modell für die Wirkungsweise eines Transistors Elektrisches Verhalten: Ein npn-Transistor besteht aus zwei pn-Übergängen, die durch eine dünne p-Schicht verbunden

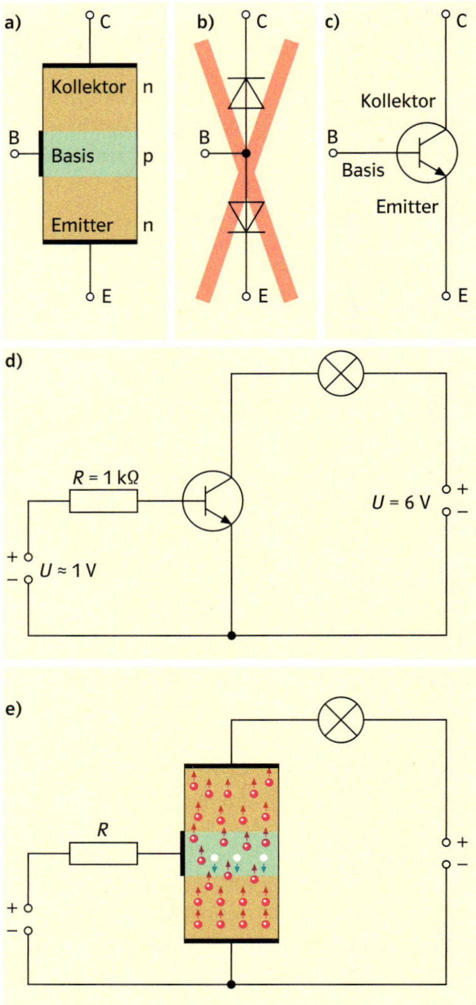

B3 Der npn-Transistor und seine Wirkungsweise

sind. Eine kleine Spannung zwischen Emitter und Basis ruft einen großen Strom vom Emitter zum Kollektor hervor.

Mechanisches Verhalten (→**B2**): Eine große Wasserleitung vom „Emitter" zum „Kollektor" hat eine kleine Abzweigung zur „Basis". Diese Basisleitung hat eine Sperrvorrichtung. Wird sie entriegelt (analog zum Anlegen der Spannung), so öffnet ein Hebelmechanismus die Absperrung der großen Wasserleitung zum „Kollektor".

A1 Warum ist in Schaltungen wie **B3d** und **B3e** die Basis über einen großen Widerstand mit der Quelle verbunden?

Transistorschaltungen

V1 Verbinde wie in **B1a** einen Transistor über eine Lampe mit einer elektrischen Quelle von 6 V. Die Spannung zwischen Basis und Emitter kommt nicht von einer zweiten Quelle, sondern wird mit einem Spannungsteiler aus der vorhandenen Quelle gewonnen. Das Lämpchen leuchtet bei geeigneter Wahl der Widerstände.

V2 Ersetze in Versuch 1 den Widerstand R_1 durch einen veränderlichen Widerstand. Du kannst ihn so einstellen, dass die Lampe gerade ausgeht (→**B1b**). Ersetzt du statt R_1 den Widerstand R_2 durch einen veränderlichen Widerstand, so kannst du auch mit diesem die Lampe steuern (→**B1c**).

V3 Baue eine Schaltung wie in **B1a** auf. Verwende einen veränderbaren Widerstand anstelle von R_1 und einem Fotowiderstand anstelle von R_2. Stelle den Widerstand so ein, dass die Lampe gerade nicht leuchtet.

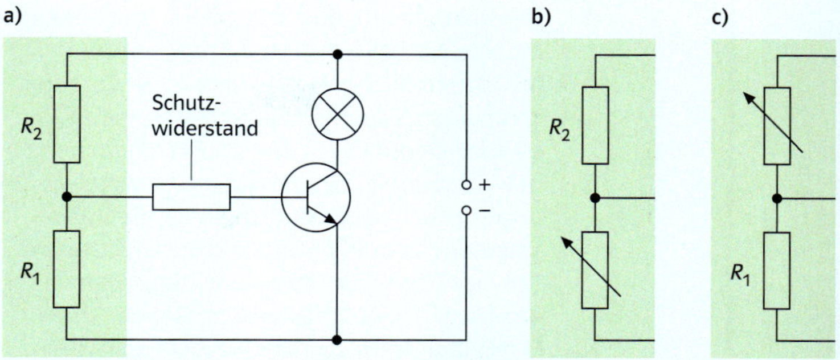

B1 Welchen Einfluss hat der Widerstand im Basisstromkreis?

Decke den Fotowiderstand mit der Hand ab. Die Lampe leuchtet.

Ersetze den Fotowiderstand durch einen Heißleiter, den du vorsichtig mit der Hand oder einer Glühlampe erwärmst und den du mit Eiswasser oder mit dem kalten Luftstrom aus einem Föhn abkühlst.

Warnschaltungen Halbleitersensoren reagieren mit Änderungen einer Messgröße (Temperatur, Beleuchtungsstärke usw.) durch Änderungen ihres Widerstandes. Mit dem Transistoreffekt lassen sich diese Änderungen in Stromkreisen nutzen. Transistorschaltungen kommen mit einer einzigen elektrischen Quelle aus, wenn die Spannung zwischen Basis und Emitter durch einen Spannungsteiler erzeugt wird (→**B2**). Der Transistor wird zum Leiter, wenn der Emitter-Basis-Übergang durchlässig wird, bei Siliciumkristallen also bei etwa 0,7 V. Dementsprechend ist der Spannungsteiler zu berechnen. Ist der andere Widerstand von der Temperatur oder Beleuchtungsstärke oder einer anderen physikalischen Größe abhängig, so kann die Änderung dieser Größe zum Öffnen und Schließen des Transistors dienen.

Will man beispielsweise die Temperatur eines Kessels überwachen, so ersetzt man den oberen Widerstand durch einen Heißleiter (→**B2**). Dessen Widerstand verringert sich beim Erwärmen, so dass die Teilspannung am Heißleiter sinkt und die Teilspannung am unteren Widerstand steigt. Es besteht eine größere Spannung zwischen Basis und Emitter. Da dieser untere Widerstand vorher so eingestellt war, dass der Transistor gerade noch sperrt, wird er nun schalten. Der Kollektorstrom betätigt einen Summer.

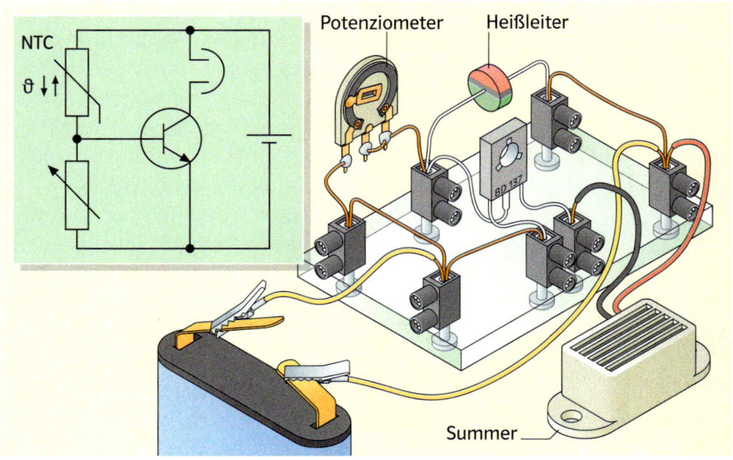

B2 Warnanlage, die die Temperatur am Heißleiter überwacht.

Wird der NTC-Widerstand durch einen LDR ersetzt, so entsteht ein Wecker, der bei Helligkeit den Summer ertönen lässt.

A1 Wie ist die Schaltung in **B2** zu verändern, damit sie etwa als Eiswarner im Auto Alarm auslösen kann?

Physik überall

Elektronische Schaltungen

Die Notbeleuchtung Fällt die normale Beleuchtung aus, so muss z. B. im Krankenhaus für eine Notbeleuchtung gesorgt sein. Ein lichtempfindlicher Halbleiter wie die **Fotodiode** kann einen Stromkreis einschalten, wenn es dunkel wird (→**B2**). Der Widerstand einer beleuchteten Fotodiode nimmt zu, wenn sie abgedunkelt wird. Dadurch steigt die Basisspannung an und der Transistor schließt den Stromkreis mit der Notbeleuchtung. Damit der Transistor beim Spannungsanstieg durch Dunkelheit nicht zerstört wird, braucht man einen Schutzwiderstand an der Basis.

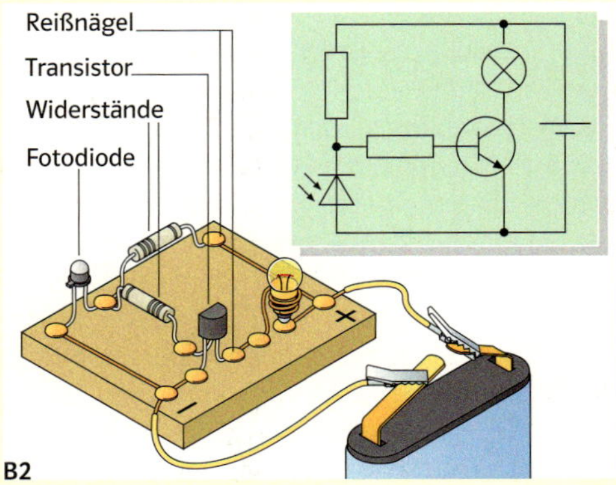

B2

Die Lichtschranke Solange die Fotodiode in der Schaltung von **B3** beleuchtet wird, ist ihr Widerstand und damit die Spannung an der Basis des Transistors klein. Geht eine Person durch die Lichtschranke, wird die Fotodiode abgedunkelt, die Basisspannung steigt und der Motor der Rolltreppe wird angeschaltet. Eine Schaltuhr lässt den Motor eine gewisse Zeit laufen; wird die Fotodiode in der Zwischenzeit durch einen weiteren Passanten abgedunkelt, beginnt sie von neuem abzulaufen.

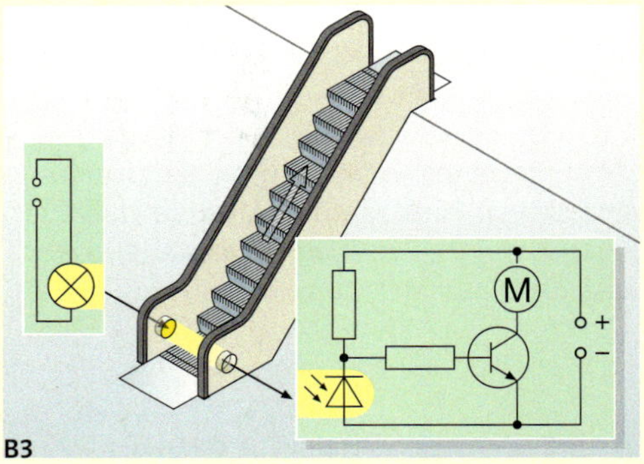

B3

In der Digitaltechnik benutzt man das Binärsystem:

Stromkreis	Binärziffer
AUS	0
EIN	1

Die Flip-Flop-Schaltung Viele Informationen wie Texte, Messdaten oder auch Musik werden durch elektrische Impulse übertragen. Vor ihrer Verarbeitung müssen die Impulse in geeigneten Speichern gesammelt werden. Ein elektronisches Gedächtnis, das auch wieder gelöscht werden kann, übernimmt diese Aufgabe. Es besteht im einfachsten Fall aus zwei Transistoren und heißt **Flip-Flop** (→**B1**).

Das Flip-Flop hat zwei Eingänge, die mit S (set = setzen) und R (reset = zurücksetzen) bezeichnet werden. Drückt man den Taster S, so öffnet der Transistor T_1 den Stromkreis mit der Lampe L_1, sie leuchtet nicht. Die Reihenschaltung aus L_1 und T_1 ist ein Spannungsteiler, in dem L_1 ein sehr kleiner Widerstand ist. Daher besteht zwischen Emitter und Basis des Transistors T_2 eine Spannung, die größer als 0,7 V ist, und T_2 schließt den Stromkreis (in **B1** gelb markiert) mit der Lampe L_2, sie leuchtet. In diesem Zustand beträgt die Spannung zwischen Kollektor und Emitter nur etwa 0,1 V. Diese kleine Spannung besteht auch über R_1 zwischen Emitter und Basis von T_1. Selbst wenn man den Taster S wieder frei gibt, so leuchtet L_1 weiterhin nicht, weil erst eine Spannung zwischen Basis und Emitter von mindestens 0,7 V den Transistor T_1 öffnet.

Die Zustände „L_1 leuchtet nicht“ und „L_2 leuchtet“ werden vertauscht, wenn nun der Taster R gedrückt wird. Danach kann nur ein Drücken des Tasters S die Zustände wieder vertauschen. Die FLIP-FLOP-Schaltung kann sich also Impulse merken.

Werden R und S elektrisch über Spannungen gesteuert, so erhält man einen elektronischen Speicher. Die Digitaltechnik beruht auf FLIP-FLOP-Schaltungen. Die zu verarbeitenden Signale werden in eine Folge von EIN/AUS-Werten umgewandelt.

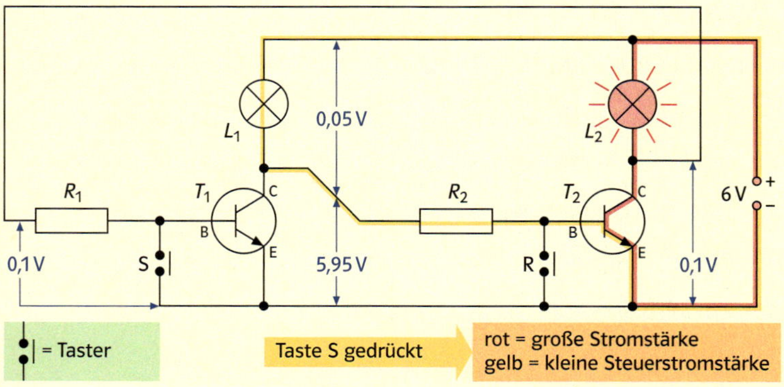

B1 FLIP-FLOP-Schaltung

Binäre Logik mit Schaltungen

Logische Schaltungen Die Informationstechnik nutzt die Möglichkeit, logische Verknüpfungen wie UND, ODER und NICHT durch Transistorschaltungen auszuführen und die Ergebnisse in elektronischen Bausteinen, wie etwa die Speicherchips für Computer (→**B1**), festzuhalten. Heute lassen sich viele zigtausend Einzelfunktionen auf wenigen mm^2 der Halbleiterfläche eines sogenannten Prozessors unterbringen. So ein Chip kann sehr komplexe Steuerungsaufgaben lösen.

Die NOT-Schaltung Eine Alarmanlage soll anzeigen, ob ein elektrischer Kontakt unterbrochen ist. Diese Aufgabe löst eine Schaltung, die das Vorhandensein bzw. Fehlen einer Eingangsspannung U_B durch eine unterschiedliche Ausgangsspannung U_T anzeigt (→**B2**). Ist die Spannung $U_B < 0{,}7\,V$, so sperrt der Transistor ($R_T \gg R_1$). Zwischen Anschluss T und Minuspol der Quelle besteht dann die Spannung $U_T \gg U_1$. Ist $U_B > 0{,}7\,V$, so leitet der Transistor ($R_T \ll R_1$). Zwischen T und dem Minuspol der Schaltung besteht dann die kleinere Spannung $U_T \ll U_1$. Die Schaltung erzeugt mit den Werten für U_T eine **Negation** der Eingangsspannung U_B.

Die NAND-Schaltung In einem Auto soll die Zündkontrolllampe während der Fahrt genau dann aufleuchten, wenn

- Lichtmaschine oder Batterie oder
- beide Geräte zugleich defekt sind.

Die Schaltung muss also am Ausgang T eine Spannung $U_T > 0$ haben, wenn entweder beim Eingang A von der Lichtmaschine oder beim Eingang B von der Batterie oder von beiden keine Spannung vorhanden ist. Die Schaltung nach **B3** löst das Problem.

Besteht an den Anschlüssen A und B durch einen Defekt keine Spannung mehr gegenüber dem Minuspol, so sind die Dioden in Durchlass-Richtung geschaltet. Am Eingang der NOT-Schaltung besteht ebenfalls keine Spannung, also leuchtet die Kontrolllampe auf. Diese Schaltung heißt NAND-Schaltung. Durch Reihenschaltung von NAND und NOT entsteht das logische AND (UND).

Die NOR-Schaltung Bei der NOR-Schaltung (→**B4**) besteht zwischen dem Minuspol und T nur dann eine Spannung, wenn sowohl zwischen A und dem Minuspol als auch zwischen B und dem Minuspol keine Spannung vorhanden ist.

B1

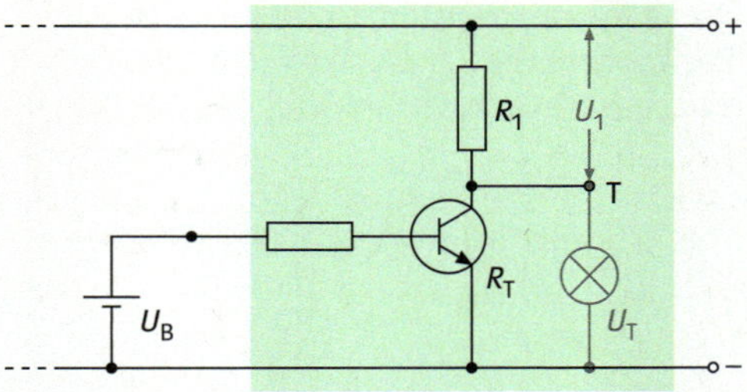

B2 NOT-Schaltung

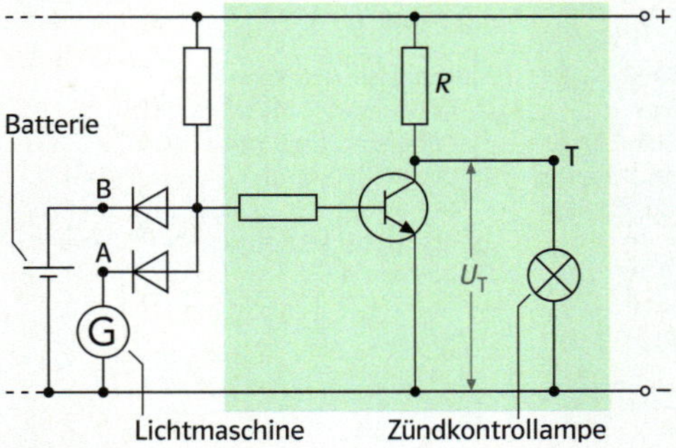

B3 NAND-Schaltung

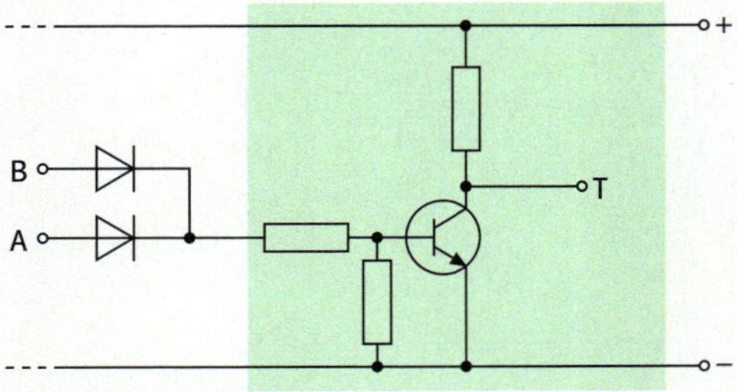

B4 NOR-Schaltung

Eine Kombination von NOR- und NOT-Schaltung liefert das logische OR (ODER).

Wahrheitstabelle für logische Schaltungen

B	0	1
NOT	1	0

A	0	0	1	1
B	0	1	0	1
AND	0	0	0	1
OR	0	1	1	1
XOR	0	1	1	0
NAND	1	1	1	0
NOR	1	0	0	0

XOR bedeutet Exklusiv-Oder (entweder/oder)

Physik überall

Verstärkerschaltungen

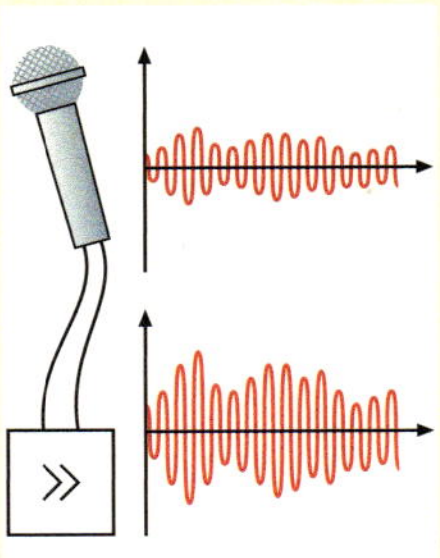

B1

Der Transistor als Verstärker In einer Schaltung entsprechend **B2** wird durch Verstellen des Widerstandes R_1 die Basisstromstärke I_B des Transistors geändert. Das Diagramm zeigt die dabei gemessene Änderung der Kollektorstromstärke I_C. In den bisherigen Beispielen haben wir Transistoren als Schalter benutzt. Neben dem Schalten von Strömen ist aber das Verstärken von Strömen eine wichtige Aufgabe.

Die im Mikrofon durch den Schall hervorgerufenen Schwankungen der Stromstärke sind so schwach, dass sie zuerst verstärkt werden müssen, bevor sie im Lautsprecher Schwingungen erzeugen können. Wichtig ist dabei, dass leise und laute Töne in gleichem Maße verstärkt werden. Das Diagramm in **B2** zeigt, dass die Kollektorstromstärke I_C proportional zur Basisstromstärke I_B ist. Das Verhältnis von I_C zu I_B hat Werte zwischen 30 : 1 und 300 : 1. Es wird **Verstärkungsfaktor** genannt. Kleine Schwankungen der Basisstromstärke I_B bewirken große Schwankungen der Kollektorstromstärke I_C. Der Basisstrom wird verstärkt.

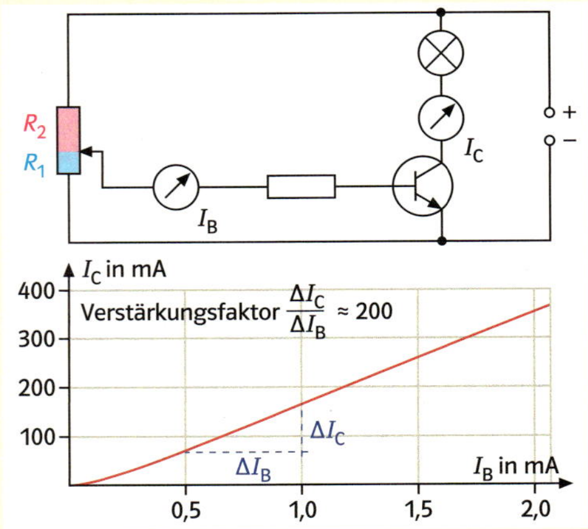

B2

Werkstatt

Das Selbstbau-Radio für Mittelwelle

Aufbau und Betrieb

- Grundlage ist ein Brett mit Lüsterklemmen oder eine Lochplatine.
- Für guten Kontakt bei Antenne A und Erdung E sorgen.
- Nur von Sendern, die sich in der Nähe befinden, erhält man eine befriedigende Lautstärke.

Material für den Radioempfänger

C_1 Drehkondensator mit 500 pF
F Ferritstab mit etwa 10–15 cm Länge
L Spule mit 60 Windungen aus feinem Kupferdraht, bei 14 Windungen eine Anzapfung
D Germanium-Diode, z. B. AA 119
R_1 Widerstand mit etwa 300 kΩ
C_2 Kondensator mit etwa 200 pF

Material für den Verstärker

C_3 Kondensator mit etwa 30 nF
R_2 Widerstand mit etwa 200 kΩ
R_P Drehwiderstand mit etwa 150 kΩ
T Transistor, z. B. BC 108
H_2 Kopfhörer als Lautsprecher, 2 000 Ω
B Batterie 4,5 V

So wirken die Teile zusammen: Die Antenne erzeugt aus dem Signal des Senders elektrische Schwingungen. Spule und Drehkondensator wählen eine bestimmte Sendefrequenz aus. Die Diode erzeugt aus dem Signal des Senders einen pulsierenden Gleichstrom entsprechend dem gesendeten Schallsignal. Der Kondensator C_3 verhindert, dass ein konstanter Gleichstrom den Lautsprecher bzw. Transistor erreicht. Widerstand R_2 und Drehwiderstand R_P stellen die Verstärkung des Transistors ein. Der Transistor verstärkt die Änderung der Basisstromstärke und erzeugt eine entsprechend starke Änderung der Kollektorstromstärke.

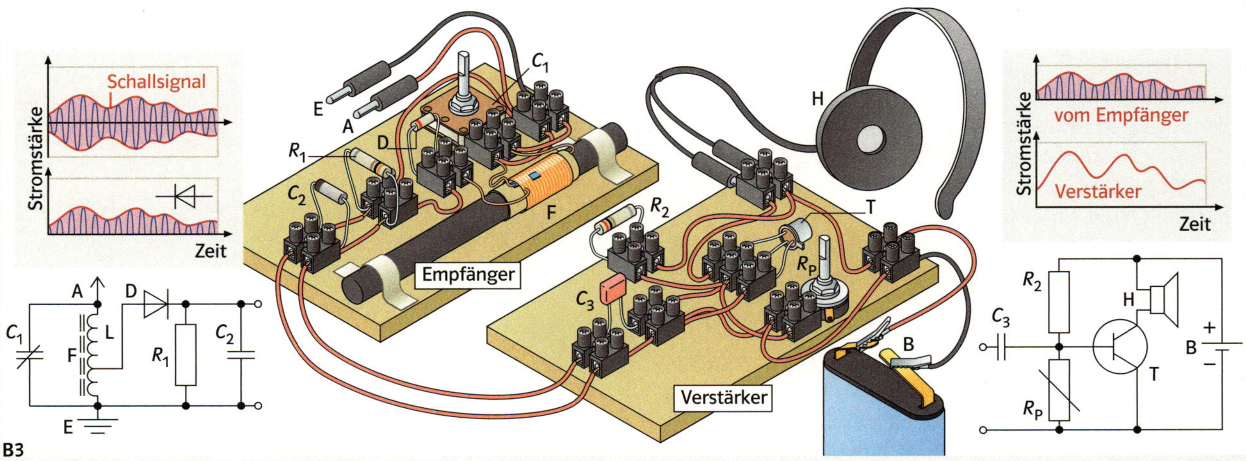

B3

Fotovoltaik

B1 Fotovoltaikanlage auf Hausdach

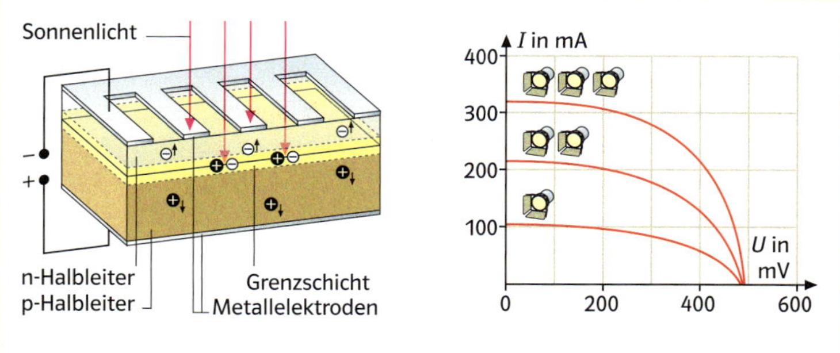

B2 Prinzip und Kennlinie einer Siliciumsolarzelle

Die Solarzelle Schon 1839 wurde die direkte Umwandlung von Strahlungsenergie in elektrische Energie („fotoelektrischer Effekt") von Alexandre Becquerel beschrieben. Erst 1905 gelang Albert Einstein die Erklärung des Phänomens, wofür er 1921 den Nobelpreis erhielt. Erste nutzbare technische Anwendungen der Solarzelle wurden in den 1950er Jahren für die Raumfahrt entwickelt.

Die **Fotovoltaik**, also die direkte Umwandlung von Strahlungsenergie des Sonnenlichtes in elektrische Energie, weist in den letzten 20 Jahren ein starkes Wachstum auf. Trotzdem stammen nur ungefähr 0,2 % der in Deutschland benötigten elektrischen Energie aus Fotovoltaikanlagen. Im Jahr 2005 war dies eine Gesamtleistung von 1 Gigawatt. Die zur Zeit größte Fotovoltaikanlage der Welt („Solarfeld Erlasee") steht bei Arnstein nahe Würzburg.

Die klassische Silicium-Solarzelle (→**B2**) besteht aus einer dünnen n-leitenden Schicht („n-Emitter"), in der ein Elektronenüberschuss vorhanden ist, und einer dickeren p-leitenden Schicht. Der Übergang zwischen n-Schicht und p-Schicht heißt pn-Übergang und wird auch Grenzschicht genannt. Die n-Schicht ist deshalb so dünn, weil so das Licht durch die n-Schicht dringen und in der pn-Grenzschicht absorbiert werden kann. Ein Lichtteilchen (Photon) kann in der Grenzschicht nun ein Elektron herausschlagen. Es entsteht ein freies Elektron und eine Elektronenfehlstelle („Loch"). Aufgrund des durch die Dotierung vorhandenen elektrischen Feldes wandert das nun freie Elektron zum negativen Kontakt und das positiv geladene Loch entsprechend zum positiven Kontakt. Durch diese Ladungsbewegung wird der Strom erzeugt. Die zur Bildung des Elektron-Loch-Paares notwendige Photonenenergie ist materialabhängig.

Kennlinie der Solarzelle Die Spannung bei offenem Stromkreis bei einer Solarzelle liegt unter 1 V. Bei Kurzschluss der beiden Anschlüsse misst man die Stromstärke. Sie hängt von der Fläche der Solarzelle ab. Für verschiedene Beleuchtungen ergeben sich U-I-Kennlinien wie in **B2** rechts. Die maximale elektrische Leistung $P = U \cdot I$ entspricht dem größtmöglichen Flächeninhalt unter der Kennlinie.

Anwendung und Wirkungsgrad Der Wirkungsgrad einer Solarzelle ist das Verhältnis von nutzbarer elektrischer Energie zu der einfallenden Lichtenergie. Bei kommerziellen Anwendungen beträgt der Wirkungsgrad zur Zeit rund 14 %. Bei optimalen Beleuchtungsbedingungen müssten Solarzellen eine Fläche von über 6 km^2 bedecken, um ein Kraftwerk mit 1200 MW zu ersetzen. Durch Reihen- und Parallelschaltung von Zellen können in Solarmodulen technisch übliche Werte für Spannung und Stromstärke erreicht werden. Mit dem Strom von Solarzellen lassen sich Akkumulatoren aufladen, aber auch durch Elektrolyse aus Wasser Wasserstoff gewinnen. Dieser klimaneutrale „Solarwasserstoff" könnte wie Erdgas zu Heizzwecken und in Brennstoffzellen für Elektroantriebe genutzt werden.

Aufgrund von Dunkelheit und Bewölkung schwankt das Angebot fotovoltaischer Energie. Diese Schwankungen im Stromnetz werden im Tageslastgang des Kraftwerksfahrplans berücksichtigt. Bei einer dezentralen Stromversorgung aus vielen großflächig verteilten Fotovoltaikanlagen (Hausdächer, →**B1**) wird allerdings ohnehin die meiste erzeugte elektrische Energie direkt vor Ort genutzt. Immer noch sind die Kosten für Solaranlagen sehr hoch und werden erst durch Massenproduktion so weit sinken, dass sie konkurrenzfähig werden.

Der Begriff „Fotovoltaik" leitet sich von griech. photos = Licht und dem Nachnamen des Physikers Alessandro Volta ab.

Physik überall

Elektronik „mit Herz"

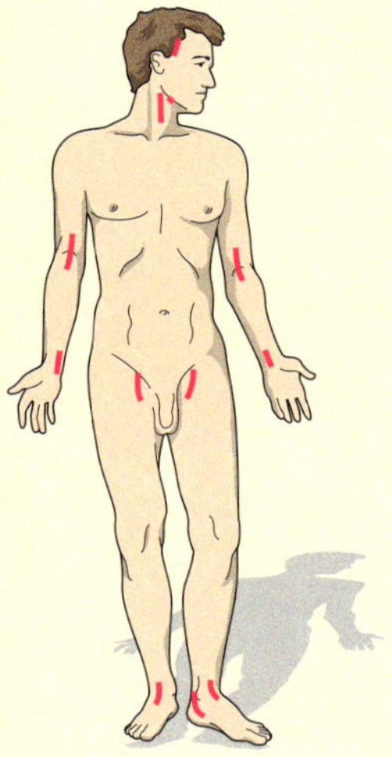

B1 Körperstellen, an denen der Puls getastet werden kann.

Die Messung des Pulses Prinzipiell ist der Puls an jeder größeren Arterie messbar, aber die Gefäße liegen oft tief im Muskelgewebe, so dass sie nicht tastbar sind. Wo große Arterien unmittelbar unter der Haut liegen, fühlt man den Pulsschlag besonders deutlich. Solche Stellen befinden sich an den Schläfen, am Kiefer, am Hals, an den Armen, Handgelenken, Leisten, Kniekehlen und Fußrücken (→B1). Um den Puls z. B. am Handgelenk zu fühlen, legt man die Fingerspitze des Mittelfingers locker unterhalb des Daumes auf das Handgelenk und führt sie so lange hin und her, bis man die Pulsschläge spürt.

Auf Intensivstationen von Krankenhäusern muss der Puls kontinuierlich überwacht und aufgezeichnet werden. Die Tabelle (→B3) gibt einen Überblick über die Anwendung von Sensoren zur Pulsmessung. In (→B5) wird das Funktionsprinzip eines optischen Pulsfühlers für das Durchstrahlungsverfahren vorgestellt. Die Kuppe des kleinen Fingers wird zwischen Lichtquelle und Fotowiderstand bzw. -transistor gehalten. Die Lichtdurchlässsigkeit ändert sich mit der Blutfüllung der Fingerkuppe. Im Fotowiderstand bzw. Fototransistor wird im Rhythmus des Pulses eine Stromstärken- bzw. Widerstandsänderung hervorgerufen. Dieses elektrische Signal kann über ein Oszilloskop sichtbar gemacht werden. Man registriert auch ohne Verstärkung ein im Herzrhythmus pulsierendes Signal. Statt des Fingers wird häufig in der Praxis auch das Ohrläppchen zur Pulsmessung genutzt. Mithilfe solcher Pulsmesser kann die Pulserhöhung bei körperlicher oder seelischer Belastung (Stress) exakt nachgewiesen werden, z. B. an vielen Fitnessgeräten.

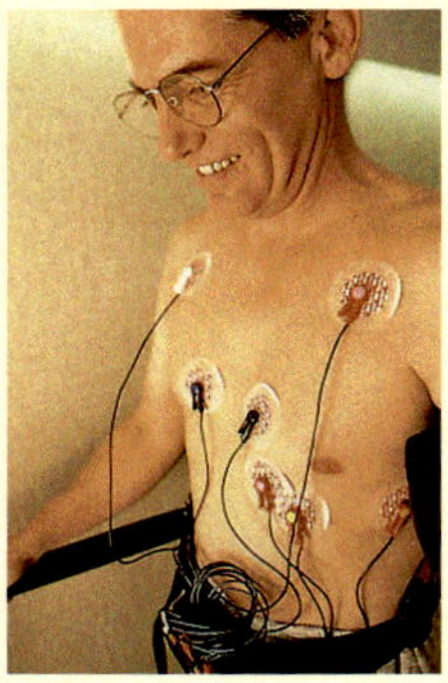

B2 Aufnahme eines EKGs

Das EKG Im Jahre 1903 wies der niederländische Arzt Willem Einthoven erstmals elektrische Impulse nach, die vom Herzen eines Hundes ausgingen. Für seine Entdeckung erhielt Einthoven 1924 den Nobelpreis.
Bei heutigen Messgeräten werden die bei der Erregung des Herzens auftretenden elektrischen Spannungen an bestimmten Stellen der Haut (→B2) mit Elektroden abgeleitet und von einem hochempfindlichen Messgerät ein **Elektrokardiogramm** (kurz EKG) registriert. Dies ist möglich, weil der vom Herzen ausgehende Spannungsimpuls sich bis auf die Körperoberfläche ausbreitet. Die Aufzeichnung der Spannungswerte ergibt die typische EKG-Kurve mit Zacken und Strecken (→B4). Die einzelnen Zacken sind nach internationaler Übereinkunft mit bestimmten Buchstaben bezeichnet. Jeder Zacken hat beim gesunden Herzen eine bestimmte Höhe und eine bestimmte Zeitdauer. Aus den Veränderungen der Zacken hinsichtlich Zeitdauer, Höhe und Form können Rückschlüsse auf die Erkrankung des Herzens gezogen werden (→B4).

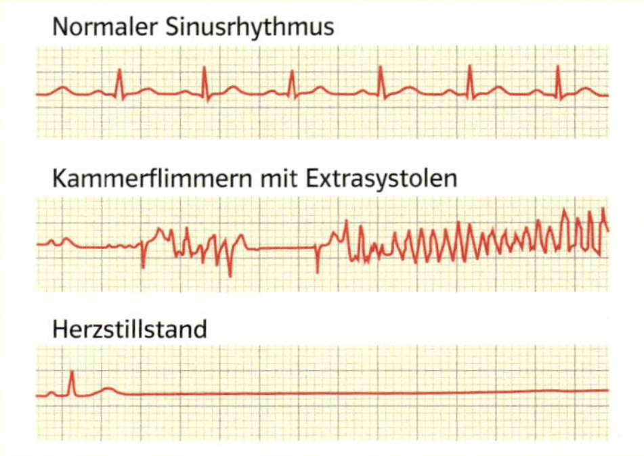

B4 Typische EKG-Befunde

Wandlerart	Bauelement	Wirkprinzip
Akustischer Wandler	Mikrofon	Druckänderung Widerstandsänderung
Fotoelektrischer Wandler	Fotowiderstand	Änderung der Beleuchtungsstärke Widerstandsänderung
Piezoelektrischer Wandler	Piezokristall	Druckänderung Spannungsänderung
Mechanischer Wandler	Dehnungsmessstreifen	Längenänderung Widerstandsänderung
Kapazitiver Wandler	elastischer Kondensator	Änderung des Plattenabstandes Kapazitätsänderung

B3 Überblick über Sensoren für die kontinuierliche Pulsmessung

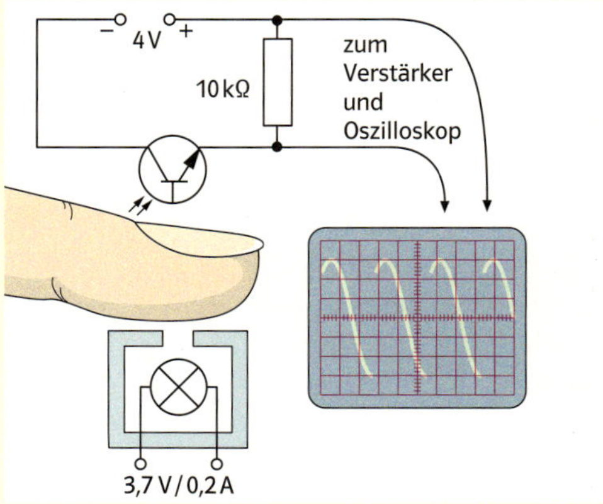

B5 Fotoelektrischer Pulsmesser (Schaltung mit Fototransistor)

Die „Elektronik" des menschlichen Körpers

Elektrische Vorgänge in Nervenzellen Die Zahl unserer Nervenzellen beträgt 25 Milliarden (→**B1**). Da eine Zelle Informationen von vielen anderen erhält, gibt es viele Billionen Verbindungen. Man schätzt ihre Länge auf 50 000 Kilometer! In diesen Verbindungen müssen die Informationen der Sinnesorgane schnell und sicher zum Gehirn geleitet werden, um rechtzeitig reagieren zu können. Eine technische Möglichkeit für eine solche Informationsübertragung ist das Telefonnetz, und tatsächlich arbeiten auch unsere Nerven ähnlich wie eine Telefonverbindung. Nötig dafür sind Leitungskabel, elektrische Quelle, elektrischer Strom und, wie bei langen Telefonverbindungen, ein Verstärker, um eine Abschwächung elektrischer Signale zu verhindern.

Im Körper stehen allerdings keine gut leitenden, kunststoffummantelten Kupferdrähte zur Verfügung, sondern Nervenfasern, die Fortsätze der Nervenzellen (→**B2**). Sie sind sehr dünn (nur 1 µm dick) und bestehen aus Zellplasma, umgeben von der Zellmembran. Millionen solcher biologischer „Kabel" verlaufen in nur Millimeter dicken Nerven. Eine Spannungsquelle befindet sich zwischen dem Innenraum der Faser und der Körperflüssigkeit außen. Grund dafür ist die ungleiche Verteilung von Ionen innen und außen und die unterschiedliche Durchlässigkeit der Membran für Ionen. Deshalb sind im Zellplasma mehr negativ geladene Teilchen als außen und so ensteht eine Spannung von −70 mV, das „**Ruhepotenzial**" (→**B3**).

Elektrischer Strom kann fließen, wenn die Membran plötzlich viel durchlässiger für eine Ionenart wird. Dazu befinden sich Tunnelproteine in der Membran. Öffnen zum Beispiel solche für Na^+, wird der Innenraum in deren Umgebung durch die einströmenden Na^+-Ionen positiver, was man als „**Depolarisation**" bezeichnet (→**B4a** und **b**). Dies bewirkt bei Erreichen eines bestimmten Schwellenwertes das schnelle, kurzzeitige Öffnen weiterer spannungsempfindlicher Na^+-Kanäle. Durch den Na^+-Einstrom wird die Nervenfaser innen sogar positiver als außen, die Spannung steigt auf etwa +35 mV! Zeitlich verzögert öffnen sich nun K^+-Tunnelproteine und der K^+-Ausstrom stellt den Ruhezustand schnell wieder her (→**B4d**, „Repolarisation"). Die Ionen-Kanäle schließen selbsttätig. Diese etwa 1 ms dauernde Änderung der Spannung von −70 mV auf +35 mV und wieder zurück heißt „**Aktionspotenzial**". Durch den Na^+-Einstrom am Ort des Aktionspotenzials werden die Na^+-Kanäle benachbarter Membranbereiche geöffnet, sodass dort auch ein Aktionspotenzial entsteht – so wandert es an der Faser entlang, als Informationseinheit unseres Nervensystems.

Nervenfasern können bis zu 300 solcher Spannungswellen pro Sekunde fortleiten. Durch die Ionenströme würde allerdings nach kurzer Zeit die ungleiche Verteilung der Ionen im Ruhezustand ausgeglichen, die „Batterie" wäre entladen. Damit dies nicht geschieht, sorgen spezielle Proteinmoleküle in der Membran, Na^+/K^+-Ionenpumpen, unter Energieeinsatz für den Rücktransport von Na^+ nach außen und K^+ nach innen. Das tödliche Gift Zyankali blockiert die Energieversorgung. In wenigen Sekunden versagt die Informationsleitung.

Unsere Nervenfasern sind somit keine passiven Leiterkabel, sondern bilden aktiv gleichbleibende Signale und sorgen selbst für die dafür nötigen elektrischen Voraussetzungen. Natürlich beruht auch die Aufnahme von Reizen, zum Beispiel von Schall, auf elektrischen Vorgängen in Hörsinneszellen des Innenohrs, analog zum Mikrofon im Telefon.

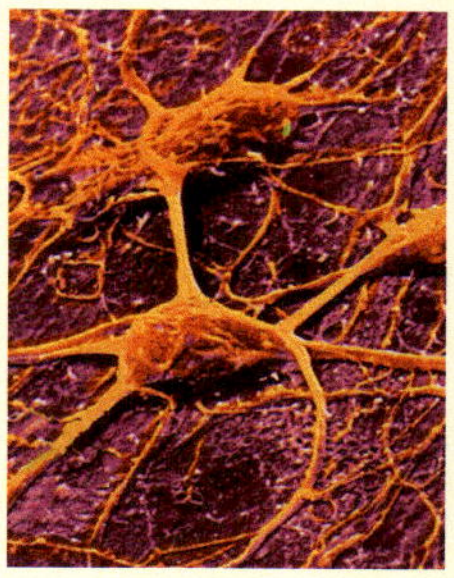

B1 Zellen unseres Nervensystems

B2 Nervenzellen mit Zellfortsätzen

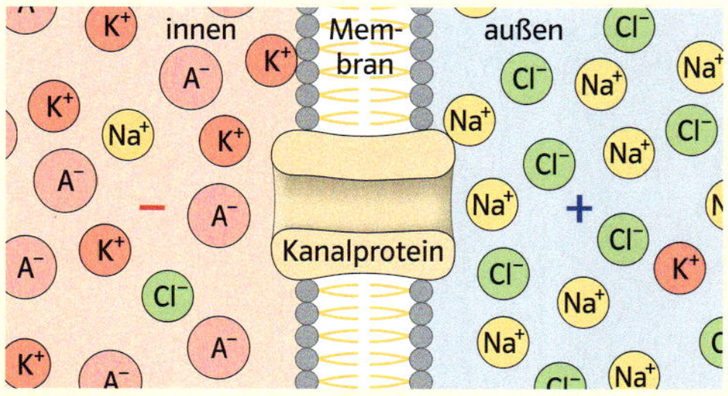

B3 Ionenverteilung an der Zellmembran

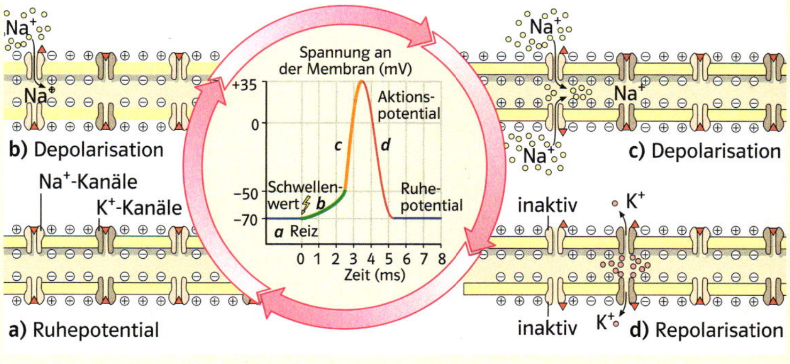

B4 Entstehung des Aktionspotenzials

extra

Rückblick

1 Begriffe
Was versteht man unter
- Dotieren?
- einer p-Schicht?
- p-leitend?
- pn-Übergang?
- einer Diode?
- LED und LDR?
- Elektronenfehlstelle?
- einer n-Schicht?
- n-leitend?
- einer Sperrschicht?
- einem Heißleiter (NTC)?
- einem Sensor?

2 Beobachtungen
Was beobachtet man, wenn
- in einem Stromkreis eine Siliciumprobe erwärmt wird?
- Licht auf einen LDR fällt?
- eine Diode mit der p-Schicht am Pluspol, mit der n-Schicht am Minuspol einer Quelle angeschlossen ist?
- der Basisanschluss eines Transistors mit dem Pluspol einer Quelle verbunden wird?

3 Erklärungen
Wie lässt sich erklären, dass
- ein Halbleiter auf Temperaturänderungen anders als ein Metall reagiert?
- aus zwei Dioden kein Transistor entsteht?
- der Leitungsvorgang in einem Halbleiter durch Dotieren erheblich verbessert wird?
- Metalle den elektrischen Strom leiten?
- beim Einschalten sofort elektrischer Strom fließt?

4 Gesetzmäßigkeiten
Beschreibe mit eigenen Worten,
- in welchem Verhältnis Basis- und Kollektorstromstärke eines Transistors stehen.
- wie es zu einer Spannung beim Kontakt von p- mit n-leitendem Material kommt.
- wie eine Diode beim Anschluss an eine Quelle für Wechselspannung reagiert.

Erläutere die Erscheinungen in den folgenden Bildern und beantworte die Fragen!

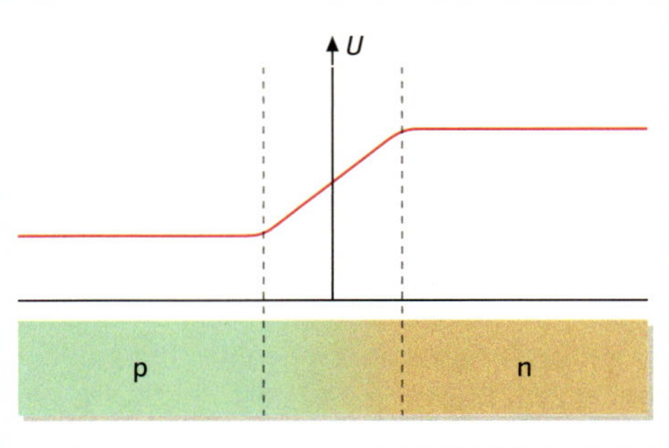

B1 Erkläre den Verlauf der Spannung in einem pn-Übergang.

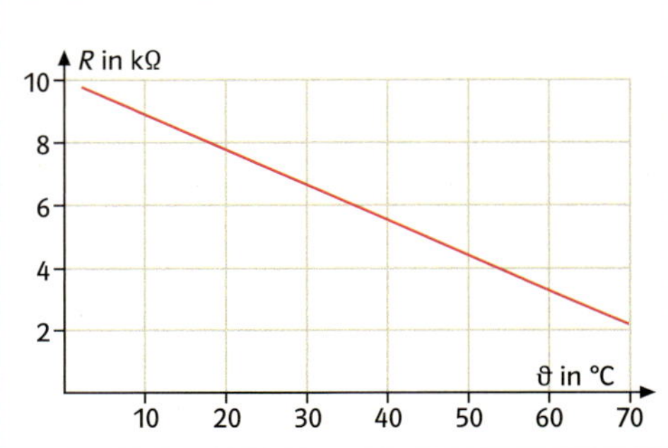

B4 Interpretiere den Graphen eines hier dargestellten NTC-Widerstandes.

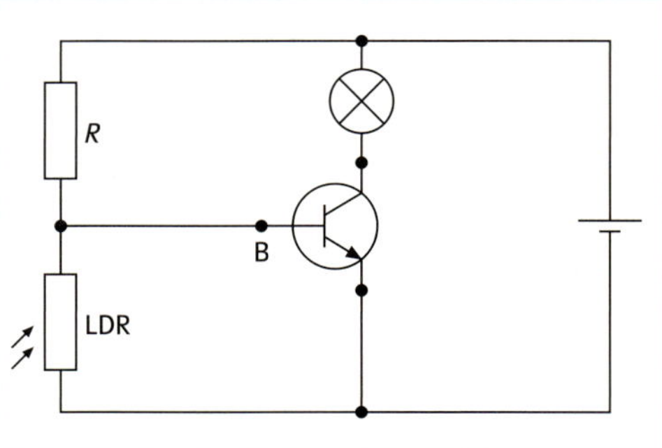

B2 Leuchtet die Lampe bei Dunkelheit oder bei Helligkeit? Erkläre die Schaltung!

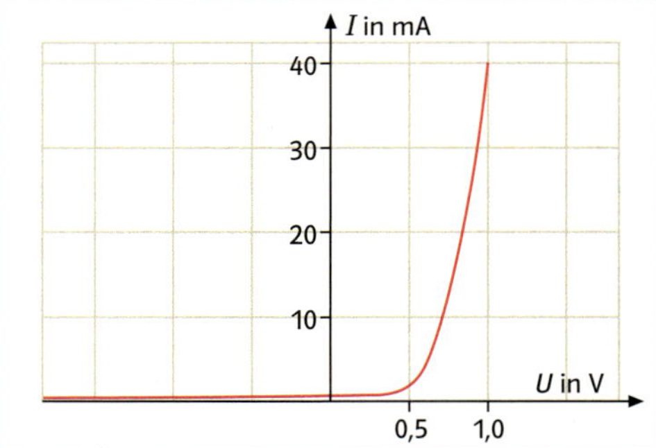

B5 Interpretiere den Graphen und ordne ihm ein passendes Bauteil zu.

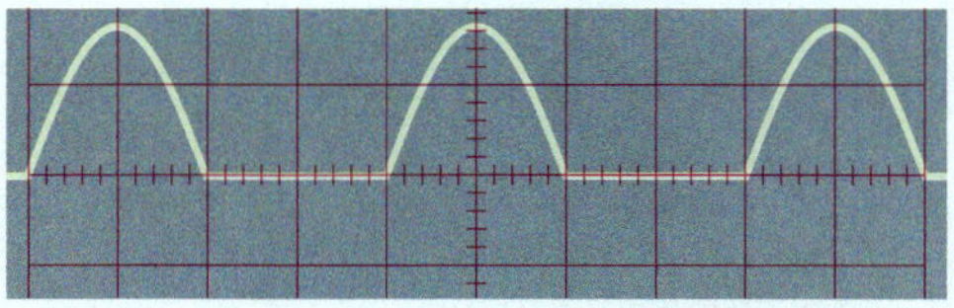

B3 Beschreibe eine Schaltung, die dieses Bild auf dem Oszilloskopschirm erzeugt.

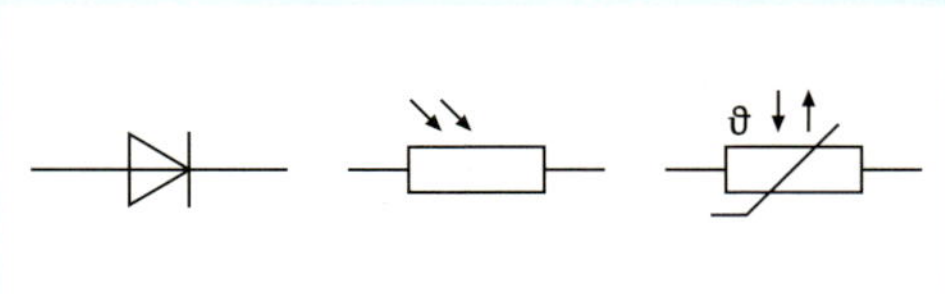

B6 Für welche elektronischen Bauteile stehen diese Schaltzeichen?

Heimversuche

1 Spannungsprüfer, Polaritätsanzeiger
Mit einem Widerstand und zwei Leuchtdioden kannst du feststellen, ob eine Batterie funktioniert und wie sie gepolt ist. Aus der Helligkeit der Dioden lässt sich im Bereich von 3V bis 25V auf die anliegende Spannung schließen. Baue die Schaltung nach und teste verschiedene Batterien. Der Widerstand bewahrt die Dioden vor zu großen Strömen. ACHTUNG: Die Schaltung darf auf keinen Fall zum Testen der Netzspannung benutzt werden!

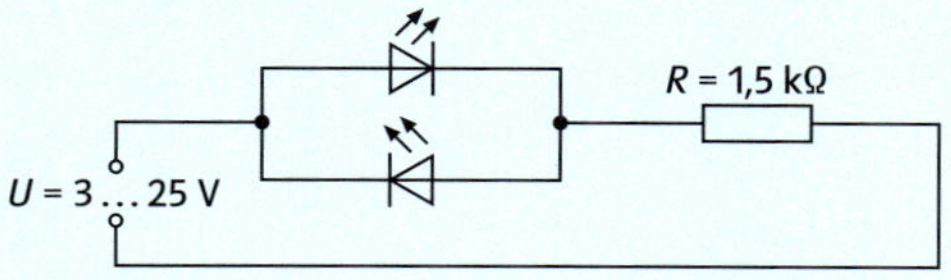

B1

2 Das Zauberlämpchen Ein Lämpchen (3,5V/0,2A) hängt an zwei dünnen Drähten nach unten und leuchtet. Wenn jemand dagegen bläst, erlischt es wie eine Kerze. Noch merkwürdiger ist, dass man es mit einem Streichholz wieder anzünden kann. Dahinter steckt eine Transistorschaltung mit Fotowiderstand. Der veränderbare Widerstand muss so eingestellt werden, dass

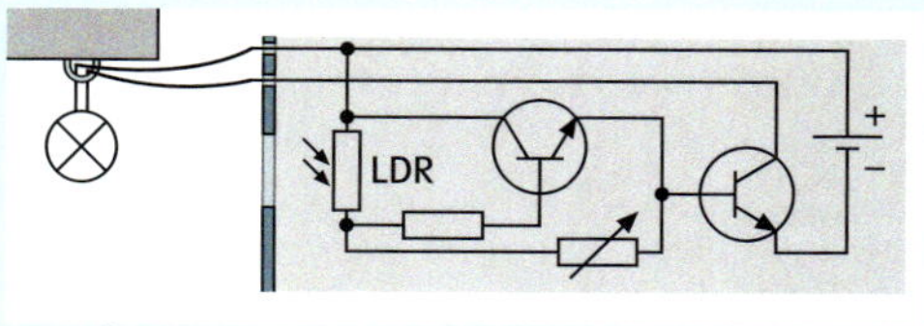

B2

das Lämpchen bei Raumbeleuchtung gerade nicht leuchtet.

3 Der Blumentopfwächter Topfblumen mögen es nicht gerne, wenn sie zu selten gegossen werden. Hier kann eine Schaltung helfen, die ein Signal gibt, wenn es im Topf zu trocken geworden ist. Die beiden Drähte, die im Boden stecken, bilden mit dem Boden zusammen einen elektrischen Widerstand, der sich mit der Feuchtigkeit ändert.

Man benötigt einen Widerstand von etwa 10 kΩ, einen (veränderlichen) Widerstand von etwa 100 kΩ, zwei npn-Transistoren und ein Glühlämpchen. Baue die Schaltung auf. Was ändert sich, wenn man die Drähte unterschiedlich tief mit unterschiedlichem Abstand in verschieden feuchte Erde steckt?

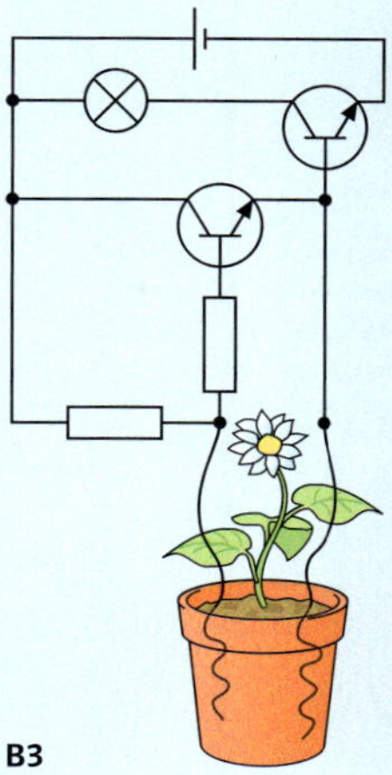

B3

Fragen

Metalle

1 Welche wesentlichen Unterschiede bestehen im Aufbau eines Leiters und eines Isolators?

2 Erkläre, warum sich der elektrische Widerstand eines Metalls bei Erwärmung erhöht!

3 Im Diagramm sind die *U-I*-Kennlinien von drei Bauteilen dargestellt.
a) Wie verhält sich jeweils der Widerstand bei steigender Spannung? Erkläre!
b) Um welche Bauelemente könnte es sich handeln?

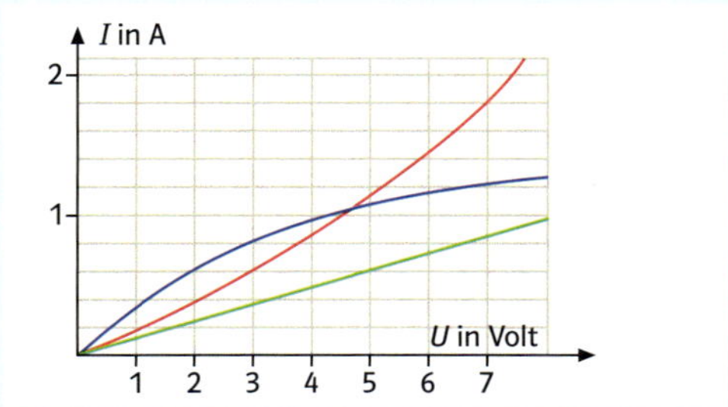

Halbleiter und Dioden

4 a) Welche Elemente eignen sich zum Dotieren von Silicium oder Germanium?
b) Wie entstehen p-Leiter und n-Leiter?

5 Warum sollten Heißleiter stets mit einem Vorwiderstand betrieben werden?

6 Ist ein dotierter Halbleiter nach außen elektrisch neutral? Begründe!

7 Lassen sich Wechselspannungen unter 0,7 V mit Siliciumdioden gleichrichten?

8 Drei Siliciumdioden sind in Reihe geschaltet. Welche Spannung ist ungefähr nötig, damit es zu einem Strom kommt?

9 Welche Eigenschaften hat die Diode mit einem Fahrradventil gemeinsam?

10 Was geschieht, wenn an eine Diode eine Spannung von 6V in Durchlassrichtung ohne Vorwiderstand angelegt wird?

11 Erkläre die Wirkungsweise eines pn-Überganges!

extra

Fragen

12 Zwischen den Anschlüssen eines Heißleiters besteht die Spannung von 6 V. Wie groß ist sein Widerstand bei den Temperaturen
a) 20 °C, **b)** 40 °C, **c)** 50 °C?
Entnimm die erforderlichen Werte aus dem folgenden ϑ-I-Diagramm.

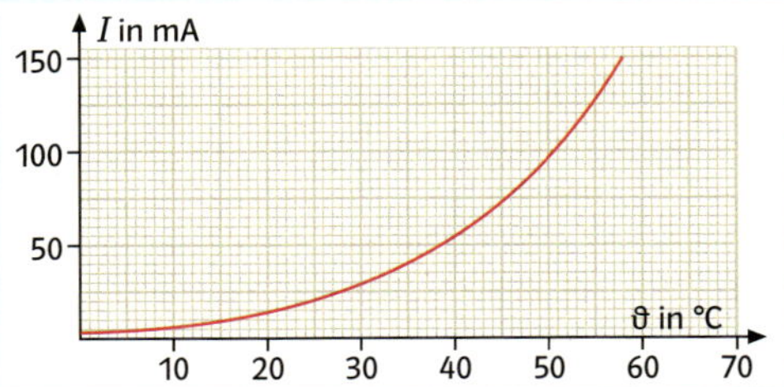

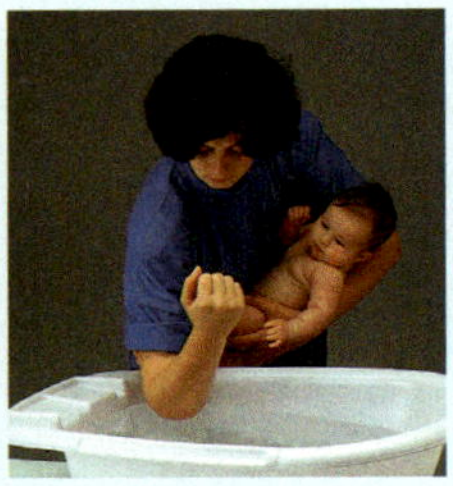

Wie würde man das Verhalten dieser Mutter „elektronisch" nachvollziehen?

13 Erläutere, weshalb beim Messen von Temperaturen mit Halbleiterwiderständen die Stromstärke möglichst klein sein soll.

14 Welches Bild ist am Oszilloskop zu sehen, wenn in der Schaltung **B1** am Rand die Diode
a) überbrückt wird? **b)** umgepolt wird?

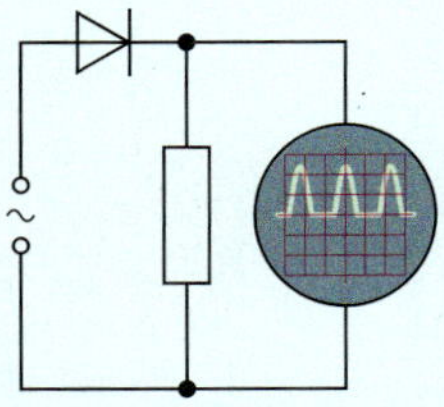

B1 Zu Aufgabe 14

15 Informiere dich anhand von Bedienungsanleitungen darüber, in welchen Temperaturbereichen Taschenrechner, Quarzuhren, Radios und Fernsehgeräte eingesetzt werden dürfen. Begründe die Begrenzungen!

Zu Transistoren

16 a) Wie ist ein pnp-Transistor aufgebaut?
b) Warum muss die Basisschicht eines Transistors sehr dünn sein?

17 Welche Lampe wird nach nebenstehender Schaltung (→**B2**) leuchten?

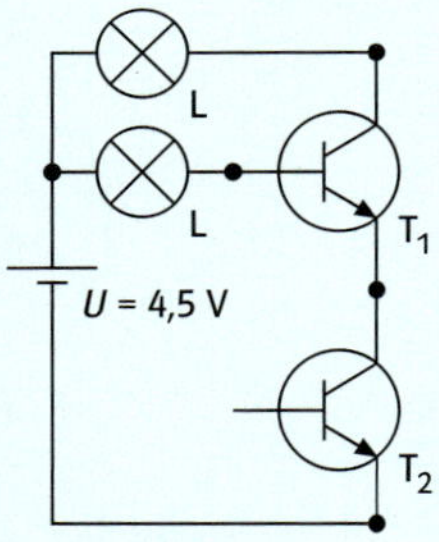

B2 Zu Aufgabe 17

18 Eine Lampe, die für einen Betrieb bei U = 3,8 V und I = 0,07 A vorgesehen ist, wird – wie unten gezeigt – in verschiedenen Schaltungen eingesetzt (→**B3**). In welchen Fällen **a)** bis **c)** schaltet der Transistor die Lampe?

19 Welche Vorteile hat ein Transistor gegenüber einem Relais? Gibt es auch Nachteile?

B3 Zu Aufgabe 18

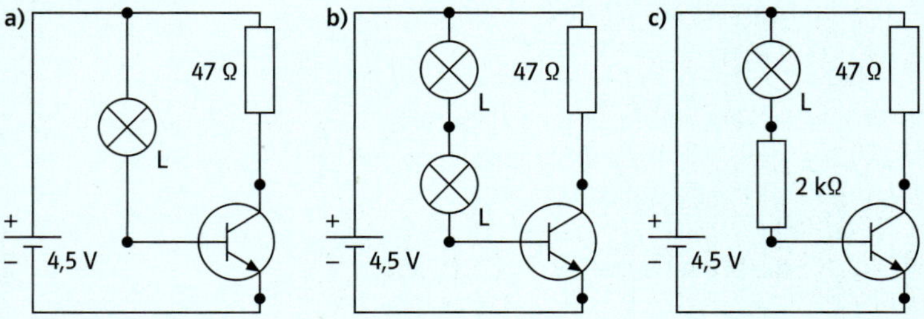

20 Wie lässt sich mit einem Widerstandsmessgerät der Basisanschluss eines Transistors finden?

21 Die Bauteile der folgenden Schaltung sind so gewählt, dass die Transistoren schalten können.

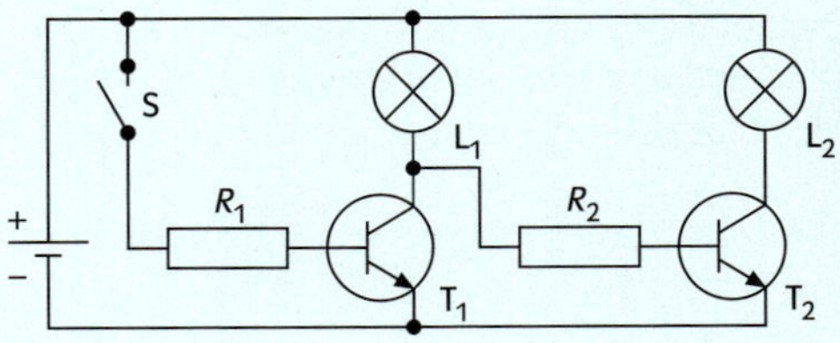

a) Welche Lampe leuchtet, wenn der Schalter S geöffnet ist?
b) Welche Lampe leuchtet, wenn S geschlossen ist?
c) Unter welchen Voraussetzungen können beide Lampen leuchten?

Zu Anwendungen von Sensoren

22 Beim Föhn (Haartrockner) ist ein automatischer Schalter eingebaut, der ihn vor Überhitzung schützen soll und der auch die Wahl einer Temperatur erlaubt. Diskutiere, ob dieser Schalter ein Sensor ist.

23 Konstruiere für dein Zimmer eine Alarmanlage, damit ungebetene Gäste dich nicht bei den Hausaufgaben stören. Welche Sensoren sind dafür geeignet?

24 Ein Positionssensor hat eine Länge von l = 20 cm. In welcher Entfernung vom linken Rand A trifft ein Lichtstrahl auf, wenn I_a = 3 mA und I_b = 7 mA gemessen werden?

Schwierigere Probleme

25 Warum ist die Spannung hinter einem Zwei-Weg-Gleichrichter um etwa 1,4 V kleiner als davor?

26 Ein Transistor habe den Verstärkungsfaktor 200. Wie groß ist die Kollektorstromstärke bei einem Basis-Emitter-Widerstand von 10 kΩ und der Spannung 5 V?

27 Ein Transistor habe den Verstärkungsfaktor 400. Wie groß ist die angelegte Spannung, wenn die Kollektorstromstärke (bei einem Basis-Emitter-Widerstand von 10 kΩ) 100 mA beträgt?

Vorhaben **Atome**

Untersuche in „Forschungsvorhaben", wie sich das von verschiedenen Lichtquellen ausgesandte Licht voneinander unterscheidet!
- **Formuliere dein Vorhaben genau.**
- **Plane deine Experimente und führe sie sorgfältig durch.**
- **Protokolliere zuverlässig.**
- **Entwickle eine Präsentation und trage sie vor.**

Lichtquellen untersuchen Unser Alltag wird in ganz erheblichem Maße von den Lichtquellen um uns herum bestimmt. Die wichtigste Lichtquelle ist sicher die Sonne. Aber auch wenn es Nacht ist, brauchen wir Licht. Dazu gibt es künstliche Lichtquellen. Wir benutzen sie zum Lesen, zur Beleuchtung von Gehwegen, Straßen bis hin zu ganzen Sportstadien. Zur Beleuchtung des Bereichs vor Fahrzeugen brauchen wir sie, damit man im Dunklen unterwegs sein kann. Aber auch im Kleinen sind sie wichtig. Lichtquellen beleuchten Displays von Mobiltelefonen und Armbanduhren und sie zeigen an, ob Geräte eingeschaltet sind.

Lichtquellen sind ständig um uns herum. Sie haben eines gemeinsam. Wir können ihr Licht sehen. Aber: Wie wird das Licht jeweils erzeugt? Was ist Licht überhaupt? Warum kann Licht durch manche Stoffe hindurchgehen, durch andere nicht? Was lassen blaue Sonnenbrillengläser durch, was nicht?

Wir haben im Unterricht bereits erfahren, dass weißes Licht aus vielen Farben besteht. Der Regenbogen zeigt es uns. Gilt das immer für weißes Licht, z. B. bei einer Leuchtstoffröhre oder einer weißen LED? Wie funktioniert eigentlich eine Gasentladungslampe, die man mittlerweile bei vielen Autos („Xenon-Lampe") nachts sehen kann?

Was wird erwartet? Sammelt Informationen darüber, welche Lichtquellen es gibt und ordnet diese nach ihrer Funktionsweise in verschiedene Kategorien ein. Ziel ist es, physikalisch erklären zu können, wie die Lichtquelle funktioniert und wie letztendlich das Aussenden des für uns sichtbaren Teils des Lichts einer Lichtquelle geschieht. Darüber hinaus sollt ihr herausfinden, wie man mit Hilfe

des Lichts, das von einer Lichtquelle ausgesandt wird, Aussagen über die in der Lichtquelle vorhandenen Stoffe ziehen kann.

Die Antworten auf folgende Fragen können euch weiterhelfen:
- Was bewirkt ein Prisma, wenn Licht darauf fällt?
- Was ist ein Spektrometer und wie funktioniert es?
- Wie kann man weißes Licht erzeugen?
- Wann erzeugt eine Lichtquelle farbiges, also nicht weißes Licht?
- Was versteht man unter dem „sichtbaren Bereich"?
- Was sind Infrarot und Ultraviolett?
- Welche Funktion haben die Leuchtstoffe in Leuchtstoffröhren?

Viele Hinweise erhaltet ihr im Internet, wenn ihr u.a. zu den Stichpunkten „Spektroskopie", „elektromagnetisches Spektrum", „Absorption und Emission von Licht", „Photon" sucht.

Wichtige Untersuchungen Baut euch selbst ein Spektrometer (vgl. „Werkstatt" S. 85) und untersucht Lichtquellen. Verwendet dazu sowohl Prismen als auch CDs. Was verändert sich, wenn man den Spalt des Spektrometers enger macht?

Besorge dir Waschpulver mit Aufheller. Löse es in Wasser und streiche es auf Pappe. Wenn es getrocknet ist, beleuchte es mit einer Schwarzlicht- bzw. UV-Lampe. Was beobachtet man? Wie kann man es erklären? Achtung: Nie direkt in UV-Lampen blicken!

Zum weiteren Nachforschen Das Spektrum von Sonnenlicht zeigt typische schwarze Linien. Warum? Welches Messprinzip, z. B. für die Messungen von Schadstoffen in der Luft, lässt sich daraus ableiten? Wie kann man ein Spektroskop bauen, mit dem man diese Linien beobachten kann? Welche Rolle spielt diese Messmethode in der Astronomie?

Atome

Bilder von Atomverbänden Atome können sich zu Verbänden, wie z. B. Kristallen zusammenschließen. Mit bloßem Auge können wir einzelne Atome nicht sehen. Wir sehen immer nur die gebildeten größeren Verbände aus Atomen wie im Fall von Kochsalz im Salzstreuer.

Kristallwachstum Wird ein Tropfen einer gesättigten Kochsalzlösung auf einem Objektträger unter dem Mikroskop beobachtet, so erkennt man nach einiger Zeit – während das Wasser im Tropfen langsam verdunstet –, dass sich Salzkristalle bilden. Sie werden immer größer. Ist alles Wasser verdunstet, dann sind mehrere würfelförmige Salzkristalle entstanden. Bei anderen Stoffen ergeben sich andere Formen der Kristalle.

Bilder von Atomen Das Bild ist eine Rekonstruktion der Oberfläche eines Kochsalzkristalls. Sie wurde mit Hilfe eines Raster-Tunnelmikroskopes aufgezeichnet. In diesem Gerät wird eine sehr feine, spitze Elektrode dicht über der Oberfläche des Gegenstandes bewegt, wobei Gegenstand und Spitze elektrisch verschieden geladen sind. Auch ohne Berührung entsteht ein winziger Strom (Tunnelstrom), dessen Stärke mit dem Abstand zwischen Spitze und Gegenstand variiert. Die Stromstärke ist somit ein Maß für ihren Abstand. Wird die Spitze nach einem vorgegebenen Raster über die Oberfläche der Probe geführt, so ändert sich die Stromstärke laufend. Daraus lässt sich ein Höhenmuster der Oberfläche berechnen. Die Darstellung ist bis auf die Größe von Atomen genau.

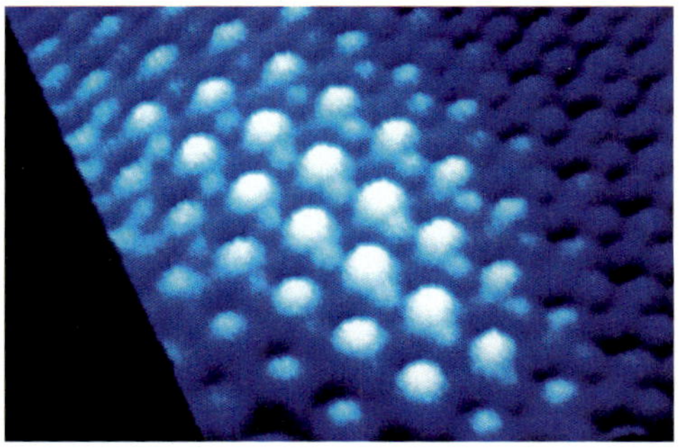

Abschätzung des Atomdurchmessers

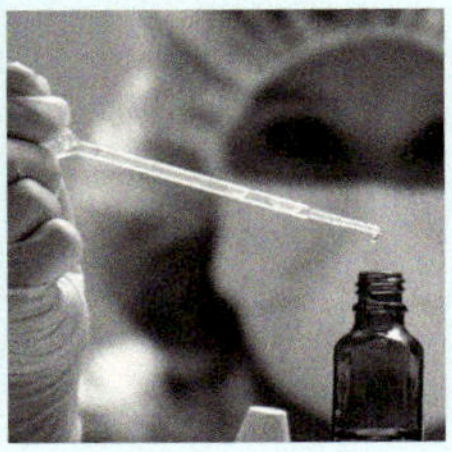

B1

V1 Um das Volumen eines Tropfens eines Leichtbenzin-Ölsäure-Gemischs (Verhältnis 1000 : 1) zu bestimmen, werden mit einer Pipette ein Volumen von 1 cm³ tropfenweise gefüllt und die Tropfen abgezählt (→**B1**). Das Volumen eines Tropfens ist 1 cm³ geteilt durch die Anzahl der Tropfen. Der Ölanteil in dem Tropfen beträgt dann noch ein Tausendstel davon.

V2 Eine flache Schüssel wird mit Wasser gefüllt. Auf die Wasseroberfläche werden Bärlappsporen oder Schwefelpulver gestreut. Bringt man einen Tropfen des Leichtbenzin-Ölsäure-Gemischs (Verhältnis 1000 : 1) auf die Wasseroberfläche auf (→**B2**), so verdunstet das Benzin sofort und das Öl bildet auf der Wasseroberfläche eine dünne Schicht. Das Pulver wird zur Seite geschoben und man kann die entstandene Fläche gut erkennen und ihren Inhalt ausmessen (→**B4**).

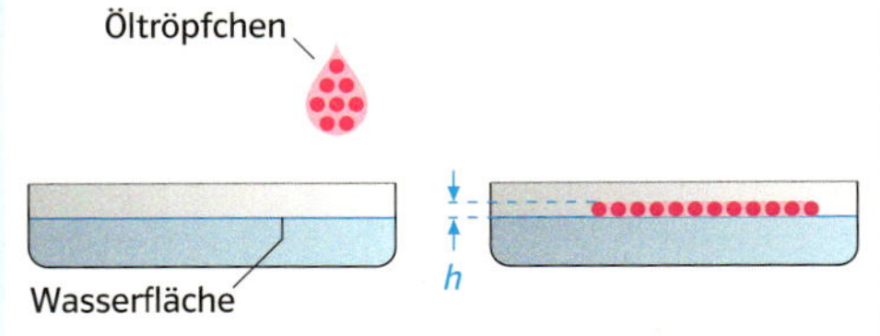

B2

B3 Ölmolekül: dicht gepackte Kugel aus Atomen

Idee der Abschätzung Auf einer Wasseroberfläche bildet Öl eine dünne Schicht, die nur aus einer Lage von Molekülen besteht. Man nennt sie daher **monomolekulare Schicht** (vgl. **B2**).

Der Zusammenhang zwischen dem Volumen V des aufgebrachten Öls, dem Inhalt A der Fläche des Ölflecks und der Dicke h der monomolekularen Schicht lautet:

$$V = h \cdot A \quad \text{oder} \quad h = V/A$$

Die Dicke h der Schicht ist gleich dem Durchmesser der Moleküle. Wenn man weiß, aus wie vielen Atomen ein Ölmolekül mit dem Durchmesser h besteht, kann man wiederum die Größe eines einzelnen Atoms abschätzen, aus dem das Ölmolekül aufgebaut ist (→**B3**).

Durchführung Ein Tropfen eines Leichtbenzin-Ölsäure-Gemischs (Verhältnis 1000 : 1) wird auf eine Wasseroberfläche gegeben. 76 Tropfen der Mischung ergeben das Volumen 1 cm³. Ein Tröpfchen fällt auf eine Wasseroberfläche, die vorher mit Bärlappsporen bestreut wurde. Das Öl bildet einen kreisförmigen Fleck und schiebt dabei die Bärlappsporen beiseite (→**B4**).

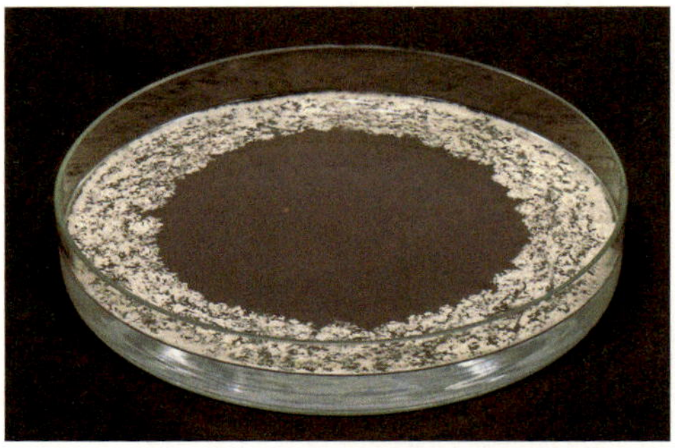

B4

Auswertung Ein Tropfen des Gemischs enthält das Volumen $V = \frac{1}{1000} \cdot \frac{1}{76}\,\text{cm}^3 = \frac{1}{76\,000}\,\text{cm}^3$ an Ölsäure. Mit der Berechnung des Inhalts der kreisförmigen Fläche der monomolekularen Schicht über deren Radius erhält man z. B. $A = 62\,\text{cm}^2$. Die Schichtdicke h beträgt daher $h = V/A = \frac{1}{76\,000}\,\text{cm}^3/62\,\text{cm}^2 \approx 2{,}1 \cdot 10^{-7}\,\text{cm} = 2{,}1 \cdot 10^{-9}\,\text{m}$. Ölsäure besteht aus 54 Atomen, die der Einfachheit halber als gleich große Kugeln betrachtet werden. Nimmt man an, dass diese dicht gepackt sind, so ergibt eine einfache Abschätzung, dass der Moleküldurchmesser mindestens aus $\sqrt[3]{54} \approx 4$ Atomdurchmessern zusammengesetzt ist. Genau genommen entspricht $\sqrt[3]{54}$ der Seitenlänge eines Würfels mit einem Volumen von 54 Längeneinheiten.

Daraus folgt die endgültige Abschätzung für den Atomdurchmesser von

$$d_{\text{Atom}} = 2{,}1 \cdot 10^{-9}\,\text{m} : 4 \approx 5 \cdot 10^{-10}\,\text{m}.$$

Die Abschätzung liefert die richtige Größenordnung der Atomdurchmesser: $10^{-10}\,\text{m} = 0{,}000\,000\,000\,1\,\text{m}$ = 1 zehnmilliardstel Meter.

Zur besseren Vorstellung über diese sehr kleine Größenordnung dient dieser Vergleich:

- **Legt man 10 Millionen Atome hintereinander, so hat das Ganze in etwa eine Länge von nur 1 mm!**

Aufbau der Atome

V1 Wird ein dünner Draht in einer evakuierten Glasröhre zum Glühen gebracht, treten Elektronen aus dem Draht aus. Mit einem elektrischen Feld zwischen einer Katode und einer Anode werden diese Elektronen beschleunigt. Ein Loch in der Anode lässt einen Elektronenstrahl durch. Auf einem Leuchtschirm erkennt man einen Leuchtfleck (→**B1**).

V2 Trifft ein Elektronenstrahl auf eine dünne Graphitfolie, so können die Elektronen die Folie leicht durchdringen, obwohl die „dünne“ Folie immer noch mehrere 10 000 Atomschichten dick ist.

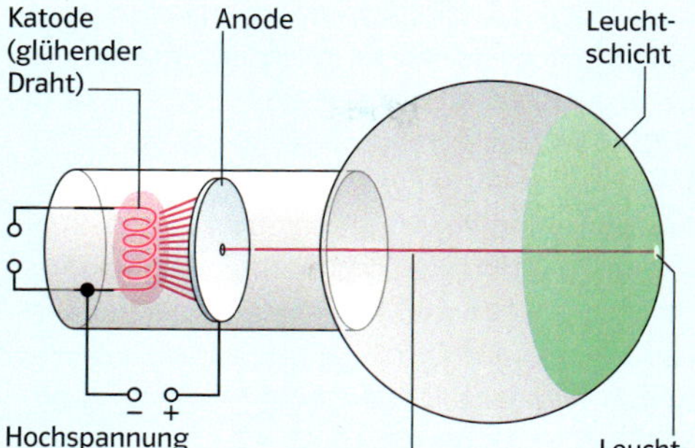

B1

Das Kern-Hülle-Modell Dass Elektronen durch eine scheinbar dichte Materialschicht hindurchtreten können, war für den englischen Physiker **Ernest Rutherford** (1871–1937) Anlass zur näheren Untersuchung: Er ließ energiereiche positiv geladene Heliumteilchen auf eine Goldfolie treffen und beobachtete, dass der weitaus größte Teil der Heliumteilchen die Folie ohne größere Richtungsänderung durchdringen konnte (→**B3**). Nur einige Teilchen wurden stark abgelenkt, sehr wenige prallten sogar zurück. Rutherford schloss daraus:

1 Da sich Gold nicht zusammenpressen lässt, müssen seine Atome in der Folie dicht gepackt sein. Deshalb können die Heliumteilchen die Folie nur durchdringen, wenn die Atome selbst durchdringbar sind.
2 Da einige Heliumteilchen abgelenkt oder zurückgeworfen werden, muss es im Atom undurchdringbare Bereiche geben. Diese Bereiche müssen wegen der Abstoßung der positiven Heliumteilchen auch positiv geladen sein und gegenüber den Heliumteilchen eine große Masse haben.
3 Da nur wenige Teilchen abgelenkt oder zurückgeworfen werden, müssen die nicht zu durchdringenden Bereiche eines Atom sehr klein sein. Die negativ geladene Elektronenhülle lenkt die schnellen, positiven Heliumteilchen offenbar nicht merklich ab.

Vorstellung über den Aufbau der Atome:

- **Alle Atome enthalten einen kleinen, undurchdringlichen Teil, den Atomkern. Der Atomkern ist positiv geladen.**

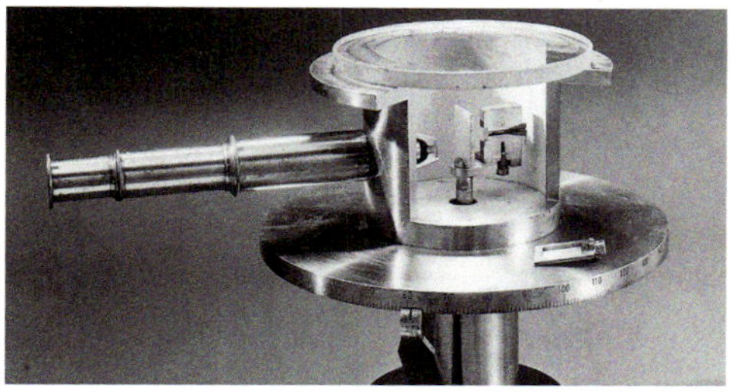
B2 Versuchskammer

Ernest Rutherford (1871–1937)

- **Der große Raumbereich um den Kern des Atoms wird durch die Atomhülle gebildet. In ihr befinden sich die Elektronen, deshalb ist sie negativ geladen und kann die positive Ladung des Kerns nach außen hin ausgleichen.**

- **Der Atomradius hat eine Größenordnung von 10^{-10} m, der Atomkern von 10^{-15} m.**

Wäre ein Atomkern so groß wie ein Stecknadelkopf, so hätte das gesamte Atom einen Durchmesser von etwa 100 m.

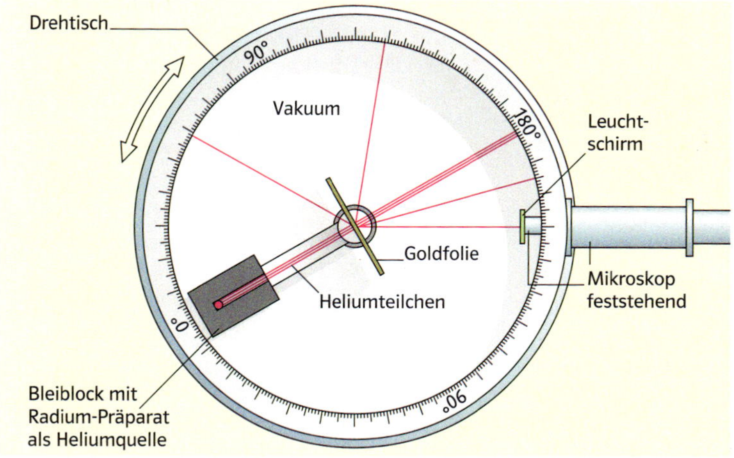

B3 Rutherford'sche Versuchsanordnung

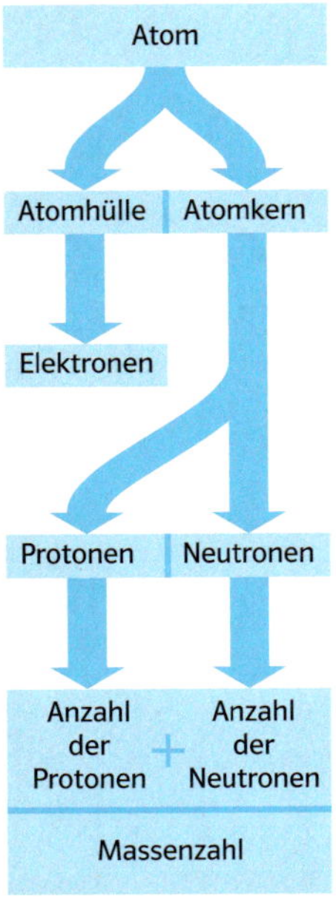

B1

Der Atomkern

Der Atomkern Physiker haben herausgefunden, dass Atomkerne aus **Protonen** und **Neutronen** bestehen (→**B2**). Man bezeichnet diese beiden Kernbausteine auch als **Nukleonen** (lat. nucleus, der Kern). Protonen und Neutronen haben fast die gleiche Masse und sind 1836-mal schwerer als Elektronen.

Protonen sind elektrisch positiv geladen. Ihre Ladung hat den gleichen Betrag wie die der Elektronen, nur das Vorzeichen ist positiv. Die Ladungen eines Elektrons und eines Protons heben sich daher gegenseitig auf. Neutronen sind elektrisch neutral.

Protonen und Neutronen werden im Kern aufgrund der **starken Kraft** zusammengehalten, die in diesem Zusammenhang auch als **Kernkraft** bezeichnet wird. Bei den geringen Abständen der Protonen im Kern (Größenordnung 10^{-15} m) übertrifft die Wirkung der Kernkraft die abstoßende elektrische Kraft um ein Vielfaches. Ohne die Kernkraft zwischen den Nukleonen würden sich die Protonen auf Grund ihrer positiven Ladungen abstoßen.

Die Zahl der Protonen (Protonenzahl) im Atomkern heißt **Kernladungszahl** Z, die Zahl der Neutronen heißt **Neutronenzahl** N. Ihre Summe $Z + N$ heißt **Massenzahl** A.

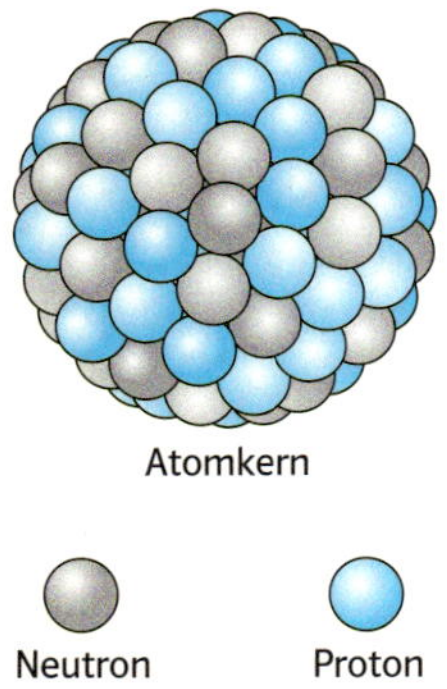

B2 Aufbau eines Atomkerns

● **Der Atomkern besteht aus Protonen und Neutronen. Er ist positiv geladen und vereinigt fast die gesamte Masse des Atoms.**

Für jeden Kern gilt: $A = Z + N$. In der Natur kommen etwa 2000 verschiedene Kerne vor. Ihre Zusammensetzung zeigt folgende Schreibweise an:

A bedeutet die Massenzahl
X steht für das Elementsymbol $\quad {}^{A}_{Z}\text{X}$
Z bedeutet die Kernladungszahl

Beispiel: ${}^{226}_{88}\text{Ra}$ ist ein Radiumkern aus 226 Nukleonen, 88 Protonen und 226 − 88 = 138 Neutronen.

Die Isotopentafel Atome eines **chemischen Elementes**, z.B. Wasserstoff (H), Eisen (Fe) etc., besitzen immer die gleichen Anzahl an Protonen.

Zu einem Element gibt es auch Atome mit verschiedenen Massenzahlen, die sich folglich nur in der Neutronenzahl unterscheiden.

Atome mit gleicher Kernladungszahl, aber unterschiedlicher Neutronenzahl heißen **Isotope**. Die Massenzahl für ein Element, das in der Natur eigentlich als Isotopengemisch vorkommt, ist dann ein Mittelwert.

B3 zeigt den Beginn der sogenannten Isotopentafel. In diesem Diagramm werden die Atome in Abhängigkeit von ihrer Neutronen- und Protonenzahl geordnet dargestellt. Auf diese Weise liegen Isotope immer in einer Zeile nebeneinander. Übereinander in einer Spalte liegende Atome haben gleiche Neutronenzahlen. Man nennt sie **Isotone**.

Beispiel: Die Isotope des Wasserstoffatoms haben folgende Bezeichnungen (und sogar eigene Namen):

- ${}^{1}_{1}\text{H}$ Wasserstoff
- ${}^{2}_{1}\text{H}$ Deuterium und
- ${}^{3}_{1}\text{H}$ Tritium

Protonenzahl Z \ Neutronenzahl N	0	1	2	3	4	5	6	7
7						${}^{12}_{7}\text{N}$	${}^{13}_{7}\text{N}$	${}^{14}_{7}\text{N}$
6				${}^{9}_{6}\text{C}$	${}^{10}_{6}\text{C}$	${}^{11}_{6}\text{C}$	${}^{12}_{6}\text{C}$	${}^{13}_{6}\text{C}$
5				${}^{8}_{5}\text{B}$		${}^{10}_{5}\text{B}$	${}^{11}_{5}\text{B}$	${}^{12}_{5}\text{B}$
4				${}^{7}_{4}\text{Be}$		${}^{9}_{4}\text{Be}$	${}^{10}_{4}\text{Be}$	${}^{11}_{4}\text{Be}$
3				${}^{6}_{3}\text{Li}$	${}^{7}_{3}\text{Li}$	${}^{8}_{3}\text{Li}$	${}^{9}_{3}\text{Li}$	
2		${}^{3}_{2}\text{He}$	${}^{4}_{2}\text{He}$		${}^{6}_{2}\text{He}$		${}^{8}_{2}\text{He}$	
1	${}^{1}_{1}\text{H}$	${}^{2}_{1}\text{H}$	${}^{3}_{1}\text{H}$					
0		${}^{1}_{0}\text{n}$						

B3 Anfang einer Isotopentafel

In der Isotopentafel wird meist noch die relative Häufigkeit der Isotope in Prozent angegeben. Während Beryllium (Be) zu 100 % mit der Massenzahl 9 in der Natur vorkommt, verteilt sich die Häufigkeit der Lithiumatome (Li) zu etwa 92,5 % auf $A = 7$ und knapp 7,5 % auf $A = 6$. Von Sauerstoff (O) findet man in der Natur vier Isotope, von Nickel (Ni) sogar fünf. Damit man im Periodensystem der Elemente einen einzigen Wert von A angeben kann, errechnet man gemäß der Häufigkeit der Isotope eines Elements in der Natur den gewichteten Durchschnitt.

Streuexperimente an den Bausteinen der Atomkerne Ernest Rutherford konnte aus den Ablenkwinkeln der Heliumteilchen bei seinem Streuexperiment Schlüsse über die innere Struktur der Atome der Goldfolie ziehen. Das Ergebnis war das Kern-Hülle-Modell der Atome.

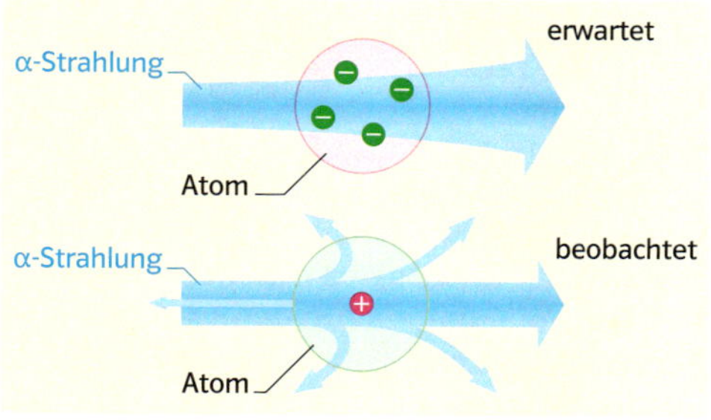

B1 „Rutherford entdeckte die Atomkerne durch den Beschuss von Gold mit Heliumteilchen"

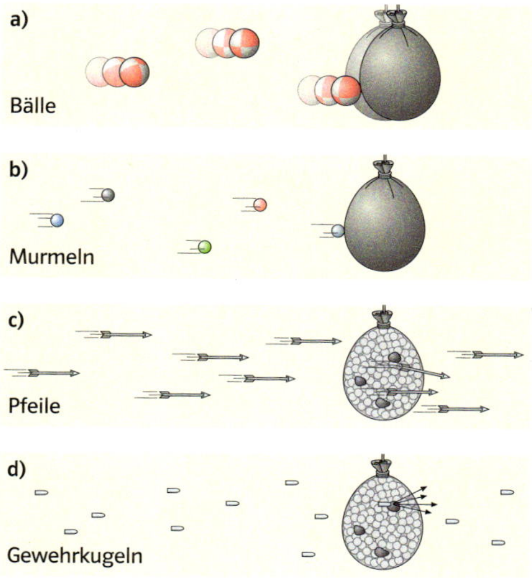

B2

Das Prinzip des rutherfordschen Streuexperimentes (→**B1**), nämlich ein Objekt mit kleinen Teilchen zu beschießen und aus der Art der Streuung der Teilchen etwas über eine mögliche Struktur des Objektes aussagen zu können, wird bis heute weiterverfolgt. Man bezeichnet das zu untersuchende Objekt meist als **Target** (engl.: das Ziel).

Modellvorstellung zu Streuexperimenten und Auflösungsvermögen Man kann sich den Zusammenhang zwischen Größe der Streuteilchen, mit der ein Target untersucht werden soll, und ihrem Vermögen, möglichst kleine Strukturen auflösen zu können, wie folgt vorstellen. Nehmen wir an, in einem mit Styroporkugeln gefüllten Sack wären weitere, von außen nicht sichtbare Steine versteckt (→**B2**). Wie könnte man etwas über den Inhalt herausfinden? Schießt man Bälle gegen den Sack, werden diese bereits an der Hülle abprallen, ebenso kleinere Murmeln, die geworfen werden. Schießt man hingegen mit schmalen Pfeilen oder gar noch schnelleren und kleineren Pistolenkugeln auf den Sack, so können diese den Sack durchdringen, sofern ihnen außer dem Styropor nichts im Wege ist. Treffen sie aber auf einen Stein, so werden sie daran abprallen und abgelenkt werden. Die Art der Ablenkung wird dann zusätzlich von der Form, der Größe und der Anzahl der Steine pro Volumen abhängen.

Die Geschosse der Physiker Als kleine Teilchen, mit denen Targets in physikalischen Experimenten beschossen werden können, eignen sich z. B. Elektronen, weil sie sehr klein sind ($< 10^{-18}$ m) und aufgrund ihrer elektrischen Ladung relativ einfach beschleunigt werden können. Man kann so sehr genau einstellen, mit welcher Energie sie auf ein Target treffen. Dabei gibt es eine Grundregel:

● **Je höher die Energie der Teilchen ist, die an einem Target gestreut werden, desto feiner kann man dessen Struktur bestimmen.**

Rutherford hat gezeigt, dass Atome nicht homogen sind, sondern dass Atome aus einem kleinen Kern und einer Hülle aus Elektronen bestehen. Dann wurde gezeigt, dass aber auch der Kern nicht elementar ist, sondern eine Struktur aus Protonen und Neutronen besitzt.

Es war dann nur konsequent, auch zu untersuchen, ob Neutronen und Protonen vielleicht noch eine Struktur aufweisen. In den 60er Jahren des letzten Jahrhunderts war man technisch in der Lage, Elektronen auf so hohe Geschwindigkeiten zu beschleunigen, dass damit Streuexperimente (→**B3**) möglich wurden, bei denen Nukleonen auf eine Unterstruktur hin untersucht werden konnten.

B3 Teilchenbeschleuniger

Der Name *Quark* ist dem Buch *Finnegans Wake* von James Joyce entnommen: *„Three quarks for muster Mark, sure he hasn't got much of a bark, and sure any he has it's all beside mark."*

Quarks Das Zusammenspiel von Experimenten und theoretischen Überlegungen vor allem in den 60er und 70er Jahren des letzten Jahrhunderts ergab, dass auch Protonen und Neutronen nicht elementar sind, sondern eine noch feinere Unterstruktur aus weiteren Teilchen besitzen, den sogenannten **Quarks.** Die Quarks unterliegen der starken Kraft, die sie aneinander bindet und so die Bildung von Proton und Neutron aus je drei Quarks ermöglicht. Quarks sind auch elektrisch geladen, wobei man ihnen Drittelladungen zuordnet. Aus diesen Ladungen ergibt sich dann beim Proton nach außen die Ladung +1 *e* und beim Neutron 0. Im sogenannten **Standardmodell der Teilchenphysik** geht man heute davon aus, dass es sechs verschiedene Quarks gibt (→**B1**): up, down, charme, strange, top und bottom. Nicht nur Protonen und Neutronen (→**B3**), sondern auch eine Vielzahl weiterer Teilchen ist aus ihnen zusammengesetzt.

● **Alle uns umgebende Materie ist nur aus Elektronen für die Atomhüllen und den beiden Quarks, up-Quark (u) und down-Quark (d) für die Protonen und Neutronen der Atomkerne, aufgebaut.**

Quarks	u	d	c	s	t	b
Namen	up	down	charme	strange	top	bottom
el. Ladung (in *e*)	2/3	−1/3	2/3	−1/3	2/3	−1/3

B1 Ladungen von Quarks

Beispiele: Proton: uud, Neutron: udd

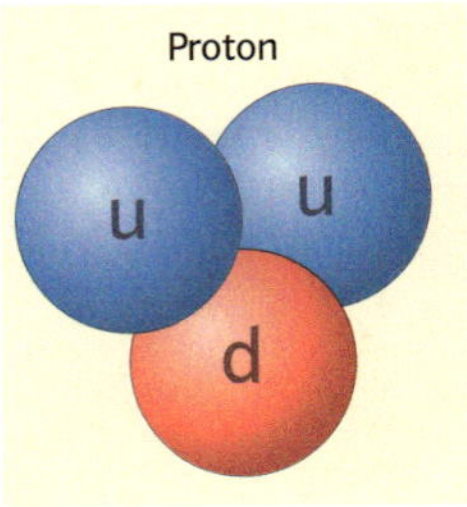

B3a

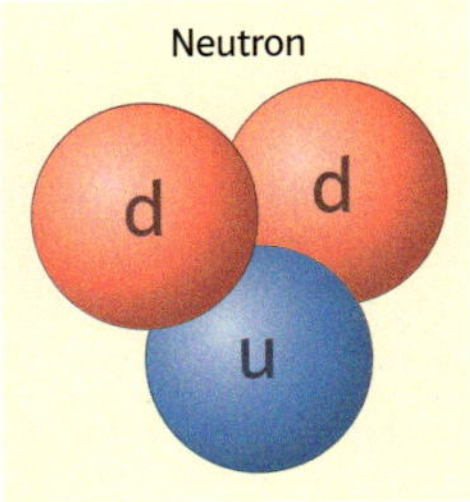

B3b

Stand der Forschung heute ist, dass die uud- und udd-Zusammensetzung nur einen Teil des Aufbaus von Proton und Neutron erklärt. Es gibt darüber hinaus einen sogenannten **See** an weiteren Bestandteilen. Diesen „See" noch weiter zu untersuchen und zu verstehen, ist ein Ziel moderner Forschung in der Elementarteilchenphysik.

Mit dem Standardmodell kann sehr viel erklärt werden. Die scheinbar einfache Frage, wie beispielsweise die deutlich verschiedenen Quarkmassen zustande kommen, ist aber noch unbeantwortet. Das schwerste Quark, das top-Quark, ist etwa 100 000-mal so schwer wie das leichteste, das up-Quark. Die Physiker hoffen sehr, dass das Rätsel um die Masse der kleinsten Teilchen in den kommenden Jahren durch die Entdeckung des sogenannten Higgs-Teilchens gelöst werden kann. Wichtig hierfür ist ein Experiment, bei dem wieder Teilchen mit hoher Energie aufeinander geschossen werden.

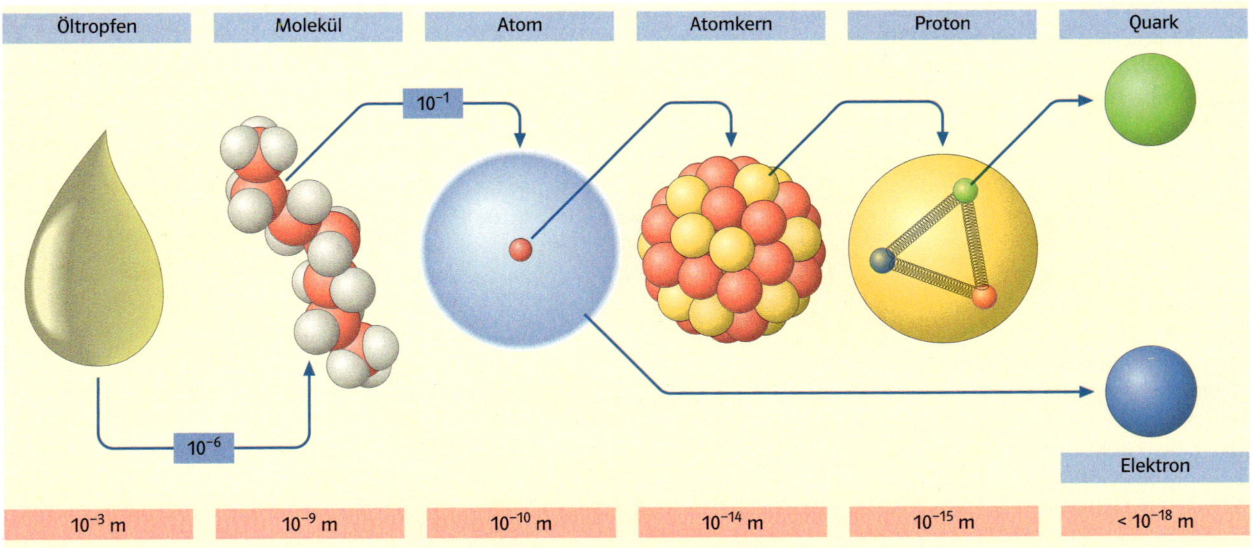

B2

Die Atomhülle Unter der Atomhülle verstehen wir das Gebiet um den Atomkern, in dem sich alle zu einem Atom gehörenden Elektronen aufhalten. Damit das Atom nach außen elektrisch neutral erscheint, muss die negative Ladung aller Elektronen in der Hülle den gleichen Betrag wie die positive Ladung aller Protonen im Kern haben.

● **Bei dem nach außen elektrisch neutralen Atom ist die Zahl der Protonen im Kern gleich der Zahl der Elektronen in der Hülle.**

Man kennt heute mehr als 110 chemische Elemente. Sie unterscheiden sich voneinander durch ihre Zahl an Protonen, also durch ihre Kernladungszahl.

Die Elemente sind im sogenannten **Periodensystem der Elemente (PSE)** in einer bestimmten Reihenfolge angeordnet und nummeriert. Ihre **Ordnungszahl** entspricht dabei der Kernladungszahl.

Die Anordnung im PSE in **Gruppen** und **Perioden** erfolgt nach Regeln, mit denen der Aufbau der Atomhülle aus Elektronen erklärt werden kann. Man erkennt, dass Elemente einer Hauptgruppe oft ähnliche Eigenschaften besitzen. So findet man in der Hauptgruppe VIII die sogenannten **Edelgase** Neon, Argon, Krypton und Xenon.

Ionen Durch Energiezufuhr, etwa durch Stöße von Atomen, können Elektronen aus den Atomhüllen abgetrennt werden. Dadurch entstehen positiv geladene **Ionen** und freie Elektronen. Man spricht von **Ionisation**.

Eine Kerzenflamme erzeugt so in heißer Luft Ionen und Elektronen, die ein geladenes Elektroskop entladen können. Es gibt auch negativ geladene Ionen von Atomen, in deren Hüllen zusätzliche Elektronen enthalten sind.

Beispiele:

Ca^{2+}: Zweifach positiv geladenes Calcium-Ion; Ordnungszahl 20

Cl^{-}: Einfach negativ geladenes Chlorid-Ion; Ordnungszahl 17

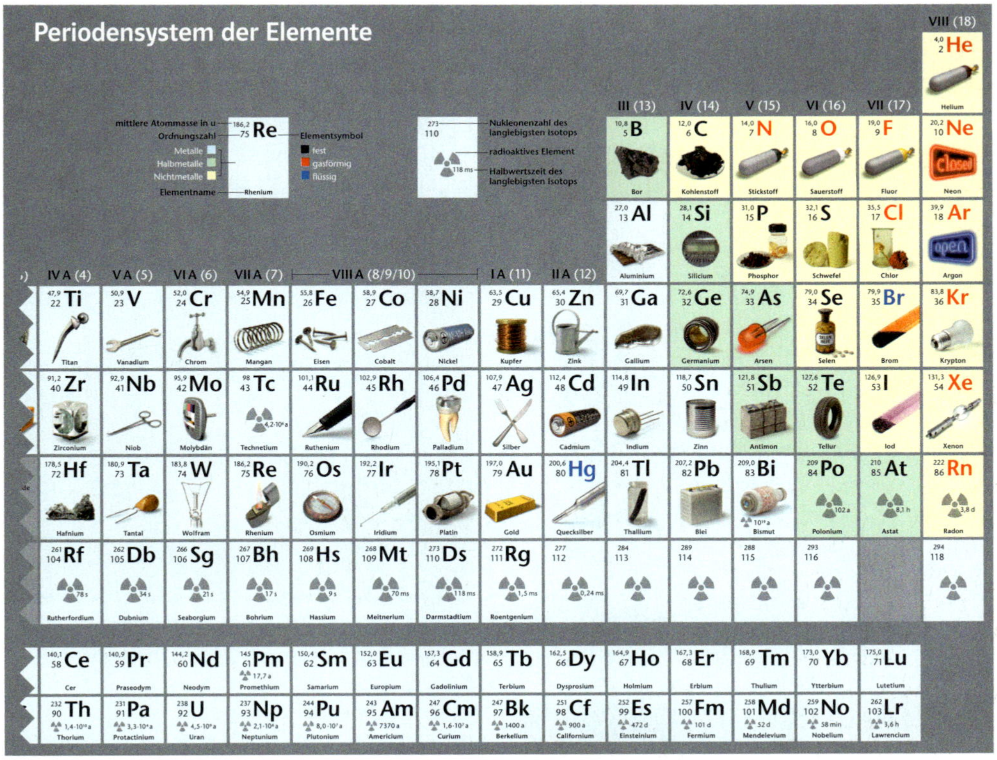

B1 Ausschnitt aus dem Periodensystem der Elemente. Die Hintergrundfarbe gibt den Metallcharakter an: Metall (grau), Halbmetall (grün), Nichtmetall (gelb)

B2 Die elementaren Stoffe der 3. Periode des PSE

Woher kommen die Farben?

V1 In einem abgedunkelten Raum trifft das Licht einer Glühlampe durch einen schmalen Spalt auf ein Prisma. Auf dem Schirm erkennt man das aus dem schmalen Lichtbündel entstandene Spektrum (→**B1**).

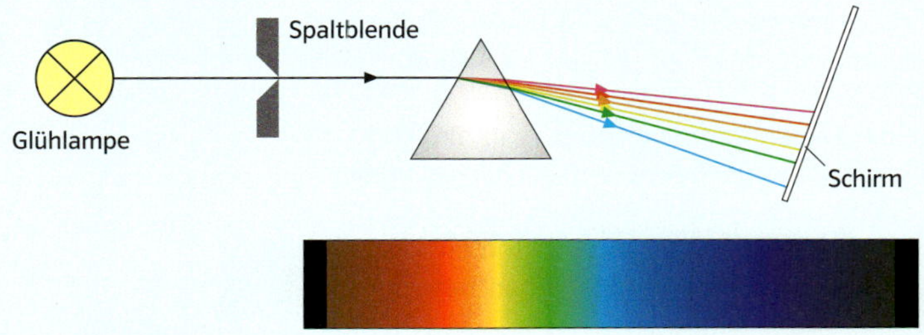

B1

V2 Der erste Versuch wird mit einer Natriumdampflampe, dann mit einer Quecksilberdampflampe und dann mit einem Helium-Laser (**VORSICHT!**) wiederholt (→**B2**).

VORSICHT!
Laserlicht ist gefährlich! Niemals direkt in den Laserstrahl blicken!

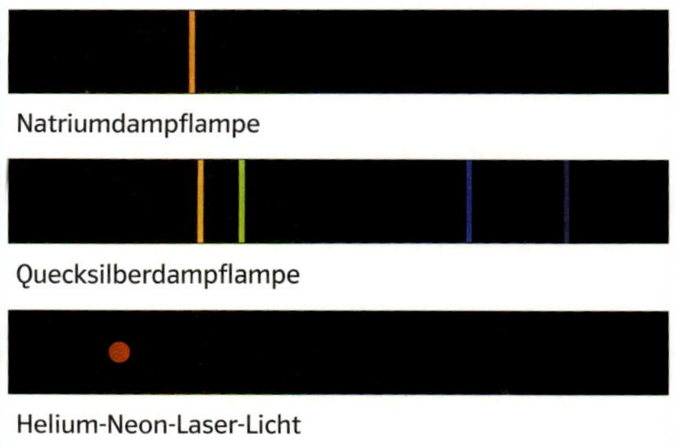

B2

VORSICHT!
Sonnenlicht ist gefährlich! Niemals direkt in ungeschwächtes Sonnenlicht blicken!

V3 Wir färben in einem kleinen Glasgefäß Wasser mit Chlorophyll. Ein von einem hellen Spalt kommendes Lichtbündel durchdringt die Flüssigkeit und trifft auf ein Prisma. Auf dem Schirm sieht man ein durch das Chlorophyll verändertes Spektrum (→**B3**).

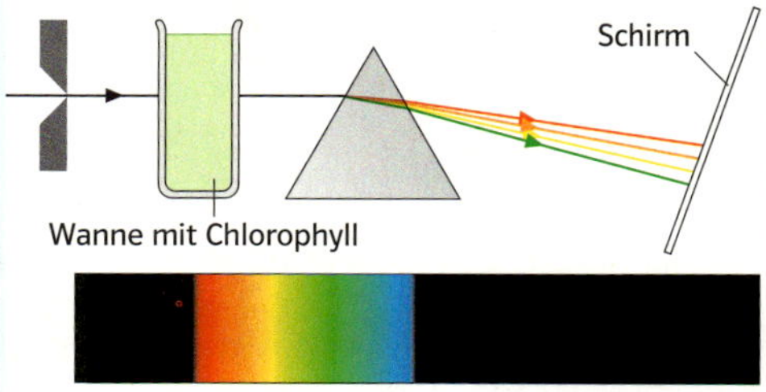

B3

V4 Wir wiederholen den dritten Versuch, ersetzen jedoch das Gefäß mit der Flüssigkeit durch ein Farbfilter.

B4 Spektrum durch ein Gelbfilter gesehen

V5 In die rauschende Flamme eines Bunsenbrenners werden verschiedene Salzproben gehalten. Die Flamme leuchtet jeweils in einer Farbe, die für das Salz typisch ist. Bei Kochsalz (NaCl) färbt sich die Flamme intensiv gelb (→**B5**).

B5 Foto einer gefärbten Flamme

V6 Die rauschende Flamme eines Bunsenbrenners wird mit einer Na-Dampflampe und einer Hg-Dampflampe beleuchtet. Für beide Lichtquellen ist die Flamme durchscheinend. Wird die Flamme mit Natriumsalz gelb gefärbt, so ruft die Flamme im Licht der Na-Dampflampe einen Schatten hervor (→**B6**). Im Licht der Hg-Lampe ändert sich ihr Bild dagegen nicht.

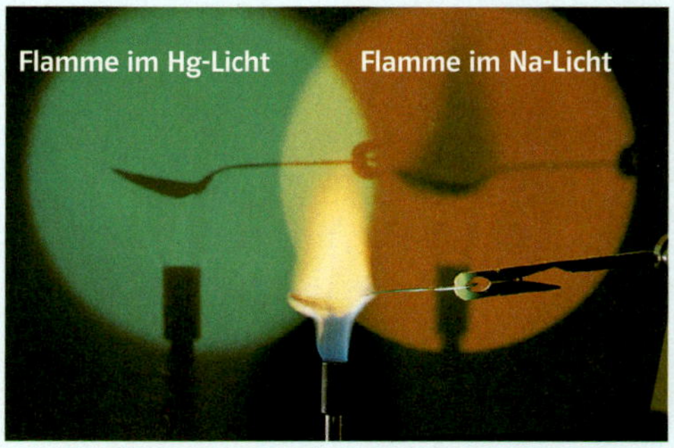

B6 Na-Licht erzeugt Schatten der Flamme.

V7 Wie betrachten den hellen Himmel mit einem Taschenspektrometer.
(**VORSICHT**, niemals ins Sonnenlicht schauen!). Man sieht ein Spektrum, das durch viele feine schwarze Linien unterbrochen ist.

Emission und Absorption von Licht Allen Lichtquellen, vom brennenden Ast des Urmenschen bis zur Halogenleuchte, ist gemeinsam, dass einem Stoff in geeigneter Weise Energie zugeführt wird, die ihn zum Aussenden von Licht bringt (→**B2**). Dieses Aussenden wird als **Emission** bezeichnet:

- **In Lichtquellen wird ein Stoff durch Zufuhr von Energie zur Emission von Licht veranlasst.**

Das Licht einer Quelle zeigt beim Durchgang durch ein Prisma ein **Spektrum**. Bei glühenden Körpern ist dieses Spektrum ein ununterbrochenes Farbband, es ist ein **kontinuierliches Spektrum**.

- **Das Emissionsspektrum selbstleuchtender fester und flüssiger erhitzter Körper ist kontinuierlich.**

Auch erhitzte Gase können Licht emittieren. Dessen Farbe ist von der Gasart abhängig. Man erkennt im Spektrum einzelne, voneinander getrennte Farbbereiche. Ihre Anzahl und Anordnung ist vom verwendeten Gas abhängig.

- **Das Emissionsspektrum von Gasen ist ein diskretes Spektrum.**

Üblicherweise werden strichförmige Lichtquellen oder beleuchtete Spalte verwendet. Dadurch entstehen in den Spektren als „Bilder" der Quellen Linien. Das diskrete Spektrum heißt daher **Linienspektrum**. Emission findet auch außerhalb des sichtbaren Bereiches im Infrarot oder im Ultraviolett statt. **B1** zeigt dies am Linienspektrum von Wasserstoff.

1814 entdeckte **Joseph Fraunhofer** im kontinuierlichen Spektrum der Sonne eine Anzahl dunkler Linien. Sie lassen sich dadurch erklären, dass Licht bestimmter Farben beim Durchgang durch die Sonnen- oder Erdatmosphäre absorbiert wird. Dieses im kontinuierlichen Spektrum des weißen Lichtes fehlende Licht heißt **Absorptionsspektrum**.

Eine mit Kochsalz gelb gefärbte Bunsenflamme ist für das Licht einer Glühlampe durchlässig. Wird sie aber mit einer Natriumdampflampe beleuchtet, so entsteht ein Schatten. Eine genaue Untersuchung des Lichtes einer Glühlampe, das durch die Na-Flamme hindurchgetreten ist, zeigt, dass sein Spektrum einen dunklen Bereich hat. Die Flamme hat offenbar Licht mit dieser Farbe absorbiert. Es lässt sich nachweisen, dass die Absorption bei derselben Farbe stattfindet, mit der die Natriumdampflampe Licht emittiert. Dies zeigt:

- **Stoffe absorbieren Licht derselben Farbe, das sie im leuchtenden Zustand emittieren.**

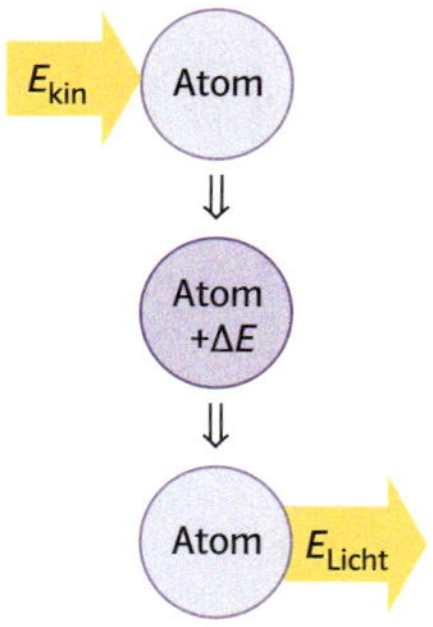

B2 Licht aussenden

Aus der Optik ist bekannt: Weißes Licht setzt sich aus Licht verschiedener Farben zusammen.

diskret (von lat. discretus = getrennt): bezeichnet im Gegensatz zu kontinuierlich eine räumliche oder zeitliche Trennung von Objekten oder Ereignissen.

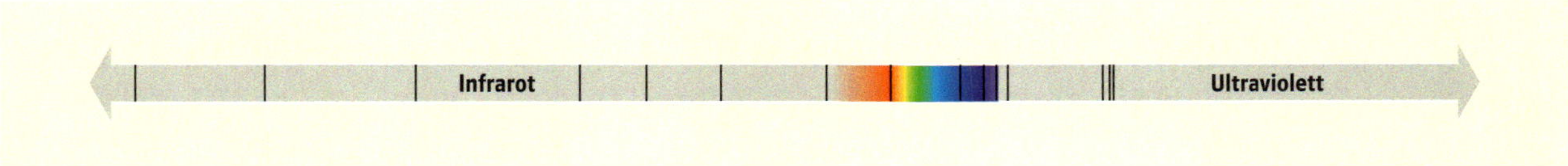

B1 Das Linienspektrum von Wasserstoff enthält auch Linien im Infrarot und Ultraviolett.

Farbe und Temperatur

Physik überall

Lichtquellen unterscheiden sich in Helligkeit und Farbe des ausgesandten Lichtes. Bei glühenden festen oder flüssigen Körpern nimmt die Helligkeit mit der Temperatur zu, gleichzeitig ändert sich die Farbe von Dunkelrot bei niedriger bis zu Blauweiß bei hoher Temperatur (→**B3**). Man könnte bei jeder Temperatur das Licht wiederum in ein Spektrum zerlegen. Weiß erscheint uns z.B. das Licht der Sonne.

B3 Glühendes Eisen

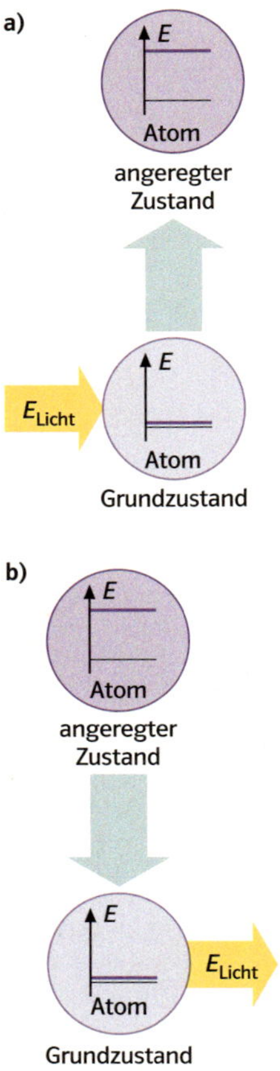

B1 Aufnahme von Energie führt zur Anregung (a); Abgabe von Energie erfolgt durch Emission (b).

B2 Personen auf einer Treppe können potenzielle Energie nur portionsweise aufnehmen, wenn sie von einer niedrigeren Stufe auf eine höhere springen. Die Personen und die Stufen kann man daher in Analogie zu einem Atom mit seinen Elektronen als ein „System mit festen Energiezuständen" betrachten.

Energieniveaus und Photonen In den Jahren um die Wende vom 19. in das 20. Jahrhundert haben Physiker in Experimenten beobachtet, dass nicht die Intensität von Licht für die Aufnahme von Energie verantwortlich ist, sondern die Farbe des Lichtes. Daraufhin stellte **Albert Einstein** im Jahr 1905 folgende Hypothese auf: „Lichtquellen senden Energie nicht kontinuierlich, sondern in Portionen aus. Die Energieportionen ΔE heißen **Photonen**."

Für diese damals bahnbrechende Erklärung, dass Licht Energie in Portionen (Quanten) transportiert, erhielt Einstein später den Physiknobelpreis. Diese Energieportionen bezeichnet man heute noch als **Photonen** oder auch als **Lichtquanten**. Sie sind extrem klein: Bei rotem Licht etwa $3 \cdot 10^{-19}$ J und bei blauem $5 \cdot 10^{-19}$ J.

Die Aufnahme und Abgabe einer Energieportion bei einem Atom mittels Absorption und Emission von Licht einer charakteristischen Farbe zeigt, dass ein Atom in verschiedenen Energiezuständen vorkommen kann. All die für ein Atom möglichen Energiezustände äußern sich in den charakteristischen Farben des Lichts, das von einem Atom ausgesandt wird, wenn es von einem höheren in einen niedrigeren Energiezustand übergeht (→**B1**).

● **Photonen sind die Energieportionen, die von einem Atom emittiert werden, wenn es von einem höheren, angeregten Energiezustand in einen niedrigeren übergeht. Den niedrigsten Energiezustand bezeichnet man als Grundzustand.**

Die Ursache dafür, dass bei einem Atom überhaupt unterschiedliche diskrete Energiezustände, man nennt sie meist **Energieniveaus**, auftreten, ist der Aufbau der Atome. Es stellte sich heraus, dass es die Bestandteile der Atomhülle, also die Elektronen sind, die bei einem Atom mit vorgegebenem Kern aus Protonen und Neutronen die möglichen Energieniveaus bestimmen.

● **Energieportionen, die ein Atom in Form von Licht aussendet, werden durch Übergänge zwischen unterschiedlichen Energiezuständen der Atome verursacht.**

Man sagt: „Ein Atom geht von einem höheren in einen niedrigeren Energiezustand über und sendet dabei ein Photon mit der Energie aus, die der Differenz der Energien der beiden Energieniveaus entspricht."

$$E_{Photon} = \Delta E = E_{2,Atom} - E_{1,Atom}$$

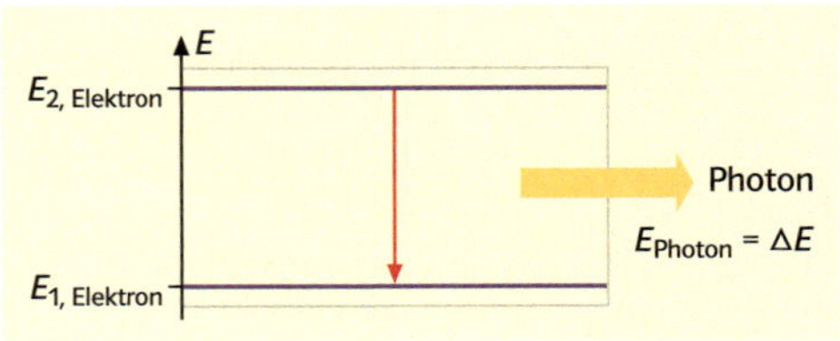

B3

Wenn wir also davon sprechen, dass in einem Linienspektrum eine genau festgelegte Farbe als diskrete Linie vorkommt, so bedeutet dies, dass Photonen emittiert wurden, weil eine Vielzahl gleicher Atome von jeweils dem gleichen höheren Energieniveau (2) auf ein niedrigeres (1) **übergegangen** sind.

● **Die Energie E_{Photon} entspricht der genau festgelegten Farbe des Lichtes einer diskreten Linie im Linienspektrum.**

Eine wesentliche Aufgabe der Atomphysik ist, alle möglichen Energieniveaus eines Atoms genau zu bestimmen. Das wohl am besten verstandene **Energieniveauschema** ist das des Wasserstoffatoms, welches nur aus einem Proton im Kern und einem Elektron in der Hülle besteht (→**B4**). Alle eingezeichneten Doppelpfeile symbolisieren mögliche Übergänge zwischen zwei Energieniveaus, die das Atom einnehmen kann. Man hat sich darauf festgelegt, dass man den Zustand des Atoms mit freien, also völlig abgelösten Elektronen als Niveau „∞" bezeichnet und dort den Nullpunkt der Energieskala festlegt.

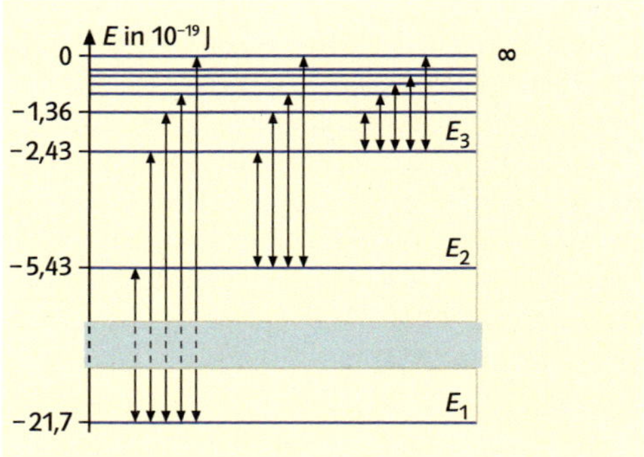

B4 Energieniveaus des Wasserstoffatoms

Spektralanalyse Die Untersuchung von Spektren zum Nachweis von Stoffen nennt man Spektralanalyse. Sie ist eine sehr wichtige Untersuchungsmethode für Chemiker, Biologen und Mediziner. Entwickelt wurde sie 1859 von dem Chemiker **Wilhelm Bunsen** und dem Physiker **Robert Kirchhoff**. Werden einige Körnchen Kochsalz verdampft (→**B1**), so färbt sich die Flamme orange-gelb. Ein **Spektrometer**, das im Prinzip dieses Licht wie ein Prisma zerlegt und die Position der Spektrallinien zu messen gestattet, zeigt ein Linienspektrum, das dem der Natriumdampflampe entspricht. In diesem Fall wird ein Emissionsspektrum aufgenommen.

Das Natrium im Kochsalz verrät sich also durch die typische Flammenfärbung, die von dem emittierten gelben Licht der Natriumatome herrührt. Auch Gase, die zum Leuchten gebracht werden, verraten sich durch ihr Emissionsspektrum wie mit einem Fingerabdruck.

B1

Ein einfaches Spektrometer

Werkstatt

Bisher haben wir zur Zerlegung von Licht in seine Bestandteile ein Prisma verwendet. Bei der Brechung von Licht an den Grenzflächen tritt Dispersion auf, d.h., Licht unterschiedlicher Farbe wird unterschiedlich stark gebrochen und kann so in die Farbanteile zerlegt werden. Wenn man die Unterseite einer CD ansieht, so erkennt man auch hier Farbeffekte (→**B2**).

Betrachtet man gezielt über die Reflexion an der CD einen hell ausgeleuchteten Spalt und bewegt dann den Kopf noch etwas weiter, so stellt man fest, dass auch die CD Licht in seine Farbanteile zerlegen kann. Dies funktioniert zwar nicht wie beim Prisma, aber das Ergebnis ist ähnlich. Man kann also auch mit einer CD das Spektrum einer Lichtquelle untersuchen. Bei einer Glühlichtquelle findet man ein kontinuierliches Spektrum, bei der Quecksilberdampflampe hingegen ein Spektrum, das aus einzelnen breiten Linien besteht.

B3 Spektrum einer Leuchtstofflampe

Bau des CD-Spektrometers Am besten baut man das Spektrometer in eine Pappschachtel. Dies hat den Vorteil, dass man in den Rand leicht einen Spalt einbringen kann und an eine andere Stelle ein „Guckloch". Im Inneren des Spektrometers herrscht – mit Ausnahme des Lichtes, das durch den Spalt eintritt – Dunkelheit und die Spektren lassen sich sehr gut und vor dem dunklen Hintergrund hell genug beobachten. Zur Zerlegung des Lichtes verwenden wir keine ganze CD, sondern nur ein herausgeschnittenes Segment (→**B5**). Eine sehr einfache Bauweise mit einem Kopierpapier-Karton zeigt **B4**. Um den **richtigen Beobachtungswinkel** zu finden hältst du das Segment zunächst so, dass du das direkte Spiegelbild des Spaltes siehst und bewegst dann den Kopf so weit, bis das erste Mal der Spalt in der Farbaufspaltung erscheint (ca. 25° neben der Richtung der Reflexion).

B2 Farbeffekte auf CD

B4 Geöffneter Pappkarton mit CD-Segment an der Rückseite, Spalt rechts und Öffnung zur Beobachtung links vorne. Die Reflexionsrichtung ist schwarz eingezeichnet. Die Beobachtungsrichtung für die Farbspektren weicht um ca. 25° davon ab.

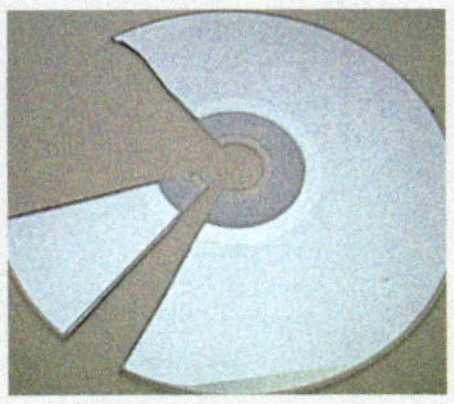

B5 Mit einem Teppichmesser lässt sich eine CD anritzen und dann brechen, so dass Segmente herausgeschnitten werden können.

Mit dem Spektrometer kannst du nun auf einfache Weise die Spektren vieler Lichtquellen unseres Alltags untersuchen und vergleichen, z.B. Glühbirne, Kerzenflamme, Leuchtstoffröhre, superhelle LED, Schwarzlichtlampe, Sonnenlicht (nie direkt hineinblicken!), verschiedene Straßenlaternen (weißlich, gelblich). Das Spektrometer lässt sich auf verschiedene Weisen verbessern. So ist die **Auflösung** umso besser, je schmaler der Spalt ist.

Du kannst auch eine Skala in das Spektrometer einbauen oder die Spektren mit einer Digitalkamera festhalten.

Der experimentelle Beweis für Energieniveaus

1914 führten James Franck und Gustav Hertz Untersuchungen über die Zusammenhänge zwischen der zur Ionisation eines Atoms erforderlichen Energie und dem Atomradius durch. Sie fanden Gesetzmäßigkeiten bei Energieumsetzungen mit Atomen, für die sie 1925 den Nobelpreis erhielten.

V1 In einer evakuierten Röhre befinden sich drei Elektroden: die Katode K, die gitterförmige Zwischenelektrode G und die Auffangelektrode A (→**B2**). Elektronen aus der glühenden Katode werden im elektrischen Feld zwischen K und G beschleunigt. Die Größe der Beschleunigungsspannung U_B bestimmt die hierdurch zugeführte Energie der Elektronen, die dann durch G fliegen. Zwischen G und A liegt eine entgegengesetzt gerichtete Spannung U_G an, die die Elektronen durch ein sogenanntes Gegenfeld abbremst. Nur die Elektronen, die noch genügend Energie besitzen, um das Gegenfeld zu durchqueren, werden als Strom der Stärke I vom eingebauten Amperemeter registriert. Je mehr Elektronen pro Zeitspanne durchkommen, desto größer wird I sein.

V2 In einer Röhre wie in Versuch 1 befindet sich ein Tropfen Quecksilber (Hg), der durch Erhitzen verdampft wird. Fliegen nun Elektronen durch die Röhre, kann es zu Stößen mit den Quecksilberatomen kommen. Wählt man eine feste Gegenspannung und erhöht kontinuierlich die Beschleunigungsspannung U_B, so stellt man fest, dass in Schritten von etwa 4,9 V immer wieder besonders viele Elektronen am Ende ankommen und I hier einen relativ hohen Wert erreicht (→**B3**). Offenbar müssen die Elektronen mindestens mit 4,9 V (für zwei Stöße mindestens $2 \cdot 4{,}9$ V, etc.) beschleunigt werden, um ihre dadurch erhaltene Energie an die Quecksilberatome überhaupt abgeben zu können. Unter 4,9 V ist dies ausgeschlossen.

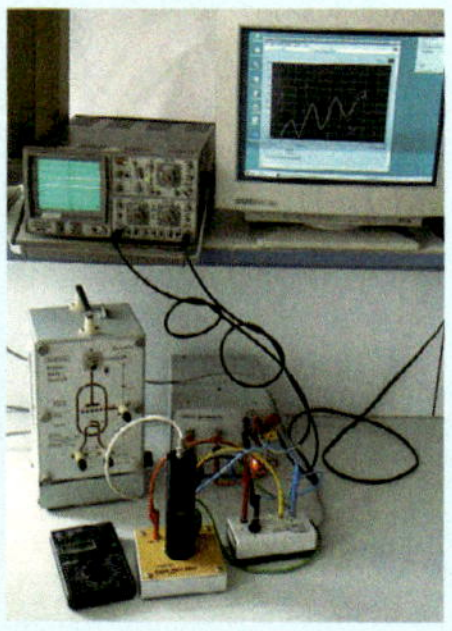

B1 Franck-Hertz-Röhre

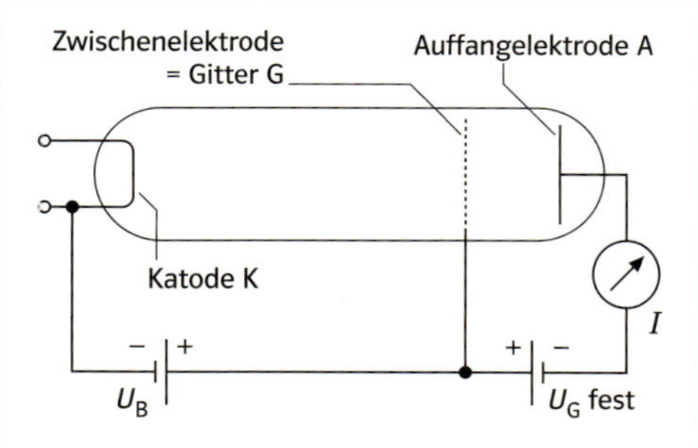

B2 Röhre zum Franck-Hertz-Versuch

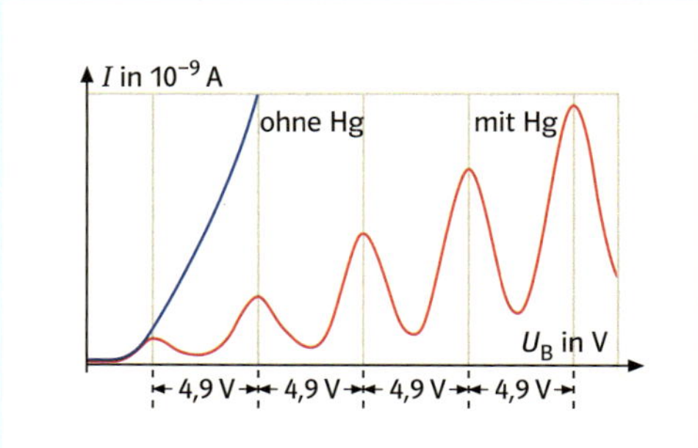

B3 U-I-Diagramm ohne und mit Quecksilberdampf

Energieniveaus im Atom Der Versuch 2 und die diskreten Spektren von Gasen zeigen, dass Atome ganz bestimmte Energiebeträge aufnehmen oder abgeben können. Wird der Erhaltungssatz der Energie zugrunde gelegt, so wird dieses erklärbar, wenn man annimmt, dass das Atom nur ganz bestimmte Energiezustände annehmen kann.

Diese Energiezustände bzw. **Energieniveaus** lassen sich in einem Schema übersichtlich veranschaulichen (→**B4**): Jeder Wechsel des Atoms von einem Energieniveau auf ein anderes ist mit der Aufnahme (Absorption) oder der Abgabe (Emission) von Energie verbunden. Deren Betrag ergibt sich als Differenz der Energiewerte der zugehörigen Niveaus. Die Vielzahl der Linien im Spektrum von Gasen lässt vermuten, dass es in diesen Atomen eine große Zahl an möglichen Energieniveaus geben muss.

Beispiel: Der Übergang vom Niveau 1 zum Niveau 3 erfordert die Aufnahme von Energie

$$\Delta E = E_3 - E_1.$$

Der Übergang vom Niveau 3 zum Niveau 1 ist nur bei Abgabe desselben Energiebetrages denkbar. Bei Übergängen zwischen anderen Niveaus geschieht Analoges.

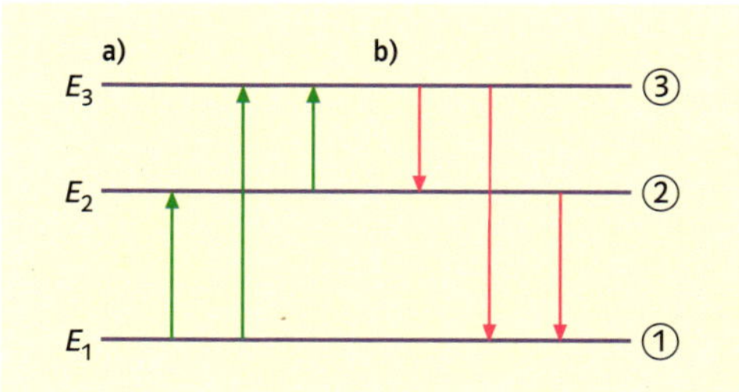

B4 Mögliche Absorption von Energie (a); Mögliche Emission von Energie (b)

Elektronenvolt – Eine praktische Einheit für die Energie Atome können nur diskrete Energieportionen aufnehmen. Die Energie kann den Atomen auch durch die Stöße mit Elektronen, die vorher mittels einer elektrischen Spannung zwischen einer Katode und einer Anode beschleunigt wurden, zugeführt werden. In der achten Klasse haben wir den Zusammenhang zwischen Energie, elektrischer Ladung und Spannung kennengelernt:

$$U = \frac{\Delta E}{Q} \text{ oder } \Delta E = Q \cdot U$$

Beim Durchlaufen einer angelegten Spannung U transportiert eine Ladung Q die Energie ΔE. Für Elektronen (sie tragen die Ladung e), die mittels einer Spannung U_B beschleunigt werden, bedeutet dies:

● **Eine Elementarladung *e* gewinnt beim Durchlaufen der Beschleunigungsspannung U_B die Energie $\Delta E = e \cdot U_B$.**

Man kann daher eine praktische Einheit für die Energie in diesem Bereich einführen:

$$[E] = [e \cdot U] = 1\,e \cdot 1\,V = 1\,eV = 1 \text{ Elektronenvolt}$$

Setzt man den Wert für die Elementarladung e ein, so erhält man sofort:

$$1\,eV = 1{,}6 \cdot 10^{-19}\,VAs = 1{,}6 \cdot 10^{-19}\,J$$

Das **Elektronenvolt** ist daher eine sehr kleine Energieeinheit, die besonders gut für den atomaren Bereich geeignet ist.

Beispiel: Beschleunigt man, z.B. in der Elektronenstrahlröhre eines Fernsehers, Elektronen mit einer Spannung von 25 kV, so haben diese jeweils eine kinetische Energie von 25 keV (Kiloelektronenvolt).

Mit dieser Energieeinheit kann man auch die **Energie von Photonen des sichtbaren Lichts** einprägsam charakterisieren: Das sichtbare Spektrum von Rot (energiearm) hin zu Blau (energiereicher) erstreckt sich von etwa 1,5 eV bis 3,1 eV. Man erkennt damit auch am Energieniveauschema von Wasserstoff (→**B1**), dass es dort Übergänge zwischen Niveaus gibt, die mit der Emission bzw. Absorption von Licht im sichtbaren Bereich verbunden sind, aber auch solche, die außerhalb liegen.

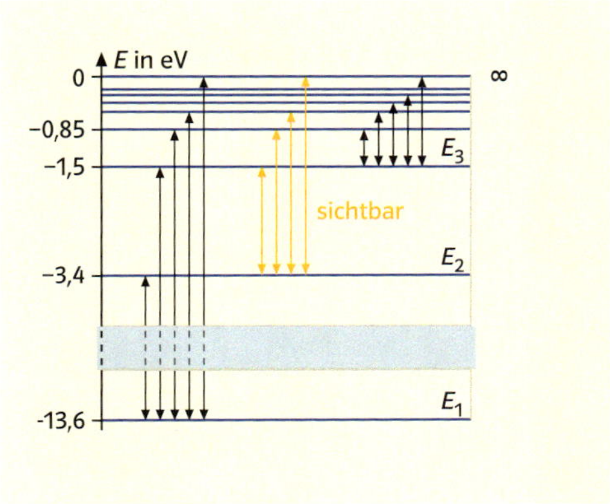

B1

Röntgenstrahlung

Physik überall

Der erste Nobelpreis für Physik 1901 wurde **Wilhelm Conrad Röntgen** der erste Nobelpreis für Physik verliehen. Seine Entdeckung einer durchdringenden Strahlungsart war für die praktische Chirurgie überwältigend.

Röntgen stieß auf dieses Phänomen, als er mit Katodenstrahlen (Elektronenstrahlung) experimentierte. Er bemerkte, dass das mit Leuchtstofffarbe überzogene Papier aufleuchtete, wenn er die Katodenstrahlröhre einschaltete. Röntgen hielt zufällig seine Hand zwischen die Katodenstrahlröhre und den Leuchtschirm. Zu seiner Verblüffung wurde schemenhaft die Form seiner Handknochen sichtbar.
Dank seines Interesses an der Fotografie ersetzte Röntgen den Leuchtschirm durch eine Fotoplatte (→**B2**). Von der linken Hand des Würzburger Anatomen von Kölliker machte er dann die erste öffentliche Röntgenaufnahme der Welt (→**B3**). Röntgen nannte diese unsichtbare Strahlung, die Stoffe durchdringt, X-Strahlen.

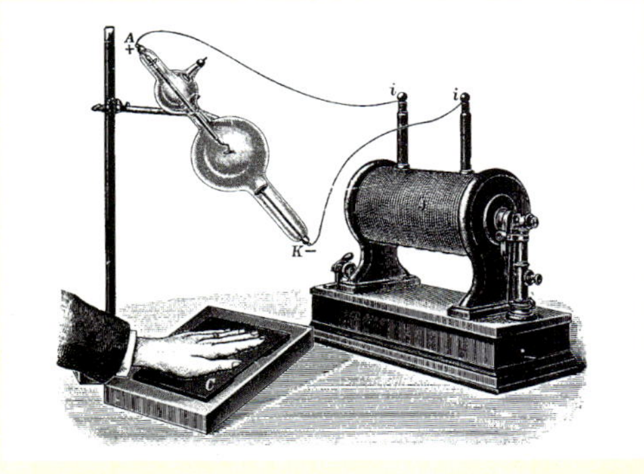

B2 Experimentieranordnung von Wilhelm Conrad Röntgen von 1895

Wilhelm Conrad Röntgen (1845–1923)

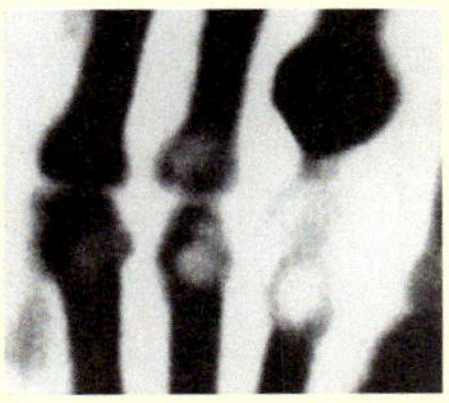

B3 Erste Röntgenaufnahme der Welt

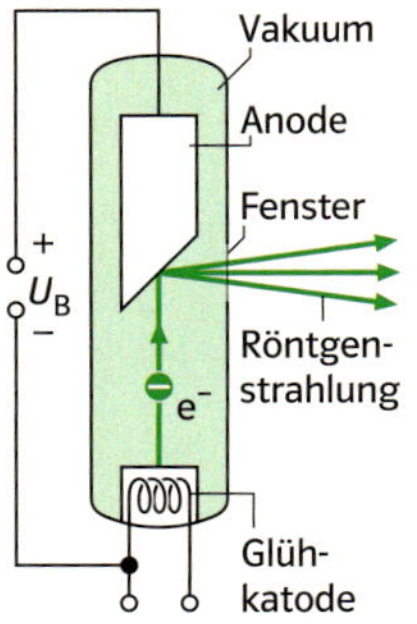

B1 Aufbau einer Röntgenröhre

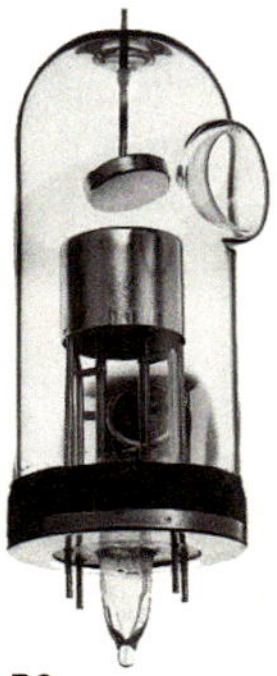

B2

Entstehung der Röntgenstrahlung

Eine Röntgenröhre besteht aus einem luftleeren Glaskolben, in den eine Glühkatode und ein kleiner Metallblock als Anode engeschmolzen sind (→**B1**, **B2**). Zwischen Katode und Anode werden die aus der Glühkatode austretenden Elektronen beschleunigt und treffen auf die Metall-Anode. Die dafür nötige Beschleunigungsspannung beträgt für medizinische Geräte etwa 100 kV. Die schnellen Elektronen können ihrerseits Elektronen aus der Hülle der Atome des Anodenmaterials herausschlagen (→**B4a**). Dabei entsteht diskrete energiereiche Strahlung (→**B4b**), die man nach ihrem Entdecker als Röntgenstrahlung bezeichnet.

Das charakteristische Röntgenspektrum

Das **Spektrum der Röntgenstrahlung** („Röntgenlicht") kann, genauso wie sichtbares Licht, mit geeigneten Mitteln untersucht werden. Ähnlich unserem CD-Spektrometer für sichtbares Licht (vgl. S. 85) verwendet man bei Röntgenstrahlung einen plan geschliffenen Kristall, an dem die Röntgenstrahlung reflektiert wird. Man erhält dann ein Spektrum, bei dem der **Reflexionswinkel** ein Maß für die Energie der Röntgenstrahlung ist. Vereinfacht gesagt: Unter verschiedenen Winkeln erhält man wie beim CD-Spektrometer die unterschiedlichen „Farben des Röntgenlichts". Zusätzlich misst man noch die Intensität der unter verschiedenen Winkeln reflektierten Strahlung. Man erhält daraus typische Spektren wie in **B3**, die bei bestimmten Winkeln auffällige Spitzenwerte zeigen, die wie bei Licht den Linien eines Spektrums entsprechen. Wie bei den Linienspektren im sichtbaren Bereich fallen sofort die beiden Linien bei etwa 21° (8,0 keV) und 23° (8,8 keV) auf. Dies bedeutet, dass es bei dieser, von der Kupfer-Anode ausgehenden Röntgenstrahlung zwei relativ diskrete Energiewerte gibt. Offenbar wird auch die Energie von Röntgenstrahlung bevorzugt über Photonen mit ganz bestimmten Energiewerten abgegeben.

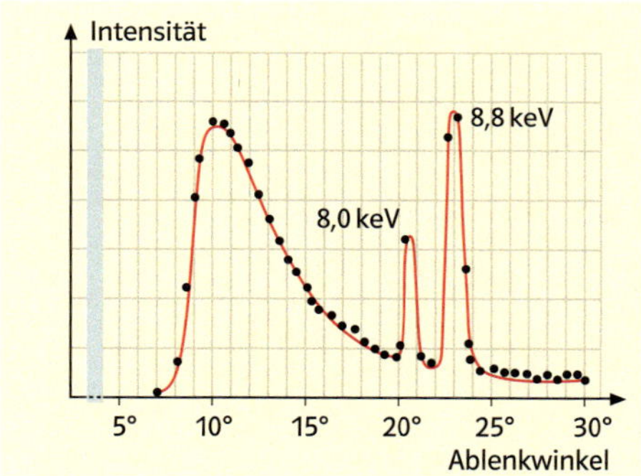

B3

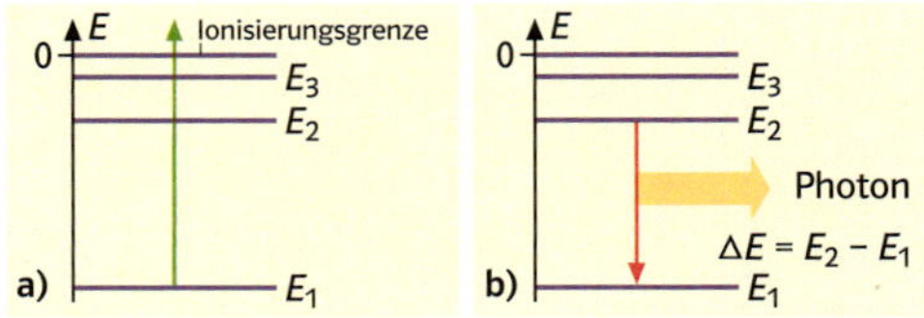

B4 Herausschlagen eines Elektrons des niedrigsten Niveaus (a); Nachrutschen eines Elektrons aus einem höheren Niveau (b)

- **Das charakteristische Röntgenspektrum besteht wie beim sichtbaren Licht aus Linien, die Übergängen zwischen Energieniveaus entsprechen.**
- **Die Photonen der Röntgenstrahlung sind ca. 1000- bis 100 000-mal energiereicher als die des sichtbaren Lichts, weil auch die Energieniveaus der bei Röntgenanoden verwendeten Materialien entsprechend hoch sind.**

extra

Physik überall

Energieniveaus und Röntgenstrahlen

Was lässt sich für die Entstehung des charakteristischen Teils der Röntgenstrahlung folgern? Wir vergleichen dazu die Energieniveauschemata von Wasserstoff und Kupfer. Die Energiewerte der Niveaus vom niedrigsten (1) nach oben unterscheiden sich um mehr als den Faktor 1000. Die Übergänge beim Wasserstoff liegen im Bereich weniger eV und damit teilweise im sichtbaren Bereich von ca. 1,5 eV bis 3,1 eV, die Energiedifferenzen bei Kupfer sind im Bereich mehrerer keV. So errechnet man leicht für den Übergang vom Energieniveau 2 zum Energieniveau 1 bei Kupfer eine Differenz von 8 keV (= 9 keV − 1 keV), vom Energieniveau 3 auf 1 sogar von 8,9 keV (= 9 keV − 0,1 keV) (→**B5**).

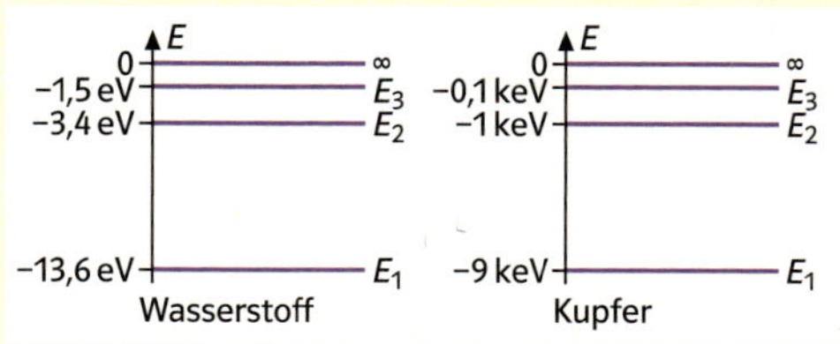

B5 Beachte die Einheiten auf der Energieachse!

Röntgen in der Medizin

Anwendung der Röntgenstrahlung in der Diagnostik Röntgenbilder entstehen nicht auf die in der Optik übliche Weise durch Abbildung, sondern durch Schattenwurf des abzubildenden Objekts (→**B1**). Die verschiedenen Gewebearten des menschlichen Körpers absorbieren Röntgenstrahlung in unterschiedlicher Weise. Da Knochen Calcium enthalten, absorbieren sie Röntgenstrahlung sehr gut. Gewebe hingegen, wie Hautgewebe, Fettgewebe oder Muskelgewebe, schwächen die Röntgenstrahlung weniger stark. Wird z. B. eine Hand geröntgt, durchdringt die Röntgenstrahlung fast ungehindert das weiche Gewebe, die Handknochen jedoch weniger gut. Da Röntgenstrahlung Filme schwärzt, erscheinen die Knochen, die nur wenig von der Röntgenstrahlung durchdrungen werden, hell und deutlich, die weichen Gewebe dunkelgrau bis schwarz (→**B2**).

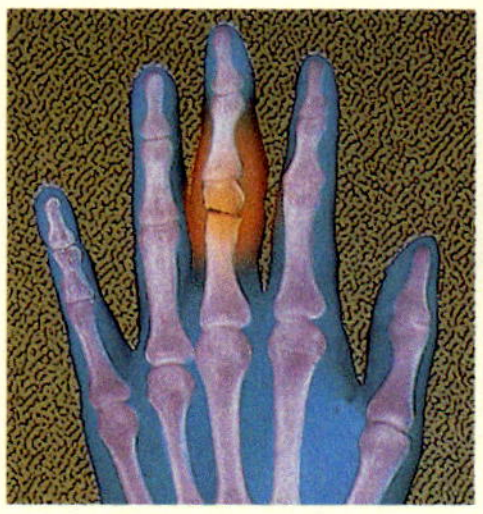

B2 Das kolorierte Röntgenbild zeigt einen Bruch des Mittelfingers.

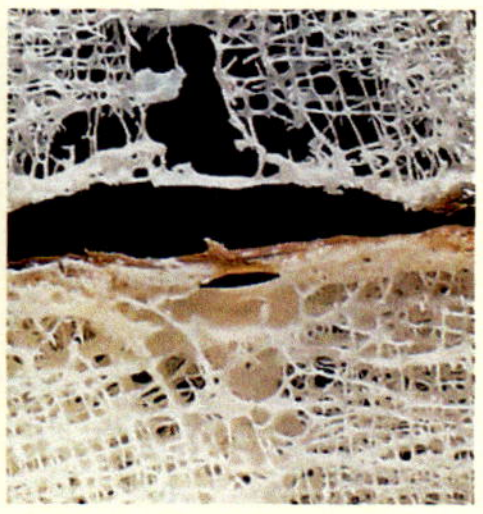

B3 Gesunder Knochen (unten), Osteoporose (oben)

Was sagen Röntgenaufnahmen aus?

- Röntgenaufnahmen von Knochen: Knochen zeigen auffällige Veränderungen wie z. B. Brüche oder Risse. Der Arzt kann nach einer Knochenverletzung genau den Heilungsprozess kontrollieren. Auch Knochentumore lassen sich im Röntgenbild erkennen. Ebenso ist die Knochendichte auf dem Röntgenbild zu sehen. Der Arzt kann so Erkrankungen der Knochen, wie die Osteoporose (→**B3**), feststellen. Eine Aufnahme der Handwurzelknochen verrät das Alter des Menschen.

- Röntgenaufnahmen im Magen-Darm-Bereich: Magen und Darm können von einer Vielzahl von Erkrankungen und Störungen befallen werden. Dazu zählen vor allem Entzündungen, Geschwüre, Polypen, Infektionen, Tumore und Darmverschlüsse. Da die unterschiedlichen Gewebearten (Weichteile) die Röntgenstrahlung nur wenig absorbieren, verwenden die Ärzte Kontrast- und Doppelkontrastverfahren. So wird z. B. für den Magen-Darm-Trakt das Kontrastmittel Bariumsulfat als Getränk oder als Einlauf verabreicht. Für die Röntgenstrahlung ist dieses Kontrastmittel undurchdringlich. Dadurch bilden sich bei der Aufnahme die Umrisse der Gefäße und Organe ab (→**B4**). Beim Doppelkontrastverfahren werden Magen oder Darm nach dem Schlucken der Kontrastmittel zusätzlich aufgeblasen, damit sie in ihrer ganzen Größe sichtbar werden. Die Luft kommt über Schlauchsonden oder durch eine Art Brausepulver in den Magen oder Darm.

- Röntgenaufnahmen der Lunge: Für eine röntgenologische Darstellung kleiner Bronchienäste wird vor dem Röntgen ein iodhaltiges Kontrastmittel verabreicht. Es wird mit einem Katheter über die Luftröhre eingebracht. Mit Hilfe des Röntgenbildes lassen sich Lungenveränderungen, Lungenentzündungen, Tuberkulose, Tumoren, Zysten und Ödeme erkennen.

Röntgen-Computertomographie 1979 erhielten der Medizinphysiker Allen MacLeod Cormack und der Elektroingenieur Godfrey Newbold Hounsfield für die Entwicklung der Röntgen-Computer-Tomografie (CT) den Nobelpreis für Medizin. Dieses Verfahren revolutionierte die Röntgendiagnostik, indem es wesentliche Nachteile der konventionellen Röntgenaufnahmen wie z. B. den zu geringen Kontrast und die mangelnde Tiefenschärfe insbesondere bei Gewebeaufnahmen größtenteils überwunden hat (→**B5**). Die CT-Aufnahme ermöglichte erstmals die genaue Lokalisierung von Tumoren. Die Bezeichnung Tomografie leitet sich aus den griechischen Worten Schnitt (tome) und Schreiben (graphein) ab.

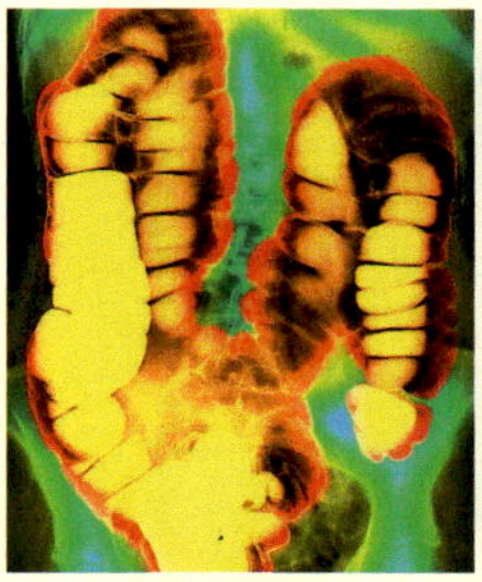

B4 Barium-Röntgenbild des Darmes (Kontrastaufnahme)

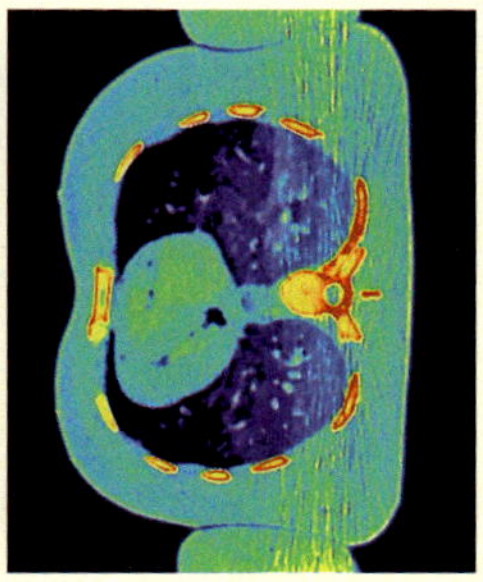

B5 CT-Aufnahme des Brustkorbs mit Lunge und Herz

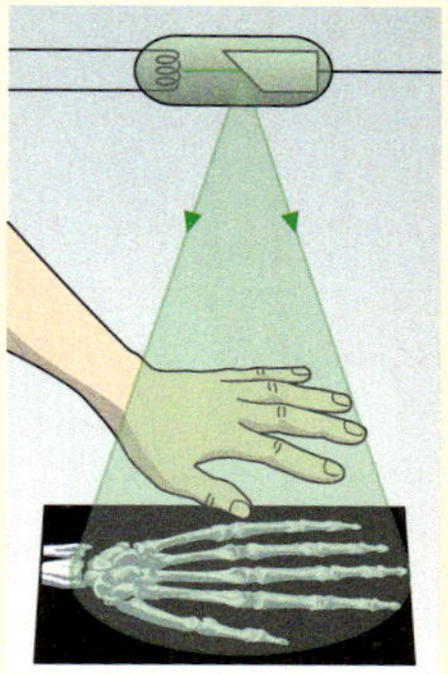

B1 Entstehung eines Röntgenbildes durch Schattenwurf

B6

Röntgenstrahlung ist gesundheitsschädlich!

Unnötiges Röntgen ist zu vermeiden!

Bei Untersuchungen sind die Sicherheitsvorschriften für Patienten und Personal unbedingt zu beachten!

Physik überall Röntgen-Computertomografie

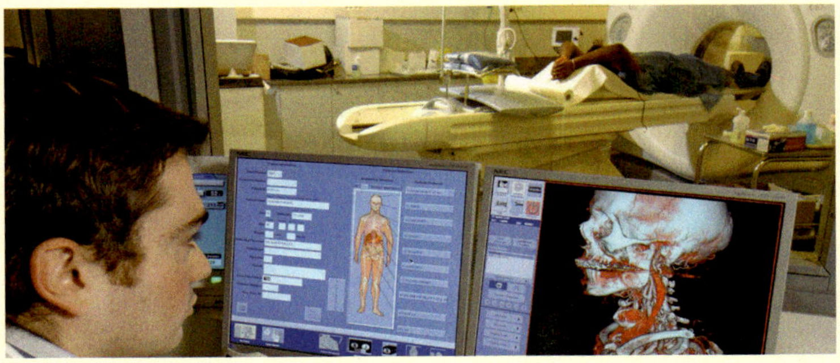

B1 Computer-Tomografieanlage eines Krankenhauses

Aufbau einer CT-Anlage Eine CT-Anlage (→B1) besteht im Wesentlichen aus drei Elementen: der Röntgenröhre, einem hochempfindlichen Detektorsystem und einem Computer. Der Computer hat die Aufgabe der Messwertverarbeitung, d.h. des Bildaufbaus, der Bildwiedergabe und der Bildarchivierung. Anstelle des Röntgenfilms werden bei diesem Verfahren hochempfindliche Halbleiterdetektoren bzw. Gasdetektoren (Ionisationskammern) eingesetzt. Der Detektor (→B2a) besteht aus einem Szintillationskristall und einer Fotodiode. Im Kristall (Caesiumiodid) ionisiert die Röntgenstrahlung die Kristallatome. Die freigesetzten Elektronen stoßen vielfach gegen das Kristallgitter und geben dabei ihre Energie bis auf eine kleine Restenergie ab. Diese Restenergie wird bei der Rückkehr des Elektrons zum Atomrumpf überwiegend in Form von sichtbarem Licht abgestrahlt. Dieses Licht trifft teilweise auf die Fotodiode und ändert deren Widerstand. Diese Widerstandsänderung ist umso größer, je stärker die Röntgenintensität ist. Die Stromschwankungen der Detektoren werden anschließend im Computer in Schwärzungsgrade umgesetzt und zu einem Schnittbild zusammengesetzt.

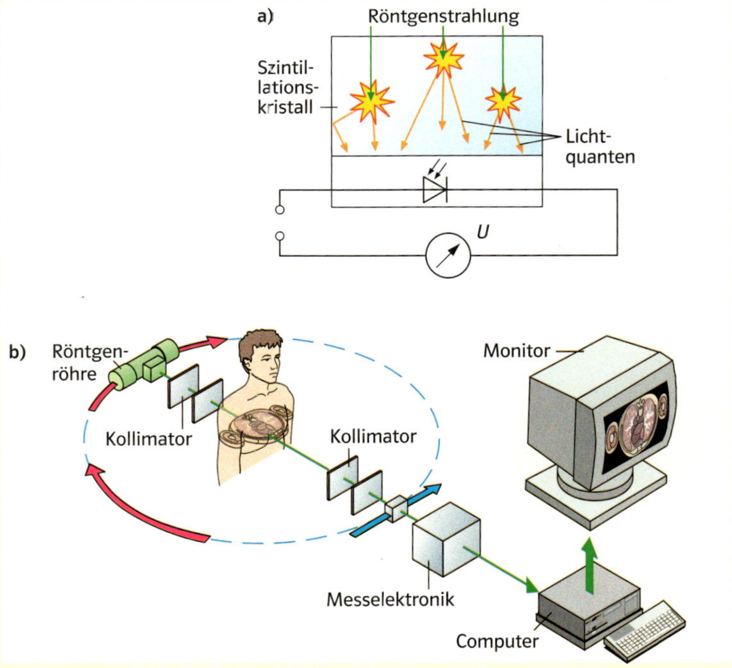

B2 CT-Detektor (a); CT-Messanordnung (b)

Funktionsweise einer CT-Anlage Bei der Computer-Tomografie wird der Patient bildhaft in Scheiben geschnitten. Das Prinzip der CT-Anlage ist in **B2b** dargestellt. Ein ausgeblendeter Röntgenstrahl durchdringt die zu untersuchende Körperschicht und wird dabei geschwächt. Hinter der Körperschicht trifft der geschwächte Röntgenstrahl auf einen hochempfindlichen Detektor, der die ankommende Röntgenstrahlung in ein dazu proportionales elektrisches Signal umwandelt. Das elektrische Signal wird vom Computer weiterverarbeitet.

Um die ganze Körperscheibe zu erfassen, wird die Einheit aus Röntgenröhre und Detektor schrittweise verschoben und anschließend um einen sehr kleinen Winkel gedreht. Dieser Vorgang der Verschiebung und Drehung wird so lange wiederholt, bis die Röhre-Detektor-Einheit einmal die Körperschicht umkreist hat. Die Gesamtheit der gemessenen Daten enthält die Informationen über den Querschnitt der Körperschicht. Der Computer rekonstruiert aus diesen Daten den Querschnitt des Körpers und stellt ihn auf einem Monitor dar.

Moderne Hochleistungs-Computertomografen erreichen mit kurzen Rotationszeiten (z.B. 0,33 s) und einer schnellen Datenerfassung, dass aus einer zeitlich schnellen Abfolge von Bildern die Diagnose für Untersuchungen des Herzens, das sich ja bei der Aufnahme ständig bewegt, deutlich verbessert werden konnte.

Man erreichte so ein **Auflösungsvermögen** von 0,4 mm. Eines der Probleme hierbei ist eine gute Kühlung der Anode. Dies konnte einerseits durch den Einsatz **rotierender Anoden** und neuerdings sogar durch die Lagerung der gesamten Anode mitsamt der integrierten Beschleunigungs- und Ablenkeinheit für den Elektronenstrahl in einem Ölbad, das sowohl der Schmierung als auch der deutlich verbesserten Kühlung dient, erreicht werden.

Laser in Umwelt und Technik

Der Laser Laserpointer, Abtast-Laser in CD- und DVD-Spielern, aber auch technische Laser in Umwelttechnik und der Medizin, z. B. für Operationen an der Hornhaut des Auges, oder der Metalltechnik zum Schneiden von Stahlplatten: Laser werden heute an sehr vielen Stellen unseres Alltags und in der Technik eingesetzt. Laserlicht bzw. ein schmaler Laserstrahl kann je nach Anwendung sehr kleine (z. B. CD-Spieler) bis extrem hohe Leistungen pro bestrahlter Fläche (z. B. zum Schneiden von dicken Stahlplatten) besitzen.

● **Laserlicht erzeugt sehr hohe Leistung auf kleinen Flächen! Nie mit ungeschützten Augen in Laserlicht schauen!**

Laserlicht hat u. a. die besondere Eigenschaft, dass es **einfarbig (monochromatisch)** ist. Dies liegt am Prinzip seiner Erzeugung. Die Einfarbigkeit bedeutet, dass das Spektrum von Laserlicht jeweils nur aus einer Linie besteht, die wiederum einem bestimmten Übergang eines Elektrons der Atomhülle von einem hohen auf ein niedrigeres Energieniveau entspricht. Die Besonderheit ist, dass dieser Übergang und die damit verbundene Emission eines Photons der Energie $\Delta E_{21} = E_2 - E_1$ durch ein Photon derselben Energie ausgelöst wird. Man nennt dies **stimulierte Emission**. Die Bedingung dafür ist, dass es sich bei dem höheren Niveau E_2 um einen sogenannten **Zwischenzustand** handelt, d. h. einen Zustand, der wiederum erreicht wird, indem ein Elektron von einem noch höheren Zustand E_3 auf E_2 übergeht und dann so lange in ihm verharrt, bis ein passendes Photon der Energie ΔE_{21} den Übergang $E_2 \rightarrow E_1$ auslöst (**induziert**, vgl. → **B3**). Da im Laser Photonen die Emission vieler gleicher Photonen induzieren, erhält man am Ende eine sehr große Verstärkung und damit das einfarbige Laserlicht. Die Bezeichnung Laser ist eine Abkürzung dieses Vorgangs und steht für **L**ight **A**mplification by **S**timulated **E**mission of **R**adiation (wörtlich übersetzt: „Licht-Verstärkung durch stimulierte Emission von Strahlung“).

Man kann heute bereits rote und grüne Laserpointer kaufen. Die Photonenenergie beträgt dabei etwa 1,97 eV (rot) und 2,33 eV (grün). Je höher die Energie der Photonen ist, die ein Laserpointer haben soll, d. h. je mehr seine Farbe in Richtung Blau oder gar UV gehen soll, desto schwieriger ist es, ein passendes Material zum Bau eines solchen Laserpointers zu finden, das diese gegenüber Rot energiereicheren Photonen emittieren kann. Es gibt bereits blaue Laserpointer, es wird aber noch intensiv daran geforscht, sie billig herstellen zu können. Ist dies einmal geschafft, könnte man damit günstige Projektionsgeräte bauen, denn aus den Grundfarben Rot, Grün und Blau ließen sich wie auch bei Röhren-Monitoren alle Farben additiv mischen. Da ein Laserstrahl ein sehr schmales, fast paralleles Lichtbündel darstellt, könnte man damit auf eine Leinwand schnelle Bildfolgen Pixel für Pixel „schreiben“. Diese Projektionsgeräte bräuchten daher keine teuren Objektive mehr.

B1 Lasershow

B2 Geschwindigkeitsmessung

Physik überall

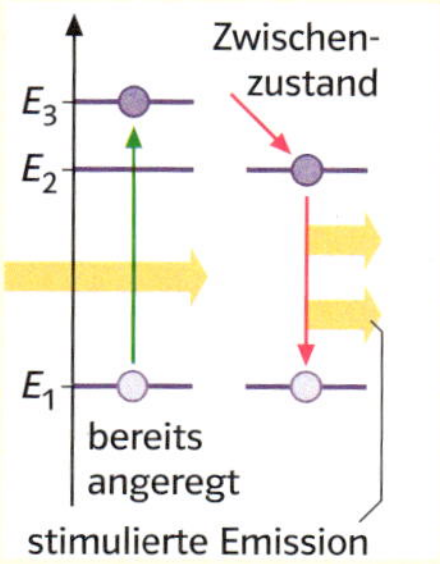

B3 Anregung eines Elektrons ($E_1 \rightarrow E_3$), Übergang zum Zwischen-Niveau (E_2) mit anschließendem Übergang mit stimulierter Emission eines Photons ($E_2 \rightarrow E_1$).

B4

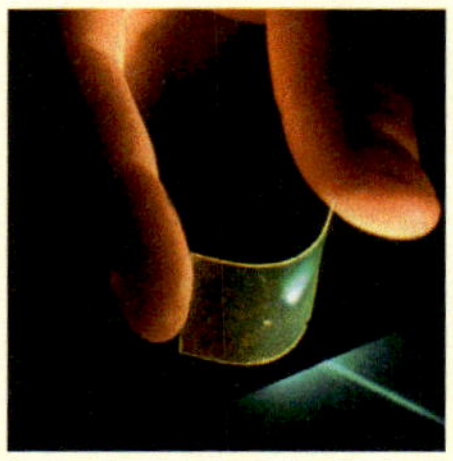

B5 „Plastiklaser“

B6 Metallschneider

extra

Physik überall

Spektralanalyse in der Astronomie

Durchdringt das Licht einer Lichtquelle mit kontinuierlichem Spektrum Bereiche mit zunächst unbekannten Substanzen, so absorbieren diese Substanzen die für sie bzw. ihre Energieniveaus charakteristischen Energien. Dem kontinuierlichen Spektrum werden hierdurch dunkle Linien aufgeprägt. In der Astronomie nutzt man dies, um Stoffe von Sternen nachzuweisen. Der deutsche Physiker **Joseph Fraunhofer** (1787–1826) entdeckte 1814 als Erster dunkle Linien im Sonnenspektrum (→**B1**).

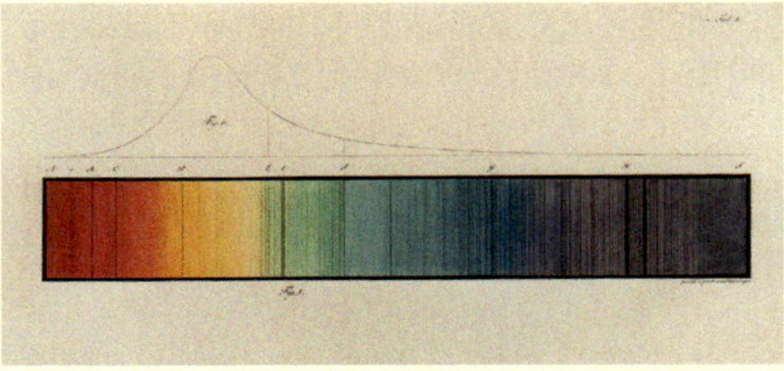

B1

Ein Problem ist dabei die Vielzahl der Linien, die bei der Absorption entsteht. Fraunhofer veröffentlichte 1819 ein Verzeichnis mit 567 (!) **Absorptionslinien** im Sonnenspektrum. Fraunhofer konnte damals die Linien verschiedenen Elementen zuordnen, die das Sonnenlicht bereits auf der Sonne absorbieren. Bis heute wurden auf diese Weise 57 irdische Elemente im Sonnenspektrum nachgewiesen. 1868 wurde durch die Deutung einiger Fraunhofer'schen Linien Helium als neues Element im Sonnenspektrum entdeckt. Es erhielt seinen Namen von „helios" (griech. Sonne). Die Absorptionslinien können ihre Ursache allerdings sowohl in der Sonnen- als auch in der Erdatmosphäre haben, was die Zuordnung erschwert (→**B2**). Heute sind 22 000 Linien im Bereich von 1,41 eV (Infrarot) bis 4,22 eV (Ultraviolett) bekannt. Die entsprechenden Energiewerte lassen sich mit sehr großer Genauigkeit angeben. Weder auf der Sonne noch auf anderen Sternen wurden bisher andere Elemente entdeckt als die auf der Erde bekannten.

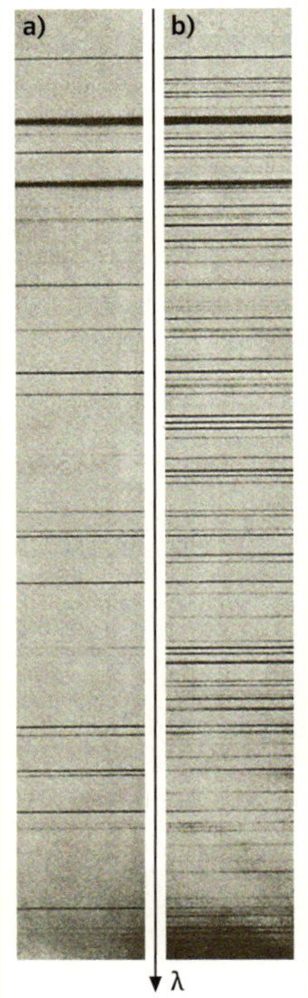

B2 Sonnenspektrum mit Fraunhofer-Linien bei trockenem (a) und bei feuchtem (b) Wetter

B3 zeigt das Negativ des Absorptionsspektrums eines Sterns und als Vergleichsspektrum ein im Labor erzeugtes Emissionsspektrum. Durch Zuordnen der Liniengruppen lassen sich Elemente identifizieren. Die Linien des Sternspektrums sind breit und nicht gleichmäßig. Die Helligkeit der Linien ist als Kurve in beliebigen Einheiten aufgetragen. Sie zeigt für jede Linie ein bestimmtes Profil.

Der genaue Verlauf der Kurve hängt von den Bedingungen ab, unter denen sich die absorbierenden Substanzen bzw. Atomsorten befinden und die Linien verursachen. Durch Vergleich mit Kurven aus theoretischen Annahmen lassen sich Aussagen, z. B. über die Häufigkeit des betreffenden Atoms, den Druck, die Temperatur, die Schwerebeschleunigung etc. gewinnen.

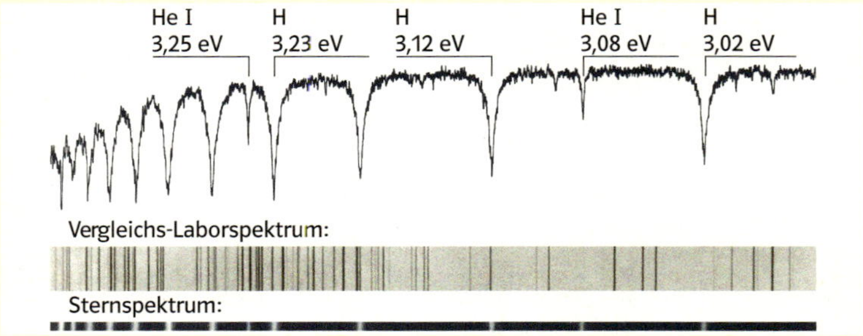

B3 Analyse des Absorptionsspektrums von ν Orionis B3V

1 Begriffe

Was versteht man unter
- einem Atom?
- einem Element?
- einem Atomkern?
- einem Proton?
- einem Isotop?
- einer Atomhülle?
- einem Neutron?
- einem Quark?
- einem Elektronenvolt?
- einem Energieniveau eines Atoms?
- einem Photon?
- der diskreten Energie von Übergängen?
- Spektralanalyse?

2 Erklärungen

Erkläre mit eigenen Worten,
- warum die Protonen des Atomkerns trotz ihrer positiven elektrischen Ladung im Atomkern zusammenhalten.
- unter welchen Umständen Photonen bestimmter Energie in der Erdatmosphäre absorbiert werden.
- wie ein Absorptionsspektrum und ein Emissionsspektrum zustande kommt.
- wie Röntgenstrahlung entsteht.

3 Beobachtungen

Welche Beobachtung macht man
- beim Rutherford'schen Streuexperiment?
- wenn man durch ein Prisma einen schmalen Spalt ansieht, der von einer Energiesparlampe oder einer Glühlampe hell beleuchtet wird?

4 Gesetze

Beschreibe mit eigenen Worten,
- wie man aus der Fläche eines Ölfilms auf den Durchmesser der Ölmoleküle schließen kann.
- wie man aus einer gegebenen Beschleunigungsspannung die kinetische Energie eines Elektrons, das diese Spannung durchläuft, in eV angeben kann.
- wie man eine Energieangabe in Joule in die Einheit eV umrechnen kann.
- wie man aus dem Energieniveauschema einer Atomsorte ablesen kann, ob diese Atomsorte Licht im sichtbaren Bereich emittieren kann.

Erläutere die Erscheinungen in den folgenden Bildern und beantworte die Fragen.

B1 Welche Lichtquelle gehört zu welchem Spektrum?

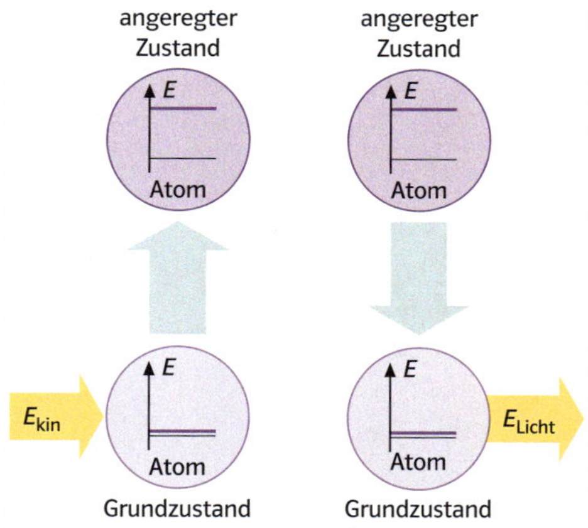

B3 Was wird mit diesen Grafiken dargestellt?

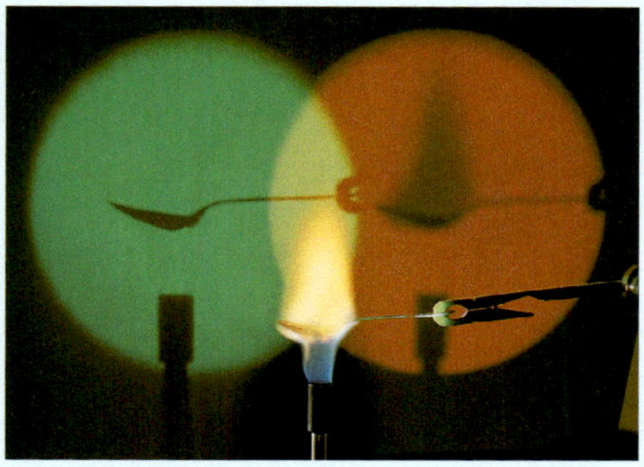

B2 Warum zeigt die gelbe Bunsenbrennerflamme links keinen Schatten, dafür aber rechts?

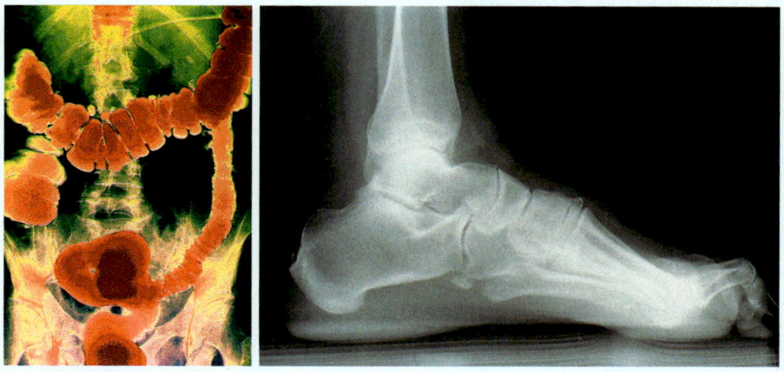

B4 Wie sind diese Aufnahmen entstanden?

Heimversuche

1 Ein einfaches Spektrometer
Schneide in die Mitte eines ca. DIN-A4-großen Pappkartons mit einem scharfen Messer (Vorsicht, Verletzungsgefahr!) einen etwa 1 mm breiten und 3 cm langen Spalt. Halte den Karton mit dem Spalt anschließend vor verschiedene Lichtquellen, die du zu Hause oder im Freien vorfindest (Glühlampe, Energiesparlampe, Kerze (Vorsicht, Brandgefahr!), verschiedene Straßenlaternen etc.) und beobachte ihn jeweils in Reflexion über eine CD und eine DVD. Beschreibe deine Beobachtungen und erkläre sie. Welche Farben kannst du beobachten? In welcher Reihenfolge treten sie auf?

Fragen

Zur Atomvorstellung

1 a) Begründe, weshalb Rutherford aus der Streuung der Heliumionen in der α-Strahlung schließen konnte, dass die Materie in der damit beschossenen Goldfolie nicht kontinuierlich verteilt ist. Weshalb musste die Folie dünn sein?
b) Der Anteil der zurückgestreuten Heliumionen gegenüber den einfallenden ist extrem klein, nur etwa 1 : 1 Million. Was lässt sich daraus schließen?

2 Erkläre die Vorgehensweise zur Bestimmung des Atomdurchmessers beim Öltröpfchenversuch.

3 Protonen und Neutronen haben sich als nicht elementar erwiesen. Woraus sind sie aufgebaut und warum ist das Neutron nach außen hin elektrisch neutral, das Proton aber einfach positiv geladen?

4 In welcher Größenordnung liegt der Durchmesser
- eines Atoms?
- eines Atomkerns?
- eines Ölmoleküls?
- eines Elektrons?

Energiezustände eines Atoms

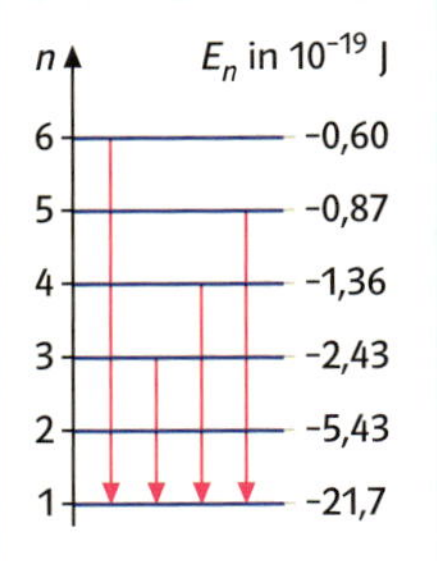

B1

5 Links am Rand sind einige Energieniveaus für Wasserstoff wiedergegeben (→**B1**).
a) Berechne die Energie des Lichtes, das bei den mit Pfeilen markierten Übergängen emittiert wird.
b) Erkläre mit den Energiewerten aus **B1**, warum Wasserstoff mit sichtbarem Licht nicht angeregt werden kann.
c) Was passiert, wenn dem Wasserstoffatom im Grundzustand die Energie $21{,}7 \cdot 10^{-19}$ J zugeführt wird?

6 Wie groß muss die einem Wasserstoffatom zugeführte Energie mindestens sein, um es zu ionisieren?

Zu den Elementen

7 Die Elemente werden im Periodensystem der Elemente nach der Ordnungszahl aufgeführt. Welche atomphysikalische Bedeutung hat diese Ordnungszahl?

8 In der Isotopentafel werden Atome geordnet nach ihrer Neutronen- und Protonenzahl dargestellt. Was ist ein Isotop und wohin gelangt man, wenn man – ausgehend von irgendeinem Atom – in der Tafel um $N = 1$ nach rechts oder um $Z = 1$ nach oben geht?

Spektren und Leuchterscheinungen

9 a) Licht einer Natriumdampflampe trifft auf eine mit Kochsalz gefärbte Flamme. Was beobachtest du?
b) Wie ändert sich das Schirmbild, wenn statt der Natrium- eine Quecksilberdampflampe verwendet wird? Begründe!

10 a) Wie kommt es zu Emissionsspektren, wie zu Absorptionsspektren?
b) Welches sind wesentliche Eigenschaften eines Linienspektrums?

11 a) In welcher Weise können Spektren zur Analyse chemischer Elemente verwendet werden?
b) Wie kann man Kenntnisse über die Zusammensetzung von Sternen gewinnen?

Röntgenstrahlung

12 a) Was ist Röntgenstrahlung, und wie kann man sie herstellen?
b) Welcher Energiebereich ist typisch für die Photonen der Röntgenstrahlung: eV, keV oder MeV?
c) Kann mit Wasserstoff ein Röntgenspektrum erzeugt werden? Begründe!

13 Bei welchem Übergang von einem Niveau auf ein anderes wird das energiereichere Photon emittiert: von $2 \rightarrow 1$ oder von $3 \rightarrow 1$?

Physik des Atomkerns

Materie ist unvergänglich Nach den Lehren der mittelalterlichen Alchemisten sollte Gold als edelste Substanz in jedem Stoff enthalten sein. Es hervorzubringen, „Gold zu machen“ war ihr Ziel, das als „geheime Kunst“ im Verborgenen verfolgt wurde. In einem alten Alchemiebuch steht: „Die edle Materie frisst die unedle Materie, damit aus dem Urzustand der Materie mit Hilfe von Quecksilber das Gold (= Sonne) entstehen kann“.

Die Naturwissenschaft Chemie erklärt die Umwandlung von Stoffen durch eine geänderte Zusammensetzung der sie bildenden, unveränderlichen Atome. Am Anfang des letzten Jahrhunderts entdeckten Physiker die Umwandlung der Atome selbst, den radioaktiven Zerfall der Atomkerne. Den Kernspaltungsprozess entdeckte die österreichische Physikerin Lise Meitner (1878–1968). Das Beherrschen von natürlichen und künstlich hervorgerufenen Kernumwandlungen dient zum Nutzen und Schaden der Menschen: bei der Erkennung und Behandlung schwerer Krankheiten, zum Beispiel zum Aufspüren von Krebszellen mit radioaktiv markierten Antikörpern, zur Energieumwandlung in Kernkraftwerken, in Kernwaffen mit ungeheurer Zerstörungskraft. Die Hiroshima-Bombe „Little Boy“ tötete am 6.8.1945 in wenigen Sekunden 70 000 Menschen.

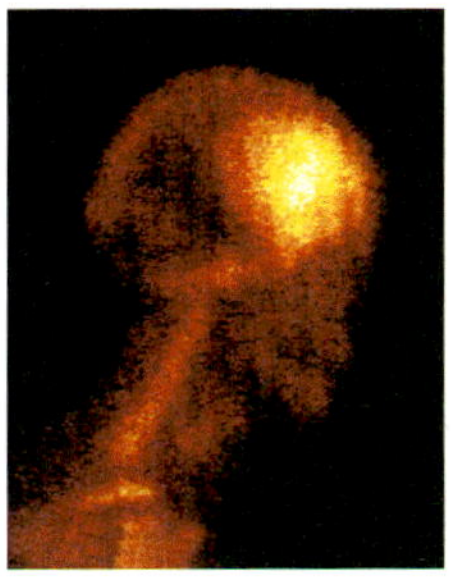

Auch Goldatome könnte man heute aus anderen Atomen herstellen, allerdings mit sehr großem Aufwand.

Ist Materie unvergänglich?

Kernzerfall

B1 Altersbestimmung unter Nutzung des Kernzerfalls

Zur Bestimmung des Alters der mumifizierten Gletscherleiche „Ötzi" nutzten die Archäologen Kenntnisse der Kernphysik (→ **B1**). Die Altersbestimmung nutzt den β-Zerfall des Kohlenstoffisotops $^{14}_{6}C$ (→ S. 100). $^{14}_{6}C$ findet sich in sehr geringer Menge in allen organischen Stoffen wie Holz, Kleidung, menschlichem Gewebe und deren Überresten. „Ötzi" starb vor 4600 Jahren. Mit dem Apparat KORA der Universität Erlangen brauchte man dafür nur 1 mg präpariertes Gewebe der Mumie. KORA ist ein Massenspektrometer (→ **B2** S. 97).

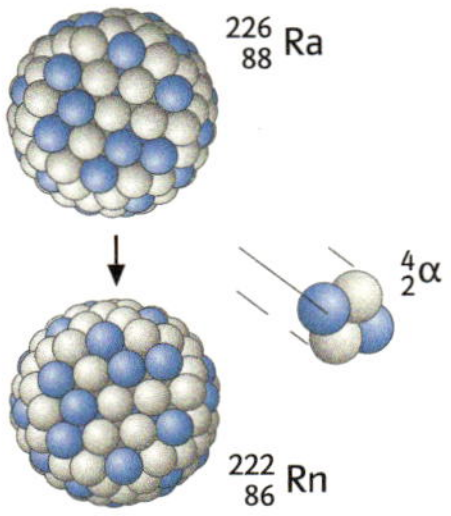

B2 Natürliche Kernumwandlung des Radiums

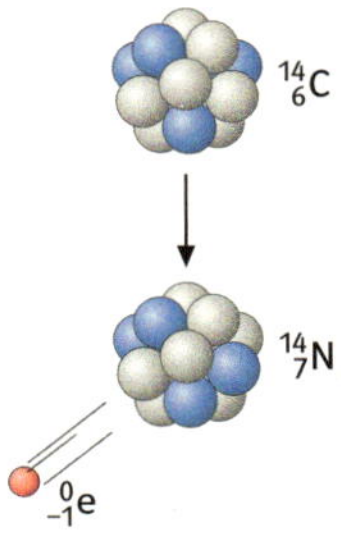

B3 Natürlicher Zerfall des $^{14}_{6}C$-Isotops

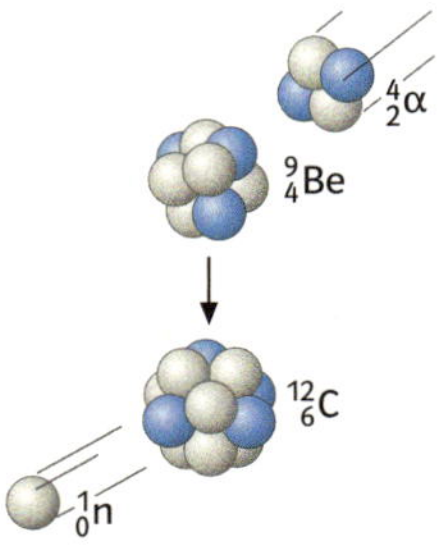

B4 Künstliche Kernumwandlung: aus Beryllium wird Kohlenstoff

Spontane Kernumwandlungen Unabhängig von äußeren Einwirkungen zerfallen Atomkerne und senden dabei radioaktive Strahlung aus. Damit verlieren sie Energie und Materie. Offensichtlich sind Kerne instabil, wenn sie zu viel Energie enthalten und die Zahl der Neutronen nicht zur Protonenzahl passt.

α-Zerfall Sir Ernest Rutherford konnte 1909 nachweisen, dass α-Strahlung aus zweifach positiv geladenen Teilchen besteht, die sich als Atomkerne des Heliums herausstellten (→ S. 108). α-Strahlen waren in der von Marie Curie beobachteten radioaktiven Strahlung von Radium enthalten (→ S. 107). Dabei wandeln sich Atomkerne des Radiums in Atomkerne des Radons um. Offenbar verlässt ein Heliumkern den Radiumkern und es entsteht ein Radon-Kern, der dadurch vier Neutronen und zwei Protonen weniger besitzt:

$$^{226}_{88}Ra \rightarrow {}^{222}_{86}Rn + {}^{4}_{2}He + \text{Energie}$$

Man spricht vom α-Zerfall des Radiums (→ **B2**).

β-Zerfall Die auch von Rutherford nachgewiesenen β-Strahlen bei Kernumwandlungen entpuppten sich als Elektronen, die aus dem instabilen Atomkern emittiert werden (→ S. 108). Ihre Herkunft blieb lange rätselhaft. Erst 1933 entdeckte Enrico Fermi, dass sie aus dem Zerfall eines Neutrons in ein Proton und ein Elektron stammen müssen. Das Elektron verlässt den Kern mit hoher Geschwindigkeit. Das radioaktive Kohlenstoffisotop wandelt sich unter Aussendung eines Elektrons in das Element Stickstoff um, das dadurch ein Neutron weniger und ein Proton mehr im Kern besitzt:

$$^{14}_{6}C \rightarrow {}^{14}_{7}N + {}^{0}_{-1}e + \text{Energie} \quad (\rightarrow \textbf{B3})$$

γ-Strahlung Beim α- und β-Zerfall von Atomkernen tritt meist auch γ-Strahlung auf. γ-Strahlen sind energiereiche Photonen, die Energie aus dem Atomkern abführen. Dabei ändern sich Massen- und Kernladungszahl nicht, der Atomkern erreicht nur einen günstigeren, niedrigeren Energiezustand (→ **B5**).

Künstliche Kernumwandlungen Durch Beschuss von stabilen Kernen mit energiereichen Teilchen oder α-Strahlen kann man künstliche Kernumwandlungen herbeiführen. Bei einer solchen Kernreaktion wurde 1932 das Neutron nachgewiesen: Beryllium wurde mit α-Teilchen beschossen, es entstanden Kohlenstoff und freie Neutronen:

$$^{9}_{4}Be + {}^{4}_{2}He \rightarrow {}^{12}_{6}C + {}^{1}_{0}n \quad (\rightarrow \textbf{B4})$$

● **Bei spontanen und künstlichen Kernumwandlungen bleiben die Summen der Massen- und Ladungszahlen der Anfangs- und Endprodukte gleich.**

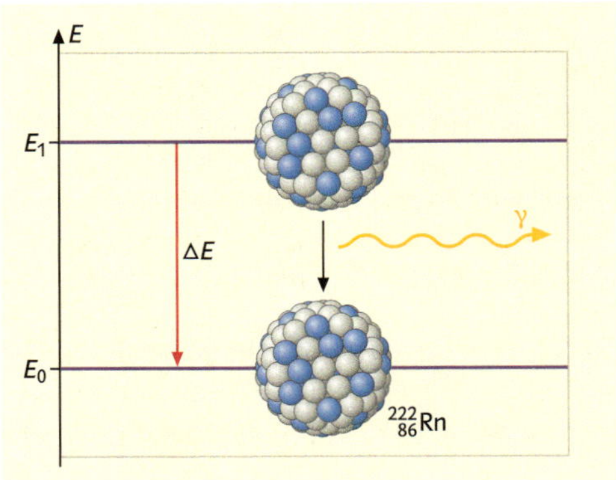

B5 γ-Strahlung des Radons

Masse und Energie des Atomkerns

Die ersten Landesonden erreichten den Mars 1976 (→**B1**). Sie sollten unter anderem die in der Atmosphäre und im Boden vorhandenen elementaren Stoffe und chemischen Verbindungen analysieren. Dafür hatten sie sogenannte Massenspektrometer an Bord.

In einem Massenspektrometer werden ionisierte Atome bekannter Ladung so durch elektrische und magnetische Felder mit spezieller Stärke und Ausdehnung geschossen, dass sie entsprechend ihrer Masse getrennt werden (→**B2**). Mit dieser Methode können Ionenmassen bis zu einer Genauigkeit von 10^{-33} kg bestimmt werden. Atom- und Kernmassen aller Elemente und ihrer Isotope und die Massen geladener Elementarteilchen lassen sich sehr präzise messen. Diese genauen Werte sind für die Berechnungen von Energieänderungen bei Kernumwandlungen von großer Bedeutung.

Für die Protonenmasse erhält man $m_p = 1{,}67264 \cdot 10^{-27}$ kg, für das Heliumatom $m_{He} = 6{,}6446 \cdot 10^{-27}$ kg, und für die Masse des Elektrons ergibt sich $m_e = 9{,}109 \cdot 10^{-31}$ kg.

B1 Landesonde Viking auf der Marsoberfläche

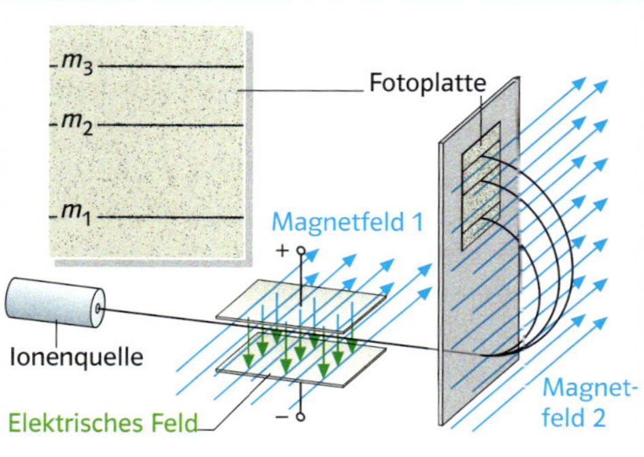

B2 Funktionsprinzip eines Massenspektrometers

Geheimnisvolle Kernkraft Starke anziehende Kräfte zwischen den Nukleonen eines Atomkerns sorgen für ihren festen Zusammenhalt. Diese Kernkräfte machen keinen Unterschied zwischen Protonen p und Neutronen n. Sie müssen aber deutlich stärker sein als die abstoßenden elektrischen Kräfte zwischen den gleichnamig geladenen Protonen, damit diese sich nicht gegenseitig aus dem Kern katapultieren. Allerdings ist die Reichweite der Kernkräfte sehr gering. Sie wirken erst, wenn sich die Nukleonen fast berühren, sie wirken nur zwischen benachbarten Nukleonen. **B4** zeigt eine vereinfachte Modellvorstellung.

● **Zwischen den Nukleonen eines Atomkerns wirken starke anziehende Kernkräfte.**

Die Bindungsenergie Um einen Kern in seine einzelnen Nukleonen zu zerlegen, ist wegen der starken Bindung zwischen ihnen eine große Energiemenge nötig. Man nennt sie die **Bindungsenergie E_B** des Kerns. Wegen des Energieerhaltungssatzes muss genau diese Energiemenge bei der Bildung des Kerns frei werden. Für den Heliumkern beträgt der Betrag der Bindungsenergie 28,3 MeV (→**B3**).

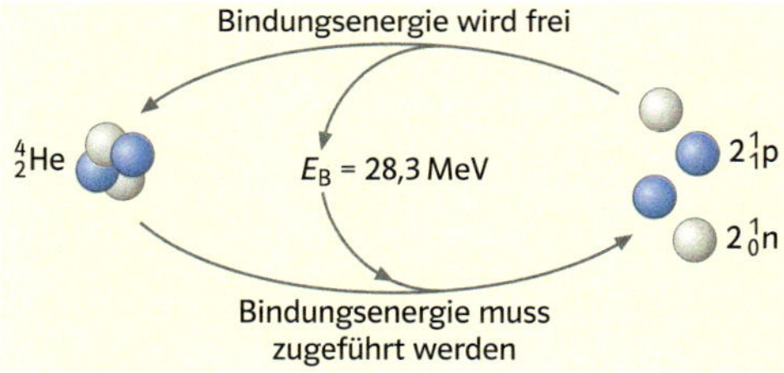

B3 Bindungsenergie des Heliumkerns

● **Die Bindungsenergie wird bei der Bildung des Atomkerns aus den einzelnen Nukleonen freigesetzt. Sie ist ein Maß für den Zusammenhalt der Nukleonen.**

A1 Inwiefern ist der Betrag der Bindungsenergie abhängig von der Stärke der Kräfte zwischen den Teilchen?

A2 Warum müssen die kurzreichweitigen Kernkräfte die stärksten in der Natur vorkommenden Kräfte sein?

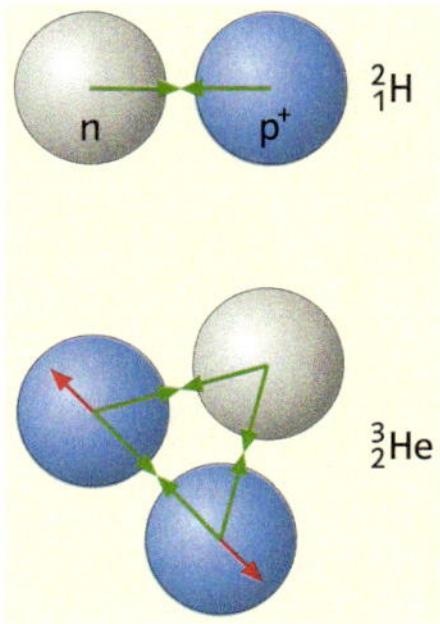

B4 Kernkräfte (grün) beim Deuterium und He-3-Isotop. Elektrische Kräfte (rot) zwischen den Protonen

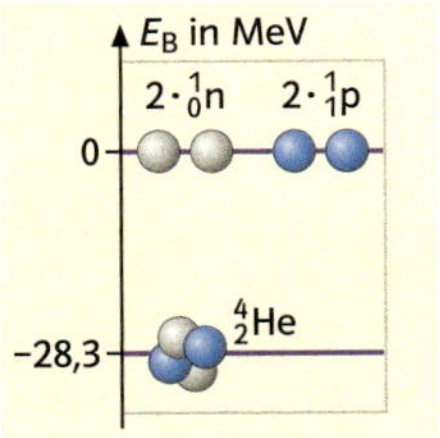

B1 Energie in gebundenem und ungebundenem Zustand

Albert Einstein
1879–1955; von 1905 bis 1915 formulierte er die Relativitätstheorie.

Lichtgeschwindigkeit im Vakuum:
$c = 2{,}998 \cdot 10^8 \frac{m}{s}$

Umrechnung der Energieeinheiten:
$1\,J = 6{,}24 \cdot 10^{12}\,MeV$

Die Bindungsenergie ist negativ Der Heliumkern besitzt also weniger Energie als die ungebundenen beiden Protonen und Neutronen allein, er hat durch die Bindung Energie verloren. Deswegen erhält die freiwerdende Bindungsenergie ein negatives Vorzeichen:

$E_B = -\,28{,}3\,MeV$ (→**B1**).

Für die ungebundenen Protonen und Neutronen ist die Bindungsenergie natürlich Null.

Die Masse des Kerns Alle Kerne bestehen aus Protonen und Neutronen. Deren Massen können mit verschiedenen Methoden sehr genau bestimmt werden. Der gerundete Wert beträgt für das Proton $m_p = 167{,}26 \cdot 10^{-29}\,kg$ und für das Neutron $m_n = 167{,}49 \cdot 10^{-29}\,kg$. Durch Addition der Massen ihrer Protonen und Neutronen sollte man doch leicht die Massen aller Atomkerne berechnen können. Für Helium ergibt die Summe seiner vier Nukleonenmassen gerundet $669{,}50 \cdot 10^{-29}\,kg$. Der experimentell mit sehr hoher Genauigkeit mit dem Massenspektrometer gemessene tatsächliche Wert für die Kernmasse von Helium ist allerdings etwas geringer: $m_{He} = 664{,}46 \cdot 10^{-29}\,kg$. Der Heliumkern besitzt also weniger Masse, als die Summe seiner Nukleonenmassen ergibt! Die Differenz zwischen beiden Werten nennt man **Massendefekt Δm**. Für ${}^4_2He$ beträgt der Massendefekt $\Delta m_{He} = 5{,}04 \cdot 10^{-29}\,kg$ (→**B2**).

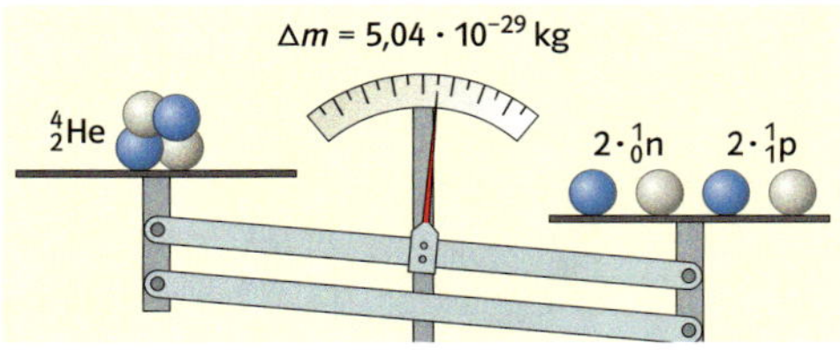

B2 Massendefekt des Heliumkerns

	${}^4_2He$	${}^{235}_{92}U$
Protonen Z Neutronen N	$2 \cdot 167{,}26 \cdot 10^{-29}\,kg$ $2 \cdot 167{,}49 \cdot 10^{-29}\,kg$	$92 \cdot 167{,}26 \cdot 10^{-29}\,kg$ $143 \cdot 167{,}49 \cdot 10^{-29}\,kg$
Summe der Nukleonenmassen	$669{,}50 \cdot 10^{-29}\,kg$	$39\,339 \cdot 10^{-29}\,kg$
Gemessene Kernmasse	$664{,}46 \cdot 10^{-29}\,kg$	$39\,022 \cdot 10^{-29}\,kg$
Massendefekt Δm	$-5{,}04 \cdot 10^{-29}\,kg$	$-317{,}0 \cdot 10^{-29}\,kg$
Bindungsenergie E_B	$-45{,}3 \cdot 10^{-13}\,J$ $-28{,}3\,MeV$	$-2849 \cdot 10^{-13}\,J$ $-1778\,MeV$
Bindungsenergie pro Nukleon E_B/A	$-7{,}08\,MeV$	$-7{,}57\,MeV$

B3 Berechnung der mittleren Bindungsenergie pro Nukleon für ${}^4_2He$ und ${}^{235}_{92}U$

● **Die Masse eines Atomkerns ist stets kleiner als die Summe der Massen seiner Nukleonen. Dieser Massendefekt tritt bei allen Atomkernen auf.**

Wo steckt die fehlende Masse? In unserer anschaulichen Vorstellung ist die Masse eines Körpers seine Materialmenge und die kann nicht einfach verschwinden. Allerdings hat Albert Einstein in seiner Relativitätstheorie gezeigt, dass Masse und Energie äquivalent sind. Das heißt, Masse kann in Energie umgewandelt werden und aus Energie kann Masse entstehen. Das kommt in seiner weltberühmten Formel $E = m \cdot c^2$ zum Ausdruck. Die Größe c ist die Lichtgeschwindigkeit im Vakuum. Rechnet man den Massendefekt des Heliums damit in Energie um, ergibt sich, dass die fehlende Masse genau dem Betrag der Bindungsenergie entspricht, der bei der Bindung des Kerns freigesetzt wurde:

$$E_B = \Delta m \cdot c^2.$$
$$E_B = 5{,}04 \cdot 10^{-29}\,kg \cdot (2{,}998 \cdot 10^8\,m/s)^2$$
$$= 4{,}53 \cdot 10^{-12}\,J = 28{,}3\,MeV\,!$$

● **Masse und Energie sind äquivalent. Dies beschreibt die Formel $E = m \cdot c^2$. Dem Massendefekt Δm eines Kerns entspricht seine Bindungsenergie $E_B = \Delta m \cdot c^2$.**

Mit Hilfe der Präzisionsmessungen der Kernmassen mit dem Massenspektrometer können Massendefekte aller Atomkerne exakt angegeben und ihre Bindungsenergien berechnet werden. Je mehr Nukleonen im Kern gebunden sind, umso größer werden Bindungsenergie und Massendefekt. Um diese Größen bei schweren und leichten Kernen gut vergleichen zu können, teilt man die Bindungsenergie durch die Nukleonenzahl und berechnet die **Bindungsenergie pro Nukleon** E_B/A (→**B3**).

Die Grafik **B2** (→S. 99) zeigt die mittlere Bindungsenergie pro Nukleon in Abhängigkeit von der Massenzahl A für viele Elemente. Man erkennt, dass die Bindungsenergie pro Nukleon bei kleinen Kernen schnell ansteigt, wobei ${}^4_2He$ eine Spitzenstellung einnimmt. Das Maximum von E_B/A liegt bei Massenzahlen um die 60, bei weiter steigenden Massenzahlen nimmt die Bindungsenergie pro Nukleon wieder etwas ab. Mittelschwere Kerne sind also stabiler als sehr leichte und sehr schwere.

■ **A1** Wodurch ergibt sich ein Massendefekt? Wie lässt er sich berechnen?

Freisetzen von Kernenergie

Mit dem in **B1** abgebildetem einfachen Versuchsaufbau wurde 1938 nachgewiesen, dass sich Atomkerne spalten lassen.

Die aus der Neutronenquelle kommenden Neutronen durchfliegen erst einen Paraffinblock, in dem sie abgebremst werden, bevor sie auf das Uranpräparat treffen. Nur relativ langsame Neutronen können Urankerne zur Spaltung bringen. Die Spaltprodukte konnten nachgewiesen werden.

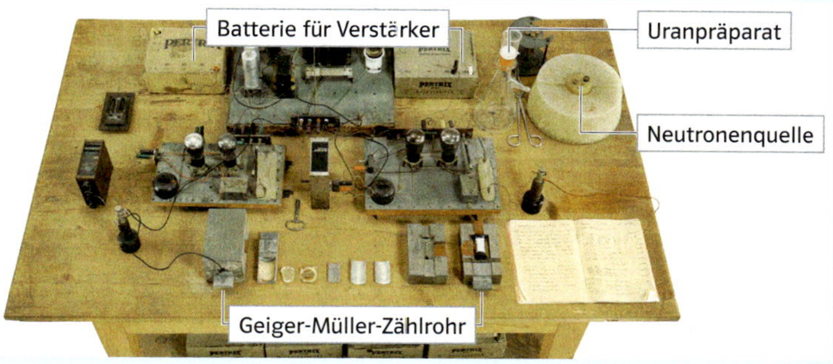

B1 Originalversuch im Deutschen Museum

Kernspaltung Im Jahre 1938 machten Otto Hahn, Fritz Straßmann und Lise Meitner bei ihren Untersuchungen zur künstlichen Kernumwandlung eine folgenreiche Entdeckung: Beim Bestrahlen von Uran mit Neutronen werden Kerne des natürlichen Uranisotopes U-235 (kurz für: ${}^{235}_{92}U$) gespalten. Es entstehen Elemente aus der Mitte des Periodensystems, wie Barium und Krypton (→**B3**):

$${}^{235}_{92}U + {}^{1}_{0}n \rightarrow {}^{144}_{56}Ba + {}^{89}_{36}Kr + 3 \cdot {}^{1}_{0}n + \Delta E$$

Die dabei frei werdende Energiemenge ΔE ist sehr groß. Woher stammt sie?

Betrachte das Diagramm, das die Bindungsenergie pro Nukleon E_B/A in Abhängigkeit von der Kernmassenzahl A zeigt (→**B2**). Kleine, leichtere Kerne haben einen geringeren Bindungsenergiebetrag als mittelschwere. Bei höheren Massenzahlen $A > 60$ nimmt die Bindungsenergie pro Nukleon betragsmäßig wieder etwas ab. Wird ein großer Kern in zwei mittelgroße gespalten, dann wird der Unterschied ΔE_B der Bindungsenergien pro Nukleon freigesetzt. Zum Beispiel beträgt die Bindungsenergie pro Nukleon für Uran etwa −7,6 MeV, die für seine Spaltprodukte Barium und Krypton etwa −8,4 MeV und −8,7 MeV. Nach dem Energieerhaltungssatz gilt:

$$E_B({}^{235}_{92}U) + \Delta E_B = E_B({}^{144}_{56}Ba) + E_B({}^{89}_{36}Kr)\,!$$
$$\Delta E_B = 144 \cdot (-8{,}4\,\text{MeV}) + 89 \cdot (-8{,}7\,\text{Mev}) - 235 \cdot (-7{,}6\,\text{MeV}) = -198\,\text{MeV}$$

Bei der Spaltung eines Urankerns in Barium und Krypton wird also ein Energiebetrag von knapp 200 MeV frei! Diese freigesetzte **Kernenergie** kann in **Kernkraftwerken** teilweise in elektrische Energie umgewandelt werden.

Bei der Spaltung von 1 kg ${}^{235}_{92}U$ werden rund 24 Millionen kWh Energie frei, so viel wie beim Verbrennen von 2 Millionen kg Kohle.

Kernfusion Auch bei der Verschmelzung von sehr leichten Kernen zu etwas schwereren wird eine große Energiemenge frei, wie **B2** anschaulich zeigt. Wird ${}^{4}_{2}He$ aus 4 Nukleonen ($E_B = 0$) aufgebaut, wie im Inneren der Sonne, werden im Idealfall 28 MeV freigesetzt (→S. 103). Bei einer solchen Fusion von 1 kg Helium wird fast zehnmal soviel Energie frei wie bei der Spaltung von 1 kg Uran. In Fusionskraftwerken versucht man die freiwerdende Energie bei der Fusion der Wasserstoffisotope Deuterium und Tritium zu Helium nutzbar zu machen (→S. 104, **B4**).

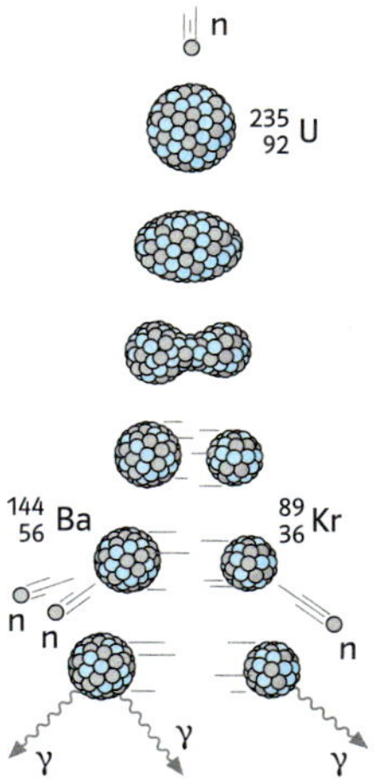

B3 Kernspaltung von Uran

● **Bei der Spaltung eines schweren in zwei mittelschwere Kerne oder der Fusion sehr leichter Atomkerne werden große Energiemengen freigesetzt.**

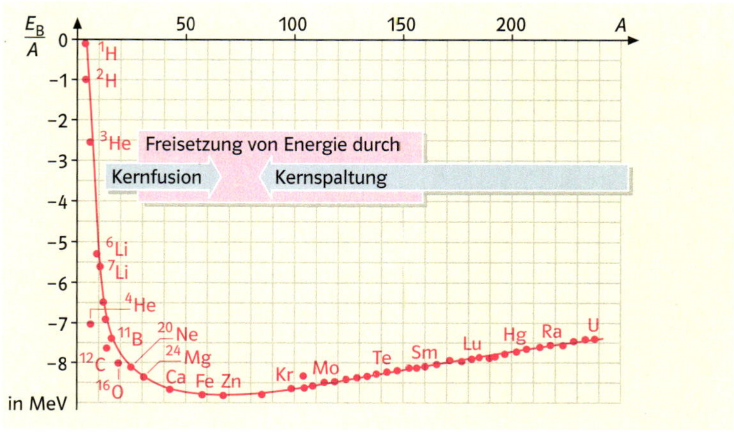

B2 Mittlere Bindungsenergie pro Nukleon E_B/A

Das Zerfallsgesetz

B1 Bei der Altersbestimmung hilft das Zerfallsgesetz.

V1 In eine Metallkammer pumpen wir radioaktives Radon (→**B2**). Dieses Gas entsteht im Laufe der Zeit in einem Gefäß mit radioaktivem Thoriumsalz. Die Metallkammer wird verschlossen und es wird eine elektrische Spannung zwischen Kammerwand und Elektrode angelegt. Sobald Radon in die Kammer gelangt, können wir einen Strom nachweisen. Mit Hilfe eines Messverstärkers messen wir z. B. alle 25 Sekunden die Stromstärke:

t in s	0	25	50	75	100	125	150
I in pA	62	45	33	24	17	13	8

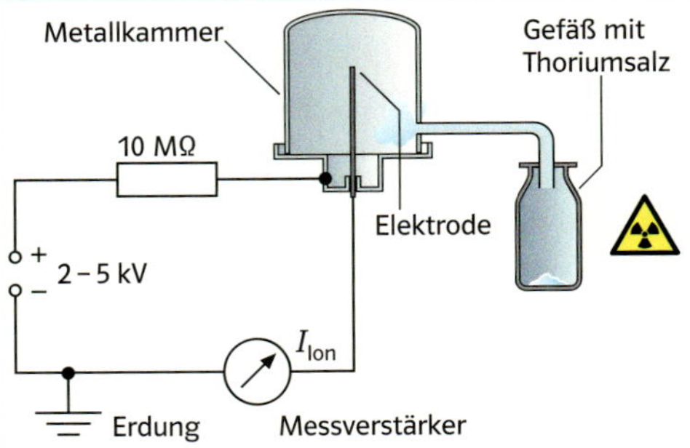

B2 Messung der Stärke des Ionisationsstroms

Beachte:
Die Halbwertszeit gilt für jeden beliebigen Anfangszeitpunkt!

Messung der Halbwertszeit Das Radonisotop Rn-220 wandelt sich durch α-Zerfall in Polonium-216 um. Nach jedem Zerfall erzeugt das α-Teilchen eine gleiche Anzahl Ionen der Gasmoleküle in der Kammer (→**B2**). Aufgrund der Hochspannung wandern die entstandenen Ionen zur Elektrode. Dadurch entsteht ein messbarer elektrischer Strom, dessen Stärke ein Maß für die Zahl der zerfallenden Radonkerne pro Zeitspanne ist.

Das Diagramm (→**B3**) zeigt, dass die Stromstärke nach 55 s auf den halben Wert, nach 110 s auf ein Viertel, nach 165 s auf ein Achtel des Anfangswertes gesunken ist. Die Halbierung der Anzahl der Zerfälle in konstanten Zeitabschnitten ist unabhängig von der Stärke der Radonquelle. Jedes radioaktive Isotop hat eine solche, für sich charakteristische **Halbwertszeit** $T_{1/2}$ (→**B4**). Sie ist ein Mittelwert aus einer großen Anzahl Kernzerfällen. Es ist nicht vorhersagbar, wann ein einzelner instabiler Atomkern zerfällt!

Atomkern	Halbwertszeit $T_{1/2}$
$^{238}_{92}U$	4,5 Mrd. a
$^{40}_{19}K$	1,3 Mrd. a
$^{14}_{6}C$	5760 a
$^{226}_{88}Ra$	1620 a
$^{131}_{53}I$	8,1 d
$^{42}_{19}K$	12,4 h
$^{218}_{84}Po$	3,1 min
$^{220}_{86}Rn$	55 s

B4 Halbwertszeiten

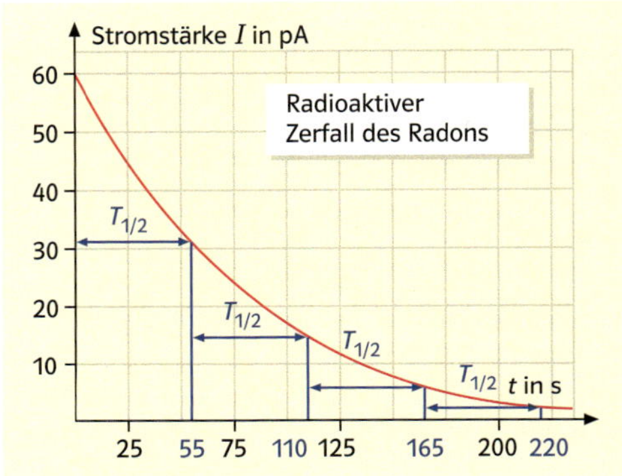

B3 Zerfallskurve mit Halbwertszeiten $T_{1/2}$

● **Während seiner Halbwertszeit zerfällt die Hälfte der Kerne eines radioaktiven Stoffes.**

Physik überall

Altersbestimmung mit der C-14-Methode

B5 Mumiensarg

Das Alter vieler archäologischer Funde aus organischen Resten, z. B. Holz, Knochen, kann durch die Messung der Strahlung des radioaktiven Kohlenstoffisotops C-14 bestimmt werden. C-14 entsteht in der oberen Atmosphäre bei einer Kernreaktion mit Luftstickstoff und energiereichen Neutronen, die von der Sonne kommen. Das Isotop wird durch Wind und Wasser gleichmäßig über die Erde verteilt. Bei der Fotosynthese wird C-14 wie der stabile Kohlenstoff C-12 in organische Verbindungen eingebaut, weil sich die beiden Isotope chemisch nicht unterscheiden. In allen Lebewesen stellt sich so ein festes Verhältnis zwischen den beiden Isotopen ein. Mit dem Tod ist die C-14-Aufnahme beendet und der Anteil von C-14 am Kohlenstoff des toten Materials nimmt mit der Halbwertszeit von 5760 Jahren ab. Durch Vergleich mit dem Isotopenverhältnis in heute lebenden Organismen lässt sich das Alter des Fundstücks berechnen. Beträgt z. B. der C-14-Anteil in der Probe nur noch ein Achtel (= $(½)^3$) des heutigen Verhältnisses, so ist die Probe etwa dreimal 5760 a, also 17280 Jahre alt.

Energie aus Kernkraftwerken

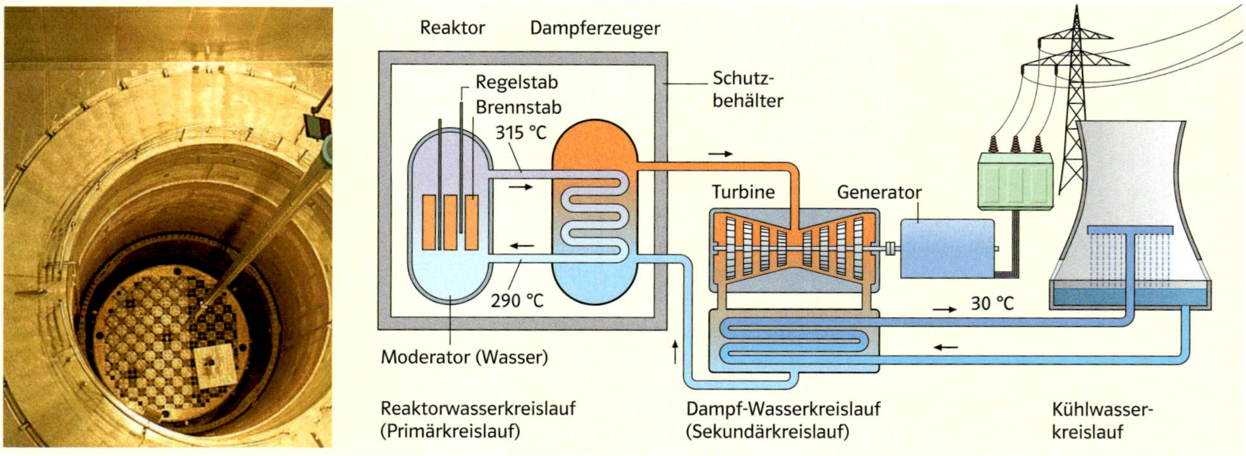

B1 Kernkraftwerk mit Druckwasserreaktor und Wasserkreisläufen (links: Blick in das Innere des Reaktors).

Kettenreaktion und kritische Masse Die Spaltung eines Uran-235-Kernes gelingt mit Hilfe von Neutronen. Bei der Spaltung eines Kernes werden 2 bis 3 Neutronen frei. Diese können weitere Kernspaltungen auslösen. So wächst die Zahl der Kernspaltungen in sehr kurzer Zeit lawinenartig an (→**B2**). Es entsteht eine **Kettenreaktion**, wenn:

1 die große Geschwindigkeit der entstandenen Neutronen stark verringert wird. Sie durchdringen sonst die Urankerne, ohne sie zu spalten oder wandeln sie in Kerne schwererer Elemente der „Transurane" ($Z > 92$) um.

2 eine bestimmte Mindestmasse an spaltbaren Kernen vorhanden ist, damit die Neutronen nicht wirkungslos nach außen entweichen. Diese Mindestmasse nennt man **kritische Masse.** Eine handballgroße Kugel aus reinem U-235 hat bereits die kritische Masse (ca. 50 kg).

Eine **unkontrollierte Kettenreaktion** setzt aufgrund des enormen Anstiegs der Anzahl der Kernspaltungen in einigen Millisekunden sehr viel Energie frei, z. B. bei der Spaltung von etwa 1 kg Uran bei der über Hiroshima detonierten Spaltungsbombe schlagartig rund 23 Milliarden kWh, eine Energiemenge, die beim Verbrennen von etwa 2,6 Millionen Litern Benzin umgewandelt wird.

Für den Betrieb von Forschungsreaktoren bzw. Anlagen zur Nutzung von Kernenergie darf die Anzahl der Neutronen allerdings nur so lange zunehmen, bis die gewünschte Spaltrate erreicht ist. Anschließend muss die Zahl der Spaltungen pro Sekunde konstant bleiben. Pro Spaltung darf jeweils nur ein Neutron für weitere Spaltungen genutzt, die restlichen entstandenen Neutronen müssen durch den Einsatz geeigneter Materialien eingefangen (absorbiert) werden. Ein solcher Vorgang wird als **kontrollierte Kettenreaktion** bezeichnet. Er liefert dann gleichmäßig Energie.

Kernkraftwerke Kernkraftwerke (→**B1**) wenden die Kettenreaktion bei der Kernspaltung des Uranisotopes U-235 zur Energiegewinnung an. Durch Abbremsen und Absorbieren der Spaltprodukte, der Neutronen und Elektronen sowie der γ-Strahlung wird die freigesetzte Energie in innere Energie der umgebenden Stoffe umgesetzt. Mit Hilfe eines Kühlsystems wird diese innere Energie im Kühlmittel abtransportiert und zur Dampferzeugung verwendet. Für 1 MW Kraftwerksleistung müssen die Kerne von 1 g U-235 gespalten werden. Im **Kernreaktor** findet die Kettenreaktion so statt, dass sie jederzeit abgebremst oder beendet werden kann. **Brennstoffstäbe** (→**B3**) stellen das spaltbare Material in einem Gemisch aus spaltbarem U-235 sowie nicht spaltbarem U-238 bereit. **Moderatoren** bremsen die bei der Kernspaltung frei werdenden schnellen Neutronen ab, so dass sie das Uran-235 spalten können. Als Bremsmittel eignen sich Wasser und Graphit. **Neutronenreflektoren** in der Umgebung der Brennstäbe verhindern das Austreten von Neutronen aus dem Reaktorraum.

A1 Wodurch kontrolliert man eine Kettenreaktion?

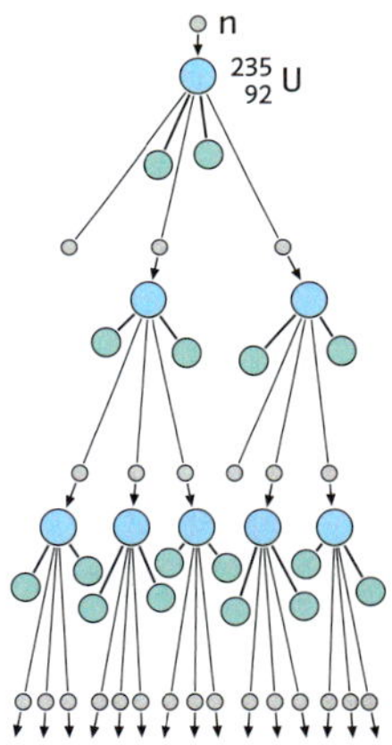

B2 Kettenreaktion

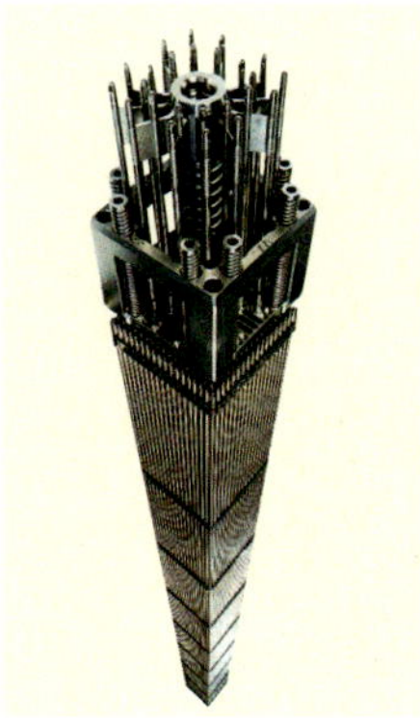

B3 Brennstäbe und Regelstäbe im Brennelement

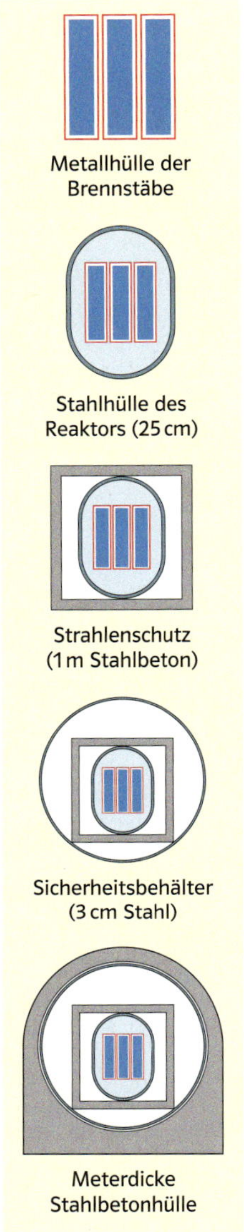

B1 Schutzbarrieren

Reaktorsicherheit Durch das Einfahren von **Regelstäben** in den Reaktor – mehr oder weniger weit – lässt sich die Kettenreaktion steuern. Regelstäbe bestehen aus Bor oder Cadmium und absorbieren Neutronen.
Zum raschen Beenden der Uranspaltung (Notabschaltung) können zusätzliche Stäbe in den Reaktor geschossen werden. In wenigen Sekunden fällt die Reaktorleistung auf 5 % ab. Da aber der Zerfall der Spaltprodukte weitergeht, muss Kühlwasser die Nachwärme weiter abführen. Zur Sicherung der Kühlung existieren Notkühlsysteme. Auch andere Steuereinrichtungen sind mehrfach vorhanden.

Ein Sicherheitssystem aus fünf Barrieren soll selbst bei schwersten Störungen ein Freiwerden radioaktiver Stoffe verhindern (→**B1**).

Nutzen und Risiken Die Nutzung von Kernenergie wird als mögliche Übergangslösung angesehen, da das Verbrennen von Kohle und Erdöl große Mengen von Kohlenstoffdioxid freisetzt, was durch den Treibhauseffekt eine Erwärmung der Atmosphäre und Klimaänderungen zur Folge hat. Kernkraftwerke dagegen arbeiten klimaunschädlich, allerdings reicht das natürliche Spaltmaterial auf der Erde nur noch für Jahrzehnte. Bei der Energieumwandlung in Kernkraftwerken stellt die größte Gefahr das Entweichen von radioaktiven Stoffen dar. Wegen möglicher menschlicher Fehler bei der Konstruktion und im Betrieb des Reaktors sind Unfälle nie ganz auszuschließen. Fallen z. B. alle Kühlsysteme aus, dann heizen sich die Brennelemente im Reaktor in wenigen Sekunden so stark auf, dass sie schmelzen und Teile des Reaktorinhalts verdampfen. Es kommt zum **g**rößten **a**nzunehmenden **U**nfall, einem **GAU**. Das Unglück von Tschernobyl (1986) war die Folge eines krassen Bedienungsfehlers, ebenso wie das in Harrisburg 1979 (→**B2**). Aus dem geborstenen Reaktor in Tschernobyl entwichen etwa 3 % des Inhalts als Gas und Staub – hauptsächlich radioaktive Spaltprodukte wie Iod, Caesium und Strontium.

Eine unsichtbare radioaktive Wolke wurde vom Wind über weite Teile Europas getragen. Auch im 1600 km entfernten Deutschland stieg die Radioaktivität deutlich an. Gemüse und Milch waren für einige Zeit so stark belastet, dass vom Verzehr durch Kinder dringend abgeraten wurde. Auch die heute noch teilweise sehr hohe radioaktive Belastung von Waldpilzen (→ S. 114) ist eine Folge des Tschernobyl-Unfalls.

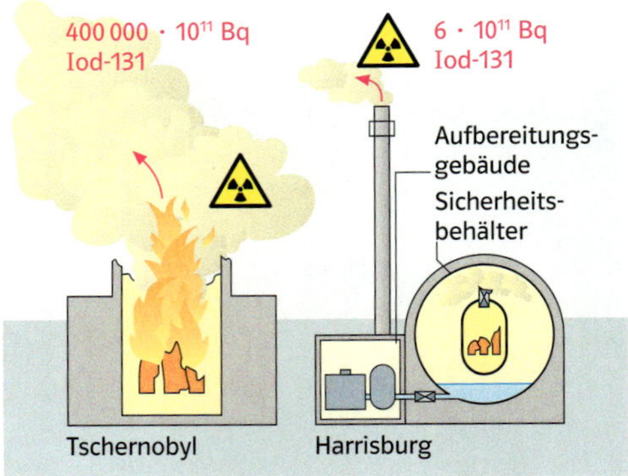

B2 Störfälle von Tschernobyl und Harrisburg

Über 150 000 Menschen wurden aus der Umgebung des geschmolzenen Reaktors dauerhaft evakuiert. Auch heute noch sind über 3 000 km² unbewohnbare Sperrzone. Man schätzt, dass viele Tausende an den Folgen der Strahlung durch den Unfall und der großflächigen radioaktiven Verseuchung der Umwelt starben und noch sterben, hauptsächlich an Krebs.

Ein weiteres Risiko ergibt sich aus den weltweit großen Mengen spaltbaren Materials, das beim Betrieb von KKWs entsteht, da es teilweise zum Bau von Kernwaffen geeignet ist.

Auch die **Entsorgung** radioaktiver Bauteile und Brennstäbe ist sehr problematisch. Nach etwa zwei Jahren müssen die Brennstäbe im Reaktor ausgewechselt werden, sie sind hochradioaktiv und können zuerst nur in der Nähe des Reaktors in einem Wassertank aufbewahrt werden, bis die stärkste Strahlung nachgelassen hat. In Anlagen zur Wiederaufbereitung werden sie später zerkleinert und chemisch zerlegt. Ein Teil des Urans findet erneut in Brennstäben Verwendung, der Rest wird in Blöcken aus Glaskeramik eingeschmolzen und gelagert. Sie müssen, ebenso wie die radioaktiven Bauteile eines stillgelegten Kraftwerkes, für viele zehntausend Jahre sicher gelagert werden. Eine Lagerung in einer mehrere hundert Meter dicken Schicht Steinsalz in etwa 800 m Tiefe ist vorgesehen. Die Sicherheit der Transporte und der Salzschicht (bei Wassereinbruch) ist aber umstritten.

A1 Welche Sicherheitseinrichtungen sollen Unfälle verhindern helfen?

A2 Welche Vor- und Nachteile bringt die Nutzung der Kernenergie mit sich?

Energie aus der Kernfusion

Natürliche Fusion in der Sonne Ein 1,4 Millionen km dicker Feuerball mit einer Oberflächentemperatur von 5 800 K ist unsere Sonne. Ihre Strahlungsleistung beträgt rund $4 \cdot 10^{26}$ W, davon treffen pro Sekunde $1{,}7 \cdot 10^{17}$ J unsere Erde – und das 10 Milliarden Jahre lang! Die von der gesamten Menschheit in einem Jahr umgewandelte Energiemenge liefert uns die Sonne in einer guten Stunde. Die Quelle dieser unvorstellbaren Energiemenge sind Kernfusionsprozesse im Sonnenzentrum. Dort ist der Wasserstoff, aus dem die Sonne zu 90 % besteht, durch die Massenanziehungskräfte so stark komprimiert, dass Temperaturen von 10 Millionen Kelvin auftreten. Bei so hohen Temperaturen gibt es keine Atome mehr, sondern nur noch nackte Kerne und Elementarteilchen, man spricht von einem **Plasma**, dem vierten Aggregatzustand der Materie.

Die kinetische Energie der Protonen in diesem heißen Plasma ist so groß, dass sie sich trotz der elektrischen Abstoßungskraft so nahe kommen können, um in den Wirksamkeitsbereich der starken anziehenden Kernkraft zu gelangen.

In einem solchen **Fusionsplasma** verschmelzen nacheinander vier Protonen zu Heliumkernen, wobei zwei davon im Kern zu Neutronen umgewandelt werden. Zum Teil helfen bei der Fusion Kohlenstoff-, Sauerstoff- und Stickstoffkerne wie Katalysatoren mit. Es werden pro gebildetem ${}^{4}_{2}$He etwa 25 MeV Bindungsenergie aufgrund des Massendefekts freigesetzt. Etwa eine Million Jahre dauert es dann, bis diese Energie durch viele Absorptions- und Emissionsprozesse in der Strahlungszone die Sonnenoberfläche erreicht und hauptsächlich in Form von Licht-Photonen abgestrahlt wird (→**B1**).

Die Zukunft unserer Sonne und ihr Ende
Lange bevor der Wasserstoff aufgebraucht ist, verschiebt sich die Fusionszone weiter nach außen, weil sich das gebildete Helium im Kern der Sonne ansammelt. Dort steigt die Temperatur auf über 100 Millionen Kelvin an und durch Fusionen von Heliumkernen entstehen Kerne mit höheren Massenzahlen.

In etwa 3,5 Milliarden Jahren wird sich unsere Sonne durch die Vergrößerung der Fusionszone gewaltig aufblähen und sich in einen roten Riesenstern verwandeln (→**B2**). Mit 275 Millionen km Radius, das 400-fache ihres jetzigen, wird sie die inneren Planeten Merkur, Venus, Erde und Mars „verschluckt" haben!

Schließlich wird die rote Riesensonne explodieren. Verbleibende Reste werden zum weißen Zwergstern mit einem Radius von 10 000 km und extrem großer Dichte zusammenfallen und langsam erkalten.

A1 Weshalb sind Sternexplosionen die Voraussetzung für das Entstehen neuer Sterne und Planeten?

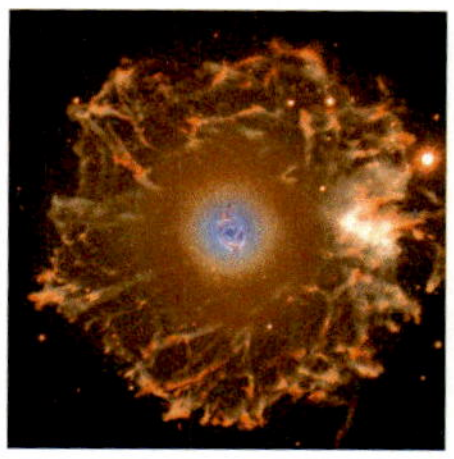

B3 Der astronomische Nebel NGC 6543 ist die explodierte Gashülle eines roten Riesen mit weißem Zwerg im Zentrum.

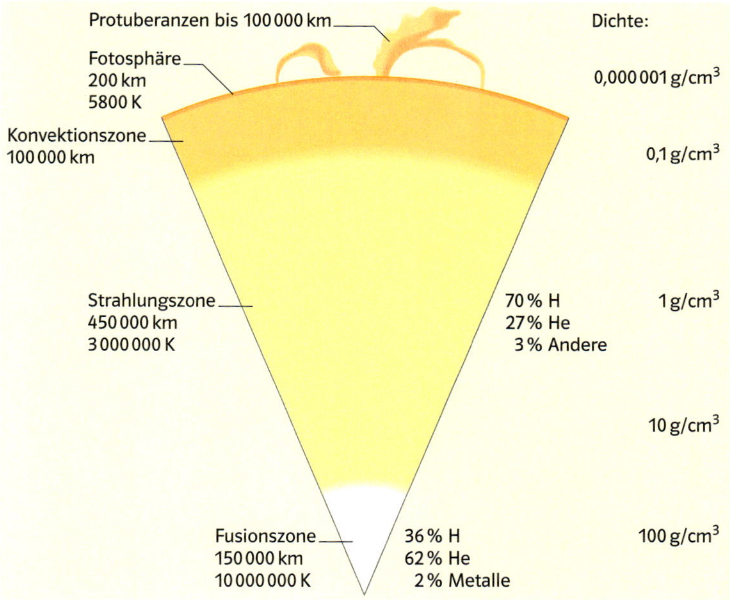

B1 Aufbau der Sonne

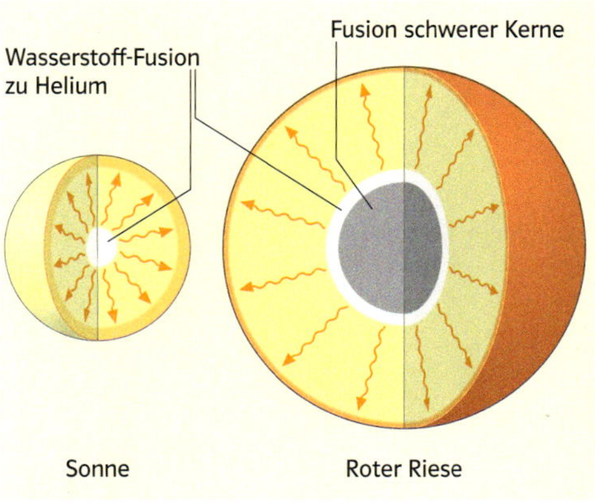

B2 Fusionszonen in der Sonne und im roten Riesenstern

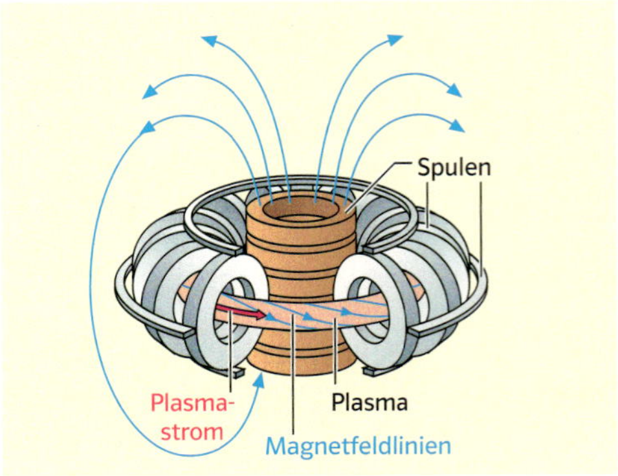

B1 Magnetfelder zum Plasmaeinschluss

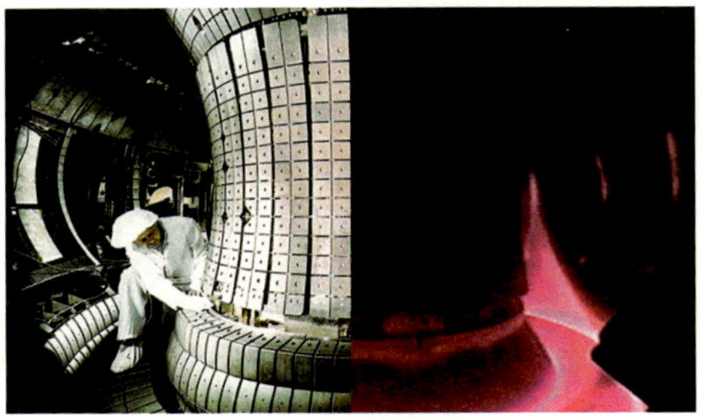

B2 Plasmagefäß

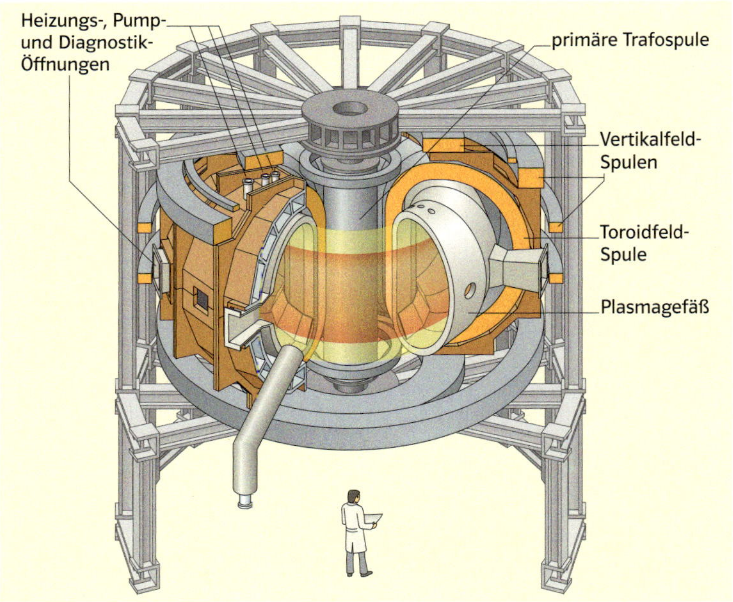

B3 ASDEX-Forschungsreaktor in Garching am MPI für Plasmaphysik

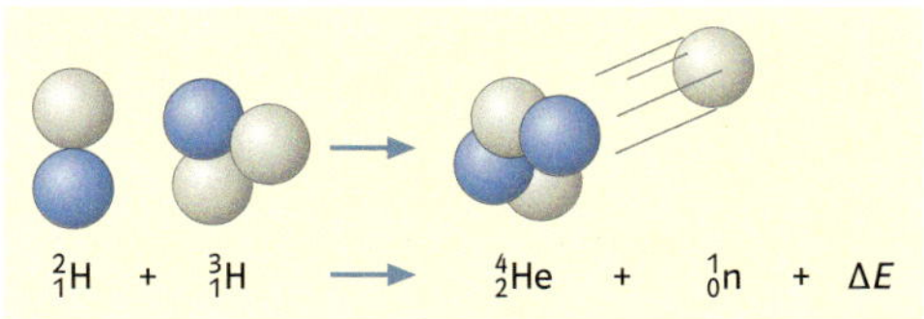

B4 Künstliche Kernfusion auf der Erde

Künstliche Sonnen: Fusionskraftwerke Um auf der Erde eine künstliche Kernfusion zu starten und kontrolliert aufrecht zu erhalten, ist eine Mindesttemperatur von 100 Millionen Kelvin und eine sehr hohe Dichte des Plasmas (→S. 103) nötig. Da bei diesen Temperaturen jedes Material verdampft, muss das Plasma berührungsfrei eingeschlossen werden. Dies können nur sehr starke, mit supraleitenden Spulen erzeugte Magnetfelder leisten, die auf die geladenen Plasma-Teilchen wie Gefäßwände wirken (→**B1** und **B2**). Das Leuchten beruht auf der Strahlung von Atomen. Dort ist also noch kein reines Plasma vorhanden.

Zugleich entsteht durch diese magnetische Kompression eine hohe Plasmadichte und Temperatur. Ein zweites Magnetfeld erzeugt durch elektromagnetische Induktion im ringförmigen Plasma einen Strom von mehreren Millionen Ampere, was die Temperatur weiter erhöht. Durch das Einschießen energiereicher Teilchen, durch Laserbestrahlung oder durch Einstrahlen von Mikrowellen soll die innere Energie des Plasmas soweit erhöht werden, bis ein Fusionsplasma entsteht, das dann mehr Energie liefert, als zu seiner Aufrechterhaltung nötig ist. Seit 1990 wird mit dem **ASDEX**-Reaktor in Garching bei München experimentiert (→**B3**).

In einem internationalen Gemeinschaftsprojekt, dem **I**nternationalen **T**hermonuklearen **E**xperimental-**R**eaktor **ITER** in Frankreich, soll die Fusion unter realen Bedingungen längere Zeit erreicht und erforscht werden können. Außerdem können auch die Sicherheits- und Umwelteigenschaften von Fusionsreaktoren untersucht werden, die allerdings wesentlich unproblematischer als die von Spaltreaktoren sein sollen. Man hofft, bis 2015 mit den Experimenten beginnen zu können. Am günstigsten für die künstliche Fusion ist die Reaktion

$$^2_1\mathrm{H} + {^3_1\mathrm{H}} \rightarrow {^4_2\mathrm{He}} + {^1_0\mathrm{n}} + 17{,}6\,\mathrm{MeV}$$ (→**B4**).

Der „Brennstoff“ Deuterium $^2_1$H ist als natürliches Isotop zu 0,015 % im Wasser enthalten und kann daraus gewonnen werden, das instabile Tritium $^3_1$H soll im Fusionsreaktor aus Lithium durch Neutronenbeschuss hergestellt werden.

A1 Vergleiche die Kernfusion im Inneren der Sonne mit Fusionsreaktoren auf der Erde und erläutere, welche Probleme gelöst werden müssen, um ein Fusionsplasma zu erzeugen.

Unsichtbare Strahlung

V1 Ein Plattenkondensator wird aufgeladen (→**B1**). Ein parallel geschaltetes Elektroskop zeigt, dass er sich langsam entlädt. Wird zwischen die Platten ein radioaktives Präparat gebracht, so entlädt sich der Kondensator schneller.

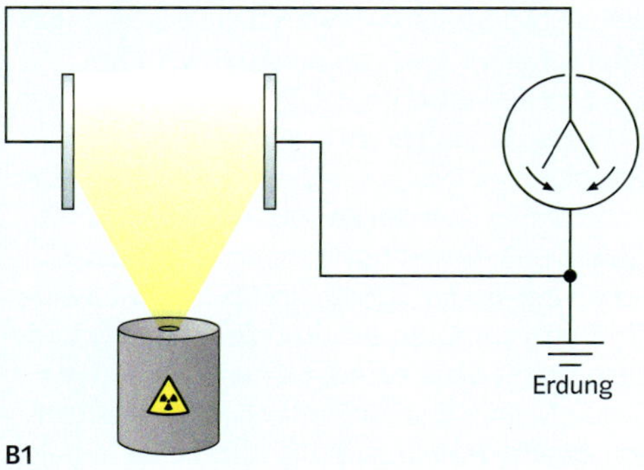

B1

V2 Vor ein Zählrohr legen wir nacheinander Feuersteine aus einem Feuerzeug, alte Leuchtzifferuhren, Glühstrümpfe von Gasleuchten, Kristalle von Kaliumpermanganat, Kaliumchlorid, Natriumchlorid, Sand und Kohlestücke.

Bei fast allen Stoffen knackt es im Lautsprecher, jedoch mit unterschiedlicher Häufigkeit.

V3 Im Klassenzimmer wird ein Zählrohr mit Zähler und Lautsprecher eingeschaltet. Der Zähler addiert die Zahl der Impulse. Obwohl kein radioaktives Präparat im Klassenzimmer steht, zeigt der Zähler Impulse an. Zum Beispiel lesen wir für jeweils 60 Sekunden ab:

Messung Nr. x	1	2	3	4
Zahl der Impulse	15	18	17	16

V4 Wir nähern das radioaktive Präparat einem Geiger-Müller-Zählrohr, das über einen Verstärker an einem Lautsprecher angeschlossen ist (→**B2**). Je nach Abstand des Zählrohres zum Präparat hören wir ein unterschiedlich häufiges Knacken oder ein Prasseln.

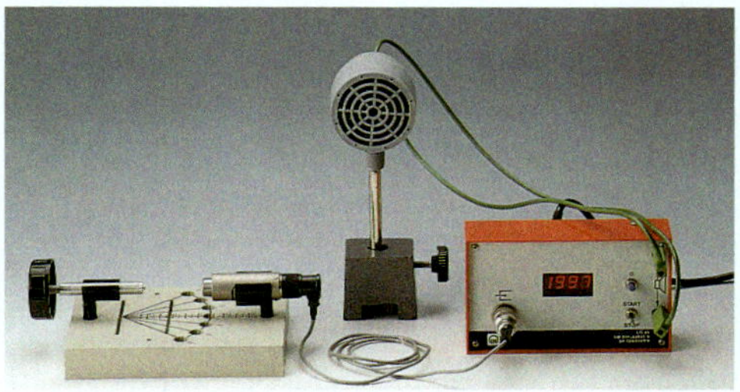

B2 Geiger-Müller-Zählrohr

Gefahrenzeichen für radioaktive Stoffe

V5 Die Kammer in **B3** enthält mit Alkoholdampf gesättigte Luft. Mit einer Pumpe wird das Luftvolumen schlagartig vergrößert. Zunächst kondensiert noch kein Alkohol. Befindet sich jedoch ein radioaktives Präparat in der Kammer, so sind feine, vom Präparat ausgehende Nebelspuren zu erkennen (→S. 106).

Weil radioaktive Stoffe gefährlich sind, muss man die Stoffproben zum Untersuchen vorbereiten, d. h. Präparate herstellen.

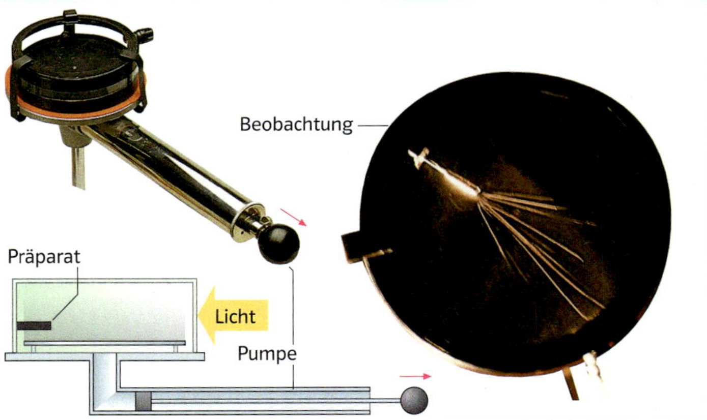

B3 Expansionsnebelkammer

Radioaktive Strahlung 1896 entdeckte **Henri Becquerel** zufällig, dass ein uranhaltiger Stein lichtdicht verschlossene Fotoplatten schwärzt. Zusammen mit **Marie** und **Pierre Curie** fand er, dass nicht nur Uran, sondern auch das dabei erstmals entdeckte Radium ständig für das menschliche Auge unsichtbare Photonen aussendet. Das Entstehen der Strahlung lässt sich durch keine Maßnahme beeinflussen oder verhindern. Marie Curie gab dieser Strahlung den Namen **radioaktive Strahlung**.

Ein geladener Plattenkondensator lässt sich durch radioaktive Strahlung, die durch die Luft zwischen den Platten geht, rasch entladen. Die Strahlung ionisiert die Atome der Luftteilchen. Die entstandenen Ionen und Elektronen bewegen sich zu den Platten der jeweils entgegengesetzten Ladung und entladen sie.

● **Radioaktive Strahlung hat die Eigenschaft, Atome oder Moleküle der umgebenden Stoffe zu ionisieren.**

Henri Becquerel (1852–1903)

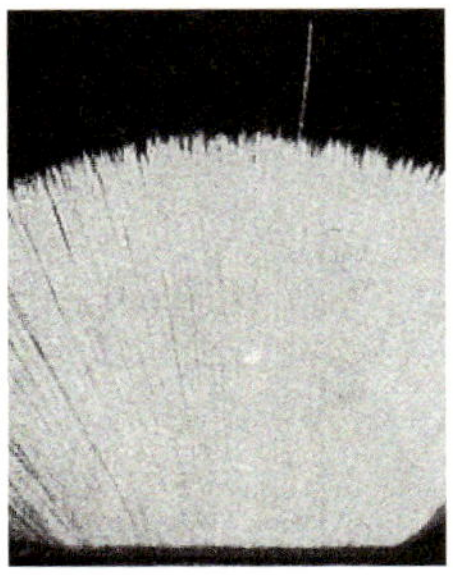

B1 Nebelkammerspuren eines starken α-Strahlers

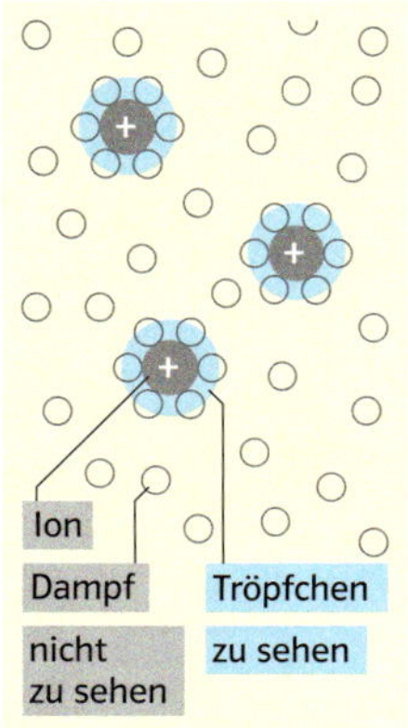

B2 Ionen als Kondensationskeime in der Nebelkammer

Nachweis radioaktiver Strahlung Radioaktive Strahlung können wir nicht sehen, fühlen, hören oder riechen. Deshalb ist der Nachweis dieser Strahlung sehr wichtig. Die ionisierende Wirkung der radioaktiven Strahlung wird in verschiedenen Geräten verwendet. Dazu gehören:

Die Nebelkammer (→**B3** S. 105) Radioaktive Strahlung erzeugt in der Nebelkammer Spuren, die den Weg dieser Strahlung wiedergeben (→**B1**). In der Kammer befindet sich Luft, die bis zur Grenze ihrer Aufnahmefähigkeit Alkoholdampf enthält. Wird der Druck plötzlich verringert, kühlt sich die Luft ab und schon die geringste Störung genügt, dass sich in ihr Alkoholtröpfchen bilden. Die von der Strahlung ionisierten Luftteilchen sind solche Störungen; es entstehen bis zu 300 000 Ionen auf einer 1 cm langen Strecke (→**B2**). Endet die Spur in der Kammer, so ist ihre Länge ein Maß für die Energie der Strahlung. Die Spuren können verschieden lang und kräftig sein: Ein Hinweis darauf, dass die Strahlung nicht einheitlich zusammengesetzt ist.

Mit der Nebelkammer kann man hauptsächlich α-Strahlung nachweisen, weil $^4_2$He-Kerne stark ionisieren und deutliche Tröpfchenspuren hinterlassen.

Der Geiger-Müller-Zähler (→**B3**) Dieses Gerät wurde 1928 von den deutschen Physikern **Hans Geiger** und **Walter Müller** entwickelt. Meist wird es kurz Geigerzähler genannt. Es besteht aus einem mit Edelgas gefüllten Metallrohr. Am vorderen Ende ist das Rohr durch eine sehr dünne Folie verschlossen, so dass die Strahlung von vorn nahezu ungehindert eindringen kann. In der Längsachse des Rohres ist ein dünner Metalldraht gespannt (→**B3**), der über einen Widerstand (1 MΩ) mit dem positiven Pol der Quelle (400 V–500 V) verbunden ist. Der negative Pol der Quelle ist mit dem Metallgehäuse verbunden. Zunächst ist kein Strom festzustellen, da das Gas im Zählrohr nicht leitet. Dringt radioaktive Strahlung durch das Fenster in das Zählrohr ein, so werden einige Gasatome ionisiert. Frei gewordene Elektronen werden in Richtung auf den positiv geladenen Draht beschleunigt. Das geschieht so heftig, dass sie mit anderen Atomen des Gases zusammenstoßen und diese dabei ebenfalls ionisieren. Schon auf kurzer Strecke entsteht eine Lawine aus Elektronen, die sich zum Draht bewegt. Die Elektronenlawine erzeugt einen kurzfristigen Strom I durch den Widerstand R. Man spricht von einem Stromimpuls. Die Anzahl der Impulse pro Zeiteinheit heißt **Zählrate**. Die Zählrate ist ein Maß für die Stärke einer radioaktiven Quelle.

Durch den Stromimpuls entsteht am Widerstand R die Teilspannung $U_R = I \cdot R$. Über einen Verstärker lässt sich dieser Spannungsanstieg mit einem Lautsprecher hörbar machen. Die am Widerstand auftretende hohe Teilspannung verringert die Spannung am Zählrohr. Dadurch werden die Elektronen nur noch wenig beschleunigt und die Lawine hört auf. Das Gas wird wieder zum Isolator. Das Zählrohr kann nun erneut auf radioaktive Strahlung reagieren.

Mit dem Geiger-Müller-Zähler werden hauptsächlich α- und β-Strahlen (→S. 108) nachgewiesen. Die ionisierende Wirkung der γ-Strahlung ist so gering, dass im kleinen Zählrohrvolumen nur etwa 1 % der Photonen der γ-Strahlen registrierbare Stromimpulse auslösen. Zum genauen Nachweis der γ-Strahlung verwendet man kompliziert gebaute Szintillationszähler oder Halbleiterdetektoren aus Silicium.

Mit solchen Nachweisgeräten kann auch die Energie der Strahlen genau bestimmt werden. Damit kann man das radioaktive Element identifizieren, von dem die Strahlung ausgeht.

A1 Aus welchem Stoff bestehen die Nebelkammerspuren, die man beispielsweise in **B1** sehen kann?

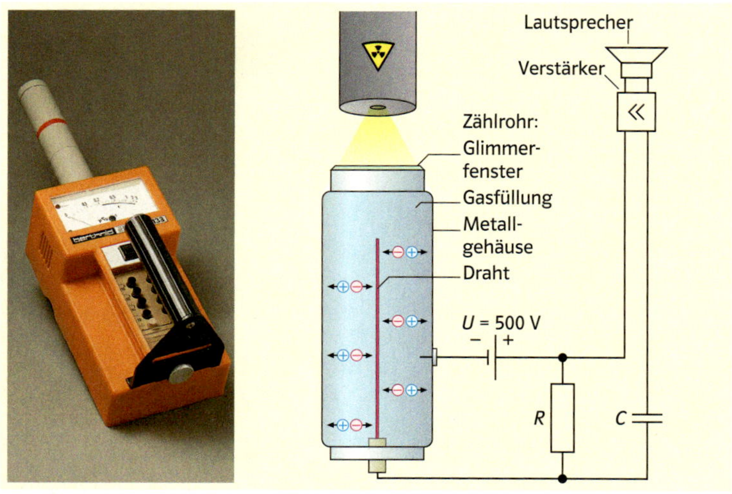

B3 Geiger-Müller-Zähler und Funktionsweise des Zählrohres

Der Fotofilm Das Leuchtzifferblatt einer alten Uhr wird für einige Stunden auf ein Stück lichtdicht verpacktes Fotopapier gelegt (→**B1**). Bei der Entwicklung ist eine Schwärzung des Fotopapiers an der Stelle festzustellen, auf der das Zifferblatt lag. Auch der Glühstrumpf einer Gaslampe oder Kaliumsalze ergeben Schwärzungen. Die Schwärzung der lichtempfindlichen Filmschicht nimmt mit der Stärke der Strahlung zu. Diese Eigenschaft von Fotofilmen wird in Dosimeterplaketten (→**B2**) genutzt. Mit solchen Plaketten wird registriert, wie stark z. B. Beschäftigte in Uranbergwerken, Kernkraftwerken und in der Nuklearmedizin radioaktiver Strahlung ausgesetzt waren.

Die Plaketten enthalten ein Stück eines Films, der in eine Kunststoffhülle eingepackt ist und von verschiedenen Metallstreifen teilweise abgedeckt wird. Das Filmstück wird regelmäßig ausgewechselt und entwickelt. Aus der Schwärzung des Films kann auf die Stärke sowie mit Hilfe der abgedeckten Teile auf die Herkunft der Strahlung geschlossen werden, der diese Plakette ausgesetzt war.

Radioaktivität im Klassenzimmer Ein Geigerzähler misst überall eine geringe Radioaktivität, auch wenn sich kein radioaktives Präparat in der Nähe befindet. Man nennt dies den **Nulleffekt**. Diese Strahlung hat ihre Ursache zum Teil im Weltraum (kosmische Strahlung), zum Teil auf der Erde (terrestrische Strahlung), da Gesteine, Sand und Erde Uran und seine radioaktiven Zerfallsprodukte in geringen Mengen enthalten. Weitere radioaktive Stoffe entstehen durch energiereiche Strahlung aus der Sonne in der oberen Atmosphäre. Deshalb enthalten Boden, Wasser und Luft, und damit auch Baustoffe, Pflanzen, Nahrungsmittel, Tiere und Menschen geringe Mengen radioaktiver Isotope der Elemente Kohlenstoff, Kalium, Thorium, Radium, Radon und andere.

● **Der Nulleffekt entsteht durch die natürlich vorhandene Strahlung auf der Erde.**

A1 Welche Wirkung radioaktiver Strahlung auf Materie nutzen die dir bekannten Nachweisgeräte aus?

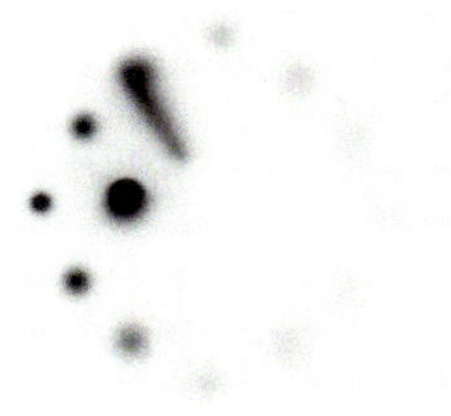

B1 Schwärzung des Films durch Leuchtziffern

B2 Dosimeterplakette

Die Entdeckung des Radiums durch Madame Curie

Physik überall

Marie Curie wurde am 7. November 1867 in Warschau als Tochter eines Physiklehrers geboren. Aus politischen Gründen musste sie Polen verlassen. 1895 heiratete sie den französischen Physiker Pierre Curie und arbeitete im Labor von Henri Becquerel in Paris. Nach der Geburt ihrer ersten Tochter Irene begann sie die neu entdeckte Strahlung des Urans für ihre Doktorarbeit zu untersuchen. Sie fand zunächst, dass das im Gestein Pechblende enthaltene Uran für die Strahlung verantwortlich ist. Denn die Strahlung ist umso stärker, je mehr Uran im Gestein ist. Außerdem konnte sie nachweisen, dass Gesteine mit Thorium-Atomen ebenfalls strahlen. Danach stellte sie fest, dass neben dem Uran Elemente im Erz sein müssen, deren Radioaktivität viel stärker als die des Urans ist. In der Folge entdeckte das Ehepaar Curie zwei bisher unbekannte Elemente: Radium (das Strahlende) und Polonium (für Polen). Sie brauchten 4 Jahre, um mit Hilfe chemischer Verfahren aus 1t Pechplende 1/10g Radiumchlorid für ihre Versuche zu gewinnen.

1903 erhielten Marie Curie und ihr Mann zusammen mit Henri Becquerel den Nobelpreis für Physik. 1911 bekam sie zum zweiten Mal einen Nobelpreis, diesmal für Chemie, für die erstmalige Gewinnung reinen Radiums. Marie Curie hat das Zeitalter der Kernphysik eingeleitet. Sie studierte auch die Wirkungen der radioaktiven Strahlung auf menschliches Gewebe und schuf damit die Grundlagen für deren Nutzung in der Medizin. Am 4. Juli 1934 starb sie, nahezu erblindet, an Leukämie.

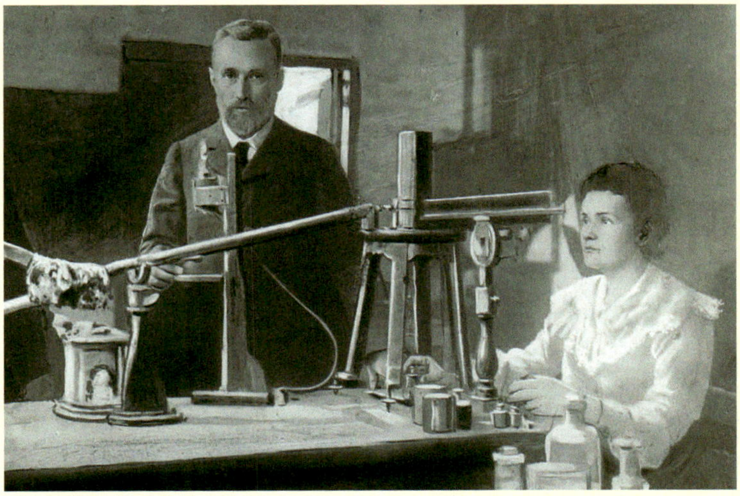

B3 Pierre und Marie Curie im Labor

Weitere Eigenschaften radioaktiver Strahlung

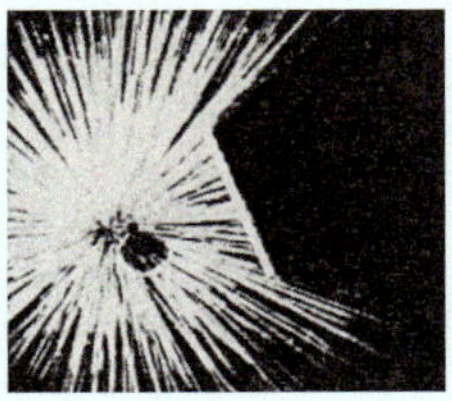

B1

V1 Wir bringen ein Radiumpräparat in die Nebelkammer und stellen ein kleines Stück Papier in den Bereich der Strahlung. **B1** zeigt das Ergebnis.

V2 Wir halten eine Bleiplatte, in der sich eine kleine Bohrung befindet, vor ein Radiumpräparat. Den ausgeblendeten Strahl untersuchen wir in einer Anordnung wie in **B2**. Ohne Magnet lässt sich nur bei A eine Strahlung feststellen. Mit Magnet zeigt das Zählrohr bei A und B Strahlung an. Befindet sich dünnes Aluminiumblech oder Papier vor dem Zählrohr, so wird bei A eine Schwächung, bei B keine Strahlung mehr beobachtet.

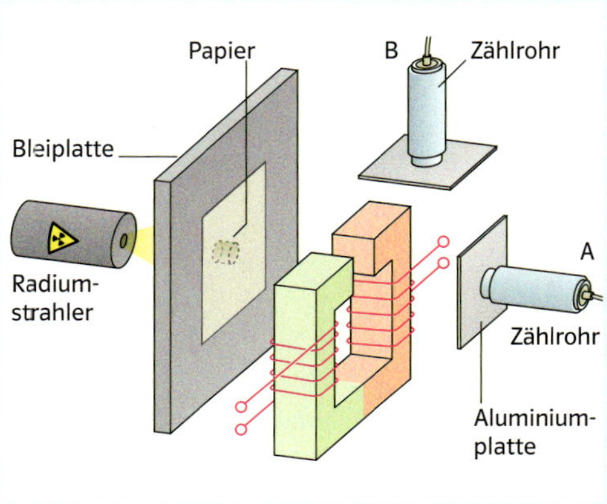

B2

V3 Zwischen Zählrohr und ein Strontium-Präparat stellen wir Aluminium- und Kunststoffplatten unterschiedlicher Dicke (→**B3**).

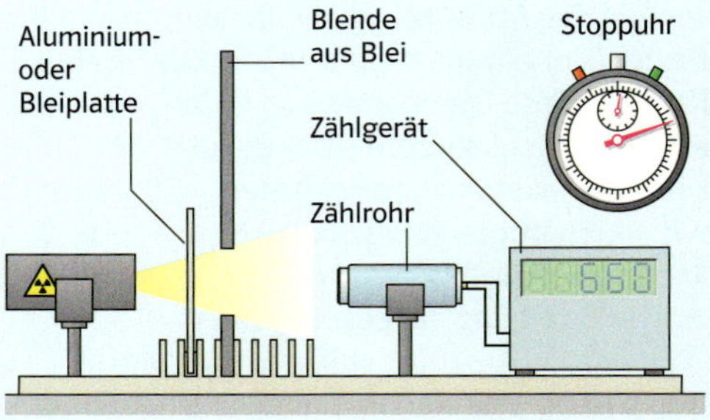

B3

Wir bestimmen die Zahl der Impulse pro min:

Dicke in mm	1	2	3	4	5	6
Aluminium	5 368	816	72	36	22	–
Kunststoff	11 028	5 972	2 798	1086	294	98

V4 Wir messen die Zahl der Impulse pro min der Strahlung eines Cobalt-Präparates durch Luft und vergrößern den Zählrohrabstand:

Abstand in cm	1	2	3	4	5	6	7
Impulse	3 828	921	414	235	153	107	78

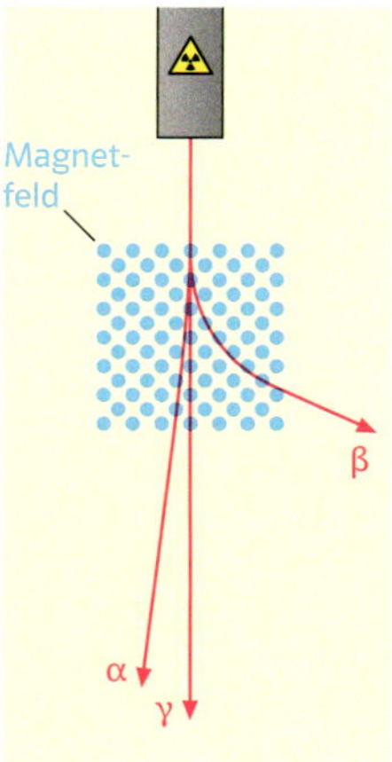

B4 Ablenkung radioaktiver Strahlungsarten im Magnetfeld (Feldrichtung aus der Zeichenebene heraus)

Verschiedene Arten der radioaktiven Strahlung Genaue Untersuchungen der radioaktiven Strahlung durch die Curies, Rutherford und andere ergaben, dass sie drei verschiedene Arten enthalten kann:

1 Aufnahmen mit der Nebelkammer lassen eine stark ionisierende Strahlung erkennen (→**B1**). Ihre Spuren sind kurz, weil ihre Energie bald aufgezehrt ist. Sie kann Papier nicht durchdringen. Mit dem Zählrohr lässt sich zeigen, dass sie in Luft etwa 4 bis 6 cm weit reicht. In Magnetfeldern wird sie wie eine positive Ladung abgelenkt. Diese Strahlung wird als **α-Strahlung** bezeichnet.

2 Hält man ein Blatt Papier zwischen ein Radium- oder Strontium-Präparat und ein Zählrohr, so wird eine Strahlung angezeigt, die Papier durchdringt. Ein Teil dieser Strahlung wird im Magnetfeld wie eine negative Ladung abgelenkt. Im Vergleich zur α-Strahlung ionisiert sie weniger stark, sie heißt **β-Strahlung**.

3 Bei einem Cobalt-Präparat durchdringt die nach dem Papier noch vorhandene und vom Magnetfeld nicht abgelenkte Strahlung selbst Aluminium- und Bleiplatten. Diese Strahlung heißt **γ-Strahlung**.

Weitere Untersuchungen zeigen:

- **α-Strahlung besteht aus zweifach positiv geladenen Heliumkernen. β-Strahlung besteht aus Elektronen. Die γ-Strahlung besteht aus energiereichen Photonen wie die Röntgenstrahlung.**

A1 Je stärker das Ionisationsvermögen radioaktiver Strahlung ist, umso geringer ist ihre Reichweite. Erkläre diesen Zusammenhang!

Reichweite und Abschirmung radioaktiver Strahlung Beim Durchgang radioaktiver Strahlung durch Materie wird Energie abgegeben. Die Menge hängt von der Art der Strahlung und der Materie ab.

Unter der **Reichweite** der Strahlung versteht man den größten Abstand vom Strahler, bis zu dem sie noch nachweisbar ist. Für α-Strahlung in Luft beträgt sie 4 bis 6 cm. β-Strahlung hat in Luft eine Reichweite von mehreren Metern. Für γ-Strahlung lässt sich in Luft keine Reichweite festlegen. Mit zunehmendem Abstand zeigt ein Messgerät immer weniger Strahlung an, aber das liegt daran, dass sich die Strahlung in jede Richtung im Raum gleichmäßig verteilt. Die Zählrate sinkt auf ein Viertel, wenn sich der Abstand verdoppelt und auf ein Sechzehntel, wenn der Abstand vervierfacht wird. Von der **Röntgenstrahlung** unterscheidet sich die γ-Strahlung nur durch ihre noch höhere Energie und die Art der Entstehung.

● **Je weiter Strahler und Nachweisgerät voneinander entfernt sind, umso weniger radioaktive Strahlung wird angezeigt.**

Die Reichweite einer radioaktiven Strahlung ändert sich sehr stark, wenn sich statt Luft andere Stoffe zwischen Nachweisgerät und Strahler befinden. Hinter einem Blatt Papier sinkt die Zählrate der α-Strahlung auf den Nulleffekt ab. Um die Zählrate bei der β-Strahlung so weit zu senken, reicht Papier nicht aus. Das Diagramm **B1** zeigt, wie sich die Impulszahl bei β-Strahlung hinter Folien aus Aluminium oder Kunststoff mit zunehmender Dicke der Folien verringert.

Die Zählrate bei γ-Strahlung wird nach dem Durchdringen von Metallen viel weniger verringert als die der β-Strahlung. Während eine 3 mm dicke Bleiplatte β-Strahlung fast vollständig absorbiert, durchdringt γ-Strahlung diese Bleischicht mit wenig Energieverlust. Sie wird selbst bei viel dickeren Bleiplatten nur langsam schwächer. Eine Faustregel ist: Eine 5 cm dicke Bleischicht verringert die Zählrate der γ-Strahlung auf etwa ein Zehntel ihres Anfangswertes. γ-Strahlung wird nie ganz absorbiert (→**B2**).

Wie groß die Zählrate einer Strahlung nach Durchdringen eines Stoffes noch ist, hängt von der anfängliche Zählrate sowie der Massenzahl der Atome und der Dicke des Stoffes ab. Radioaktive Isotope unterscheiden sich meist in der Energie ihrer Strahlung. So wird z. B. die γ-Strahlung von Caesium-137 durch eine 3,5 cm dicke, die von Cobalt-60 erst durch eine 5,3 cm dicke Schicht aus Aluminium auf die Hälfte geschwächt.

● **Je größer die Energie der Strahlungsart, je dünner die Schicht des absorbierenden Stoffes und je kleiner die Massenzahl seiner Atome ist, umso mehr Strahlung dringt hindurch.**

Zum Schutz vor radioaktiver Strahlung umgibt man Strahler mit einer entsprechend dicken Metallschicht. Diese **Abschirmung** muss die hindurchtretende Strahlungsmenge auf ein gefahrloses Niveau senken.

■ **A1** Wovon ist die Reichweite radioaktiver Strahlung abhängig?

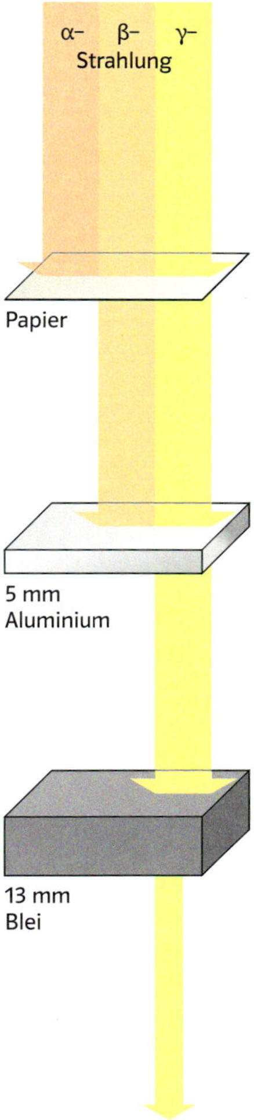

B3 Zur Reichweite radioaktiver Strahlung eines Radium-Präparates in Stoffen

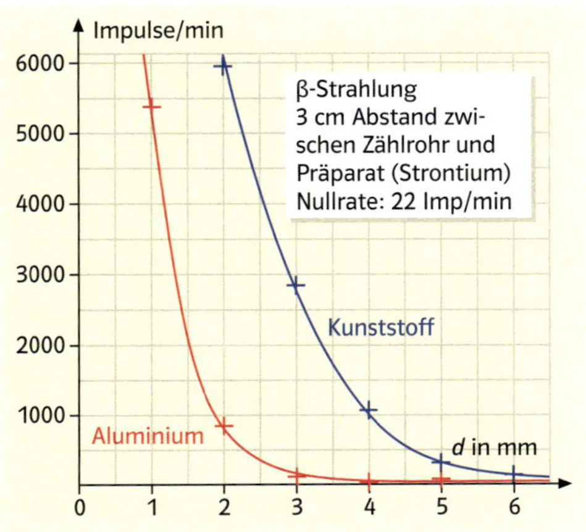

B1 Absorption von β-Strahlung

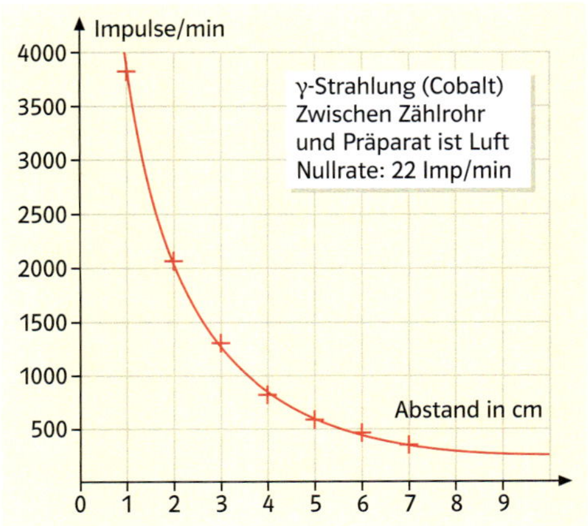

B2 Absorption von γ-Strahlung

ACHTUNG!
Radioaktivität

Biologische Strahlenwirkung Trifft radioaktive Strahlung auf lebendes Gewebe, kann sie unterschiedliche Folgen haben (→**B1**). Besonders wirksam ist dabei die Strahlung von Isotopen, die im Körper zerfallen. Die sehr gefährlichen α-Teilchen können dort auf ihrem kurzem Weg durch die Zellen ihre gesamte Energie übertragen, während sie von außen kommend schon durch die Haut aufgehalten werden. Durch die Energieübertragung auf die Biomoleküle können diese direkt geschädigt werden. Das die Erbinformationen enthaltende DNS-Molekül kann chemisch verändert werden oder brechen. Das kann dazu führen, dass sich der Inhalt der Erbinformation ändert oder sie nicht mehr abgelesen werden kann. Auch eine indirekte Schädigung ist möglich: Die energiereiche Strahlung spaltet Moleküle im Zellplasma. Es entstehen sehr reaktionsfreudige Radikale (z. B. ·OH und O:). Wichtige Biomoleküle, z. B. Enzyme, können leicht durch diese chemisch verändert werden und ihre Aufgaben dann nicht mehr erfüllen.

Somatische Schäden: Die Veränderung von Biomolekülen in Körperzellen kann zu Krankheitserscheinungen führen, die wieder ausheilen können (→**B1**), aber auch zu tödlichen Krebserkrankungen.

Genetische Schäden: Treten Schäden, die das Erbgut verändern, in Keimzellen auf, werden sie an die nächste Generation weitergegeben. Totgeburten, Missbildungen und Erbkrankheiten können die Folgen sein.

Nach einer kurzzeitigen Belastung mit starker radioaktiver Strahlung treten nach Stunden oder Tagen bei den bestrahlten Personen **Frühschäden** auf. Ihr Ausmaß hängt von der Bestrahlungsdosis ab (→**B2**, **B3**).

Auch bei niedrigen Dosen können oft erst nach Jahrzehnten bei einigen der Bestrahlten **Spätschäden** auftreten, hauptsächlich Krebserkrankungen. Dies gilt auch für eine andauernde niedrige Bestrahlungsdosis, wie der natürlichen.

Zum Glück besitzen unsere Zellen vielfältige Möglichkeiten zur Reparatur von Strahlungsschäden an Biomolekülen, sonst wären die Auswirkungen der natürlichen und künstlichen Strahlenbelastung viel gravierender.

Maßnahmen des Strahlenschutzes Das Eintreten von Strahlenschäden hängt von folgenden Faktoren ab:
- Art und Energie der Strahlung
- Dauer der Strahlungseinwirkung
- Empfindlichkeit der bestrahlten Organe.

Besonders empfindlich sind solche Organe, die ständig neue Zellen bilden. Dazu gehören vor allem die blutbildenden Organe, die Milz, das Knochenmark, die Lymphknoten und die Keimzellen. Aus den Eigenschaften radioaktiver Strahlung und ihrer biologischen Wirkung leiten wir folgende Schutzmaßnahmen ab:

- **Strahlung möglichst vollständig abschirmen!**
- **Großen Abstand zur Strahlungsquelle halten!**
- **Kurze Arbeitszeit beim Experimentieren mit radioaktiven Quellen!**
- **Radioaktive Stoffe dürfen nicht in den Körper gelangen. Beim Umgang mit ihnen sind Essen, Trinken und Rauchen verboten!**

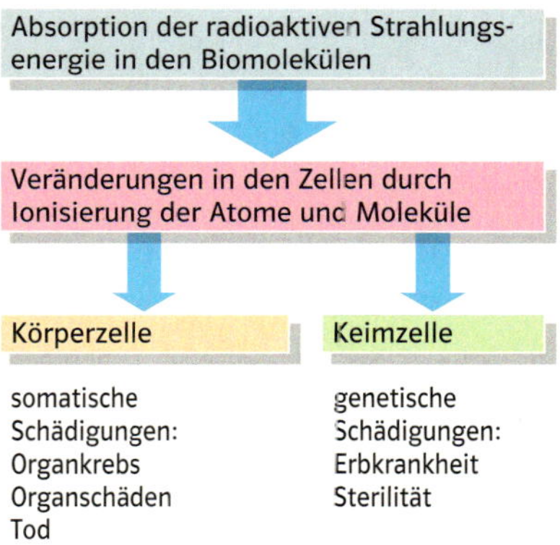

B1 Wirkung radioaktiver Strahlung

kurze Belastung	Strahlenschäden
250–500 mSv (→S. 111)	Veränderungen des Blutbildes, Schäden an Embryos
1000 mSv	Strahlenkrankheit: Übelkeit, Erbrechen, Haarausfall
2000 mSv	Hautschäden
3000 mSv	Blutungen, schwere Veränderungen im Blutbild
4000 mSv	schwere Entzündungen, 50 % Todesfälle

B2 Folgen kurzzeitiger Stahlenbelastung

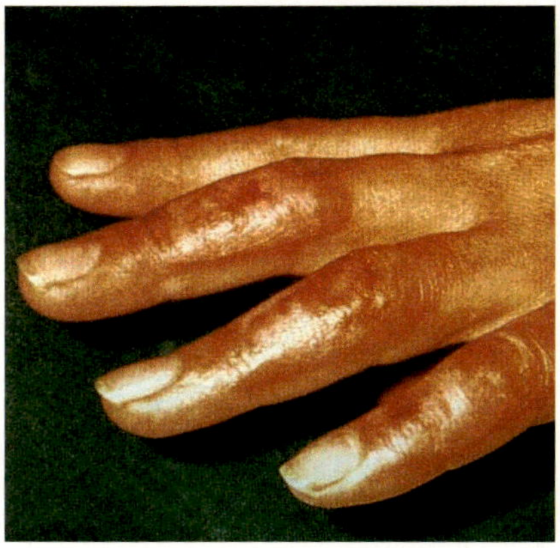

B3 Strahlenschaden an der Hand

Einheiten der radioaktiven Strahlung

Quelleneigenschaft: Aktivität Nach dem Reaktorunfall in Tschernobyl am 26. April 1986 stieg die Radioaktivität bei uns stark an. So nahm die Aktivität bei Milch – gemessen am radioaktiven Iod-131 – von normalerweise weniger als 20 Becquerel pro Liter auf 750 Becquerel pro Liter zu. Was heißt das? Wenn ein Stoff radioaktive Strahlung aussendet, so finden darin Kernumwandlungen statt, deren Anzahl wir z. B. mit dem Zählrohr messen können. Man definiert:

● **Die Aktivität A eines Körpers ist der Quotient aus der Anzahl ΔN der Kernzerfälle und der Zeit Δt.**

$$A = \frac{\Delta N}{\Delta t}$$

Die Einheit der Aktivität ist 1 Bq (**1 Becquerel**). Es gilt:

$$1\,\text{Bq} = \frac{1\ \text{Kernumwandlung}}{1\ \text{Sekunde}}$$

Je kürzer die Halbwertszeit eines radioaktiven Isotopes ist, umso größer ist die Aktivität des Strahlers.
Bis 1985 wurde für die Aktivität die Einheit **Curie** (Ci) verwendet. Es gilt:

$$1\,\text{Ci} = 37\,000\,000\,000\,\text{Bq} = 3{,}7 \cdot 10^{10}\,\text{Bq}$$

Dieser Wert entspricht der Anzahl der Zerfälle pro Sekunde von 1 g Radium.

Beispiel: An einer radioaktiven Quelle werden 1200 Kernumwandlungen in 60 Sekunden festgestellt.
Die Aktivität der Quelle beträgt

$$A = 1200/(60\,\text{s}) = 20\,\text{Bq}.$$

C-14 auf der Erde $\approx 10^{19}$ Bq;
Spaltprodukte im KKW $\approx 10^{20}$ Bq;
Aktivität der Nahrung $\approx$ 40 Bq/kg;
Aktivität im Körper $\approx$ 130 Bq/kg

Wechselwirkung mit Materie: Energiedosis Radioaktive Strahlung ionisiert Atome. Für jeden einzelnen Ionisierungsvorgang ist eine im Mittel konstante Energie nötig. Die Energie, die 1 kg eines Stoffes durch die Strahlung aufnimmt, ist also ein Maß für ihre ionisierende Wirkung. Man spricht von der Energiedosis durch die Strahlung.

● **Die Energiedosis D ist der Quotient aus der von der radioaktiven Strahlung abgegebenen Energie ΔE und der Masse m des Körpers, der die Energie aufnimmt.**

$$D = \frac{\Delta E}{m}$$

Die Einheit der Energiedosis ist 1 Gy (**1 Gray**). Es gilt:

$$1\,\text{Gy} = 1\,\frac{\text{J}}{\text{kg}}$$

Je größer die Aktivität einer Strahlungsquelle ist, desto größer wird auch die Anzahl der durch sie in einem Stoff bewirkten Ionisierungsvorgänge. Die Energiedosis nimmt daher mit der Aktivität zu.

In tierischem Gewebe bewirkt die Energiedosis 1 Gy eine Änderung der Temperatur um knapp 0,001 K. Diese Temperaturerhöhung ist harmlos, die eigentliche Gefahr der radioaktiven Strahlung besteht vielmehr in der Zerstörung von Atomen und Molekülen. Eine den ganzen Körper des Menschen treffende Strahlung von 6 Gy führt fast sicher zum Tode.

Die tatsächlich von einem Körper absorbierte Energiemenge ΔE hängt von der Strahlungsenergie und der Art des Stoffes ab.

Biologische Bewertung: Äquivalentdosis Die biologische Wirkung radioaktiver Strahlung hängt nicht nur von der Energiedosis ab, sondern auch von der Strahlungsart. In der biologischen Wirkung ist 1 Gy einer α-Strahlung mit 20 Gy einer β- oder einer γ-Strahlung gleichzusetzen, man sagt äquivalent. Um die biologische Wirkung unterschiedlicher radioaktiver Strahlungen zu vergleichen, verwendet man eine Äquivalentdosis. Sie beschreibt die Strahlenbelastung unabhängig von der Strahlungsart. Dazu muss die Energiedosis mit einem **Qualitätsfaktor Q** bewertet werden.

● **Die Äquivalentdosis D_q einer Strahlung ist das Produkt aus der Energiedosis D mit einem Qualitätsfaktor Q.**

$$D_q = D \cdot Q$$

Die Einheit der Äquivalentdosis ist 1 Sv (**1 Sievert**). Es gilt:

$$1\,\text{Sv} = 1\,\frac{\text{J}}{\text{kg}}$$

Der Qualitätsfaktor Q ist ein Erfahrungswert. Man hat festgelegt:

für α-Strahlung:	$Q_\alpha = 20$
für β-Strahlung:	$Q_\beta = 1$
für γ-Strahlung:	$Q_\gamma = 1$
für langsame Neutronen:	$Q_n = 2{,}3$
für schnelle Neutronen:	$Q_n = 10$

Die Bewertung für sehr kleine, aber über einen langen Zeitraum einwirkende Energiedosen ist noch umstritten.

Zum Vergleich und zur Wirkungsabschätzung berechnet man die Äquivalentdosisleistung $P_q = \frac{D}{t}$: z. B. Flug in 10 000 m Höhe $P_q = 2\,\mu\text{Sv/h}$.

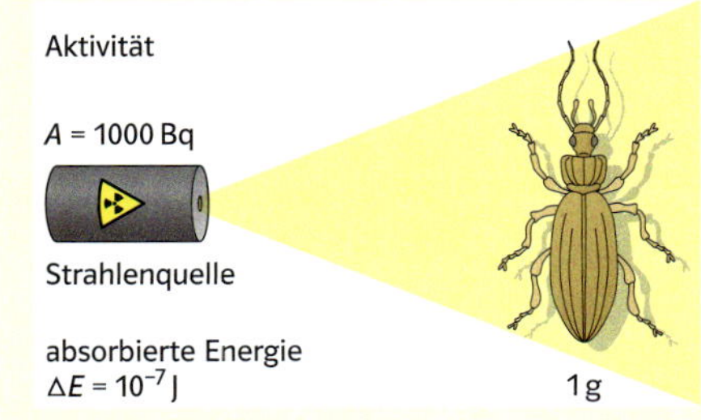

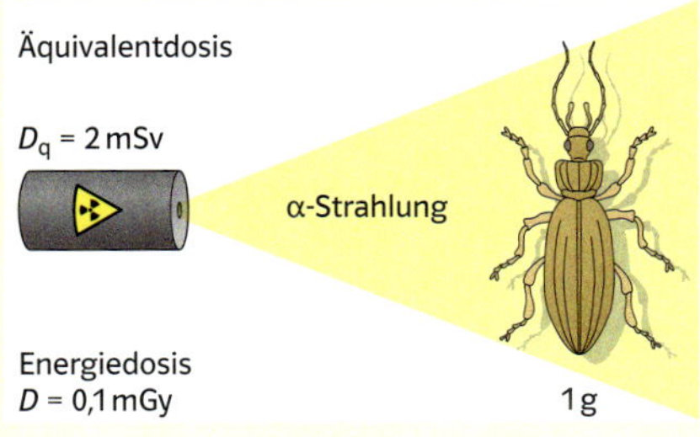

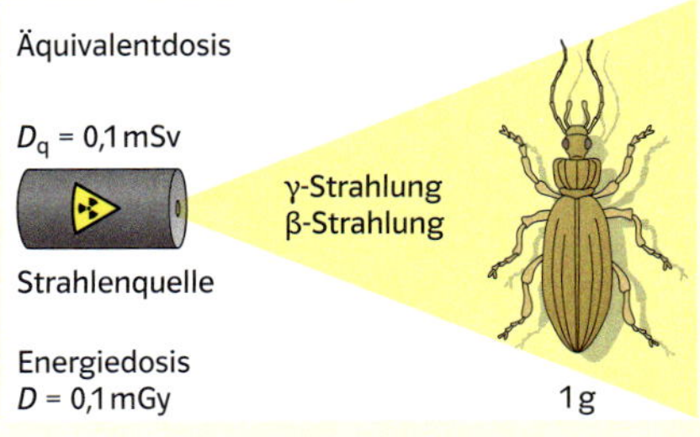

Physik überall

Strahlenbelastung des Menschen

B2 Flussspat enthält große Mengen an Uran.

Kosmische Strahlung, Höhenstrahlung Aus dem Weltraum trifft sehr energiereiche Strahlung aus Protonen und Heliumkernen auf die Erde. Sie stammt vor allem von der Sonne.

Normalerweise werden diese in 100–400 km Höhe abgebremst und aufgehalten. Dabei entsteht die Höhenstrahlung, vor allem aus Protonen, Neutronen, Elektronen und starker γ-Strahlung. Auf dem Weg zur Erdoberfläche wird sie durch die dichter werdende Lufthülle abgeschwächt. Im Hochgebirge ist sie daher intensiver als auf Meereshöhe (→**B1**).

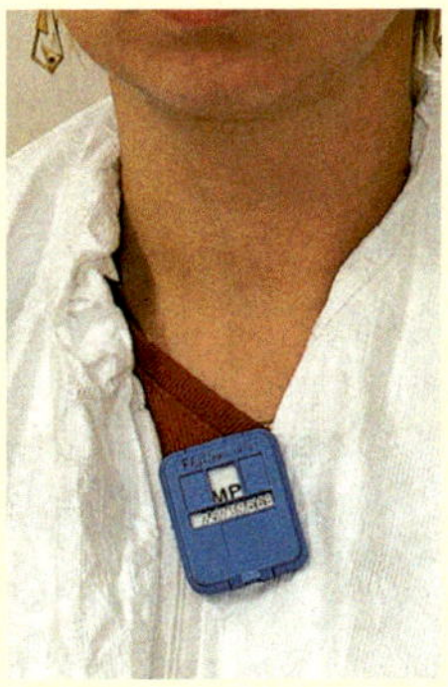

B3 Dosimeter zur Registrierung der Strahlenbelastung

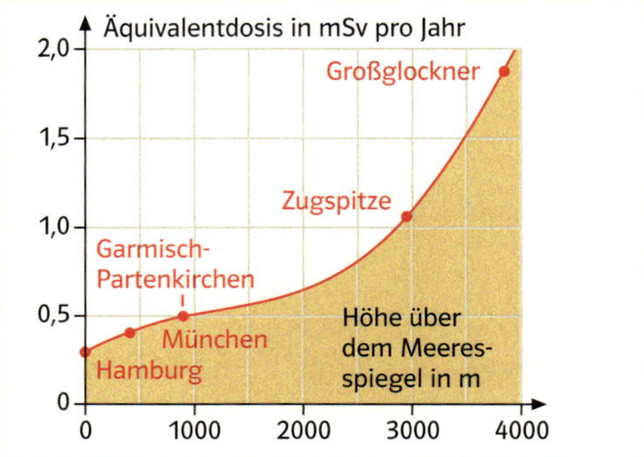

B1 Belastung durch kosmische Strahlung

Terrestrische Strahlung Als unsere Erde vor etwa 4,5 Milliarden Jahren aus dem Staub explodierter Sterne entstand, gab es sehr viele radioaktive Isotope. Heute sind davon nur die mit sehr langen Halbwertszeiten übrig, wie z. B. U-238, K-40 und U-235. Sie und ihre radioaktiven Zerfallsprodukte finden sich in Gesteinen, Boden, Wasser und Luft und damit auch in allen Lebewesen. Insbesondere das radioaktive Edelgas Radon gelangt aus Boden und Baustoffen in unsere Raumluft (→S. 115).
In unbelüfteten Räumen, vor allem im Keller, kann es gesundheitsschädliche Konzentrationen erreichen, weil α-Strahlen wegen ihres hohen Ionisationsvermögens in lebenden Zellen beträchtliche Schäden anrichten (→S. 110). Außerdem entstehen durch die kosmische Strahlung in der Atmosphäre laufend neue radioaktive Isotope wie C-14 und H-3, die, durch Luft und Wasser verbreitet, zur terrestrischen Strahlung beitragen.

Eigenstrahlung Mit dem Stoffwechsel kommen ständig radioaktive Substanzen in den menschlichen Körper. Das Trinkwasser, die pflanzliche und tierische Nahrung sowie die Luft enthalten radioaktive Atomkerne wie C-14, K-40 oder Rn-222. Als Körpersubstanz können sie lange Zeit als Strahlungsquellen wirken. Mehr als die Hälfte der Aktivität im Körper stammt vom Kalium-40-Isotop.

Künstliche Strahlung Bei Röntgenaufnahmen und bei der medizinischen Behandlung mit radioaktiven Präparaten setzen wir uns zusätzlich einer Strahlenbelastung aus. Eine Lungendurchleuchtung führt z. B. zu einer Belastung von 0,3 mSv. Für Menschen, die beruflich Strahlung ausgesetzt sind, gilt zurzeit ein Grenzwert von 50 mSv pro Jahr. Ihre Strahlenbelastung wird durch Dosimeter laufend kontrolliert (→**B3**).

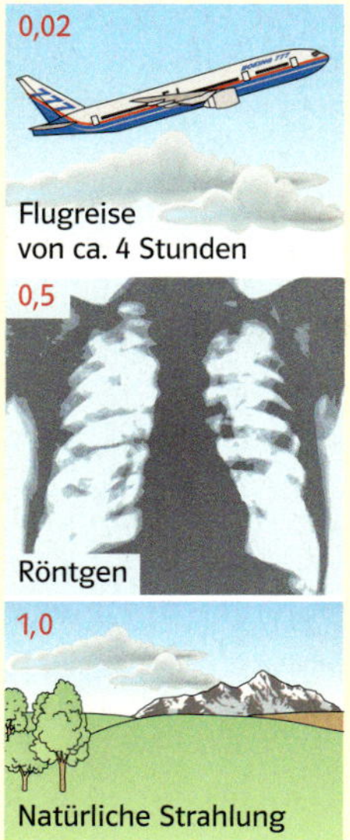

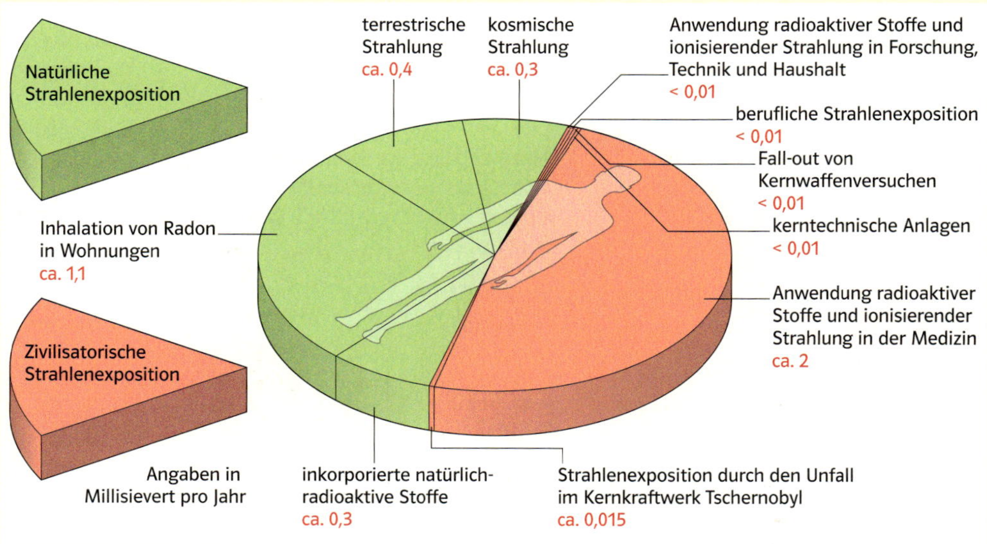

Nutzen radioaktiver Strahlung

Radioaktive Strahlung in der Medizin Die von radioaktiven Stoffen ausgehende Strahlung wird in der Medizin eingesetzt, um Krankheiten festzustellen (Diagnose) und um sie zu behandeln (Therapie).

In der **nuklearmedizinischen Diagnostik** werden krankhafte Prozesse in den Organen festgestellt. Dem Patienten werden z. B. durch Injektion schwach radioaktive Lösungen mit kleiner Halbwertszeit verabreicht. Mit einem hochempfindlichen Messgerät (Szintillationszähler) kann die Geschwindigkeit verfolgt werden, mit der die radioaktive Substanz in den Organen aufgenommen, angereichert oder wieder ausgeschieden wird (→**B2**). Unterschiede in Struktur und Funktion der linken und rechten Lungenhälfte lassen sich so sichtbar machen.

In der **Strahlentherapie** behandelt man Krebserkrankungen dadurch, dass man das kranke Gewebe (Zellwucherung) durch radioaktive Strahlung zerstört (→**B1**). Da Körperzellen mit hoher Teilungsrate, wie z. B. Krebszellen, besonders strahlungsempfindlich sind, werden diese Zellen stärker zerstört als gesunde Zellen, die sich langsamer vermehren. Um die gesunden Zellen zu schonen, bestrahlt man den Tumor aus verschiedenen Richtungen mit schwächerer Dosis, so dass die Strahlung nur in den Überlappungszonen die zerstörende Wirkung hat.

Die **Sterilisation** (Entkeimung) von medizinischen Instrumenten, hitzeempfindlichen Arzneimitteln, Schläuchen und Verbandsstoffen mit Hilfe radioaktiver Strahlung gewinnt immer mehr an Bedeutung. Durch hohe Energiedosen werden Bakterien, Sporen oder Viren getötet.

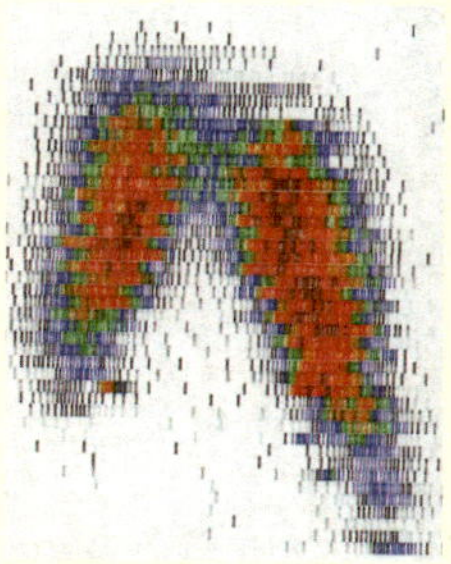

B2 Szintigramm der Lunge

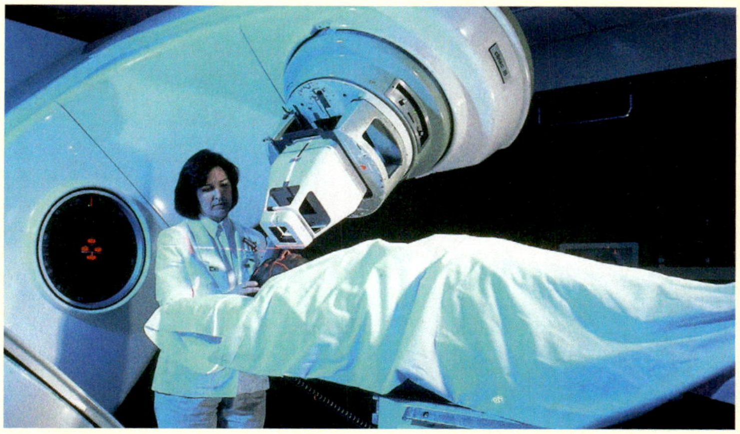

B1 Bestrahlung eines Tumors

Werkstoffprüfung – Verschleißmessung
Bei der **Dickenmessung** und zerstörungsfreien **Werkstoffprüfung** wird die Abnahme der Intensität einer γ-Strahlung mit der Dicke der durchdrungenen Schicht genutzt. Der zu untersuchende Gegenstand befindet sich zwischen der Strahlungsquelle und einem Nachweisgerät, einem Film oder einem Zählrohr. Je nach Dicke der Schicht wird die Strahlung geschwächt. Unterschiede in der Zusammensetzung des Materials, Risse oder Hohlräume zeigen sich durch verschiedene Absorptionen. Maschinenteile werden beim Gießen, Schmelzen oder Pressen mit radioaktiven Stoffen präpariert. Beim Betrieb geraten Verschleißteilchen in das Schmiermittel. Durch Messung seiner Aktivität lässt sich die **Abnutzung** der Maschinenteile bestimmen.

B3 Anwendungen radioaktiver Strahlung in der Technik

Werkstatt

Wir messen die Radioaktivität unserer Umgebung

Bei der Messung radioaktiver Strahlung von Proben ist der **Nulleffekt** zu beachten. Darunter versteht man die Strahlung, die das Messgerät ohne Präparat oder Untersuchungsprobe anzeigt (je nach Region bis 0,5 Bq). Sie entsteht durch die Umweltradioaktivität. Eine Möglichkeit, den Einfluss des Nulleffekts zu verringern, ist das Messen in einer Bleikammer. Da jeder Messwert statistischen Schwankungen unterliegt, ist eine genaue Messung der Aktivität von Proben nicht möglich.

1 Wie im folgenden Bild gezeigt, wird die Größe des Nulleffekts über einen Zeitraum von 15 min ermittelt. Dazu wird die Impulsrate mit dem Zählrohr außerhalb und innerhalb der Bleiabschirmung gemessen.

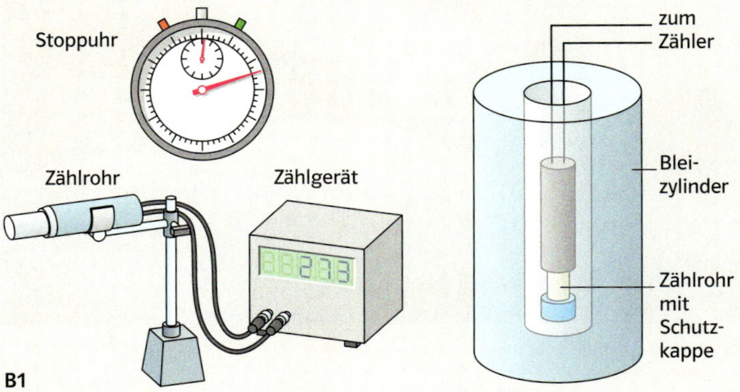

B1

2 Die Aktivität von Hausstaub wird gemessen. Dazu wird ein etwa 10 m langer blanker Draht in einem unbelüfteten Kellerraum der Schule für einige Stunden aufgespannt und mit einem Hochspannungsgerät negativ aufgeladen. Nach 2 bis 3 Stunden wird es ausgeschaltet und der Draht mit Filterpapier abgewischt, so dass der Staub auf engstem Raum konzentriert wird. Die Messung muss sofort beginnen, da

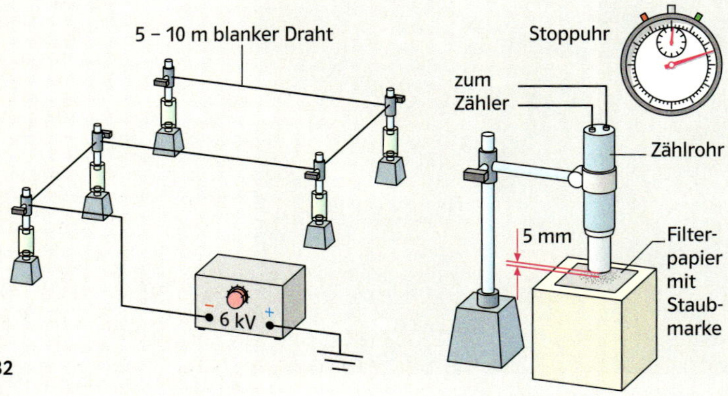

B2

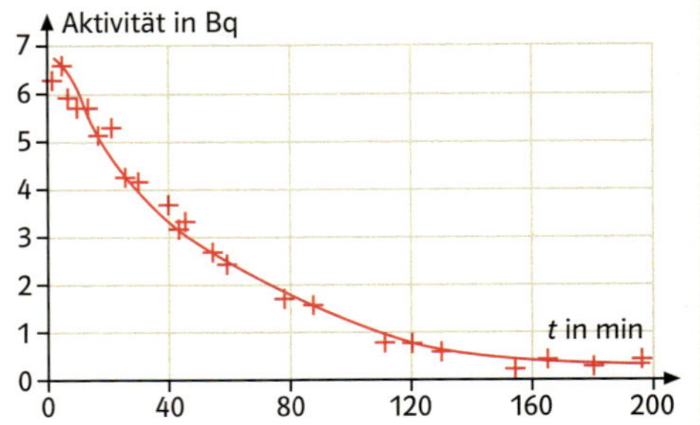

B3

die Aktivität des Staubes sehr schnell abnimmt. Das obige Diagramm zeigt die Veränderung der Zählraten bei Hausstaub.

3 Die Aktivität von Gegenständen wird gemessen: Zifferblatt einer alten Uhr, Glühstrümpfe von einer Campinglampe, rote Klinkersteine, alte schwarze Porzellanschalter, Maronenpilze, Kaliumsalz, Leuchtfarbe von Kellerwänden, Paranussasche usw. Die folgenden Tabellen geben Messwerte einiger Proben an.

Baustoff	Aktivität
Gips, Holz, Kunststoff	sehr niedrig
Kalkstein, Sandstein	niedrig
Ziegel, Beton	mittel
Natürliches Gestein	hoch
Schlackenstein, Bimsstein	sehr hoch

Caesium-137-Aktivität in Speisepilzen (Messung an drei Standorten in Südbayern zwischen 1987 und 1993)

Pilzart	Aktivität in Bq pro kg		
	Mittelwert	Minimum	Maximum
Semmelstoppelpilz	3400	2420	15000
Maronenröhrling	2000	1320	4365
Butterpilz	1325	515	1200
Frauentäubling	440	245	1390
Pfifferling	440	175	840
Steinpilz	220	115	395
Parasolpilz	60	29	130
Waldchampignon	8	2	20

Radioaktives Gas in Wohnungen

„Radon tötet jährlich Tausende!“ Mehr als die Hälfte der natürlichen Strahlenbelastung beruht auf dem radioaktiven Zerfall des Gases Radon. Experten schätzen, dass es für mindestens 5 % der Lungenkrebsfälle in Deutschland verantwortlich ist. Das sind knapp 2 000 Todesfälle im Jahr.

Lüften senkt die Belastung durch Radon

Um festzustellen, ob die Radioaktivität in unbelüfteten Räumen tatsächlich ansteigt, wird mit einem Geiger-Müller-Zählrohr die Aktivität der Raumluft im Keller einige Zentimeter über dem Boden mehrere Tage lang gemessen. Das Zählrohr ist mit einem Laptop verbunden, der die Zählraten pro Minute automatisch speichert (→ **B1**). Aus diesen Werten lassen sich leicht die Mittelwerte pro Stunde Messzeit berechnen. Das Diagramm **B3** zeigt diese Stundenmittelwerte der Zählrate in cpm (counts per minute) für knapp 6 Tage Messzeit. Bei gekippten Kellerfenstern bleibt die mittlere Zählrate unverändert, abgesehen von den üblichen Schwankungen. Bei geschlossenen Fenstern steigt die Zählrate nach etwa 4 Tagen merklich an, weil sich Radongas in der Bodenluft konzentriert. Offenbar dauert es nach dem Fensterschließen lange, bis die Raumluft zur Ruhe kommt.

Woher kommt Radon? Das mengenmäßig bedeutsamste Radon-Isotop Rn-222 stammt aus dem Zerfall des häufigsten Uranisotops U-238, das seit dem Entstehen der Erde mit einer Halbwertszeit von 4,5 Milliarden Jahren zerfällt – bis zum stabilen Blei-Isotop Pb-206. Dabei entstehen viele radioaktive Zwischenprodukte, z. B. Radium-226, das sich durch α-Zerfall in Radon-222 umwandelt. Im Gegensatz zu den anderen Zwischenprodukten ist Radon gasförmig und kann aus Erdreich und Baustoffen in die Raumluft gelangen (→ **B2**). Insbesondere aus manchen Natursteinen, durch unabgedichtete Fugen und Risse in Böden und Decken gelangt Radon auch in Wohnräume, gefördert durch den Kamineffekt in Häusern (→ **B4**).
Der Radiumgehalt von Untergrund und Baumaterial ist abhängig von der Gesteinsart und schwankt regional sehr stark. Dadurch ergeben sich in Innenräumen Zerfallsraten von wenigen Becquerel pro Kubikmeter Raumluft (Bq/m^3) bis zu mehreren tausend. Im Bergbaugebiet Schneeberg in Sachsen maß man in unbelüfteten Kellerräumen bis zu 10^5 Bq/m^3, in Deutschland beträgt der Mittelwert 50 Bq/m^3.

Radon erhöht das Lungenkrebsrisiko! Eingeatmetes Radon wird in der Lunge nicht aufgenommen und zum größten Teil wieder ausgeatmet. Gesundheitlich bedenklich sind vor allem seine festen Zerfallsprodukte, radioaktive Isotope der Schwermetalle Polonium, Wismut und Blei, die sich in der Lunge ablagern oder mit eingeatmeten Staubpartikeln in sie gelangen. Die von ihnen ausgehende Strahlung kann das Gewebe schädigen (→ S. 110).

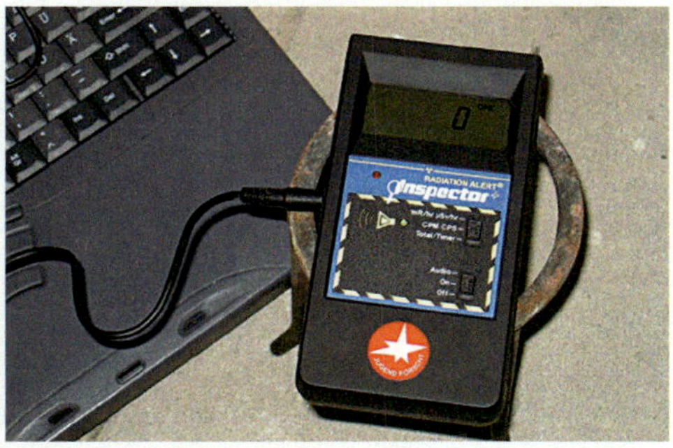

B1 Langzeitmessung mit automatischer Messwerterfassung

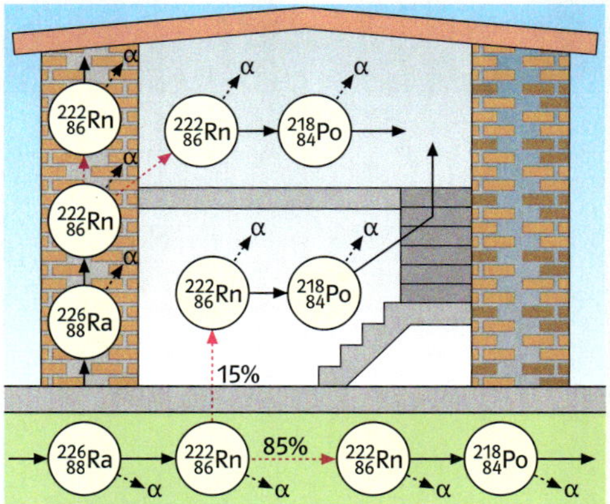

B2 Herkunft und Zerfall des Radons

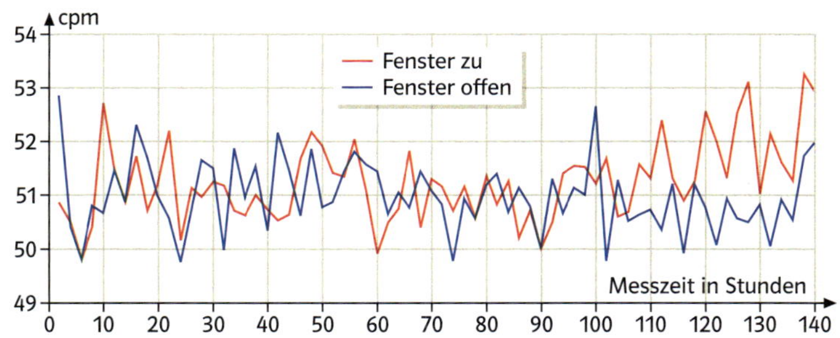

B3 Aktivität im Kellerraum bei geschlossenem (rot) und offenem (blau) Fenster

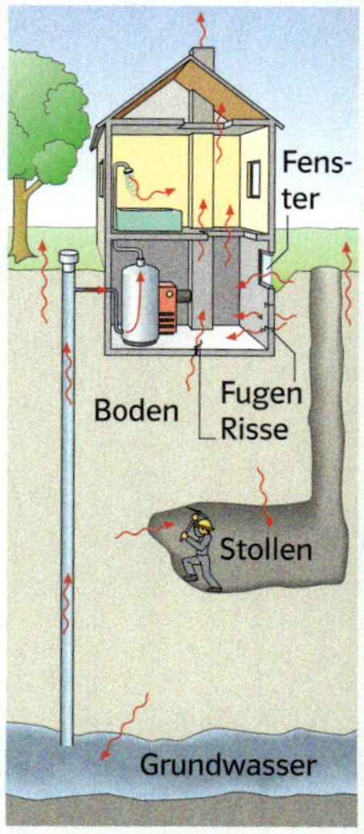

B4 Kamineffekt und Radon-Eintrittspfade

Rückblick

1 Begriffe
Was versteht man unter
- Atomkern und Isotop?
- α-, β-Zerfall und Kernumwandlung?
- Halbwertszeit?
- Bindungsenergie und Massendefekt?
- Kernspaltung und Kernfusion?
- Kettenreaktion?

2 Beobachtungen
Was beobachtet man, wenn
- radioaktive Strahlung zwischen die Platten eines geladenen Kondensators dringt?
- radioaktive Strahlung auf einen lichtdicht verpackten Film trifft?
- zwischen Strahler und Zählrohr nacheinander ein Blatt Papier, eine Aluminiumplatte und eine gleich dicke Bleiplatte gehalten werden?

3 Erklärungen
Wie lässt sich begründen, dass
- die Masse eines Atomkerns geringer ist als die Massensumme seiner Nukleonen?
- ein Geigerzähler uns ständig eine schwache radioaktive Strahlung anzeigt?
- Radioaktivität unsere Zellen schädigt?

4 Gesetzmäßigkeiten
Beschreibe mit eigenen Worten
- die Energiefreisetzung bei der Spaltung von U-235 in mittelschwere Kerne.
- die zeitliche Abhängigkeit der Zählrate eines radioaktiven Isotopes.
- die Abhängigkeit der Zählrate von der Dicke bei Absorption von α-, β-, γ-Strahlung.
- wie man auf das „Alter" einer organischen Probe zurückschließen kann.

Erläutere die Erscheinungen in den folgenden Bildern und beantworte die Fragen!

B1 Wie funktioniert eine Dosimeterplakette? (Innenansicht)

B2 Wie kommt diese Aufnahme zustande und was zeigt sie?

B3 Tschernobyl-Reaktor nach dem Unfall am 26.4.1986. Welche Folgen hat die radioaktive Verschmutzung der Umwelt auf Lebewesen? Unterscheide zwischen verschiedenen Auswirkungen!

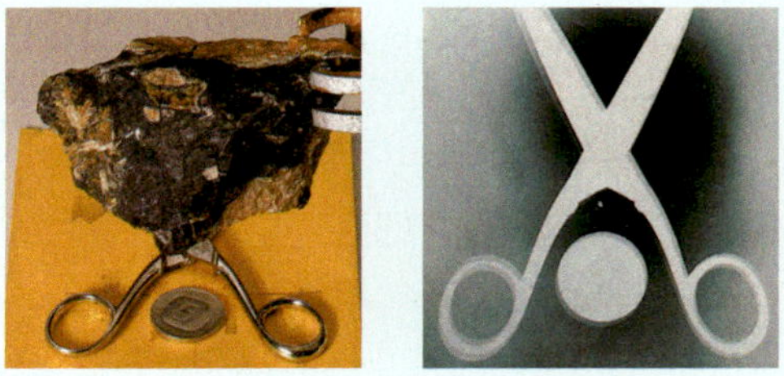
B4 Der Stein enthält Uran, im gelben Umschlag ist ein Fotofilm lichtdicht verpackt. Beschreibe den dargestellten Versuch und deute ihn.

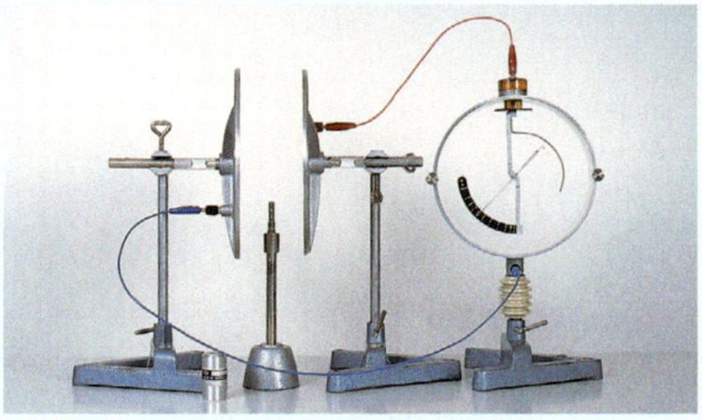
B5 Welche Eigenschaft radioaktiver Strahlung weist dieser Versuch nach?

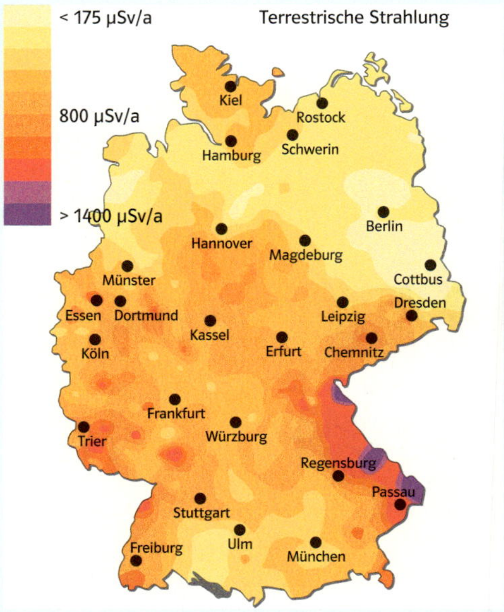

B6 Welche Aussagen kann man dieser Karte entnehmen?

Beispiele

Radioaktivität von Abgasen

Kernkraftwerke dürfen schwach radioaktive Gase, z. B. Iodverbindungen, innerhalb gewisser Grenzen über den Kamin ins Freie ablassen. Zur Kontrolle werden in einem abgeschlossenen Behälter Messungen der Radioaktivität des Gases über mehrere Tage vorgenommen. Man stellt nach Abzug des Nulleffektes fest:

t in Tagen	0	5	10	15	20	25	30	35
A in Bq	120	78	50	33	21	14	9	6

a) Zeichne ein Diagramm der Messwerte.
b) Bestimme die Halbwertszeit des radioaktiven Gases.
c) Das Iodisotop $^{131}_{53}\mathrm{I}$ erzeugt eine β-Strahlung. In welches Isotop verwandelt es sich? Gib die Reaktionsgleichung des Zerfalls an!

Lösung: a)

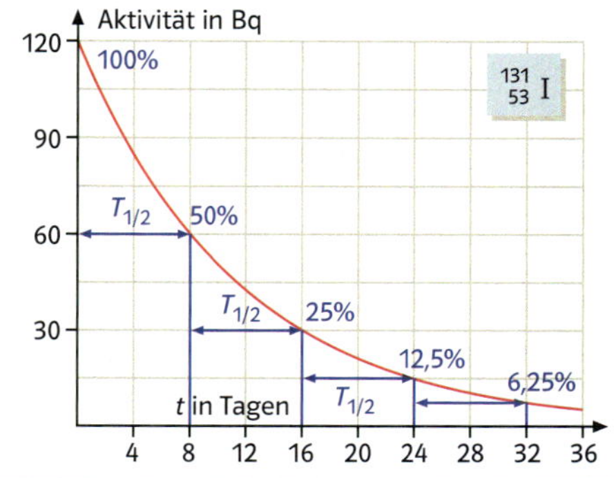

b) Dem Diagramm entnimmt man eine Halbwertszeit von 8 Tagen.
c) Es entsteht Xenon: $^{131}_{53}\mathrm{I} \rightarrow {}^{131}_{54}\mathrm{Xe} + e^-$

Heimversuche

Die Kettenreaktion im Modell

VORSICHT! Den Versuch nur im Freien und mit Sicherheitsabstand ausführen! Nimm neue Streichhölzer und stecke sie aufrecht in Reihen mit gleichen Abständen in einen Streifen aus Styropor. Alle Zündköpfe sollen gleich weit herausragen. Ihr Abstand soll zwischen 0,5 cm und 1 cm betragen. Richte den Streifen senkrecht auf und halte ihn dabei unten fest. Zünde nun ein Streichholz in der Mitte der unteren Reihe an und verfolge die Wirkung auf die anderen darüber (→ **B1**).

Radioaktiver Zerfall im Modell

Du brauchst ein hohes Glas, das zylindrisch geformt sein sollte, Stoppuhr und Lineal. (Am besten geeignet ist ein Standzylinder mit Eichstrichen). Fülle eine schäumende Flüssigkeit so schnell ein, dass möglichst viel Schaum entsteht. Miss die Dicke *D* der Schaumschicht in Abhängigkeit von der Zeit und trage die Messwerte in ein *t*-*D*-Diagramm ein. Kannst du eine Halbwertszeit bestimmen? Erfüllen alle Schaumsorten (Seifenlösungen, Getränke) des Zerfallsgesetz näherungsweise? Der Schaum welcher Biersorte hat die längste Halbwertszeit?

B1

Fragen

Kernumwandlungen

1 Die Halbwertszeiten radioaktiver Elemente sind sehr verschieden. In **B3** findest du $T_{1/2}$ und die Zerfallsart einiger Isotope.
a) Gib an, nach welcher Zeit jeweils die Hälfte, ein Viertel usw. der ursprünglichen Atomzahl vorliegt! Für welche Untersuchungszeiten und Materialien eignen sich diese „radioaktiven Uhren" jeweils?
b) Beschreibe eine Methode zur archäologischen Altersbestimmung!
c) Gib für jede der Kernumwandlungen die Reaktionsgleichung an!

2 Das radioaktive Element Thorium zerfällt über radioaktive Zwischenprodukte zum stabilen Blei. Gib mit Hilfe von **B2** Zerfallsart und Reaktionsgleichung für $^{232}_{90}\mathrm{Th}$ und die Folgeprodukte Radium und Polonium an.

3 a) Was versteht man unter einer natürlichen Kernumwandlung?
b) Erläutere den Unterschied zwischen Kernspaltung und Kernverschmelzung.

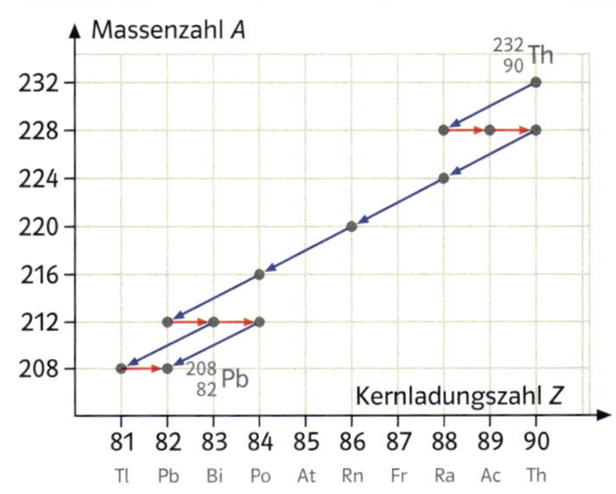

B2 Zerfallsreihe von Thorium

Element	$T_{1/2}$	Zerfall
$^{238}_{92}\mathrm{U}$	$4{,}5 \cdot 10^9$ a	α
$^{14}_{6}\mathrm{C}$	$5{,}7 \cdot 10^3$ a	β
$^{137}_{55}\mathrm{Cs}$	30,2 a	β
$^{131}_{53}\mathrm{I}$	8,0 d	β
$^{214}_{84}\mathrm{Po}$	0,16 ms	α

B3

Fragen

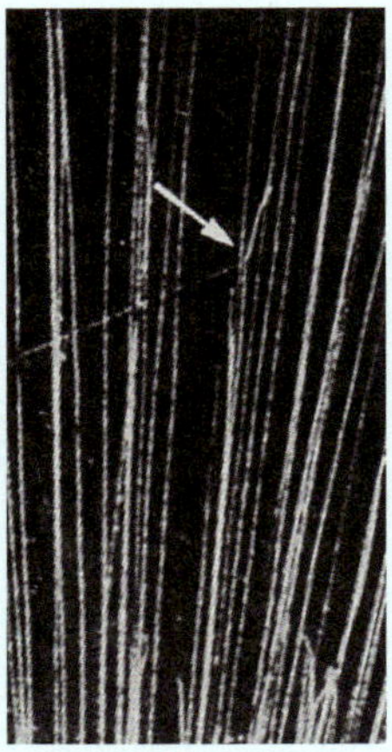

B1 Künstliche Kernumwandlung von Stickstoff durch α-Strahlung

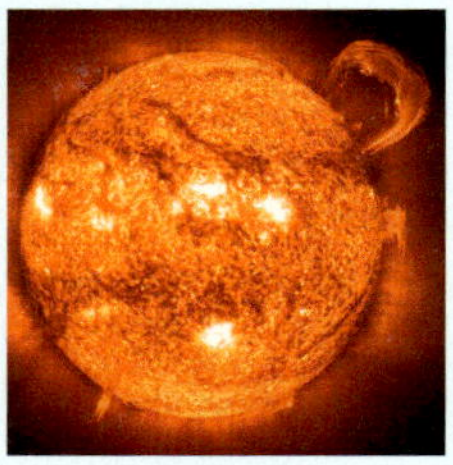

B2 zu Aufgabe 11

4 Die Aktivität einer Bariumverbindung wird nach jeweils einer Minute für 10 Sekunden gemessen und der Nulleffekt abgezogen. Stelle die Messergebnisse grafisch dar und bestimme die Halbwertszeit dieses Ba-Isotops!

t in min	0	1	2	3	4	5	6
Impulse/10 s	1050	795	600	460	345	260	220

5 Bei der ersten wahrgenommenen künstlichen Kernumwandlung beobachtete Rutherford 1919 in der Nebelkammer ein wegfliegendes Proton (→**B1** dünnere Spur nach links unten) und ein schwereres Isotop (dickere Spur nach rechts oben), als er Stickstoff mit α-Teilchen bestrahlte.
a) Erläutere kurz das Funktionsprinzip einer Nebelkammer.
b) Stelle die Reaktionsgleichung auf!

6 Erkläre genau, warum der umgangssprachliche Ausdruck "Atomenergie" für die in Kernkraftwerken nutzbar gemachte Energie falsch ist! Für welche Kraftwerke würde er eher zutreffen?

7 Warum ist die Kernspaltung zur Energiegewinnung geeignet?

8 Bei der Explosion einer Atombombe läuft eine unkontrollierte Kettenreaktion ab. Durch welche Bedingungen wird eine solche Reaktion in Kernkraftwerken verhindert?

9 Welchen Grund könnte es haben, dass für junge Bäume an verkehrsreichen Straßen nach der C-14-Methode scheinbar ein Alter von etwa 500 Jahren gemessen wurde?

10 Im Fusionsreaktor soll der Fusions-„Brennstoff" Tritium ^3_1H aus Lithium (Li-6) durch Neutronenbeschuss umgewandelt werden. Gib die Reaktionsgleichung an!

11 In der Sonne fusionieren in einer Sekunde rund 700 Millionen Tonnen Wasserstoff zu 695 Millionen Tonnen Helium. Der Massenverlust wird in Energie umgewandelt.
a) Erläutere die physikalischen Grundlagen für den Massenverlust.
b) Berechne die freiwerdende Energiemenge pro Sekunde. Was geschieht mit ihr?
c) Die Masse der Sonne beträgt $1{,}99 \cdot 10^{30}$ kg. Sie strahlt seit etwa 4,5 Mrd. Jahren mit der heutigen Leistung. Welchen Bruchteil ihrer Masse hat sie in dieser Zeit verloren?

12 a) Wie lässt sich experimentell bestimmen, welche Strahlungsart von einem Präparat ausgesandt wird?
b) Wie kann man nachweisen, dass radioaktive Strahlung Luft ionisiert?

13 Beschreibe Aufbau und Wirkungsweise
a) eines Zählrohres.
b) einer Dosimeterplakette.

14 Berechne Massendefekt und Energiefreisetzung bei der in Kraftwerken geplanten Kernfusion von ^4_2He aus ^2_1H und ^3_1H! Beachte, dass dabei auch ein Neutron entsteht!

15 Beim Reaktorunfall von Tschernobyl wurden radioaktive Stoffe als Gas und feinster Staub freigesetzt und mit dem Wind über Europa verteilt. Folgende Vorsichtsmaßnahmen wurden empfohlen: Möglichst oft waschen! Bei Regen nicht im Freien aufhalten! Keine Milch von Weidevieh trinken! Nicht auf staubigen Sportplätzen spielen! Was sollte damit erreicht werden?

16 a) Begründe die Grundregeln des Strahlenschutzes mit Hilfe der Eigenschaften und Wirkungen radioaktiver Strahlung.
b) Nenne einige Strahlenbelastungen, denen der Mensch ständig ausgesetzt ist.

17 In 10 km Höhe beträgt die absorbierte Energiedosis durch Strahlung im Flugzeug etwa 2 μGy pro Stunde. Sie resultiert hauptsächlich aus γ-Strahlung. Berechne die daraus resultierende Äquivalentdosis pro Jahr eines 12-stündigen Interkontinentalflugs und vergleiche sie mit der mittleren natürlichen Strahlungsbelastung auf der Erde! Woher stammt die Strahlung beim Flug?

18 Die Strahlenbelastung durch inkorporierte Radionuklide beträgt etwa 0,3 mSv pro Jahr. Sie stammt hauptsächlich von dem radioaktiven Isotop K-40. Ein 70 kg schwerer Mensch enthält davon rund 17 mg (der gesamte Kaliumgehalt beträgt 140 g).
a) Wie viele Kerne des Isotops müssen im Jahr zerfallen, wenn pro β-Zerfall etwa 1 MeV Energie im Körper absorbiert wird? ($1{,}3 \cdot 10^{11}$ Kerne)
b) Gib auch die Aktivität von K-40 in Bq/kg im Körper an.
c) Woher stammt das radioaktive Kalium im Körper?
d) Gib die Zerfallsgleichung an!

Vorhaben **Kinematik**

Untersuche in „Forschungsvorhaben", welchen Verlauf die Geschwindigkeit beim Radfahren nimmt!
- **Formuliere dein Vorhaben genau.**
- **Plane deine Experimente und führe sie sorgfältig durch.**
- **Protokolliere zuverlässig.**
- **Entwickle eine Präsentation und trage sie vor.**

Geschwindigkeitsuntersuchung am Fahrrad

Ein aus dem Stand einige Sekunden bergab rollendes Fahrrad wird immer schneller.
- Wovon hängt die Geschwindigkeitszunahme des Fahrrades ab?
- Nimmt die Geschwindigkeit gleichmäßig zu?
- Welche Strecken legt das Fahrrad dabei in bestimmten Zeitintervallen zurück?

Hilfen Mit Hilfe eines Stativs wird eine Digitalkamera auf einem Fahrrad befestigt (→**B1**). Während ein Schüler mit dem Fahrrad aus dem Stand heraus vorsichtig eine abschüssige Straße herunterfährt, nimmt die Kamera von dem Tachometer einige Bilder im Bildfolgemodus oder als Video auf (→**B1** bis **B5**, nächste Seite). Die Bildfolgen werden am Rechner mit entsprechenden Bild- bzw. Videobearbeitungsprogrammen ausgewertet. Bei einem Fahrradtachometer wird ein Magnet an den Speichen befestigt. Dieser Magnet fährt an einem Messfühler (= Reedrelais, →**B3**), der mit dem eigentlichen Tachometer verbunden ist, vorbei (→**B2**) und schließt dabei kurz einen Kontakt. Auf diese Weise wird pro Radumdrehung ein elektrischer Impuls ausgelöst. Der Mikrocontroller im Tachometer misst nun die Zeit zwischen zwei aufeinanderfolgenden Impulsen in Millisekunden und errechnet daraus und mit dem vorher eingestellten Radumfang die Geschwindigkeit in km/h nach folgender Formel: v = (Radumfang in Metern mal 3 600)/Zeit in Millisekunden.

Leider kannst du aus den angezeigten Werten für den zurückgelegten Weg kein korrektes t-s-Diagramm für diese Bewegung erstellen, da die Anzeige nur auf 10 m genau ist. Dadurch ist der Fehler der Wegmessung für ein exaktes Diagramm einfach zu groß. Der anfängliche Eindruck, dass der Weg proportional zur Zeit zunimmt, täuscht hier also.

B1 Fahrrad mit Stativ und Kamera

B2 Signalgeber-Einheit des Tachometers

B3 Reedkontakt des Messfühlers

Was wird erwartet? Beschreibe diese Bewegung möglichst genau. Fertige zu diesem Zweck zunächst ein t-v-Diagramm an und untersuche den jeweiligen Geschwindigkeitszuwachs (in m/s). Kannst du eine einfache Gesetzmäßigkeit zwischen t und v erkennen? Versuche diese als physikalische Formel darzustellen. Hier liegt eine beschleunigte Bewegung vor. Ermittle, wie groß die Beschleunigungen des Fahrrads in den einzelnen Zeitintervallen sind. Welche mittlere Beschleunigung erfuhr das Fahrrad während seiner Fahrt?

Bildet Arbeitsgruppen und stellt eure Ergebnisse in der Klasse vor.

B1 vor dem Start

B2 nach 6 s

B3 nach 8 s

B4 nach 10 s

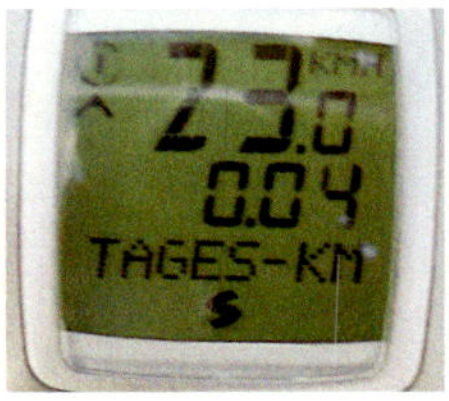

B5 nach 12 s

Wichtige Kenntnisse zur Lösung Informiere dich mit Hilfe des Lehrbuchs und anderen Quellen über folgende Themen:
- *t-s-* und *t-v-*Diagramme
- mittlere und momentane Geschwindigkeit
- Beschleunigung
- Reibung
- Genauigkeit von Messwerten
- Messprinzip von Weg und Geschwindigkeit beim elektronischen Fahrrad-Tachometer

Wichtige Untersuchungen Erstelle ein *t-s-*Diagramm. Ermittle dazu die in den Zeitintervallen zurückgelegten Wegstrecken. Leider kann man den Weg nicht einfach durch Ablesen des entsprechenden Tachometerwertes übernehmen, da diese Anzeige nur auf 10 m genau ist. Man kann den zurückgelegten Weg auch nicht einfach über die Formel $s = v \cdot t$ errechnen, weil ja die Geschwindigkeit während der Fahrt zunimmt. Also werden die zurückgelegten Wege pro Zeitspanne immer länger. Eine Möglichkeit besteht darin, für jedes Zeitintervall den zurückgelegten Weg zu ermitteln und die so berechneten Wegstücke dann zu addieren. Überlege dir für jedes Intervall eine geeignete mittlere Geschwindigkeit und berechne mit deren Hilfe dann den jeweils zurückgelegten Wegzuwachs mit der Formel $s = v \cdot t$. Ermittle anschließend aus den so errechneten Teilstücken den Gesamtweg für jedes *t*, lege eine *t-s-*Tabelle an und zeichne dann das *t-s-*Diagramm der Bewegung. Ermittle Gesetzmäßigkeiten. Vergleiche diese Bewegung mit dem freien Fall auf Gemeinsamkeiten und Unterschiede!

Schlussfolgerungen Fährt ein Fahrrad eine schiefe Ebene herunter, so nimmt die Geschwindigkeit ständig zu (beschleunigte Bewegung). Die Geschwindigkeit ist proportional zur Zeit, wenn sich das Gefälle nicht ändert. Bei dieser Bewegung kann man den zurückgelegten Weg nicht mit der Formel $s = v \cdot t$ berechnen, da die Geschwindigkeit nicht konstant ist. Die untersuchte Bewegung erinnert an den freien Fall, bei der Geschwindigkeit und Zeit auch proportional sind.

Zum weiteren Nachdenken: Wenn du eine Digitalkamera hast, kannst du selbst auch solche Bildfolgen erstellen. Vielleicht kannst du im Auto deiner Eltern vom Rücksitz aus den Tachometer fotografieren oder filmen, während jemand das Auto fährt. Führe dann den oben beschriebenen Versuch für folgende Bewegungen durch:
- das Auto fährt mit konstanter Geschwindigkeit
- das Auto erhöht seine Geschwindigkeit
- beim Abbremsen des Autos

Vergleiche die Gesetzmäßigkeiten beim Gasgeben mit denen beim Abbremsen.

Kinematik

„Die Erde geht auf" Die Fotos von der Erde entstanden, als die Raumkapsel von Apollo 10 im Mai 1969 den Mond umrundete. Die Astronauten hatten dabei den Eindruck, die Erde ginge auf. Die Beschreibung einer Bewegung hängt vom Standpunkt ab.

Der bewegte Wald Bei dieser Aufnahme wurde die Kamera mit dem Rennboot mitbewegt. Der Hintergrund scheint am stehenden Boot vorbeizurasen. Wir wissen, es ist genau umgekehrt. Oder ist dieses Wissen auch nur relativ?

Was ist Bewegung? 400 vor Christus sagte Zenon von Elea: Es kann keine Bewegung geben. Ein Pfeil ist zu jedem Zeitpunkt an einem bestimmten Ort. Wenn er aber an einem bestimmten Ort ist, muss er sich dort in Ruhe befinden. Da er zu jedem Zeitpunkt in Ruhe ist, kann er sich nicht bewegen. Vergleiche diese Aussage mit dem Bild des Tennisspielers rechts.

Gleichförmige Bewegungen im Diagramm

Ein Aufzug in einem Einkaufscenter fährt vom Erdgeschoss 5 Stockwerke (= 15 m) hoch. Nach 10 s ist er im 3. Stock (s = 9,0 m) angekommen. Er hält nun 10 s an und setzt dann seine Fahrt fort. Nach weiteren 6 s kommt er im 5. Stock an, wo er 24 s stehen bleibt. Anschließend fährt er mit konstanter Geschwindigkeit innerhalb von 15 s ins Erdgeschoss zurück. Zu dieser Fahrt kann man das entsprechende *t*-*s*-Diagramm des Aufzugs erstellen. Welchen Verlauf nimmt der Graph in diesem Diagramm? Wie würde das zugehörige *t*-*v*-Diagramm wohl aussehen?

B1

Vorwissen aus Klasse 7:
Die Steigung der Geraden im *t*-*s*-Diagramm entspricht der Geschwindigkeit des Körpers.

Je steiler der Graph verläuft, desto größer ist die Geschwindigkeit.

Der Graph im *t*-*v*-Diagramm einer gleichförmigen Bewegung (= Bewegung mit konstanter Geschwindigkeit) ist ein horizontales Geradenstück.

Diagramme beschreiben gleichförmige Bewegungen Aus *t*-*s*- und *t*-*v*-Diagrammen von Bewegungen kann man sehr viel über die Bewegungen selbst erfahren. So erkennt man aus **B2** des Beispiels mit dem Fahrstuhl, dass der Aufzug im dritten Stock angehalten hat. Der Graph im *t*-*s*-Diagramm verläuft während dieser Zeit horizontal – die Geschwindigkeit des Aufzugs beträgt dort 0 m/s. Weiter erkennt man, dass der Weg des Aufzugs linear mit der Zeit zugenommen hat, weil der Graph des *t*-*s*-Diagramms linear verläuft. Die Geschwindigkeit war also konstant. Nach einer längeren Pause im fünften Stock fällt die Kurve linear ab: Der Fahrstuhl bewegt sich mit gleichbleibender Geschwindigkeit in die entgegengesetzte Richtung.

Weitere Informationen über die Bewegung erhalten wir aus dem *t*-*v*-Diagramm (→**B3**). Im Falle des Aufzugs erkennen wir, dass das *t*-*v*-Diagramm des fahrenden Aufzugs aus horizontalen Geradenstücken besteht, die Geschwindigkeit des fahrenden Aufzugs ist konstant. Während der Wartephasen im 3. und 5. Stockwerk ist die Geschwindigkeit 0. Bei der Fahrt vom 5. Stock ins Erdgeschoss wird die Geschwindigkeit negativ, da die Bewegung jetzt in umgekehrter Richtung verläuft. Sie ist jedoch weiterhin konstant, wie sich aus dem horizontalen Verlauf ablesen lässt.

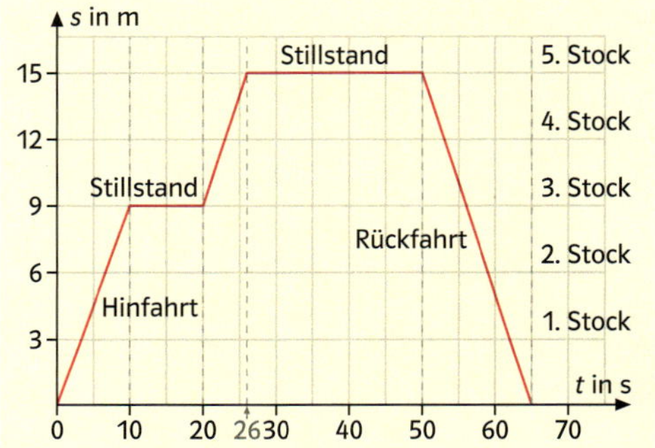

B2 *t*-*s*-Diagramm eines Aufzugs: Gleichförmige Hinfahrt mit Unterbrechung und gleichförmige Rückfahrt

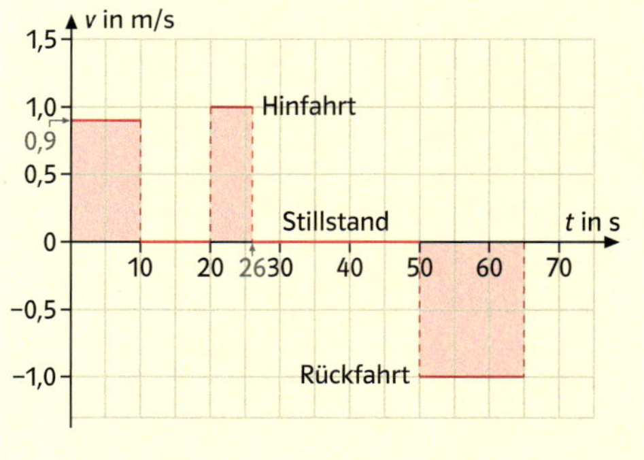

B3 *t*-*v*-Diagramm eines Aufzugs: Gleichförmige Hinfahrt mit Unterbrechung und gleichförmige Rückfahrt

Bei der Beschreibung der Bewegung des Aufzugs sind wir von idealisierten Bedingungen ausgegangen und haben die Beschleunigungs- und Bremsphasen beim Anfahren und Abbremsen des Aufzugs nicht berücksichtigt, wie man am Verlauf des Graphen in **B3** erkennen kann.

Grafische Darstellung als Hilfsmittel

B1 Radfahrerin und Fußgänger machen gemeinsam Pause.

Überholen im Verkehr Diagramme helfen auch, mehrere Bewegungsabläufe zu vergleichen und zu beurteilen. Als Beispiel stellen wir den Bewegungsablauf eines Fußgängers und einer Radfahrerin in einem gemeinsamen Diagramm dar (→**B2**).

Der Fußgänger bewegt sich mit einer konstanten Durchschnittsgeschwindigkeit von 1,5 m/s, das sind 5,4 km/h, die Radfahrerin mit 4,2 m/s, das sind 15 km/h. Die Radfahrerin startet 20 s später als der Fußgänger. Der Fußgänger startet zum Zeitpunkt $t = 0$. Sein Graph im *t*-*s*-Diagramm beginnt also im Ursprung. Die Fahrradfahrerin beginnt ihre Fahrt 20 s später, folglich beginnt ihr Graph auf der *t*-Achse bei $t = 20\,s$. Nach 40 s hat der Fußgänger 60 m zurückgelegt, dies ergibt einen weiteren Punkt seines Graphen. Die Radfahrerin hat 40 s nach ihrem Start, also bei $t = 60\,s$, 168 m zurückgelegt; man erhält hier den Punkt ($t = 60\,s \mid s = 168\,m$) als zweiten Punkt ihres Graphen. Aus dem Diagramm lässt sich nun der Zeitpunkt entnehmen, an dem die Radfahrerin den Fußgänger überholt, nämlich ca. 31 s nach dem Start des Fußgängers oder 11 s, nachdem die Radfahrerin losgefahren ist. Auch der Ort des Überholens lässt sich auf der y-Achse ablesen: Nach etwa 47 m treffen sich die beiden. Wie weit sind sie nach 60 s voneinander entfernt? Aus der Grafik entnehmen wir eine gegenseitige Entfernung von ca. 78 m nach 60 s.

Auch folgende Frage lässt sich mit dem Diagramm leicht beantworten: Wann müsste ein zweiter Radfahrer, der die gleiche Geschwindigkeit wie die erste Radlerin hat, starten, damit er den Fußgänger nach genau 100 m einholt? Zur Lösung dieser Aufgabe ermitteln wir zuerst den Einholpunkt, indem wir durch den Punkt 100 m auf der *s*-Achse eine Parallele zur *t*-Achse zeichnen. Diese schneidet den Graphen des Fußgängers in dem geplanten Einholpunkt. Er liegt ungefähr bei $t = 67\,s$. Durch diesen verschieben wir den Graphen der ersten Radfahrerin und lesen auf der *t*-Achse den Startzeitpunkt des zweiten Radfahrers ab: Etwa 43 s nach dem Start des Fußgängers muss der zweite Radfahrer losfahren.

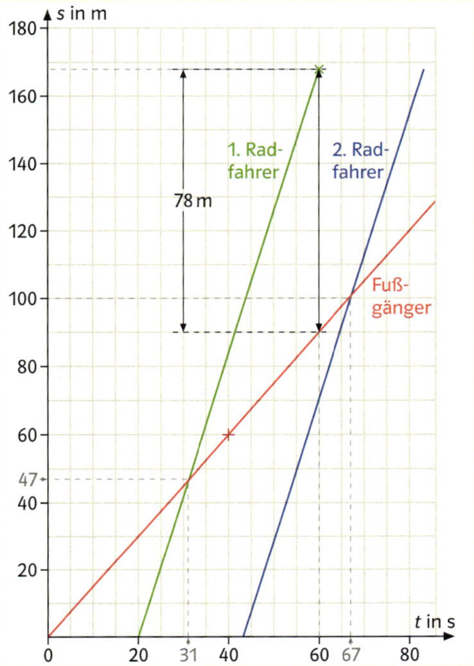

B2 Überholvorgang

Gleichmäßig beschleunigte Bewegungen im Diagramm

V1 Ein Schlitten gleitet auf einer schräg gestellten Luftkissenfahrbahn entlang. Da der Gleiter keinen Tachometer hat, lässt man ihn mit Hilfe einer Schnur ein Rad antreiben. Über dieses Rad kann man, ähnlich wie bei einem Fahrradtachometer, die Geschwindigkeit und den zurückgelegten Weg messen. Die Messwerte werden über ein Computerinterface aufgezeichnet. Mit einem Programm lässt sich der Versuch sogar grafisch auswerten.

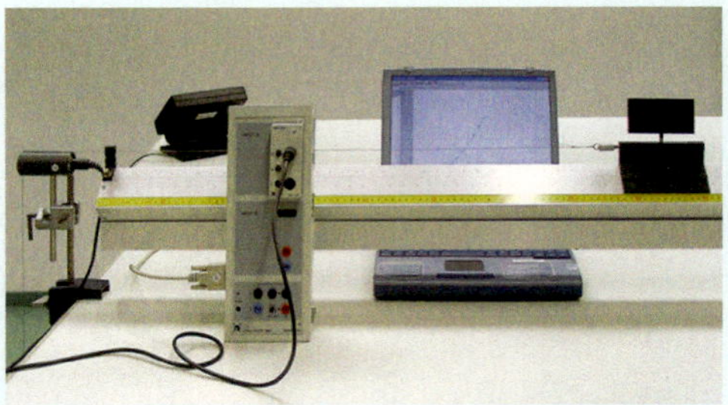

B1 Gleiter auf Luftkissenfahrbahn

Diagramme beschreiben beschleunigte Bewegungen

Wir erkennen aus dem *t-s*-Diagramm zu **V1** (→**B2**), dass es sich nicht um eine gleichförmige Bewegung handelt, denn der Graph ist keine Gerade, sondern wird mit zunehmender Zeit immer steiler. Der Gleiter legt also in gleichen Zeitabständen immer größere Wege zurück. Während er in der ersten Sekunde 15 cm zurücklegt, sind es in der letzten Sekunde 42 cm, d.h. seine Geschwindigkeit hat ständig zugenommen.

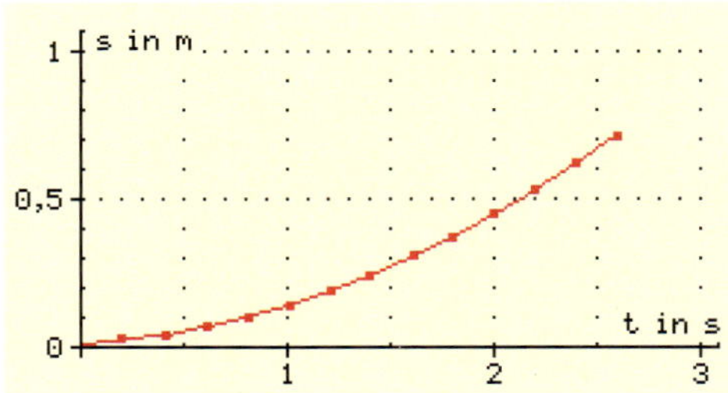

B2 *t-s*-Diagramm

Der Graph im *t-v*-Diagramm ist hier natürlich keine horizontale Gerade mehr (→**B3**), denn er zeigt ja die Veränderung der Geschwindigkeit an. Je steiler der Graph im *t-v*-Diagramm verläuft, desto größer ist der Geschwindigkeitszuwachs, also die Beschleunigung der Bewegung. Die Geschwindigkeit nimmt gleichmäßig zu, was man daran erkennt, dass der Graph eine Gerade ist.

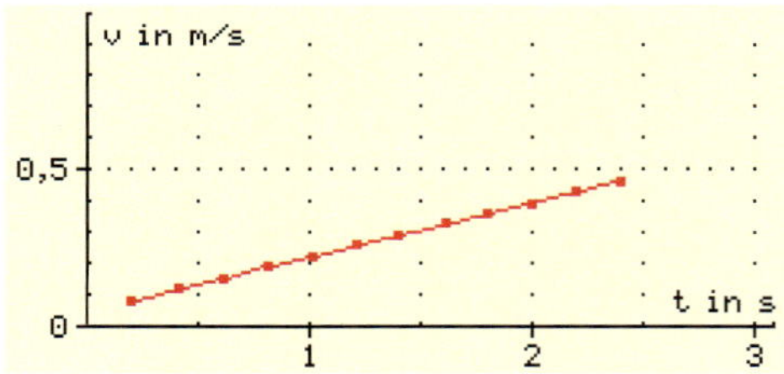

B3 *t-v*-Diagramm

Die Beschleunigung ist, wie wir aus dem *t-a*-Diagramm (→**B4**) erkennen können, bei dieser Bewegung konstant, denn der Graph ist eine nahezu horizontale Strecke. Eine solche Bewegung, bei der die Beschleunigung konstant ist, heißt **gleichmäßig beschleunigte Bewegung**. Im *t-v*-Diagramm erkennt man dies auch daran, dass der Graph eine Gerade ist (→**B3**).

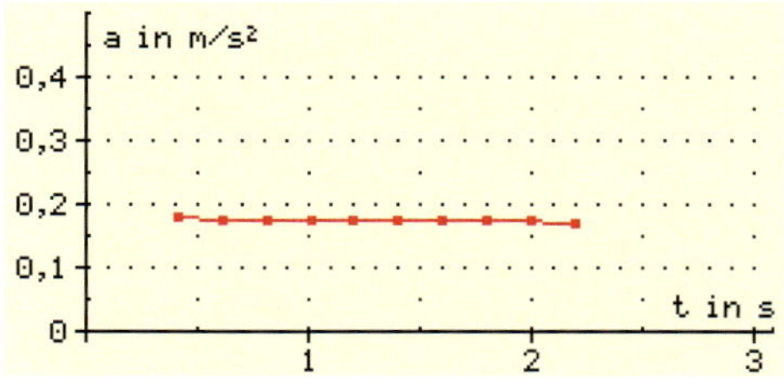

B4 *t-a*-Diagramm

● **Die Steigung des Graphen im *t-v*-Diagramm ist die Beschleunigung der Bewegung. Steigt der Graph, so entspricht dies einer beschleunigten Bewegung, fällt er, einer abgebremsten Bewegung. Verläuft der Graph horizontal, so handelt es sich um eine Bewegung mit konstanter Geschwindigkeit.**

● **Der Graph im *t-a*-Diagramm einer gleichmäßig beschleunigten Bewegung ist eine horizontale Gerade. Ist die Beschleunigung positiv, dann nimmt die Geschwindigkeit zu, ist die Beschleunigung negativ, nimmt die Geschwindigkeit ab; es handelt sich dann um eine abgebremste Bewegung.**

Ungleichmäßig beschleunigte Bewegungen im Diagramm

V1 Wir hängen an eine Feder ein Gewichtsstück und lenken das Pendel um einige Zentimeter senkrecht nach unten aus und lassen es los. Die Größen Weg, Geschwindigkeit und Beschleunigung in Abhängigkeit von der Zeit werden über einen Bewegungswandler aufgenommen und mit Hilfe eines PC ausgewertet (→**B1**).

V2 Wir beobachten einen Skateboarder in einer Halfpipe (→**B2**) und erfassen seine Bewegung mit einer digitalen Videokamera. Der Film wird am Rechner mit einem Videoanalyseprogramm bezüglich der Größen Ort, Geschwindigkeit und Beschleunigung ausgewertet.

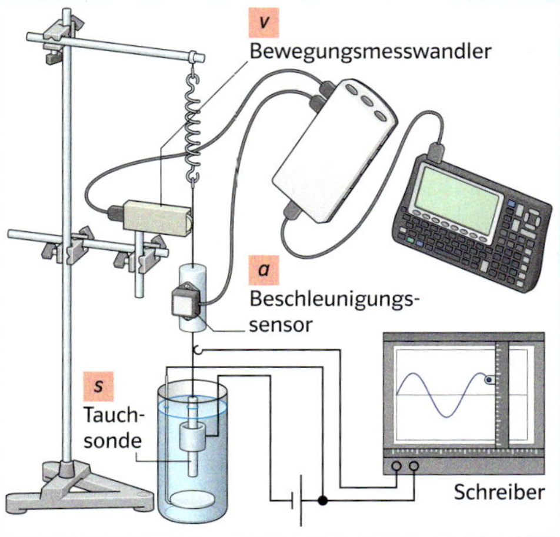

B1

B2

Das Federpendel Die folgenden Diagramme (→**B3**) geben die Bewegung des Pendels aus **V1** wieder.

Interessant an dieser Bewegung ist die Tatsache, dass sich die Werte für Ort, Geschwindigkeit und Beschleunigung nach einer gewissen Zeit wiederholen. Man nennt so eine Bewegung periodisch. Die Zeit, nach der sich die Bewegung wiederholt, heißt **Periode *T***. Wird die Feder über die Ruhelage hinaus gestreckt, sind die Werte für *s* negativ, wird die Feder gestaucht, ist *s* positiv. Der Betrag der maximalen Auslenkung s_{max} heißt **Amplitude**.

Aus dem *t-v*-Diagramm entnehmen wir, dass die Momentangeschwindigkeit in den Umkehrpunkten 0 ist und maximal jeweils beim Durchgang durch die Ruhelage. Aufgrund der sich stets ändernden Geschwindigkeit schließen wir, dass es sich um eine beschleunigte Bewegung handelt.

Betrachten wir nun das *t-a*-Diagramm. Auch hier erkennen wir positive und negative Werte. Eine positive Beschleunigung erhöht die Geschwindigkeit, eine negative bremst den Körper ab. Im Gegensatz zur schiefen Ebene handelt es sich hier jedoch nicht um eine konstante Beschleunigung; sie ändert sich, wie auch Ort und Geschwindigkeit, periodisch.

In den Umkehrpunkten ist *a* jeweils maximal und beim Durchgang des Gewichtstücks durch die Ruhelage Null.

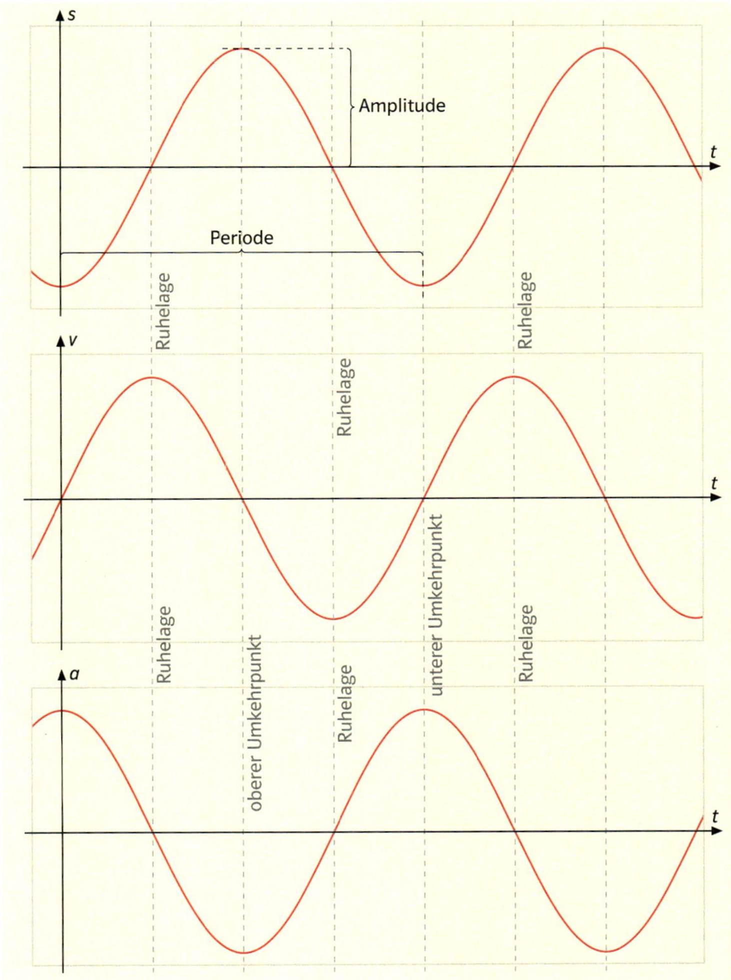

B3

Diagramme von Bewegungen interpretieren

Ein spannendes Rennen Reale Bewegungen sind natürlich weder gleichförmig noch konstant beschleunigt. Das zeigt uns die Analyse des legendären 100-m-Laufs zwischen Carl Lewis und Leroy Burrell bei den Leichtathletik-Weltmeisterschaften 1991 in Tokio, bei dem Lewis 9,86 s auf 100 m lief. Die beiden Diagramme zeigen sehr deutlich (→**B2, B3**), wie spannend es damals während der Weltmeisterschaften in Tokio zugegangen sein muss:

Den besseren Start hatte wohl Leroy Burrell erwischt. Seine Geschwindigkeit auf den ersten 10 Metern betrug 5,46 m/s, das sind 19,7 km/h, gegenüber einer Geschwindigkeit von 5,32 m/s oder 19,2 km/h von Carl Lewis.

B1

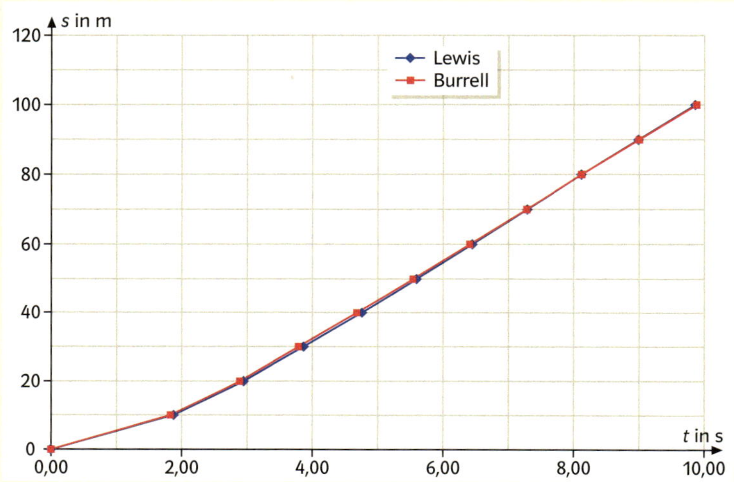

B2

Burrell steigerte seine Geschwindigkeit bis auf 11,24 m/s = 40,5 km/h innerhalb von 40 m und lag damit noch etwas vor Lewis, dessen Geschwindigkeit bis dahin immer knapp unter der seines Konkurrenten lag. Die 40-m-Marke passierte Burrel bereits nach 4,68 s, Lewis „erst" nach 4,76 s; Burrell hatte zu diesem Zeitpunkt fast einen Meter Vorsprung. Bei dieser Marke hatte Lewis jedoch bereits die Geschwindigkeit seines Konkurrenten erreicht.

Jetzt kam die starke Phase von Carl Lewis: Nach 50 m erreichte er eine Geschwindigkeit von 11,90 m/s, Burrell nur 11,63 m/s und bei 80 m, wo Lewis dann Burrell schließlich überholen konnte, hatte er seine Spitzengeschwindigkeit von 12,05 m/s, das sind sagenhafte 43,4 km/h, erreicht. Burrell kam auf „nur" 11,90 m/s = 42,8 km/h. Das Ziel durchlief Carl Lewis nach 9,86 s – ein neuer Weltrekord – zwei Hundertstel vor Leroy Burrell. Im Ziel hatte Lewis knapp zwei Handbreiten Vorsprung vor seinem Landsmann.

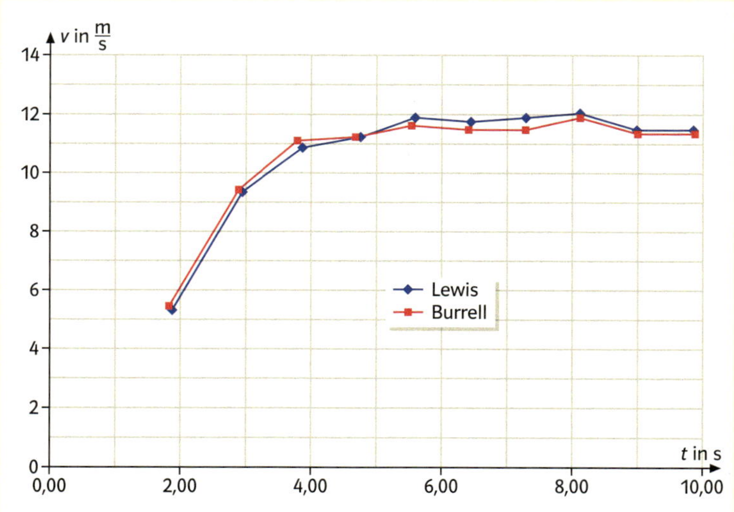

B3

	Lewis		Burrell	
s in m	*t*	*v*	*t*	*v*
0	0,00		0,00	
10	1,88	5,32	1,83	5,46
20	2,95	9,35	2,89	9,43
30	3,87	10,87	3,79	11,11
40	4,76	11,24	4,68	11,24
50	5,60	11,90	5,54	11,63
60	6,45	11,76	6,41	11,49
70	7,29	11,90	7,28	11,49
80	8,12	12,05	8,12	11,90
90	8,99	11,49	9,00	11,36
100	9,86	11,49	9,88	11,36

B4

Messwerterfassung mittels Videoanalyse

Für die Beschreibung von Bewegungen benötigen wir das *t-s-* und das *t-v-*Diagramm. Die Wertepaare für *t* und *s* lassen sich entweder durch direkte Messung ermitteln oder noch bequemer mit Hilfe eines Messwertaufnehmers und eines Computers. Es gibt aber noch eine weitere Methode, um *t-s-*Wertepaare aufzunehmen, die **Videoanalyse**. Diese ist besonders dann vorteilhaft, wenn es sich um eine reale Bewegung handelt, bei der die direkte Messung der Orte in Abhängigkeit von der Zeit schwierig oder gar unmöglich ist.

Was benötigst du? Für die Videoanalyse einer Bewegung brauchst du zuerst einmal eine Videokamera oder eine Digitalkamera, mit der du auch Filme aufnehmen kannst. Diese Möglichkeiten bieten die meisten Digitalkameras heute. Statt einer Videokamera kannst du auch eine gute Webcam benutzen.

Wie gehst du vor? Nach der Aufnahme der Bewegung mit der Kamera musst du den Film zur weiteren Analyse auf den Computer überspielen.

Die eigentliche Videoanalyse Am einfachsten lässt sich der Film mit einem speziellen Programm für Videoanalyse bearbeiten. Solche Programme findest du ebenfalls im Internet, wenn du in eine Suchmaschine Begriffe wie „Videoanalyse" „digital", „Physik" und „Didaktik" eingibst. Ein solches Programm verfolgt einen bestimmten Gegenstand, der auf dem Film natürlich gut zu erkennen sein muss, und ermittelt automatisch für jeden Zeitpunkt den zurückgelegten Weg. Meistens werden dann noch vom Programm Geschwindigkeit und Beschleunigung berechnet und die entsprechenden Diagramme, *t-s-*, *t-v-* und *t-a-*Diagramme, gezeichnet (→**B1, B2**).

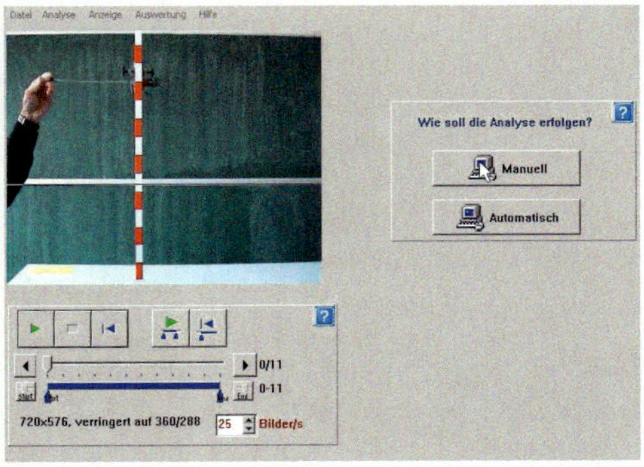

B1 Videoanalyse-Programm

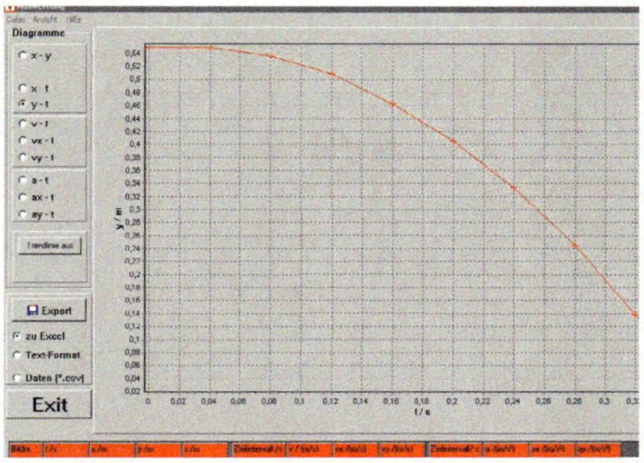

B2 Auswertung der Videoanalyse

Falls ein solches Programm nicht vorhanden ist, kann man natürlich auch die Analyse „per Hand" durchführen. Dazu spielt man den Film im Einzelbildmodus ab und notiert sich für jedes Bild die abgelaufende Zeit, die von dem Abspielprogramm natürlich angezeigt werden muss, und den dazugehörigen Ort. Um die Ortsbestimmung nachträglich durchführen zu können, muss man bereits bei der Aufnahme darauf achten, dass eine Strecke bekannter Länge vorhanden ist, die im Film auch zu erkennen sein muss (→**B3**).

B3 Markierte Referenzstrecke im Video

Diese sog. Referenzstrecke benötigt man übrigens auch dann, wenn man ein Programm für Videoanalyse verwendet. Je genauer die Referenzstrecke ist, desto genauer wird auch die ganze Analyse. Da ein Video mit 25 Bildern pro Sekunde abläuft, vergeht pro Bild eine Zeit von 0,04 s. Die Zeitmessung ist also sehr genau und der Messfehler wird deshalb vorwiegend von der Ortsmessung bestimmt.

Werkstatt

Messwerterfassung mittels Videoanalyse – Die schiefe Ebene

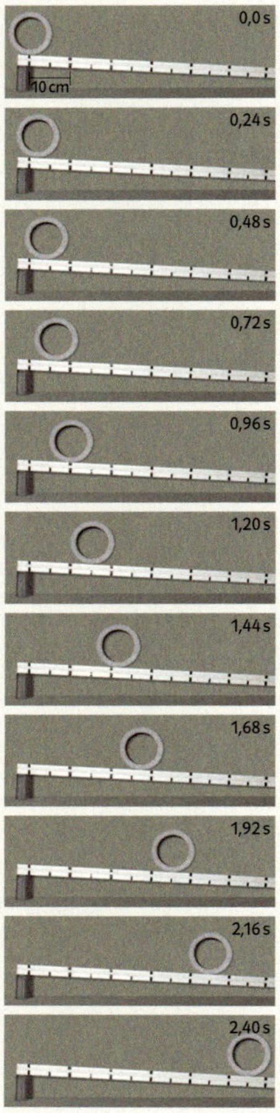

B4

Als Beispiel untersuchen wir die Bewegung einer Klebebandrolle, die eine schiefe Ebene herunterrollt. Diese Bewegung wurde mit Hilfe einer Videokamera aufgezeichnet (→**B4**, Aufnahmen 1–11). Auf den Bildern ist die Referenzstrecke gut zu erkennen: Der Abstand zwischen zwei großen dicken Strichen beträgt jeweils 10 cm; dazwischen sind die Markierungen für 5 cm erkennbar. Mit Hilfe dieser Markierungen ist nun eine Ortsbestimmung möglich. Zu diesem Zweck wurde der Film in Einzelbilder zerlegt und für jedes Einzelbild jeweils Zeitpunkt und Ort des Rings abgelesen. Auf diese Weise erhielten wir die Werte in der Tabelle und das zugehörige Diagramm (→**B1**):

t in s	0	0,24	0,48	0,72	0,96	1,20
s in m	0	0,01	0,03	0,06	0,10	0,15

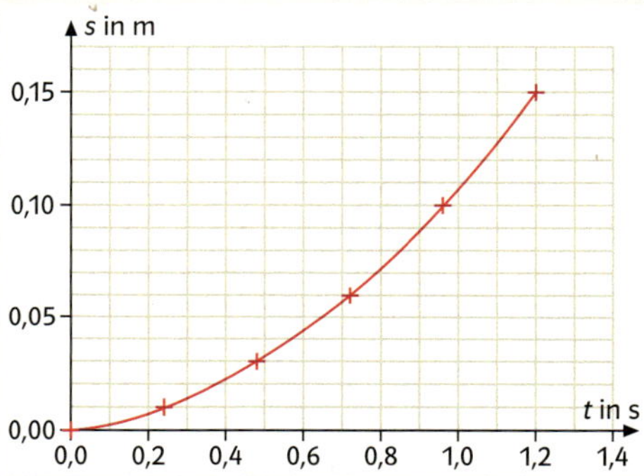

B1

Aus dem Diagramm erkennen wir sofort, dass es sich nicht um eine gleichförmige Bewegung handelt, denn die in gleichen Zeitintervallen zurückgelegten Wege werden mit jedem weiteren Zeitabschnitt immer größer, also steigt die Geschwindigkeit und ist nicht konstant. Um das *t*-*v*-Diagramm zu erhalten, berechnen wir nun die Geschwindigkeiten in den einzelnen Zeitintervallen näherungsweise mit Hilfe der Formel: $v = \Delta s/\Delta t$. Dabei beträgt Δt konstant 0,24 s und Δs ist die Differenz zweier benachbarter Wegstrecken. Wir erhalten die Tabelle und das entsprechende Diagramm (→**B2**):

t in s	0	0,24	0,48	0,72	0,96	1,20
v in m/s	0	0,04	0,08	0,12	0,17	0,21

Mathematisches Runden:
Die „5" wird so gerundet, dass die nächsthöhere Dezimale gerade ist:
0,125 → 0,12
0,115 → 0,12

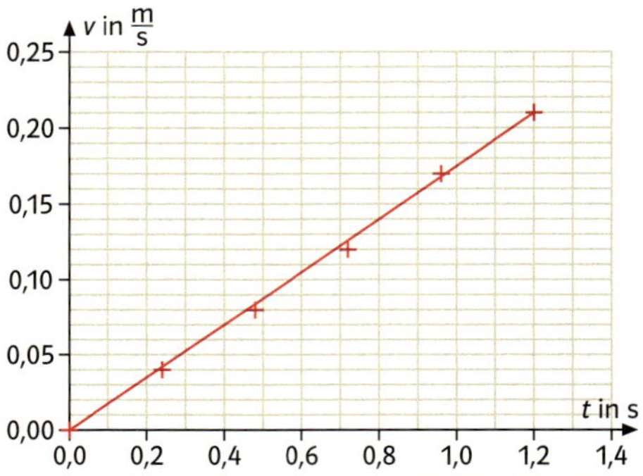

B2

Aus dem Diagramm erkennen wir, dass die Geschwindigkeit offenbar linear mit der Zeit wächst und somit eine Bewegung mit konstanter Beschleunigung vorliegt. In der Tabelle wurde die Beschleunigung mit der Formel $a = \Delta v/\Delta t = \Delta v/0{,}24\,\text{s}$ für jedes Zeitintervall berechnet:

Δt in s	0,24	0,24	0,24	0,24	0,24
Δv in m/s	0,04	0,04	0,04	0,05	0,04
Δa in m/s²	0,17	0,17	0,17	0,21	0,17

Tragen wir auch diese Werte in einem *t*-*a*-Diagramm auf, so erkennen wir, wie die berechneten Werte der Beschleunigung um den Mittelwert von $a = 0{,}18\,\text{m/s}^2$ schwanken (→**B3**).

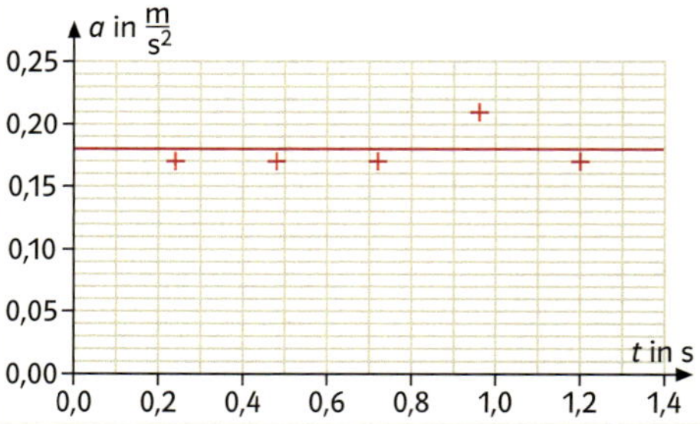

B3

Wenn wir durch Wägen die Masse der Klebeband-Rolle bestimmen, können wir jetzt sogar die beschleunigende Kraft ausrechnen. Mit der Masse $m = 91\,\text{g}$ ergibt sich die mittlere beschleunigende Kraft zu:

$$F = m \cdot a = 0{,}091\,\text{kg} \cdot 0{,}18\,\text{m/s}^2 = 0{,}016\,\text{N}.$$

Diese Kraft wird bei der schiefen Ebene auch Hangabtriebskraft genannt.

A1 Werte die restlichen Bilder aus.

Bewegungsgesetze

Beim starken Abbremsen eines Fahrrads oder eines Autos mit blockierten Rädern (ohne Antiblockiersystem!) entstehen Bremsspuren (→**B1**). Aus der Bremsspur kann die Polizei bzw. ein Unfallgutachter den Bremsweg und damit die ursprüngliche Geschwindigkeit v_0 ermitteln.

B1

Gesetze geradliniger Bewegungen mit konstanter Geschwindigkeit Die Vorhersage von Ereignissen ist ein wesentliches Ziel der Physik. Für einige einfache Arten von Bewegung können Gleichungen angegeben werden, mit denen der Ort und die Geschwindigkeit eines bewegten Gegenstandes zu jedem beliebigen Zeitpunkt berechnet werden können.

Für eine unbeschleunigte Bewegung mit konstanter Geschwindigkeit v_0 gilt bekanntlich die Bewegungsgleichung $s = v_0 \cdot t$. v_0 bezeichnet dabei die Geschwindigkeit zu Beginn der Beobachtung (Zeitpunkt $t = 0$). v_0 bleibt in diesem Fall konstant. Der im Zeitraum von t_1 bis t_2 zurückgelegte Streckenabschnitt Δs ergibt sich dann zu $\Delta s = v_0 \cdot t_2 - v_0 \cdot t_1 = v_0 \cdot (t_2 - t_1) = v_0 \cdot \Delta t$. Dabei ist Δt das Zeitintervall von t_1 bis t_2. Im *t*-*v*-Diagramm kann das Produkt $v_0 \cdot \Delta t$ als Inhalt der gekennzeichneten Rechtecksfläche gedeutet werden (→**B2**).

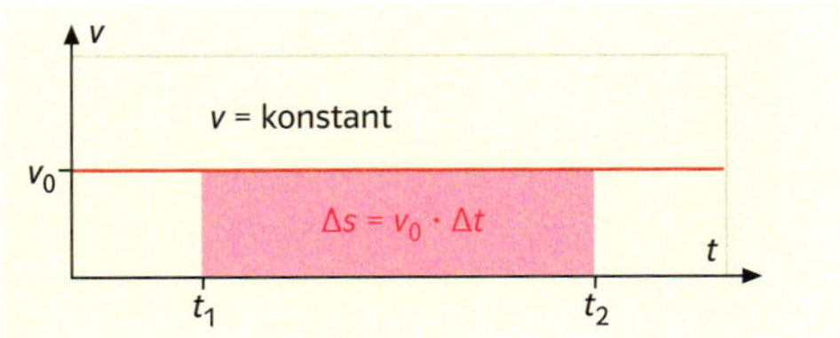

B2

● **Für Bewegungen mit konstanter Geschwindigkeit lautet das Zeit-Weg-Gesetz:**

$$s = v_0 \cdot t$$

● **Der in der Zeitspanne Δt zurückgelegte Weg Δs entspricht dem Inhalt der Fläche im *t*-*v*-Diagramm.**

Im *t*-*s*-Diagramm erhält man für solche Bewegungen eine Ursprungsgerade. Die Steigung dieser Geraden ist dabei ein Maß für die Geschwindigkeit v_0 (→**B3**).

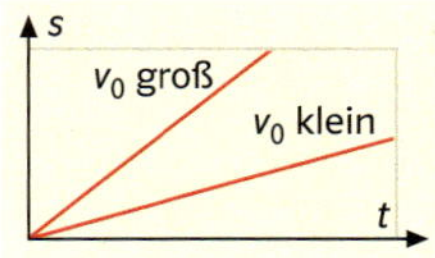

B3

Hat der sich bewegende Gegenstand zum Zeitpunkt $t = 0$ bereits die Entfernung s_0 vom Nullpunkt, so lautet das Zeit-Weg-Gesetz

$$s = v_0 \cdot t + s_0 \quad \text{(Anfangsort } s_0\text{)}$$

Im *t*-*s*-Diagramm ergibt sich keine Ursprungsgerade mehr; wieder ist die Steigung der Geraden ein Maß für die Geschwindigkeit v_0 (→**B4**).

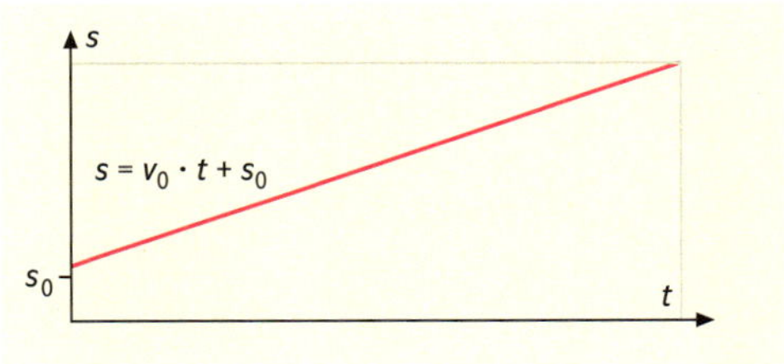

B4

Bewegt sich ein weiterer Gegenstand in genau entgegengesetzter Richtung, so lautet das Zeit-Weg-Gesetz ebenso $s = v_0 \cdot t + s_0$, allerdings mit negativem v_0 (→**B5**).

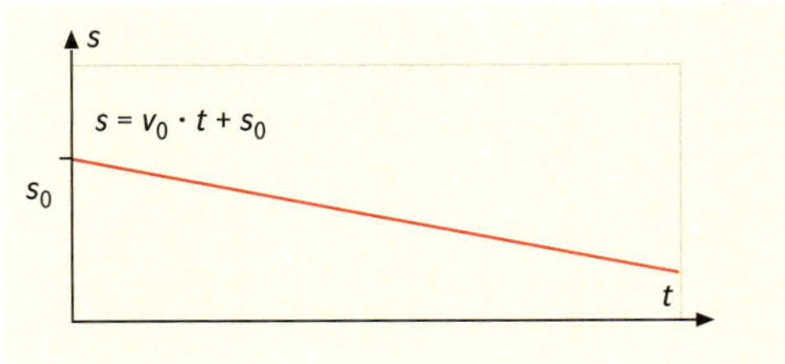

B5

Gesetze geradliniger Bewegungen mit konstanter Beschleunigung Eine Bewegung mit konstanter Beschleunigung wird im *t*-*v*-Diagramm durch eine Gerade beschrieben (→**B1**). Diese Bewegung denkt man sich zunächst durch eine Bewegung mit abschnittsweise konstanter Geschwindigkeit ersetzt. Die Intervallgeschwindigkeiten werden jeweils mit den Momentangeschwindigkeiten zu Beginn der Intervalle gleichgesetzt, so dass die Ersatzbewegung sprunghaft und in den einzelnen Abschnitten langsamer als die tatsächliche Bewegung verläuft.

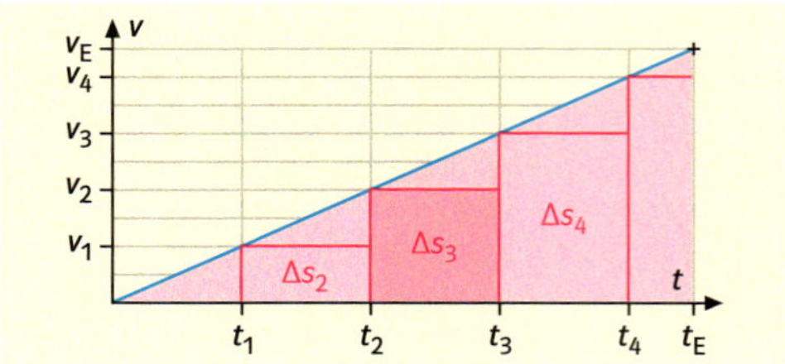

B1 Flächeninhalt und Weglänge

Im Abschnitt t_2 bis t_3 etwa beträgt die mit der konstanten Geschwindigkeit v_2 zurückgelegte Weglänge $\Delta s_3 = v_2 \cdot (t_3 - t_2)$. Der Wert für Δs_3 stimmt mit dem Flächeninhalt des kleinen roten Rechteckes überein. Wird die Rechnung für alle Zeitspannen Δt durchgeführt, so ergibt sich als gesamte Weglänge

$$s = \Delta s_1 + \Delta s_2 + \Delta s_3 + \Delta s_3 + \dots$$

Dieser Weglänge *s* entspricht die hellrot gefärbte Fläche in **B1**. Weil die Intervallgeschwindigkeiten im Mittel kleiner als die Momentangeschwindigkeiten sind, ist die tatsächliche Weglänge etwas größer als der ermittelte Wert. Werden kürzere Zeitspannen für die einzelnen Intervalle gewählt, so werden die Rechtecke schmaler, und die Summe ihrer Flächeninhalte gibt die Weglänge *s* besser wieder. Die Dreieckfläche unterhalb des Graphen in **B1** stellt daher ein genaues Maß für die Weglänge *s* dar.

Mit $v_E = a \cdot t_E$ ergibt sich für den Flächeninhalt *s* des Dreiecks:

$$\frac{1}{2} \cdot v_E \cdot t_E = \frac{1}{2} \cdot (a \cdot t_E) \cdot t_E = \frac{a}{2} \cdot t_E^2 = s$$

Beginnt die Messung bereits mit einer Geschwindigkeit $v_0 \neq 0$, so nimmt die *s* entsprechende Fläche im *t*-*v*-Diagramm um die Rechteckfläche $v_0 \cdot t_E$ zu (→**B2**).

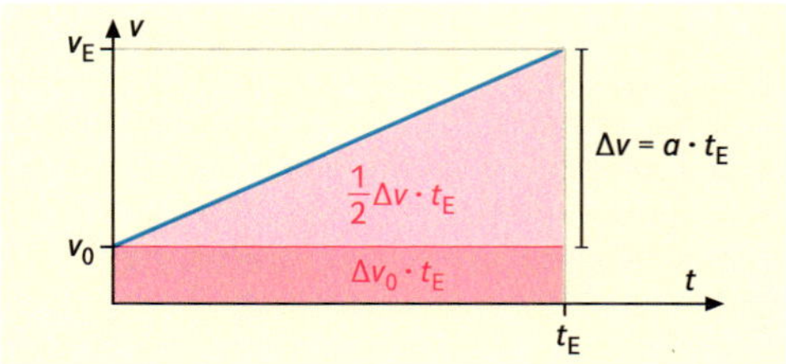

B2 Bewegung mit Anfangsgeschwindigkeit

Für die geradlinige Bewegung mit konstanter Beschleunigung *a* gilt das

Zeit-Weg-Gesetz:

$$s = \frac{1}{2} \cdot a \cdot t^2 + v_0 \cdot t + s_0 \quad \text{(Anfangsort } s_0\text{)}$$

Zeit-Geschwindigkeit-Gesetz:

$$v = a \cdot t + v_0 \quad \text{(Anfangsgeschwindigkeit } v_0\text{)}$$

Zeit-Beschleunigung-Gesetz:

$$a = \text{konstant für alle } t \quad \text{(Verzögerung: } a < 0\text{)}$$

Die beiden letzten Gesetze folgen aus der Betrachtung der Flächeninhalte bzw. Steigungen in den Diagrammen (→**B3**).

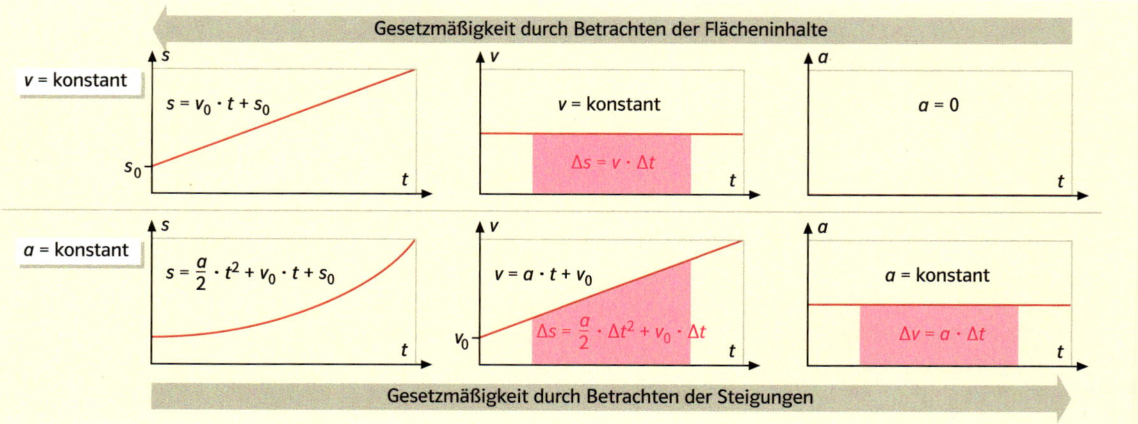

B3

Beschleunigung durch eine konstante Kraft

Der Airbus A380 (→**B1**) hat beeindruckende Ausmaße. Er hat je nach Ausführung eine Leermasse zwischen 280 t und 360 t. Mit 800 Passagieren und vollgetankt hat er eine Startmasse von ca. 560 t. Um abheben zu können, muss dieses Flugzeug auf der Startbahn aus dem Stand auf eine Mindestgeschwindigkeit beschleunigt werden.

Dazu entwickeln die vier Triebwerke des A380 eine Schubkraft von je 350 kN. Beachtet werden muss dabei, dass mit dieser Schubkraft die nötige Geschwindigkeit zum Abheben erreicht wird, bevor die Startbahn zu Ende ist; nur wenige Flughäfen auf der Welt haben zur Zeit Startbahnen, die lang genug sind. Dabei erzielen die Triebwerke bei einem leeren Airbus eine fast doppelt so große Beschleunigung wie bei einem voll beladenen A380, dessen Startmasse dann fast doppelt so groß ist. Würden beim Start zwei Triebwerke ausfallen, so wäre die Startbeschleunigung wesentlich kleiner als beim Start mit voller Schubkraft.

Aus dem bekannten Trägheitssatz kann man folgern, dass zum Beschleunigen eines Gegenstandes eine Kraft F nötig ist. Zur genauen Untersuchung des Zusammenhangs zwischen beschleunigender Kraft F, Masse m des beschleunigten Gegenstandes und erzielter Beschleunigung a kann man zum Beispiel Versuche mit einem Wagen auf einer Luftkissenfahrbahn durchführen (→**B2**). Dabei ergeben sich folgende Gesetzmäßigkeiten:

- Für ein und dieselbe Masse ist die erzielte Beschleunigung a proportional zur Kraft F.
- Die nötige Kraft F, um eine bestimmte Beschleunigung a zu erzielen, ist proportional zur Masse m.

Die Einheit der Kraft, das Newton, ist so gewählt, dass sich diese Gesetzmäßigkeiten mit der **Grundgleichung der Mechanik** erfassen lassen:

$$F = m \cdot a$$

● **Wird ein Körper der Masse m durch eine konstante Kraft F beschleunigt, so erfährt er eine konstante Beschleunigung a; aus der Grundgleichung der Mechanik ergibt sich diese Beschleunigung zu $a = F/m$.**

Beschleunigte Bewegungen, die durch Einwirken konstanter Kräfte hervorgerufen werden, können demnach mit den Bewegungsgleichungen erfasst werden.

Die Grundgleichung der Mechanik gilt auch bei Beschleunigung durch nicht konstante Kräfte. Dann ist die erzielte Beschleunigung ebenfalls nicht konstant. Die Bewegungsgleichungen können dann allerdings nicht mehr für die Beschreibung dieser Bewegung eingesetzt werden.

B1 Airbus A380

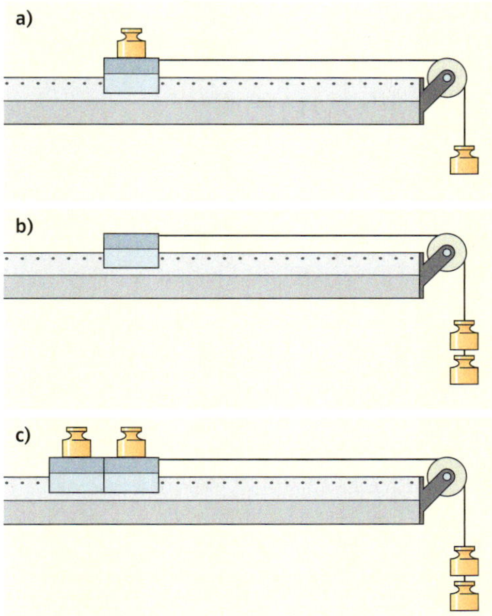

B2 Ein Wagen wird durch die Zugkraft eines Gewichtstücks in Bewegung gesetzt (a). Die gleiche Gesamtmasse wird durch eine doppelt so große Zugkraft beschleunigt (b). Eine doppelt so große Masse wird durch eine doppelt so große Zugkraft beschleunigt (c).

Trägheitssatz:
Ohne äußere Einwirkung ändert sich die Geschwindigkeit und die Bewegungsrichtung eines Körpers nicht.

Für die Krafteinheit 1 N gilt der Zusammenhang

$1\,N = 1\,kg\,m/s^2$

Gesetzliche Festlegung:
Wird ein Körper der Masse 1 kg reibungsfrei mit konstanter Kraft in 1 s aus der Ruhe auf eine Geschwindigkeit von 1 m/s beschleunigt, so hat die Kraft den Betrag 1 N.

Physik überall

Anwendung der Bewegungsgleichungen

B1 Sturz aus einer Höhe von 10 m

Bewegungsgleichungen und freier Fall
Jeder Gegenstand erfährt auf der Erde eine Gewichtskraft F_G. Diese ist zum Erdmittelpunkt hin gerichtet und wird durch die zwischen der Erde und diesem Gegenstand wirkenden Gravitationskräfte verursacht. Wenn man sich nicht zu weit vom Erdboden entfernt, ist die Gewichtskraft eines Körpers konstant und lässt sich mit der Formel $F_G = m \cdot g$ ermitteln. Wird ein Gegenstand aus einer bestimmten Höhe losgelassen, so sorgt seine Gewichtskraft dafür, dass er sich beschleunigt zum Boden hin bewegt. Kann man bei diesem Fall Reibungseinflüsse vernachlässigen, so spricht man von einem freien Fall. Da die beschleunigende Kraft konstant ist, ergibt sich aus dem newtonschen Kraftgesetz die konstante Beschleunigung $a = g$, die **Fallbeschleunigung**. Für g ergibt sich in unseren Breitengraden ein Wert von 9,81 m/s². Diese Beschleunigung ist unabhängig von der Masse, d. h. wenn Reibungseffekte vernachlässigbar klein sind, fallen leichte und schwere Gegenstände gleich schnell.

Für einen freien Fall aus einer Höhe von 6,50 m können somit aus den Bewegungsgleichungen Fallzeit t und Aufprallgeschwindigkeit v errechnet werden.

Aus der Bewegungsgleichung

$$s = \frac{1}{2} \cdot g \cdot t^2$$

erhält man mit $s = h$ die Fallzeit

$$t = \sqrt{2 \cdot h/g} = \sqrt{2 \cdot 6{,}50\,\text{m}/9{,}81\,\frac{\text{m}}{\text{s}^2}} = 1{,}15\,\text{s}.$$

Für die Aufprallgeschwindigkeit v auf dem Boden erhält man aus $v = a \cdot t$ mit $a = g$ und der berechneten Fallzeit die Geschwindigkeit $v = 9{,}81\,\text{m/s}^2 \cdot 1{,}15\,\text{s} = 11{,}3\,\text{m/s}$, dies sind umgerechnet etwa 40 km/h.

Umrechnung von m/s in km/h:
„Wert in m/s = Wert in km/h: 3,6"

Die Aufprallgeschwindigkeit hätte auch aus dem Energieerhaltungssatz berechnet werden können. Die ursprünglich vorhandene potenzielle Energie des Körpers wird vollständig in kinetische Energie umgewandelt. Nach dem Erhaltungssatz ergibt sich $m \cdot g \cdot h = ½ \cdot m \cdot v^2$ und somit $v = \sqrt{2 \cdot g \cdot h}$. Mit $h = 6{,}50\,\text{m}$ erhält man wieder $v = 11{,}3\,\text{m/s}$.

Um die Folgen eines Auffahrunfalls bei innerstädtischen Geschwindigkeiten eindrucksvoll zu demonstrieren, wurden Autos aus solchen Höhen fallen gelassen (→**B1**).

Bremsweg beim Autofahren Die Bremsen eines Kompaktklasse-Pkw der Masse 1200 kg bringen bei guten Straßenverhältnissen eine näherungsweise konstante Bremskraft von maximal 5 400 N (Vollbremsung) auf. Aus den Bewegungsgleichungen soll berechnet werden, wie lang der Bremsweg für dieses Fahrzeug wird, wenn es sich vor dem Bremsen mit einer Geschwindigkeit von 90 km/h bewegt. Aus der newtonschen Grundgleichung lässt sich die Beschleunigung a beim Bremsvorgang berechnen:

$$F = m \cdot a \text{ ergibt } a = \frac{F}{m}.$$

Für den Pkw erhält man 5 400 N/1200 kg = 4,5 m/s². Da beim Bremsen die Geschwindigkeit verringert wird, muss die Beschleunigung hier negativ angesetzt werden, d. h. $a = -4{,}5\,\text{m/s}^2$. Die Bewegungsgleichung

$$v = a \cdot t + v_0$$

liefert die Zeit für den Bremsvorgang; mit $v_1 = 0$ (Stillstand nach dem Bremsen) und $v_0 = 90\,\text{km/h} = 25\,\text{m/s}$ ergibt sich

$$t = \frac{v_1 - v_0}{a} = \frac{0 - 25\frac{\text{m}}{\text{s}}}{-4{,}5\frac{\text{m}}{\text{s}^2}} = 5{,}6\,\text{s}.$$

Der Bremsweg wird aus der Gleichung $s = ½ \cdot a \cdot t^2 + v_0 \cdot t$ mit der errechneten Bremszeit t ermittelt: Mit den bekannten Werten erhält man

$$s = ½(-4{,}5\frac{\text{m}}{\text{s}^2}) \cdot (5{,}6\,\text{s})^2 + 25\frac{\text{m}}{\text{s}} \cdot 5{,}6\,\text{s}.$$

Der Bremsweg beträgt somit ca. 70 m.

Fährt derselbe Wagen mit einer doppelt so hohen Geschwindigkeit von 180 km/h, so ergibt sich bei gleichen Verhältnissen ein viermal so langer Bremsweg.

Sieht ein Autofahrer, der mit dieser Geschwindigkeit unterwegs ist, in einiger Entfernung ein Hindernis auf der Straße stehen, so fängt er erst nach einer individuellen Reaktionszeit („Schrecksekunde") an zu bremsen. Während dieser Reaktionszeit fährt das Auto mit gleichbleibender Geschwindigkeit weiter. Bei einer angenommenen Reaktionszeit von einer Sekunde legt das Auto bei einer Geschwindigkeit von 180 km/h in dieser Zeit eine Strecke von 50 m (ungebremst) zurück. Somit ergibt sich bei dieser Geschwindigkeit ein Anhalteweg von 50 m + 280 m = 330 m! Konsum von Alkohol oder anderen Drogen kann die Reaktionszeit dabei noch erheblich verlängern.

Anwendung der Bewegungsgleichungen

Bewegung auf der schiefen Ebene Auf einer schiefen Ebene mit dem Neigungswinkel 30° steht ein Wägelchen der Masse $m = 500\,g$. Seine Gewichtskraft F_G berechnet sich nach $F_G = m \cdot g$ mit $g = 9{,}81\,m/s^2$ zu etwa 4,9 N.

Die Gewichtskraft des Wägelchens kann man zerlegen (→**B1**) in eine Kraftkomponente parallel zur Unterlage (Hangabtriebskraft F_H) und eine Kraftkomponente senkrecht dazu (Normalkraft F_N). Die Hangabtriebskraft ist dafür verantwortlich, dass sich das Wägelchen beschleunigt die schiefe Ebene hinab bewegt, während die Normalkraft als Anpresskraft auf die Unterlage für die bei der Bewegung auftretenden Reibungskräfte sorgt. Aus der Länge der Kraftpfeile kann man für die Hangabtriebskraft und die Normalkraft in etwa die Werte $F_H = 2{,}5\,N$ und $F_N = 4{,}2\,N$ ermitteln.

Auswertung der Bewegung mit Hilfe der Bewegungsgleichungen Das Wägelchen wird so auf die schiefe Ebene gestellt, dass es beim Herunterrollen noch eine Strecke von 1,0 m zurücklegen muss. Berechnet werden soll zum einen die Zeit *t*, die das Wägelchen braucht, bis es diese Strecke durchlaufen hat und zum anderen die Geschwindigkeit, mit der es unten ankommt. Reibungskräfte, die bei dieser Bewegung auftreten, sollen vorläufig vernachlässigt werden.

Da die beschleunigende Kraft in diesem Fall die Hangabtriebskraft F_H ist, erhält man aus der Newton'schen Grundgleichung der Mechanik die Beschleunigung $a = F_H/m$. Mit $F_H = 2{,}5\,N$ und $m = 0{,}5\,kg$ ergibt sich $a = 5{,}0\,m/s^2$.

Aus den Bewegunsgleichungen $v = a \cdot t + v_0$ und $s = ½ \cdot a \cdot t^2 + v_0 \cdot t$ lassen sich jetzt mit $s = 1{,}0\,m$ und $v_0 = 0\,m/s$ die Zeit *t* für das Herabrollen und die Endgeschwindigkeit *v* berechnen:

$$s = ½ \cdot a \cdot t^2 \Longrightarrow t = \sqrt{2s/a}$$

Also $t = \sqrt{\frac{2 \cdot 1{,}0\,m}{5{,}0\,\frac{m}{s^2}}} = \sqrt{0{,}40\,s^2} = 0{,}63\,s.$

Für die Geschwindigkeit des Wägelchens am Ende der schiefen Ebene ergibt sich aus der Bewegungsgleichung $v = a \cdot t$ mit der errechneten Zeit $t = 0{,}63\,s$ die Endgeschwindigkeit $v = 5{,}0\,m/s^2 \cdot 0{,}63\,s = 3{,}1\,m/s$. Diese errechneten Ergebnisse lassen sich auch in der Praxis überprüfen.

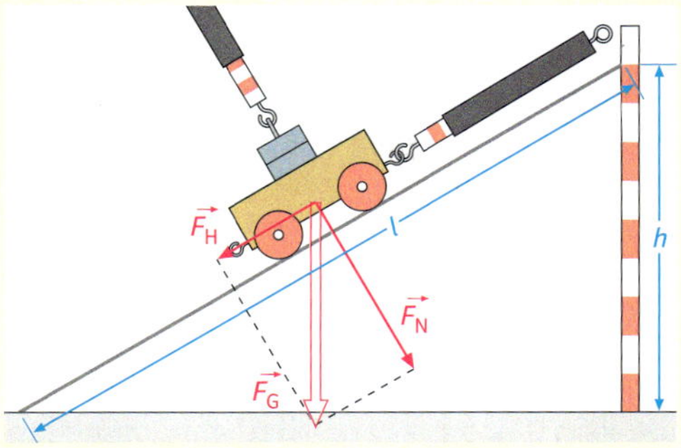

B1

Bei jeder Bewegung auf einer schiefen Ebene treten in Wirklichkeit auch Reibungskräfte auf. Von diesen ist bekannt, dass sie immer der Bewegung entgegenwirken. Bei einer konstanten Reibungskraft F_R zu $F_R = 0{,}4\,N$ ist die beschleunigende Kraft dann die Differenz aus Hangabtriebskraft und Reibungskraft: $F = F_H - F_R = 2{,}5\,N - 0{,}4\,N = 2{,}1\,N$. Damit ergibt sich eine Beschleunigung für das Wägelchen von etwa $a = 4{,}2\,m/s^2$.

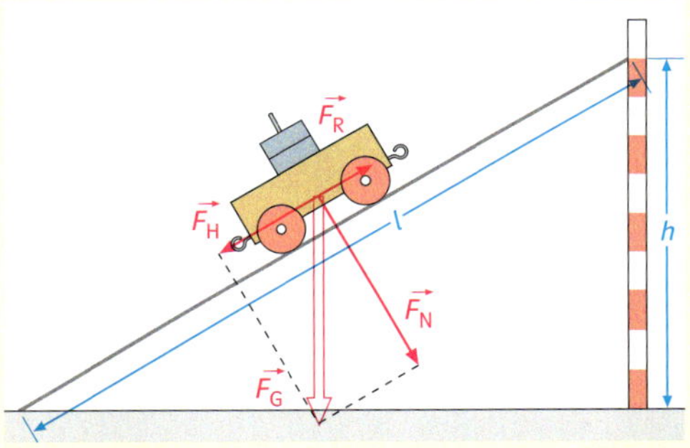

B2

Berechnet man jetzt aus den Bewegungsgleichungen die Zeit *t* und die Endgeschwindigkeit *v*, so erhält man folgende Näherungswerte für die Bewegung unter Berücksichtigung der Reibung:

$$t = 0{,}69\,s \text{ und } v = 2{,}9\,m/s.$$

Die Endgeschwindigkeit hätte auch (wenn man Reibung wieder nicht berücksichtigt) aus dem Energieerhaltungssatz berechnet werden können: Die potenzielle Energie des Wägelchens zu Beginn wird in kinetische Energie umgewandelt.

Aus dem Ansatz $m \cdot g \cdot h = ½ \cdot m \cdot v^2$ erhält man $v = \sqrt{2 \cdot g \cdot h}$. Bei der betrachteten schiefen Ebene ist $h = 0{,}5\,m$ und somit ergibt sich $v = 3{,}1\,m/s$.

Mit den Ähnlichkeitssätzen für Dreiecke aus dem Mathematikunterricht erhält man die Beziehung

$F_H = F_G \cdot h/l$

Dabei ist *h* die Höhe, in der sich der Gegenstand auf der schiefen Ebene über dem Boden befindet und *l* ist die Länge der schiefen Ebene.

Werkstatt

Bewegungsgleichungen und freier Fall

Bewegungslehre des Aristoteles zum freien Fall:
Der schwerere Körper kommt früher am Boden an als der leichtere.

Bewegungslehre des Galileo Galilei zum freien Fall:
Im Vakuum kommen alle Gegenstände gleichzeitig unten an.

Lässt man einen Gegenstand der Masse *m* aus einer Höhe *h* auf den Boden fallen, so beobachtet man, dass dieser Fall eine beschleunigte Bewegung ist. Verantwortlich für diese Beschleunigung ist die Gewichtskraft F_G des fallenden Körpers. Die resultierende Fallbeschleunigung wird bekanntlich mit *g* bezeichnet. Da die Gewichtskraft eines aus nicht zu großer Höhe fallenden Körpers während des Falls konstant bleibt, ergibt sich aus dem Grundgesetz der Mechanik, dass beim freien Fall die Beschleunigung *g* konstant ist. Kann man beim Fallen auftretende Reibungskräfte (Luftwiderstand) vernachlässigen, ist die Beschleunigung für jeden fallenden Körper gleich groß. In der 7. Klasse wurde ihr Wert mit $g = 9{,}81\,\text{m/s}^2$ mitgeteilt.

In einem Fallexperiment lässt sich mit Hilfe eines Messwerterfassungssystems und eines Computers dieser Wert jetzt experimentell bestimmen.

Versuchsaufbau: An einem Elektromagneten hängt eine Fall-Leiter. Dies ist ein Stück Blech, in das in Abständen von jeweils 1,0 cm Schlitze gestanzt sind (→**B1**). Öffnet man den Stromkreis des Elektromagneten, so fällt diese Fall-Leiter durch eine Lichtschranke. Gleichzeitig wird an einem angeschlossenen Computer ein Programm zur Messwerterfassung gestartet. Jedesmal, wenn einer der Schlitze die Lichtschranke durchquert, wird dies vom Messwerterfassungssystem registriert. Auf diese Weise erhält man in einem einzigen Versuch für eine Reihe von Fallstrecken, die jeweils 1,0 cm länger sind als die vorhergehende, die zugehörigen Fallzeiten.

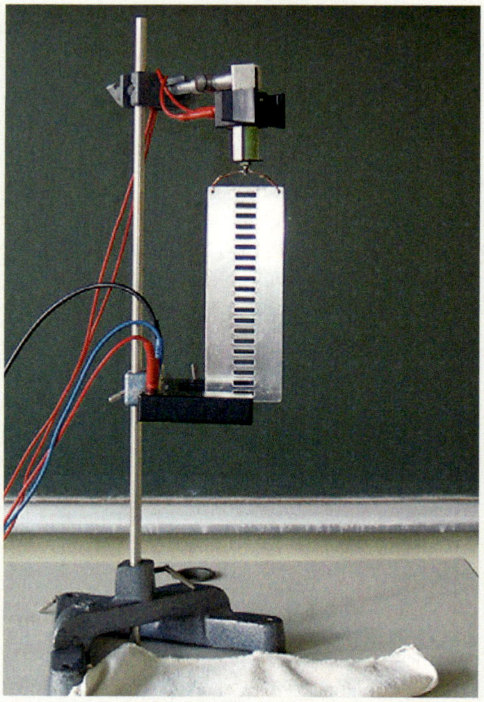

B1 Bild des Versuchaufbaus mit Fall-Leiter

Eine Versuchsreihe hat dabei folgende Ergebnisse geliefert:

Fallstrecke in m	Fallzeit in s	Fallstrecke in m	Fallzeit in s
0,00	0,000	0,11	0,150
0,01	0,045	0,12	0,157
0,02	0,064	0,13	0,163
0,03	0,078	0,14	0,169
0,04	0,090	0,15	0,175
0,05	0,101	0,16	0,181
0,06	0,111	0,17	0,186
0,07	0,120	0,18	0,192
0,08	0,128	0,19	0,197
0,09	0,136	0,20	0,202
0,10	0,143		

Unter der Voraussetzung, dass die Bewegung mit konstanter Beschleunigung *g* abläuft, kann mit der Bewegungsgleichung

$$s = \tfrac{1}{2} \cdot a \cdot t^2 \text{ bzw. hier } h = \tfrac{1}{2} \cdot g \cdot t^2$$

aus den gemessenen Wertepaaren für *h* und *t* die Fallbeschleunigung errechnet werden. Zum Beispiel ergibt sich für das letzte Wertepaar $h = 0{,}20\,\text{m}$ und $t = 0{,}202\,\text{s}$ der Wert für *g* zu

$$g = \frac{2 \cdot h}{t^2} = 2 \cdot 0{,}20\,\text{m}/0{,}202\,\text{s}^2 = 9{,}80\,\text{m/s}^2$$

in guter Übereinstimmung mit dem tatsächlichen Wert.

Schwierig ist es, den Luftwiderstand beim Fall mit zu berücksichtigen, da dieser zum einen wesentlich von der Form des fallenden Körpers bestimmt wird und zum anderen mit zunehmender Geschwindigkeit immer größer wird.

Die Energie bei der schiefen Ebene

Durch die Messung von Ort und Geschwindigkeit mittels digitaler Videoanalyse ist es auch möglich, die bei der Abwärtsfahrt des Wagens auf der schiefen Ebene (→**B2**) vorkommenden Energiebeträge zu ermitteln (→**B1**) und den Satz von der Erhaltung der Energie zu überprüfen.

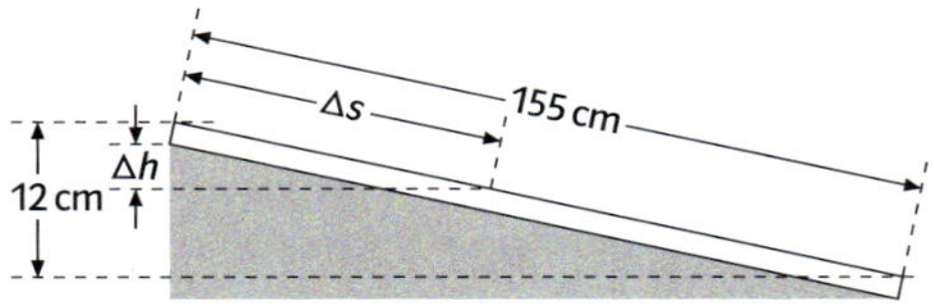

B1 Prinzip des Versuchaufbaus

Wie wir aus Klasse 8 wissen, besitzt jeder Körper, der sich in Bewegung befindet, kinetische Energie. Diese berechnen wir mit der Formel:

$$E_{kin} = ½ \cdot m \cdot v^2$$

Somit erhalten wir für die kinetische Energie des Modell-Wagens (m = 155 g = 0,155 kg) folgende Werte:

t in s	0,2	0,4	0,6	0,8	1,0
v in m/s	0,10	0,24	0,37	0,45	0,62
E_{kin} in J	0,001	0,004	0,011	0,016	0,030

Außerdem besitzt das Gefährt aufgrund seiner Höhe potenzielle Energie, also Lage- bzw. Höhenenergie, die sich während der Fahrt nach folgender Formel ändert:

$$\Delta E_h = m \cdot g \cdot \Delta h$$

Wenn man als Bezugsniveau (Nullniveau) die Tischplatte des Physiksaals festlegt, hat das Fahrzeug am Ausgangspunkt die Höhe 12,3 cm = 0,123 m und eine Höhenenergie von 0,155 kg · 9,81 m/s² · 0,123 m – 0 J = 0,186 J. Damit hat der Wagen nach den jeweiligen Fahrstrecken folgende Beträge potenzieller Energie:

t in s	0,2	0,4	0,6	0,8	1,0
h in m	0,122	0,120	0,116	0,110	0,102
E_{pot} in J	0,185	0,182	0,176	0,168	0,155

Damit ergeben sich für die Gesamtsumme aus potenzieller und kinetischer Energie z. B. folgende Werte:

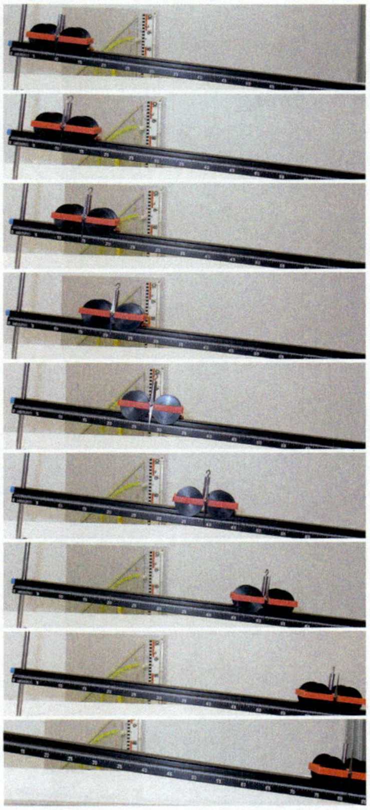

B2 Bildfolge der Videosequenz „Wagen rollt schiefe Ebene hinab“

E_{kin} in J	0	0,004	0,016	0,030
E_{pot} in J	0,186	0,182	0,168	0,155
E_{ges} in J	0,186	0,186	0,184	0,185

Die Gesamtenergie schwankt um einen Mittelwert von 0,185 J und ist im Rahmen der Messgenauigkeit konstant. Die Energiewerte lassen sich auch im Diagramm darstellen (→**B3**).

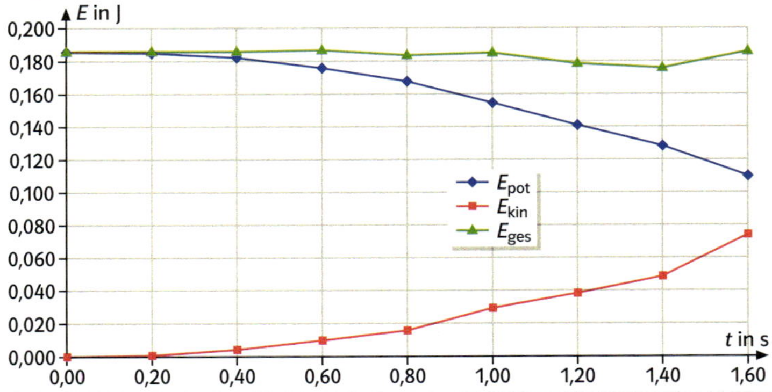

B3 Energiewerte im Diagramm

Grenzen der Videoanalyse – Bestimmung der Fallbeschleunigung

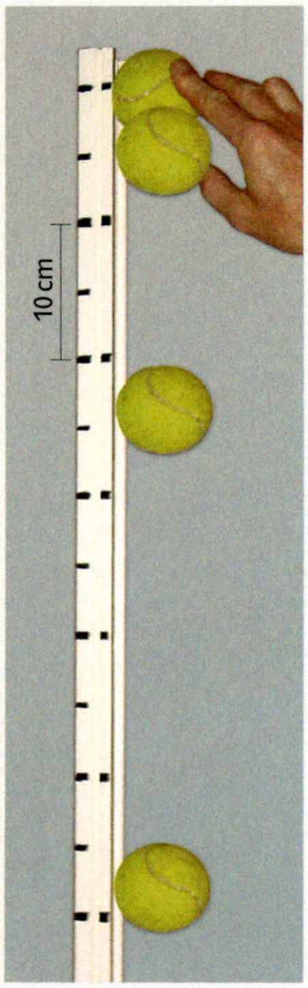

B1 Fallender Tennisball bei 0 s, bei 0,12 s, bei 0,24 s und bei 0,36 s.

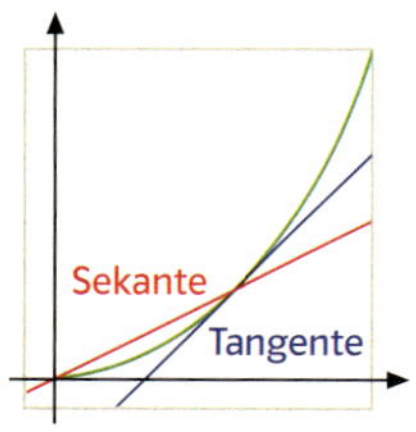

B3 Steigung in einem Punkt als Tangente (Momentangeschwindigkeit) und Sekantensteigung (Durchschnittsgeschwindigkeit) durch zwei Punkte

Am Beispiel der Videoaufzeichnung eines fallenden Tennisballes (→**B1**) soll untersucht werden, was mit einer Videoanalyse geleistet werden kann und wo ihre Anwendungsgrenzen liegen.

Das Zeitintervall zwischen den Einzelbildern beträgt 0,12 s, die Referenzstrecke (= Abstand zwischen zwei dicken Strichen) 10 cm. Mit den folgenden Werten ergibt sich das *t*-*s*-Diagramm:

t in s	0	0,12	0,24	0,36
s_{exp} in m	0	0,050	0,24	0,56
s_{theo} in m	0	0,070	0,28	0,64
$\frac{s_{theo} - s_{exp}}{s_{exp}}$		30 %	14 %	9,4 %

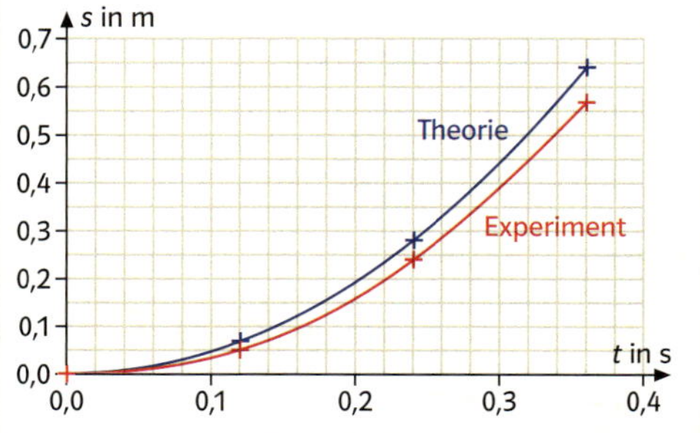

B2

Zum Vergleich haben wir die idealen Werte mit der Formel $s_{theo} = 1/2 \cdot g \cdot t^2$ berechnet und zusätzlich eingetragen. Obwohl man vor allem am Beginn eine gute Übereinstimmung mit den berechneten Werten zu erkennen scheint, ist dies nicht der Fall, wie die prozentualen Abweichungen zeigen!

Da es sich bei dem freien Fall erkennbar um eine beschleunigte Bewegung handelt, berechnen wir nun die Geschwindigkeiten in den einzelnen Intervallen nach der Formel $v_{exp} = \Delta s_{exp}/\Delta t$ und dann nach der Formel $v_{theo} = g \cdot t$. Es ergeben sich folgende Werte:

t in s	0	0,12	0,24	0,36
v_{exp} in m/s	0	0,42	1,6	2,7
v_{theo} in m/s	0	1,2	2,4	3,5

Hier fallen die Abweichungen von den theoretischen berechneten Werten auf. Dies liegt im Berechnungsverfahren begründet, denn wir nähern die Momentangeschwindigkeit (v_{theo}) über die Durchschnittsgeschwindigkeit $\Delta s/\Delta t$ an (→**B3**). Dies zeigt sich auch, wenn wir aus den theoretisch berechneten Werten für s die Geschwindigkeit mit der Formel $v_{ber} = \Delta s_{theo}/\Delta t$ und nicht mit $v_{theo} = g \cdot t$ berechnen:

v_{ber} in m/s	0	0,59	1,7	3,0

Besonders groß sind erwartungsgemäß die Abweichungen in der Nähe des Scheitels. Berechnen wir nun die Beschleunigungen in den jeweiligen Zeitintervallen mit der Formel $g_{exp} = \Delta v_{exp}/\Delta t$, wobei Δt hier jeweils 0,12 s ist, so ergeben sich folgende Werte:

Δt in s	[0,12–0]	[0,24–0,12]	[0,36–0,24]
g_{exp} in m/s²	3,5	9,8	10
$\Delta g_{exp}/g_{theo}$	64 %	0,10 %	1,9 %

Der Wert ist für das erste Zeitintervall von 0 bis 0,12 s erwartungsgemäß sehr schlecht, für die folgenden aber scheinbar zufriedenstellend. Jedoch auch hier macht sich der Fehler aus dem Berechnungsverfahren bemerkbar, wie die folgende Tabelle zeigt, in der g_{ber} wieder mit der Formel $g_{ber} = \Delta v_{theo}/\Delta t$ mit den Werten von Δv_{theo} berechnet wurde.

g_{ber} in m/s²	10	10	9,2
$\Delta g_{ber}/g_{theo}$	1,9 %	1,9 %	6,2 %

Berechnet man nun aus den experimentell bestimmten Werten von g_{exp} den Mittelwert, so erhält man $\overline{g}_{exp} = 7{,}8\,\text{m/s}^2$, was einem Fehler von 20 % entspricht. Diesen Fehler verursacht aber nicht nur das Berechnungsverfahren, sondern auch die Ortsmessung. Berücksichtigt man, dass die Ungenauigkeit der Ortsbestimmung durchaus im Zentimeterbereich liegen kann und dies z. T. beträchtliche Auswirkungen auf die berechneten Werte für g hat, wird die Größe der Abweichung vom genauen Wert von $g_{theo} = 9{,}81\,\text{m/s}^2$ verständlich. Insbesondere, wenn bei höheren Geschwindigkeiten das Bild des Balls verschwimmt und die Ortsbestimmung erschwert wird.

Bei der Bewertung quantitativer Ergebnisse einer Videoanalyse muss man also die Fehler bei der Ortsmessung und durch das Rechenverfahren zur Auswertung der experimentellen Messdaten berücksichtigen. Für brauchbare Ergebnisse sind hochwertige Videokameras und komplexe Rechenverfahren (Runge-Kutta-Verfahren) unerlässlich.

1 Begriffe
Was versteht man unter
- einer Bewegung mit konstanter Geschwindigkeit?
- einer Bewegung mit konstanter Beschleunigung?
- einer schiefen Ebene?
- dem freien Fall?
- der Fallbeschleunigung auf der Erde?

2 Beobachtungen
Was beobachtet man, wenn
- man verschieden schwere Metallkugeln eine schiefe Ebene hinunter rollen lässt?
- man ein Blatt Papier fallen lässt?
- man ein Gewichtstück an einer Schraubenfeder auslenkt und loslässt? Woran erkennt man, dass es sich um eine Bewegung mit nicht konstanter Beschleunigung handelt?

3 Erklärungen
Wie lässt sich begründen, dass
- im Vakuum eine Eisenkugel und ein Wattebausch gleich schnell nach unten fallen?
- in Luft eine Eisenkugel und ein Wattebausch verschieden schnell fallen?

4 Gesetzmäßigkeiten
Beschreibe mit eigenen Worten
- den Zusammenhang zwischen beschleunigender Kraft und erzielter Beschleunigung.
- den Zusammenhang zwischen zurückgelegtem Weg und der dabei benötigten Zeit bei einer Bewegung mit konstanter Beschleunigung.
- wie sich die Graphen für Bewegungen mit konstanter Beschleunigung bzw. mit konstanter Geschwindigkeit im *t*-*v*-Diagramm bzw. *t*-*s*-Diagramm unterscheiden.
- den Einfluss der Masse auf die Beschleunigung.

Erläutere die Erscheinungen in den folgenden Bildern und beantworte die Fragen!

B1 Warum gleitet ein Fallschirmspringer mit konstanter Geschwindigkeit zu Boden?

B2 Wieso erzielt ein Kind beim Schlagballwurf eine größere Beschleunigung als ein Kugelstoßer?

B3 Warum ist das Abbremsen des Bungeespringers keine Bewegung mit konstanter Beschleunigung?

B4 Wie kann ein auf einem Flugzeugträger landendes Flugzeug auf einer sehr kurzen Strecke abgebremst werden?

B5 Wieso muss beim Abheben die Schubkraft der Düsen wesentlich größer sein als die Gewichtskraft der Rakete?

Beispiele

Start eines Riesenflugzeugs Ein voll beladener, aufgetankter Airbus A380 hat eine Masse von 590 t. Seine vier Triebwerke entwickeln eine Schubkraft von je 350 kN. Um sicher abheben zu können, muss dieses Flugzeug eine Mindeststartgeschwindigkeit von 280 km/h erreichen.
a) Welche Beschleunigung können die Triebwerke eines beladenen A380 erzeugen?
b) Wie lange dauert (bei angenommener konstanter Beschleunigung) der Startvorgang?
b) Welche Mindestlänge muss eine für den A380 ausgelegte Startbahn haben?

Lösung:
a) Nach der Grundgleichung der Mechanik ergibt sich die Beschleunigung durch $a = F/m$. Für den A380 erhält man $a = 4 \cdot 350\,\text{kN}/590\,\text{t} = 2{,}4\,\text{m/s}^2$.

b) Aus den Bewegungsgleichungen für die Geschwindigkeit $v = a \cdot t + v_0$ ergibt sich mit der Anfangsgeschwindigkeit $v_0 = 0$ und der Startgeschwindigkeit $v = 280\,\text{km/h} = 78\,\text{m/s}$ die Startzeit $t = v/a = 78\frac{\text{m}}{\text{s}} \,/\, 2{,}4\frac{\text{m}}{\text{s}^2} = 32\,\text{s}$.

c) Für die beim Start zurückgelegte Strecke s erhält man aus den Bewegungsgleichungen $s = ½ \cdot a \cdot t^2 = ½ \cdot 2{,}4\,\text{m/s}^2 \cdot (32\,\text{s})^2 = 1229\,\text{m}$.

Anmerkungen: Die errechnete Startstrecke ist zu klein, da die Triebwerke erst im Verlauf des Startvorgangs allmählich auf ihre volle Leistung kommen. Angegeben werden für den A380 je nach Ausstattung Rollstrecken beim Start zwischen 2,4 km und 3,2 km. Zum Vergleich: Die Länge der Startbahn West am Flughafen Frankfurt/Main beträgt 4 000 m.

Heimversuche

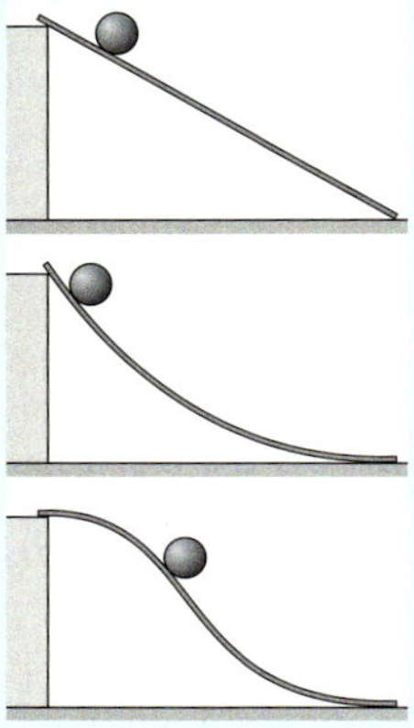

B1

Schneller Radfahren Miss auf einer unbefahrenen, ebenen Straße eine Strecke von 40 m ab. Durchfahre diese Strecke mit einem Fahrrad (Start aus dem Stand) einmal mit dem kleinsten Gang und einmal mit dem größten Gang. Stoppe dabei jeweils, wie lange du zum Durchfahren der Strecke benötigst.

In welchem Gang ließ sich die Strecke in kürzerer Zeit durchfahren? In welchem Gang ist die erzielte Beschleunigung beim Anfahren größer? Bei welcher Einstellung der Gangschaltung ist demnach die Kraftübertragung auf die Straße am größten?

Die Kugelrampe Baue aus einer leicht formbaren Plastikschiene eine Rampe, auf der eine Kugel einen kleinen Abhang hinunter rollen kann. Teste dabei unterschiedliche Formen der Rampe (→**B1**) und versuche zu ermitteln, bei welcher Form die Kugel am schnellsten unten ankommt. An verschiedenen Stellen der Bahnen ist die beschleunigende Kraft unterschiedlich groß.

Wo ist diese Kraft jeweils besonders groß? Kann man damit erklären, warum die Kugel bei einer der Bahnen besonders schnell unten ankommt?

Fragen

1 Schildere verschiedene Bewegungen mit konstanter Beschleunigung sowie solche mit nicht konstanter Beschleunigung!

2 Bestimme aus dem folgenden *t*-*s*-Diagramm von zwei Bewegungen die zugehörigen Graphen im *t*-*v*-Diagramm!

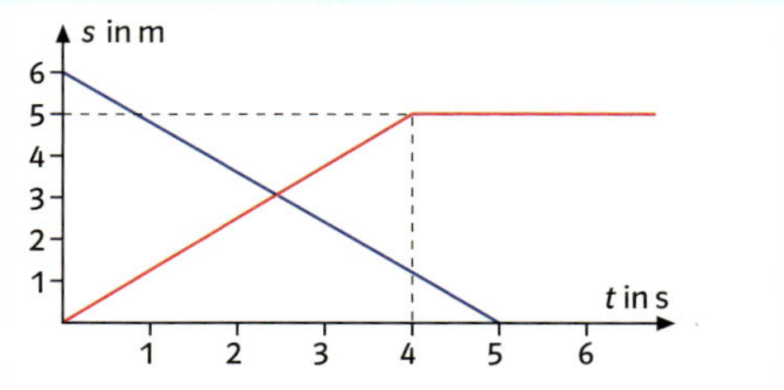

3 Das *t*-*v*-Diagramm (→**B2**) zeigt eine beschleunigte Bewegung. Erkläre, woran man erkennen kann, dass es sich um eine Bewegung mit konstanter Beschleunigung handelt! Berechne aus den angegebenen Zahlenwerten die Größe der Beschleunigung. Wie würde das *t*-*v*-Diagramm für eine Bewegung mit einer größeren (konstanten) Beschleunigung aussehen?

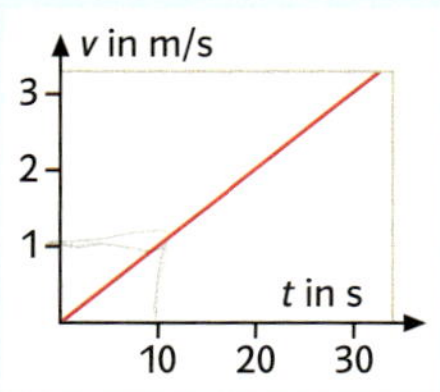

B2

4 Ein Autofahrer fährt mit einer konstanten Geschwindigkeit von 90 km/h. Zum Zeitpunkt $t = 0$ erkennt er vor sich ein Hindernis. Nach einer Reaktionszeit von einer Sekunde beginnt er zu bremsen und kommt nach weiteren fünf Sekunden zum Stehen.
a) Wie groß ist die Beschleunigung während des Bremsvorgangs?
b) Zeichne für den gesamten Vorgang ein *t*-*v*-Diagramm!

5 Beschreibe die im folgenden *t-v*-Diagramm dargestellten Bewegungsabschnitte! Bestimme für alle Abschnitte die Weglängen und Beschleunigungen! Gib außerdem den Gesamtweg und die Durchschnittsgeschwindigkeit zwischen den Zeitpunkten $t_1 = 0\,s$ und $t_2 = 25\,s$ an!

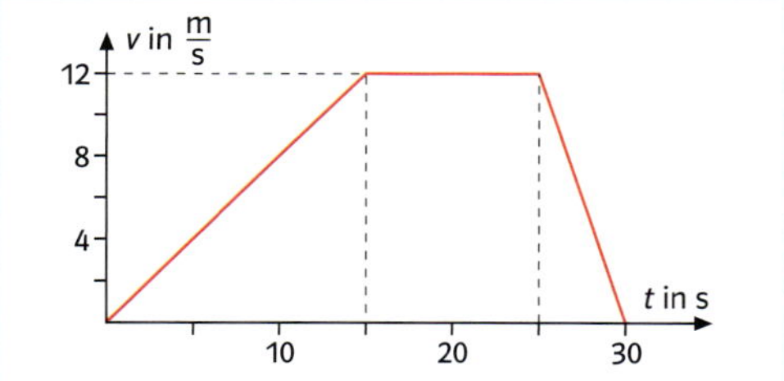

6 Fahrpläne der Deutschen Bahn können auch grafisch dargestellt werden (→**B1**). Sie werden dann als *t-s*-Diagramm angegeben.
a) Wie erkennt man die Haltezeiten der Züge in den Bahnhöfen?
b) Was ist der Unterschied zwischen einem steigenden und einem fallenden Graphen?
c) In welchem Streckenabschnitt hat der Zug, der um 15.32 Uhr in Lichtenfels abfährt, die größte Geschwindigkeit?
d) Berechne die Durchschnittsgeschwindigkeit für eine Zugfahrt von Lichtenfels nach Probstzella!

7 Ein Fahrradfahrer hat zusammen mit seinem Fahrrad eine Masse von 90 kg. Die Bremsen können eine Bremskraft von 300 N entwickeln.
a) Der Radfahrer fährt mit einer Geschwindigkeit von 25 km/h. Wie lange dauert es, bis er durch Bremsen zum Stehen kommt?
b) Berechne die Länge seines Bremsweges!

8 Max steht auf einem Sprungbrett in zehn Meter Höhe über dem Sprungbecken. Zum Zeitpunkt $t = 0$ springt er ab.
a) Berechne die Dauer seines Sprungs bis zum Eintauchen ins Wasser und seine Eintauchgeschwindigkeit! Der Luftwiderstand kann dabei vernachlässigt werden.
b) Seine Schwester steht gleichzeitig auf dem Drei-Meter-Brett und springt genau dann ab, als Max an ihrem Sprungbrett vorbeifliegt. Wie viele Sekunden nach Max kommt seine Schwester im Wasser an?

9 Ein Güterzug besteht aus einer Lokomotive mit 120 t Masse und 20 Waggons mit einer Masse von jeweils 40 t. Der Elektromotor der Lokomotive kann eine Zugkraft von 50 kN entwickeln.
a) Berechne, mit welcher Beschleunigung sich dieser Güterzug in Bewegung setzen kann!
b) Wie lange dauert es, bis der Zug seine Fahrgeschwindigkeit von 80 km/h erreicht hat?
c) Wie weit ist der Zug bis dahin gefahren?

10 Bei einem scharf geschossenen Elfmeter erreicht ein Fußball (Masse 420 g) eine Geschwindigkeit von 90 km/h. Der Torwart, der diesen Ball hält, bremst ihn innerhalb von 0,04 s auf 0 ab.
a) Wie groß ist die (mittlere) Beschleunigung des Fußballs während dieser 0,04 s?
b) Welche Kraft muss der Torwart dafür aufbringen?

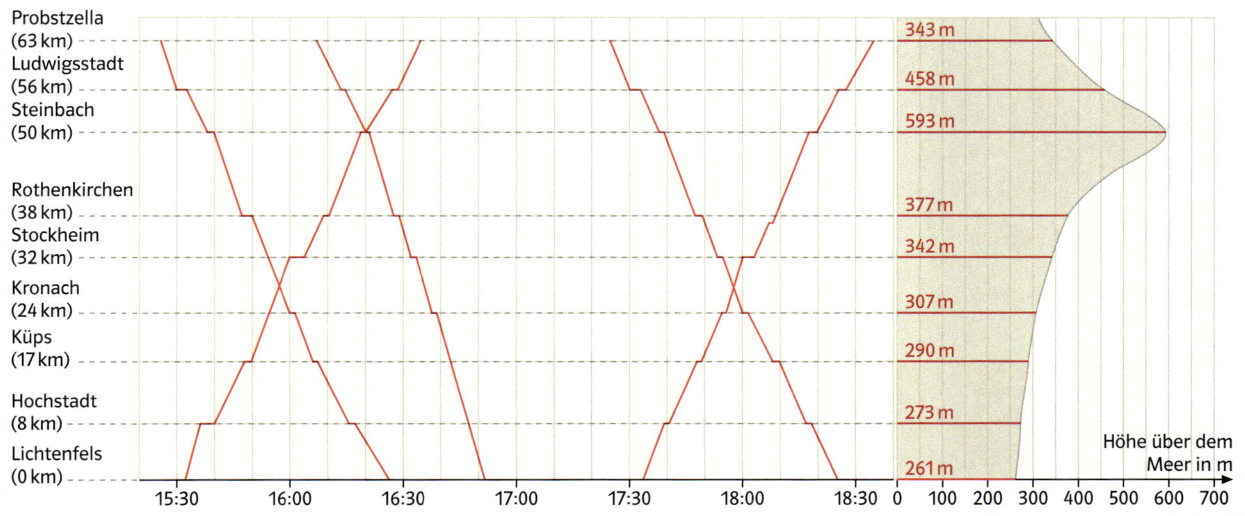

B1

Grundregeln für das Experimentieren

Beim Experimentieren muss man besonders sorgfältig und vorsichtig sein. Lies dir zuerst die Versuchsbeschreibung durch. Beginne mit dem Experimentieren erst, wenn dir die auszuführenden Tätigkeiten klar sind. Führe die einzelnen Schritte eines Experiments immer in der richtigen Reihenfolge aus.

Melde es sofort dem Lehrer, wenn dir etwas unklar ist oder etwas Unerwartetes geschieht. Achte darauf, dass deine Versuchsaufbauten nicht umkippen können. Trage stets die notwendige Schutzkleidung. Informiere dich darüber, wo der Erste-Hilfe-Kasten und der Feuerlöscher stehen. Du solltest mit diesen Hilfsmitteln auch umgehen können.

Schutz vor Verbrennungen:

Versuch beendet – Brenner aus!

Schutz vor Verletzungen:

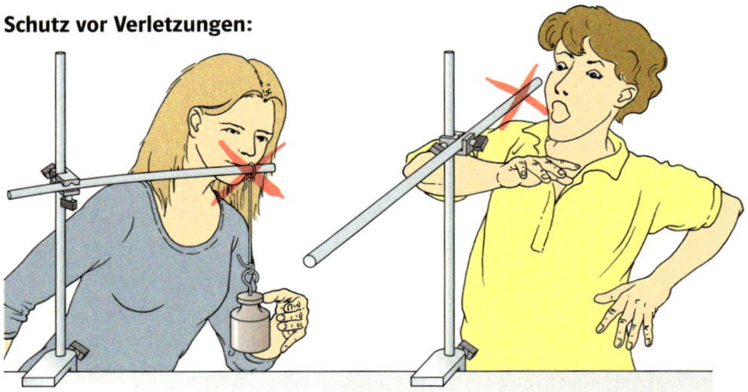

Versuch sorgfältig und überlegt aufbauen!

Schutz vor Vergiftung und Verätzung:

Chemikalien richtig aufbewahren und vorsichtig benutzen!

Schutz vor elektrischen Schlägen:

Nur Spannungen bis 24 V verwenden!

Und wenn doch etwas passiert...

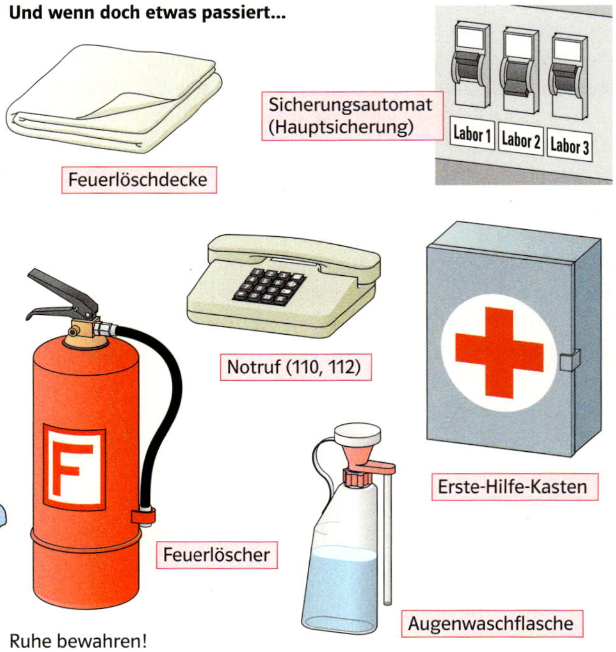

Ruhe bewahren!
Sofort Lehrerin oder Lehrer informieren!
Hauptschalter bzw. Haupthahn sofort abdrehen!
Bei größeren Unfällen sofort Notruf: Feuerwehr 112
Polizei 110

Erste Hilfe leisten!

Die Gefahrensymbole:

giftig | ätzend | gesundheitsschädlich | leicht entzündlich | explosionsgefährlich | brandfördernd | gefährliche Spannung | umweltgefährlich

Kompendium Grundwissen

Ph 9.1 Elektrik

Der Feldbegriff Körper können Kräfte aufeinander ausüben, ohne sich zu berühren. Die Kraftwirkung nimmt mit der Entfernung der Körper ab. Wir nehmen an, dass die Körper aufgrund bestimmter Eigenschaften (z. B. Masse, Ladung, Magnetismus, etc.) ihre Umgebung so verändern, dass auf andere Körper Kräfte ausgeübt werden. Diesen Wirkungsbereich nennen wir **Feld** (→**B1**). Es lässt sich mit **Feldlinien** darstellen. Feldlinien können sich nie schneiden, sie zeigen an jedem Punkt in eine eindeutige Richtung. Bereiche, in denen die Feldlinien parallel und alle im gleichen Abstand verlaufen, nennt man **homogenes Feld.**

● **Den Wirkungsbereich in der Umgebung eines Magneten nennt man magnetisches Feld. Die Richtung der Feldlinien zeigt an, in welche Richtung die Kraft auf einen magnetischen Nordpol wirkt.**

● **Den Wirkungsbereich in der Umgebung elektrischer Ladung, in dem auf andere Ladungen Kräfte ausgeübt werden, nennt man elektrisches Feld. Die Richtung der Feldlinien zeigt an, in welche Richtung die Kraft auf einen positiv geladenen Körper wirkt. Die Richtung des Feldes hängt von der Stromrichtung ab.**

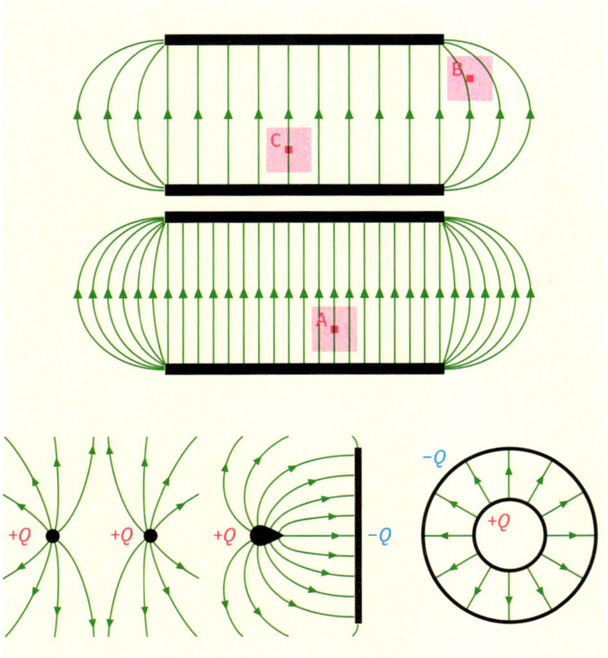

B1 Feldlinien

Das Magnetfeld eines stromführenden Leiters Jeder stromführende Leiter ist von einem Magnetfeld umgeben. Die magnetischen Feldlinien eines geraden, stromführenden Leiters sind in sich geschlossene Kreise, sie haben weder Anfang noch Ende. Die Richtung des Feldes und damit der gekennzeichneten Feldlinien ist von der Stromrichtung abhängig. Es gilt die **Rechte-Hand-Regel** (→**B2**):

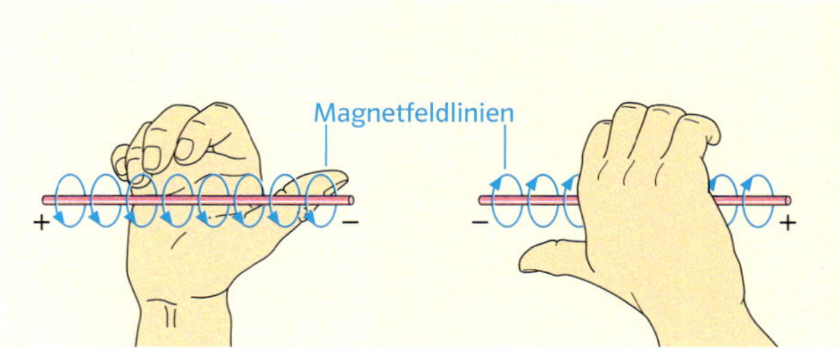

B2 Rechte-Hand-Regel

● **Umfasst man den Leiter so mit der rechten Hand, dass der ausgestreckte Daumen in Richtung der technischen Stromrichtung zeigt, so geben die gekrümmten Finger die Richtung der Feldlinien an.**

Die technische Stromrichtung verläuft vom Pluspol zum Minuspol einer Spannungsquelle. Die Elektronen bewegen sich in die entgegengesetzte Richtung.

Kräfte im elektrischen und magnetischen Feld Wenn durch den Einfluss des elektrischen Feldes eines geladenen Körpers positive und negative Ladung in elektrischen Leitern verschoben bzw. getrennt wird, spricht man von **Influenz** durch das Feld. Bei Nichtleitern ist keine Trennung möglich, denn deren Ladung ist kaum beweglich. Es erfolgt nur eine Ladungsverschiebung innerhalb kleiner Bereiche des Nichtleiters. Dadurch kann es im elektrischen Feld zur Ausrichtung von Kunststoffspänen oder Grießkörnern kommen, ähnlich der von kleinen Magneten im Magnetfeld.

Befindet sich ein Leiterstück eines geschlossenen Stromkreises im Feld eines Magnets, so wirkt auf das Leiterstück eine Kraft, die **Lorentzkraft**. Das Leiterstück wird bewegt. Die wirkende Kraft hängt von der Stromstärke im Leiter, der Stärke des Magnetfeldes und von dem Winkel ab, den der Leiter mit den Magnetfeldlinien bildet. Die Kraft ist am größten, wenn der Leiter senkrecht zu den Feldlinien steht. Haben Magnetfeld und Leiter die gleiche Richtung, so wirkt keine Kraft. Die Lorentzkraft wirkt nur, wenn im Leiter ein Strom fließt, diese Kraft wirkt also nur auf bewegte Ladungsträger. Mit der **Drei-Finger-Regel** der rechten Hand (→**B2**, S. 142) lässt sich die Richtung der Kraft auf den Leiter ermitteln:

● **Zeigt der Daumen der rechten Hand in technische Stromrichtung und der Zeigefinger in Richtung des Magnetfeldes, so gibt der Mittelfinger die Richtung der wirkenden Kraft an.**

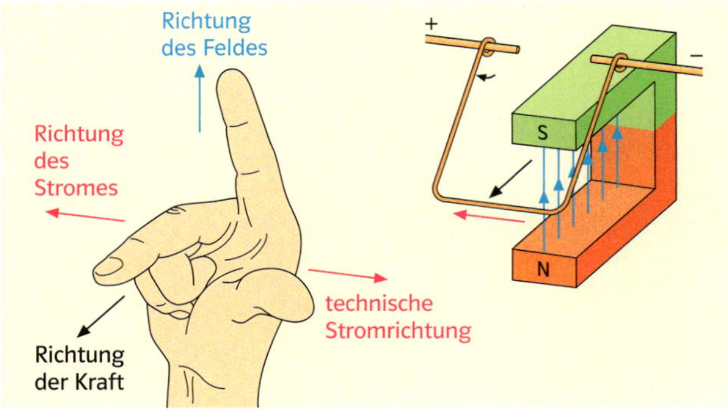

B1 Drei-Finger-Regel der rechten Hand

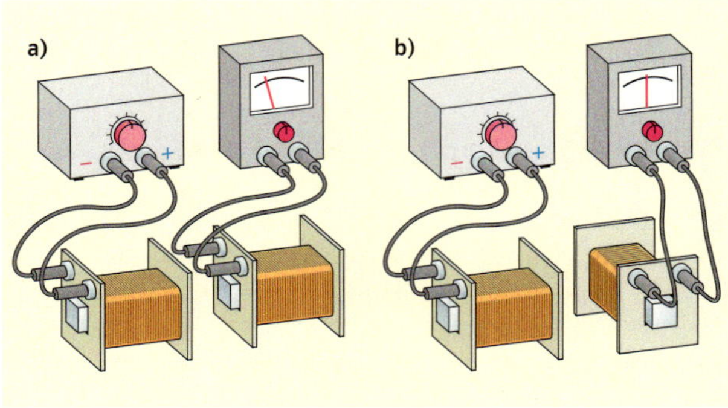

B3 Magnetfeld und Ebene der Spulenwindungen

Aufbau und Funktionsweise eines Elektromotors Ein einfacher Elektromotor besteht aus einem Dauermagnet und einem Elektromagnet, der sich im Feld des Dauermagneten dreht (→**B2**). Der drehbare Magnet heißt **Anker**. Der Anker ist über zwei Schleifkontakte mit der elektrischen Quelle verbunden. Die Schleifkontakte berühren zwei gegeneinander isolierte Halbringe, die fest mit der Achse des Ankers verbunden sind. Die beiden Anschlüsse der Spule sind mit je einer Ringhälfte verbunden. Diese als Umschalter für die Richtung des Stromes wirkende Anordnung heißt **Kommutator**.

● **Beim Elektromotor dreht sich ein Elektromagnet im Magnetfeld eines anderen Magneten. Dabei werden abziehende bzw. abstoßende Kräfte zwischen den Magnetpolen ausgenutzt. Ein Umschalter polt während der Drehung die Stromrichtung des beweglichen Elektromagneten dauernd so um, dass eine fortwährende Drehbewegung entsteht.**

Elektromagnetische Induktion Befindet sich ein Dauer- oder Elektromagnet in der Nähe einer Spule, so zeigt ein zwischen den Anschlüssen der Spule geschaltetes Messgerät eine **induzierte** elektrische **Spannung** an, wenn man für eine Änderung des Magnetfeldes sorgt. Diese Spannungserzeugung heißt **elektromagnetische Induktion**. Eine Spannung kann nur dann induziert werden, wenn das Magnetfeld die Ebenen der Spulenwindungen durchsetzt (→**B3**).

● **An den Enden einer Spule entsteht durch Induktion eine Spannung, wenn die Windungsebenen der Spule von einem Magnetfeld durchsetzt werden und sich dabei mindestens eine der drei Größen ändert:**
- **die Stärke des Magnetfeldes,**
- **die vom Magnetfeld durchsetzte Querschnittsfläche der Spule,**
- **der Winkel zwischen Spulenachse und Feldlinienrichtung.**

Die induzierte Spannung wird größer, wenn die Windungszahl der Spule größer wird oder wenn die Änderung des Magnetfeldes rascher erfolgt. Haben die Feldlinien des Magnetfeldes die umgekehrte Richtung oder bewegt man die Spule in die entgegengesetzte Richtung, so kehrt sich die Polung der induzierten Spannung um. Die Polung ändert sich auch, sobald aus einer Verstärkung des Magnetfeldes eine Abschwächung (oder umgekehrt) wird.

Regel von Lenz Fließt in dem Leiter durch die induzierte Spannung ein Strom, so erzeugt dieser wiederum ein magnetisches Feld. Aufgrund der Energieerhaltung muss dieses so gerichtet sein, dass es seiner Entstehung entgegenwirkt. Der bewegte Leiter würde sonst ohne Kraftaufwand immer schneller in das magnetische Feld gezogen.

● **Der Induktionsstrom ist stets so gerichtet, dass er seiner Ursache entgegenwirkt.**

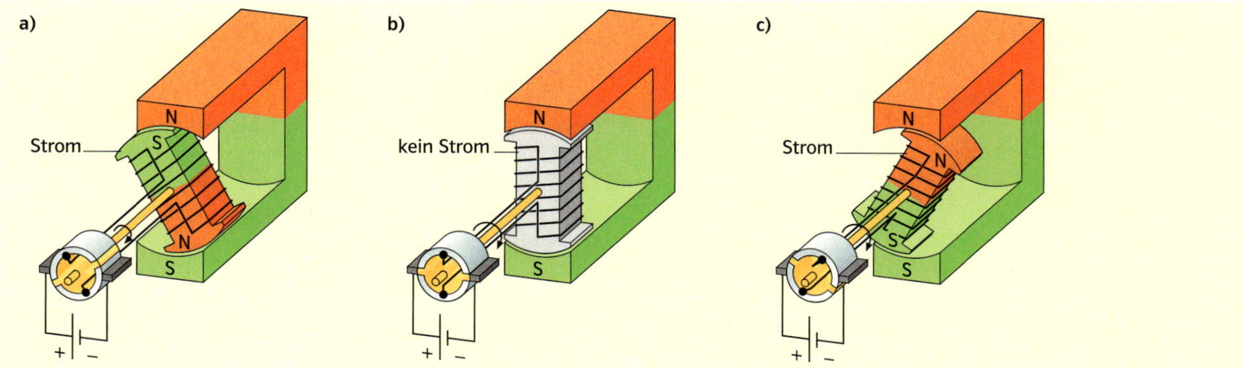

B2 Elektromotor

Spannung durch Bewegung Viele Elektronen im Metall des Leiters sind leicht verschiebbar. Bewegt sich der Leiter in einem Magnetfeld wie in **B1** nach vorn aus der Zeichenebene heraus, so erfahren die mit dem Leiter mitbewegten Elektronen eine Kraft. Die „Drei-Finger-Regel" der rechten Hand liefert eine Kraftrichtung längs des Leiters nach rechts. Auf positive Ladungsträger wirkt eine Kraft nach links. Rechts entsteht Elektronenüberschuss, links Elektronenmangel. Der Leiter erhält so zwei Pole und wird zu einer elektrischen Quelle.

● **Bewegt sich ein Leiter im Magnetfeld, so wird er zur elektrischen Quelle, außer er bewegt sich parallel zum Feld.**

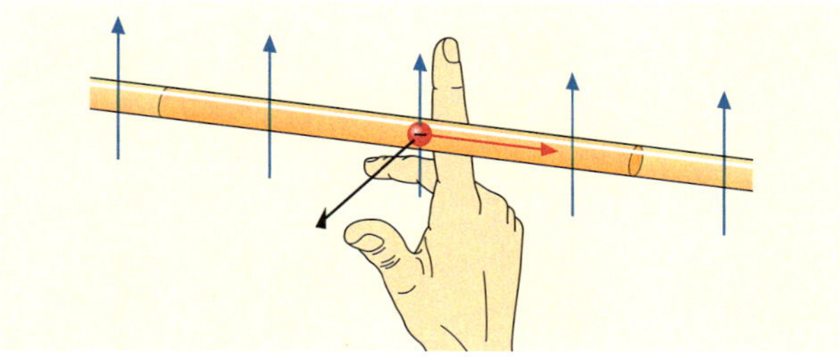

B1 Spannung durch Bewegung

Generatoren erzeugen Spannungen Eine Spule, die über Schleifkontakte mit zwei Anschlüssen verbunden ist und sich in einem Magnetfeld dreht (→**B2**), heißt **Generator**. Die Spule mit Eisenkern heißt **Anker**. Während jeder Umdrehung des Ankers ändern sich der Betrag und die Polung der entstehenden Spannung. Sie heißt deshalb Wechselspannung.

● **Im Generator entsteht durch Drehen einer Spule im Magnetfeld oder eines Magneten vor einer Spule eine Wechselspannung. Durch die Drehung des Ankers wird der Anteil des Magnetfeldes, der die Windungsebene seiner Spule durchsetzt, ständig verändert. Das induziert eine Wechselspannung zwischen den Enden der Spule.**

● **Der Höchstwert der vom Generator erzeugten Wechselspannung steigt bei**
- **höherer Drehgeschwindigkeit,**
- **stärkerem Magnetfeld,**
- **größerer Windungszahl und Querschnittsfläche der Spule im Anker.**

Die Funktionsweise des Transformators Ein Transformator besteht aus zwei Spulen auf einem gemeinsamen, meist geschlossenen Eisenkern (→**B3**). Dabei gibt es weder zwischen den beiden Spulen noch zwischen dem aufgewickelten Draht und dem Eisenkern eine elektrisch leitende Verbindung! Die an die Quelle für Wechselspannung angeschlossene Spule wird **Primärspule**, die zweite Spule wird **Sekundärspule** genannt.

● **Ein Transformator besteht aus Primär- und Sekundärspule mit gemeinsamem Eisenkern. Beim Transformator entsteht durch Wechselstrom in der Primärspule ein veränderliches Magnetfeld, das in der Sekundärspule eine Wechselspannung induziert.**

Betrachtet man Spannungs- und Stromstärkebeträge in Primär- und Sekundärstromkreis in Bezug auf die Verhältnisse der Windungszahlen n_1 und n_2 der beiden Spulen, so gilt:

● **Für die Spannungen am unbelasteten Transformator gilt näherungsweise:**

$$\frac{U_2}{U_1} = \frac{n_2}{n_1}$$

● **Für die Stromstärken beim stark belasteten Transformator gilt näherungsweise:**

$$\frac{I_2}{I_1} = \frac{n_1}{n_2}$$

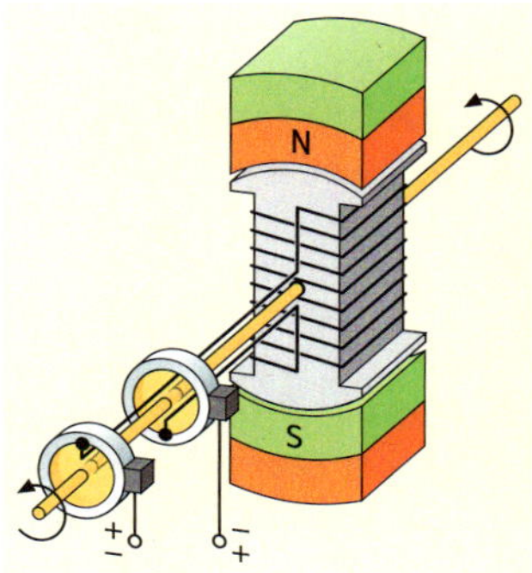

B2 Prinzip Generator

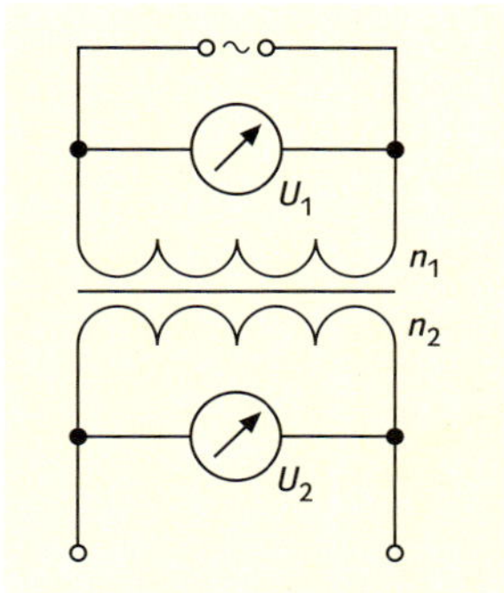

B3 Transformator Schaltbild

Ph 9.2 Atome

Das Kern-Hülle-Modell **Ernest Rutherford** ließ energiereiche positiv geladene Heliumionen auf eine Goldfolie treffen und beobachtete, dass der weitaus größte Teil der Heliumteilchen die Folie ohne größere Richtungsänderung durchdringen konnte (→**B1**, S. 144). Nur einige Teilchen wurden stark abgelenkt oder prallten zurück.

● **Alle Atome enthalten einen kleinen, undurchdringlichen Teil, den Atomkern. Der Atomkern ist positiv geladen. Der große Raumbereich um den Kern des Atoms wird durch die Atomhülle gebildet. In ihr befinden sich die Elektronen, deshalb ist sie negativ geladen.**

● **Das Atom, aus positiv geladenem Atomkern und negativ geladener Atomhülle bestehend, ist nach außen hin elektrisch neutral.**

● **Der Atomradius hat eine Größenordnung von 10^{-10} m, der Atomkern von 10^{-15} m. Legt man 10 Millionen Atome hintereinander, so haben sie etwa eine Länge von 1 mm!**

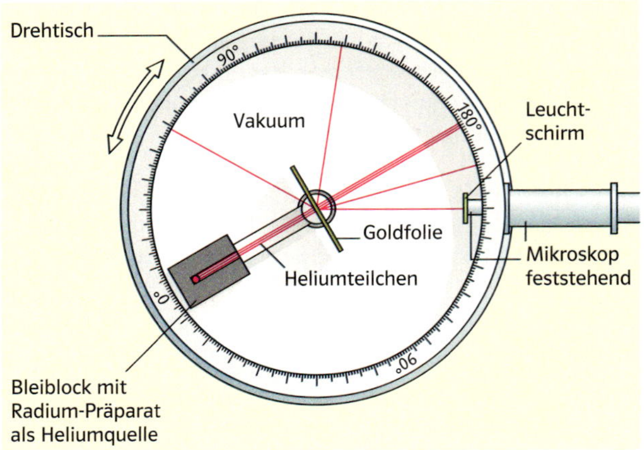

B1 Rutherford'scher Streuversuch

Wäre ein Atomkern so groß wie ein Stecknadelkopf, so hätte das gesamte Atom einen Durchmesser von etwa 100 m. Die Größenordnung des Atomdurchmessers lässt sich mit dem Öltröpfchenversuch experimentell abschätzen.

Der Atomkern Atomkerne bestehen aus **Protonen** und **Neutronen**. Man bezeichnet diese beiden Kernbausteine auch als **Nukleonen** (lat. nucleus, der Kern). Beide haben fast die gleiche Masse und sind 1836-mal schwerer als Elektronen. Protonen sind elektrisch geladen. Ihre Ladung hat den gleichen Betrag wie die der Elektronen, nur das Vorzeichen ist positiv. Neutronen sind elektrisch neutral. Protonen und Neutronen werden im Kern aufgrund der **starken Kraft** („**Kernkraft**") zusammengehalten. Ohne die Kernkraft zwischen den Nukleonen würden sich die Protonen aufgrund ihrer positiven Ladung abstoßen.

● **Zwischen den Nukleonen eines Atomkerns wirken sehr starke anziehende Kernkräfte.**

Die Zahl der Protonen (Protonenzahl) im Atomkern heißt **Kernladungszahl *Z***, die Zahl der Neutronen heißt **Neutronenzahl *N***. Ihre Summe $Z + N$ heißt **Massenzahl *A***.

● **Der Atomkern besteht aus Protonen und Neutronen. Er ist positiv geladen und vereinigt fast die gesamte Masse des Atoms.**

Für jeden Kern gilt: $A = Z + N$. In der Natur kommen etwa 2 000 verschiedene Kerne vor. Ihre Zusammensetzung zeigt folgende Schreibweise an:

A bedeutet die Massenzahl
X steht für das Elementsymbol $\,^{A}_{Z}\mathrm{X}$
Z bedeutet die Kernladungszahl

Atome eines bestimmten **chemischen Elementes** besitzen immer die gleiche Anzahl an Protonen.

Zu einem Element gibt es auch Atome mit verschiedenen Massenzahlen, die sich folglich nur in der Neutronenzahl unterscheiden, man nennt sie **Isotope** des Elementes.

Quarks, die Unterstrukturen des Atomkerns Protonen und Neutronen sind nicht „elementar", sondern besitzen eine noch feinere Unterstruktur (→**B2**) aus weiteren Teilchen, die **Quarks**. Man geht heute davon aus, dass es sechs verschiedene Quarks gibt, aus denen eine Vielzahl weiterer Teilchen zusammengesetzt ist. Aus up- und down-Quarks bestehen Protonen und Neutronen. Die Quarks unterliegen der starken Kraft. Quarks sind auch elektrisch geladen, wobei man ihnen Drittelladungen zuordnet. Aus diesen Ladungen ergibt sich dann beim Proton nach außen die Ladung +1*e* und beim Neutron 0.

● **Alle uns umgebende Materie ist nur aus Elektronen für die Atomhüllen und den beiden Quarks, up-Quark (u) und down-Quark (d) für die Protonen und Neutronen der Atomkerne aufgebaut.**

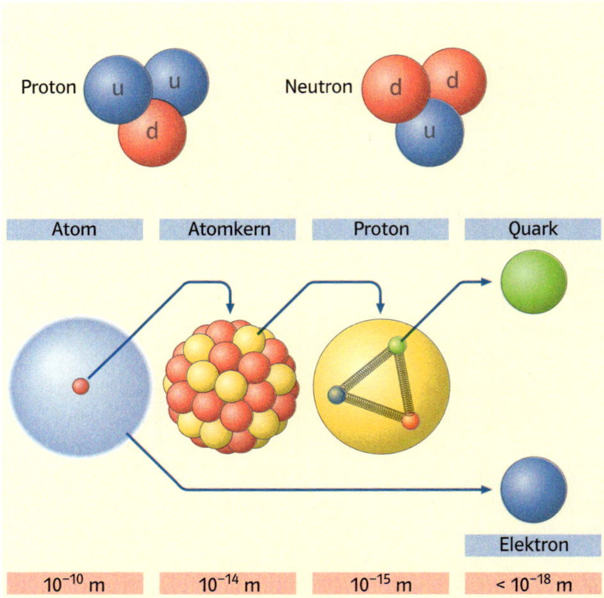

B2

Emission und Absorption von Licht Allen Lichtquellen ist gemeinsam, dass einem Stoff in geeigneter Weise Energie zugeführt wird, die ihn zum Aussenden, zur **Emission** von Licht bringt (→**B2**, S. 145).

● **In Lichtquellen wird ein Stoff durch Zufuhr von Energie zur Emission von Licht veranlasst.**

Das Licht einer Quelle zeigt beim Durchgang durch ein Prisma ein **Spektrum**.

● **Das Emissionsspektrum selbstleuchtender fester und flüssiger erhitzter Körper ist kontinuierlich.**

B1 Glühendes Eisen

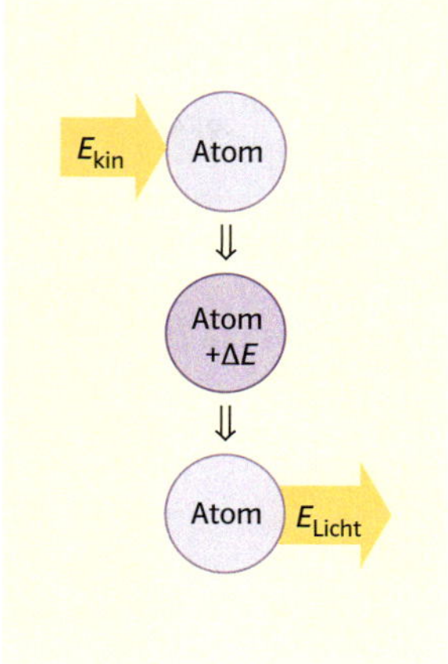

B2 Licht aussenden

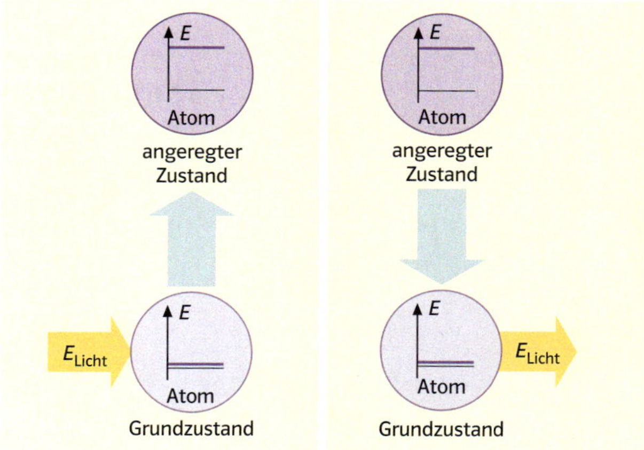

B3 Aufnahme von Energie führt zur Anregung (a). Abgabe von Energie erfolgt durch Emission (b).

● **Das Emissionsspektrum von Gasen ist ein diskretes Spektrum.**

1814 entdeckte Fraunhofer im kontinuierlichen Spektrum der Sonne eine Anzahl dunkler Linien. Sie lassen sich dadurch erklären, dass Licht bestimmter Farben beim Durchgang durch die Sonnen- oder Erdatmosphäre absorbiert wird. Dieses im kontinuierlichen Spektrum des weißen Lichtes fehlende Licht heißt **Absorptionsspektrum**.

● **Stoffe absorbieren Licht derselben Farbe, das sie im leuchtenden Zustand emittieren.**

Energieniveaus und Photonen Nicht die Intensität von Licht ist für die Aufnahme von Energie verantwortlich, sondern die Farbe. Hypothese **Albert Einsteins**: „Lichtquellen senden Energie nicht kontinuierlich, sondern in Portionen aus. Die Energieportionen ΔE heißen **Photonen**."

Diese Energieportionen bezeichnet man auch als **Lichtquanten**. Diese Energieportionen sind extrem klein: Bei rotem Licht etwa $3 \cdot 10^{-19}$ J und bei blauem $5 \cdot 10^{-19}$ J.

Atome können nur ganz bestimmte Energiezustände annehmen. Diese diskreten Energiewerte nennt man **Energieniveaus**. Sie lassen sich in einem Schema veranschaulichen (→**B3**): Jeder Wechsel des Atoms von einem Energieniveau auf ein anderes ist mit der Aufnahme (Absorption) oder der Abgabe (Emission) von Energie verbunden. Deren Betrag ergibt sich als Differenz der Energiewerte der zugehörigen Niveaus. Jede Linie im Spektrum einer Lichtquelle gehört also zu einer bestimmten Energiedifferenz der Atome der Lichtquelle. Die Vielzahl der Linien im Spektrum von Gasen lässt vermuten, dass es in diesen Atomen eine größere Zahl an möglichen Energieniveaus geben muss (→**B4**).

Beispiel (→**B1**, S. 146)**:** Der Übergang vom Niveau 1 zum Niveau 3 erfordert die Aufnahme von Energie: $\Delta E = E_3 - E_1$. Der Übergang vom Niveau 3 zum Niveau 1 ist nur bei Abgabe desselben Energiebetrages denkbar. Das Atom geht von einem höheren in einen niedrigeren Energiezustand über und sendet dabei ein Photon mit der Energie aus, die der Differenz der Energien der beiden Energieniveaus entspricht." $E_{Photon} = \Delta E = E_{2,Atom} - E_{1,Atom}$. Bei Übergängen zwischen anderen Niveaus geschieht Analoges.

● **Photonen sind die Energieportionen, die von einem Atom emittiert werden, wenn es von einem höheren, angeregten Energieniveau in einen niedrigeren übergeht. Den niedrigsten Energiezustand bezeichnet man als Grundzustand.**

Die Ursache dafür, dass bei einem Atom überhaupt unterschiedliche diskrete **Energieniveaus**, auftreten, ist der Aufbau der Atome. Es stellte sich heraus, dass es die Bestandteile der Atomhülle, also die Elektronen sind, die bei einem Atom mit vorgegebenem Kern aus Protonen und Neutronen die möglichen Energieniveaus bestimmen.

● **Energieportionen, die ein Atom in Form von Licht aussendet, werden durch Übergänge zwischen unterschiedlichen Energieniveaus der Atome verursacht.**

● **Die Energie E_{Photon} entspricht der genau festgelegten Farbe des Lichtes einer diskreten Linie im Linienspektrum.**

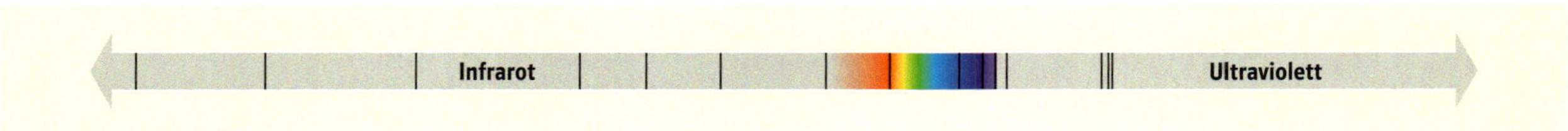

B4 Das Linienspektrum von Wasserstoff enthält auch Linien im Infrarot und Ultraviolett.

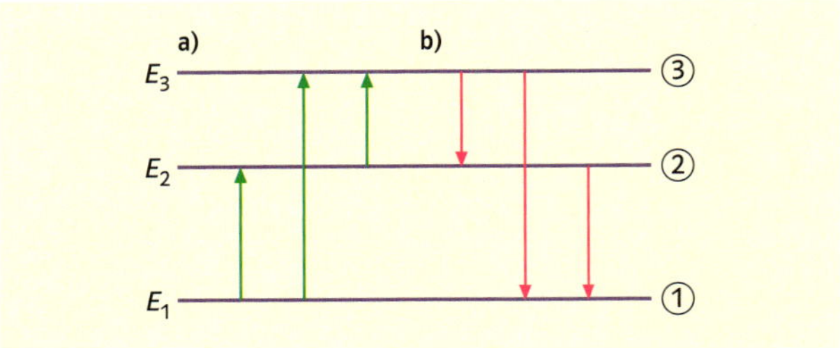

B1 Mögliche Absorption von Energie (a); Mögliche Emission von Energie (b)

Röntgenstrahlung und Röntgenspektrum Eine Röntgenröhre ist ein luftleerer Glaskolben, in den eine Glühkatode und ein kleiner Metallblock als Anode eingeschmolzen sind (→**B2**). Die aus der Glühkatode austretenden Elektronen treffen auf die Metall-Anode. Die dafür nötige Beschleunigungsspannung beträgt etwa 100 kV. Die Elektronen werden beim Auftreffen auf die Anode abgebremst. Dabei entsteht energiereiche Strahlung, die Röntgenstrahlung. Typisch für die Röntgenstrahlung ist, dass die Energie ihrer Photonen im Kiloelektronenvolt-Bereich liegt. Die Energiewerte der Niveaus vom niedrigsten nach oben unterscheiden sich z. B. von Werten bei Wasserstoff um mehr als den Faktor 1000! Das **Spektrum der Röntgenstrahlung** („Röntgenlicht") enthält auffällige Spitzenwerte, die wie bei Licht den Linien eines Spektrums entsprechen. Offenbar wird auch die Energie von Röntgenstrahlung bevorzugt über Photonen mit ganz bestimmten Energiewerten abgegeben.

- **Unter dem charakteristischen Röntgenspektrum versteht man die für ein bestimmtes Anodenmaterial typischen Linien im gesamten Röntgenspektrum.**

- **Das charakteristische Röntgenspektrum besteht wie beim sichtbaren Licht aus Linien, die Übergängen zwischen Energieniveaus entsprechen.**

- **Die Photonen der Röntgenstrahlung sind ca. 1000- bis 100 000-mal energiereicher als die des sichtbaren Lichts, weil auch die Energieniveaus der bei Röntgenanoden verwendeten Materialien entsprechend hoch sind.**

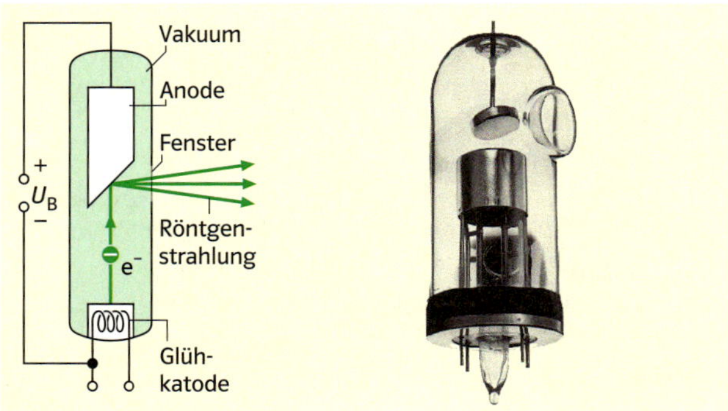

B2 Aufbau einer Röntgenröhre

Die Bindungsenergie des Atomkerns Um einen Kern in seine einzelnen Nukleonen zu zerlegen, ist wegen der starken Bindung zwischen ihnen eine große Energiemenge nötig. Man nennt sie die **Bindungsenergie E_B** des Kerns. Wegen des Energieerhaltungssatzes muss genau diese Energiemenge bei der Bildung des Kerns frei werden (→**B3**). Der Atomkern besitzt also weniger Energie als die ungebundenen freien Protonen und Neutronen allein, er hat durch die Bindung Energie verloren. Deswegen erhält die freiwerdende Bindungsenergie ein negatives Vorzeichen:

- **Die Bindungsenergie wird bei der Bildung des Atomkerns aus den einzelnen Nukleonen freigesetzt. Sie ist ein Maß für den Zusammenhalt der Nukleonen.**

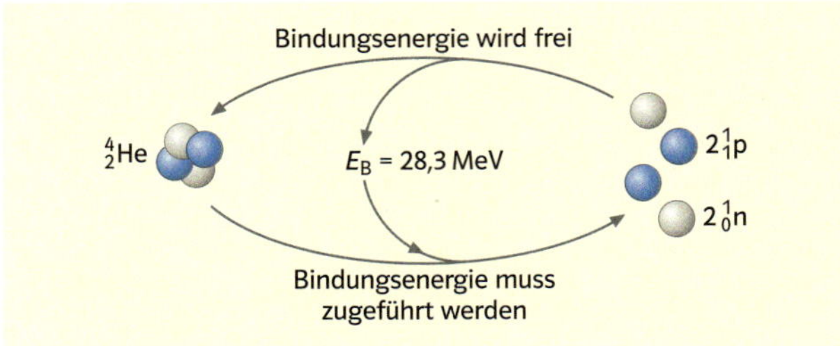

B3 Bindungsenergie des Heliumkerns

Der Massendefekt Durch Addition der Massen der Protonen und Neutronen kann man theoretisch die Massen aller Atomkerne berechnen. Der experimentell mit dem Massenspektrometer gemessene tatsächliche Wert für die Kernmasse ist allerdings immer etwas geringer. Die Differenz zwischen beiden Werten nennt man **Massendefekt Δm**. Für $^4_2$He beträgt der Massendefekt $\Delta m_{He} = 5{,}04 \cdot 10^{-29}$ kg (→**B4**).

- **Die Masse eines Atomkerns ist stets kleiner als die Summe der Masse seiner Nukleonen. Dieser Effekt tritt bei allen Atomkernen auf.**

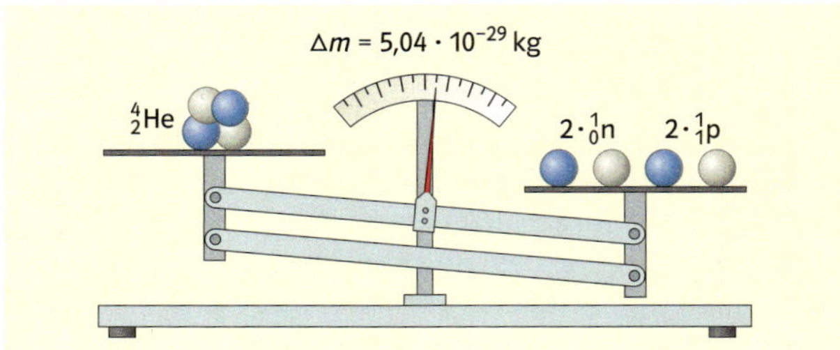

B4 Massendefekt des Heliumkerns

Einsteins Relativitätstheorie sagt aus, dass Masse und Energie äquivalent sind. Laut der Formel $E = m \cdot c^2$ kann Masse in Energie umgewandelt werden und umgekehrt. c ist die Lichtgeschwindigkeit im Vakuum. Rechnet man den Massendefekt damit in Energie um, ergibt sich, dass die fehlende Masse genau dem Betrag der Bindungsenergie entspricht, die bei der Bindung des Kerns freigesetzt wurde:

Masse und Energie sind äquivalent. Dies beschreibt die Formel $E = m \cdot c^2$. Dem Massendefekt Δm eines Kerns entspricht seine Bindungsenergie $E_B = \Delta m \cdot c^2$.

Je mehr Nukleonen im Kern gebunden sind, umso größer werden Bindungsenergie und Massendefekt. Um diese Größen bei schweren und leichten Kernen gut vergleichen zu können, teilt man die Bindungsenergie durch die Nukleonenzahl und berechnet die Bindungsenergie pro Nukleon E_B/A.

Die Grafik **B1** zeigt die mittlere Bindungsenergie pro Nukleon in Abhängigkeit von der Massenzahl A für viele Elemente. Man erkennt, das die Bindungsenergie pro Nukleon bei kleinen Kernen schnell ansteigt, wobei $^4_2$He eine Spitzenstellung einnimmt. Das Maximum von E_B/A liegt bei Massenzahlen um die 60, bei weiter steigenden Massenzahlen nimmt die Bindungsenergie pro Nukleon wieder etwas ab. Mittelschwere Kerne sind also stabiler als sehr leichte und sehr schwere Kerne.

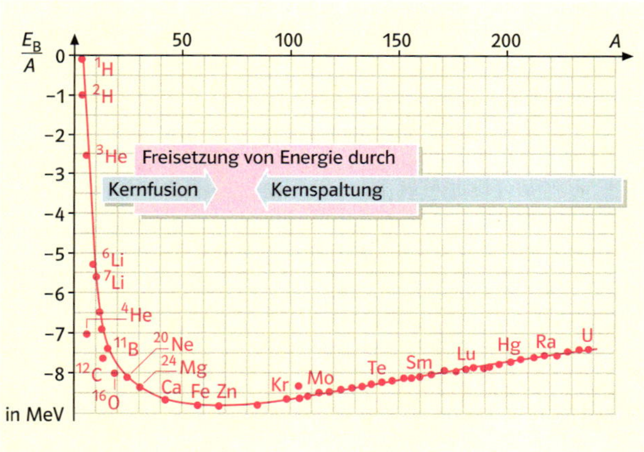

B1 Mittlere Bindungsenergie pro Nukleon

Kernspaltung 1938 entdeckten Otto Hahn, Fritz Straßmann und Lise Meitner bei ihren Untersuchungen zur künstlichen Kernumwandlung: Beim Bestrahlen von Uran mit Neutronen werden Kerne des natürlichen Uranisotopes U-235 gespalten. Es entstehen Elemente aus der Mitte des Periodensystems, wie Barium und Krypton:

$$^{235}_{92}U + ^{1}_{0}n \rightarrow ^{144}_{56}Ba + ^{89}_{36}Kr + 3 \cdot ^{1}_{0}n + \Delta E.$$

Die dabei freiwerdende Energie ΔE ist sehr groß. **B1** zeigt: Kleine, leichtere Kerne haben einen geringeren Bindungsenergiebetrag pro Nukleon als mittelschwere. Bei höheren Massenzahlen $A > 60$ nimmt diese Energie betragsmäßig wieder etwas ab. Wird ein großer Kern in zwei mittelgroße gespalten, dann wird der Unterschied ΔE_B der Bindungsenergien pro Nukleon freigesetzt. Bei der Spaltung eines Urankerns in Barium und Krypton wird ein Energiebetrag von knapp 200 MeV frei! Diese freigesetzte **Kernenergie** kann in **Kernkraftwerken** teilweise in elektrische Energie umgewandelt werden. Bei der Spaltung von 1 kg U-235 werden rund 24 Millionen kWh Energie frei, so viel wie beim Verbrennen von 2 Millionen kg Kohle.

Kernfusion Auch bei der Verschmelzung von sehr leichten Kernen zu etwas schwereren wird eine große Energiemenge frei. Wird $^4_2$He aus 4 Nukleonen ($E_B = 0$) aufgebaut, wie im Inneren der Sonne, werden im Idealfall 28 MeV freigesetzt. Bei der Fusion von 1 kg Helium aus $^1_1$H wird fast zehnmal soviel Energie frei wie bei der Spaltung von 1 kg Uran.

Bei der Spaltung eines schweren in zwei mittelschwere Kerne und der Fusion sehr leichter Atomkerne werden große Energiemengen freigesetzt.

Spontane Kernumwandlungen Unabhängig von äußeren Einwirkungen zerfallen bestimmte Atomkerne, die zu viel Energie enthalten und bei denen die Zahl der Neutronen nicht zur Protonenzahl passt, und senden dabei radioaktive Strahlung aus. Damit verlieren sie Energie und Materie.

Messung der Halbwertszeit Das Radonisotop Rn-220 wandelt sich durch Zerfall in Polonium-216 um. Die Halbierung der Anzahl der Zerfälle in konstanten Zeitabschnitten ist unabhängig von der Stärke der Radonquelle. Jedes radioaktive Isotop hat eine solche, für sich charakteristische **Halbwertszeit (→B2)**. Sie ist ein Mittelwert aus einer großen Anzahl Kernzerfällen. Es ist nicht vorhersagbar, wann ein einzelner instabiler Kern zerfällt!

Während seiner Halbwertszeit zerfällt die Hälfte der Atomkerne eines radioaktiven Stoffes.

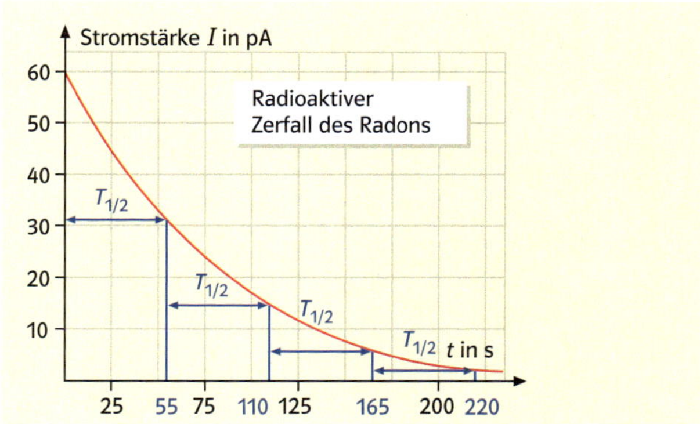

B2

Radioaktive Strahlung durch Kernzerfall 1896 untersuchten **Henri Becquerel**, **Marie** und **Pierre Curie** radioaktive Strahlung, die von sich spontan umwandelnden Atomkernen ausgesandt wird. Das Entstehen der Strahlung lässt sich durch keine Maßnahme beeinflussen oder verhindern.

Radioaktive Strahlung hat die Eigenschaft, Atome oder Moleküle der umgebenden Stoffe zu ionisieren.

Unter **Reichweite** der Strahlung versteht man den größten Abstand vom Strahler, bis zu dem sie noch nachweisbar ist. Es existieren drei verschiedene Arten von Strahlung (→**B1**).

- **α-Strahlung besteht aus zweifach positiv geladenen Heliumkernen. Sie lässt sich im Magnetfeld ablenken, ist stark ionisierend, hat in Luft einen Reichweite von Zentimetern und kann Papier nicht durchdringen.**

- **β-Strahlung besteht aus Elektronen. Sie lässt sich im Magnetfeld stark ablenken, ist gering ionisierend, hat in Luft eine Reichweite von Metern und kann Aluminium nicht durchdringen.**

- **γ-Strahlung besteht aus energiereichen Photonen ähnlich der Röntgenstrahlung. Sie wird im Magnetfeld nicht beeinflusst, hat in Luft prinzipiell unbegrenzte Reichweite und durchdringt Bleiplatten.**

- **Je weiter Strahler und Nachweisgerät voneinander entfernt sind, umso weniger radioaktive Strahlung wird angezeigt.**

- **Je größer die Energie der Strahlung, je dünner die Schicht des absorbierenden Stoffes und je kleiner die Massenzahl seiner Atome sind, umso mehr Strahlung dringt hindurch.**

Nachweis radioaktiver Strahlung Radioaktive Strahlung kann man nicht sehen, fühlen, hören oder riechen. Zum Nachweis dieser Strahlung wird neben der Schwärzung von Fotoplatten die ionisierende Wirkung der radioaktiven Strahlung in verschiedenen Geräten verwendet. Dazu gehören die Nebelkammer (→**B2**), in der die ionisierten Luftteilchen Kondensationskeime für Alkoholdampf bilden, und das Geiger-Müller-Zählrohr, in dem die frei gewordenen Elektronen der ionisierten Luftteilchen durch einen angelegte elektrische Spannung beschleunigt werden und einen Stromimpuls auslösen.

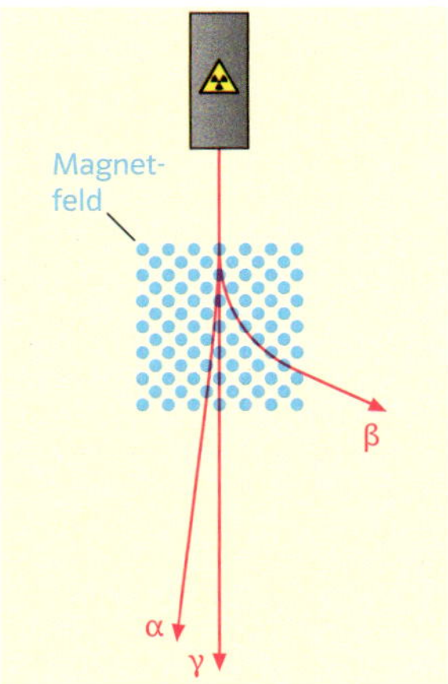

B1 Radioaktive Strahlung im Magnetfeld

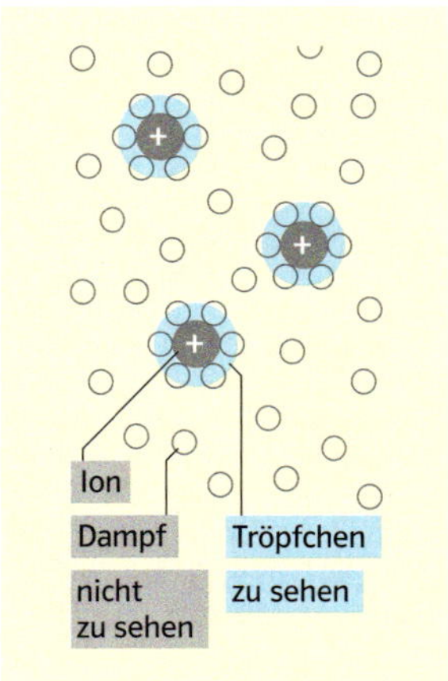

B2 Ionen als Kondensationskeime in der Nebelkammer

Biologische Strahlenwirkung Trifft radioaktive Strahlung auf lebendes Gewebe, kann sie unterschiedliche Folgen haben (→**B3**, **B4**). Besonders wirksam ist dabei die Strahlung von Atomkernen, die in den Körper gelangen. Direkte Schädigungen des Erbgutes von Zellen ist möglich, indirekt entstehen sehr reaktionsfreudige Radikale, die Stoffwechselvorgänge beeinträchtigen können. Es kann zu **genetischen Schäden** kommen, die vererbt werden können, und zu **somatischen Schäden**, also Krankheitserscheinungen.

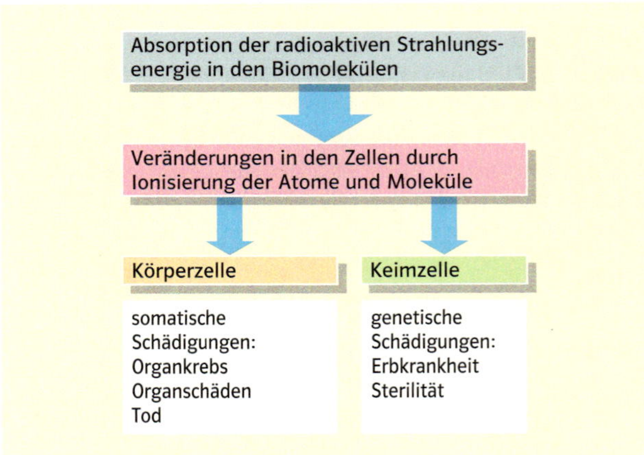

B3 Wirkung radioaktiver Strahlung

kurze Belastung	Strahlenschäden
250–500 mSv	Veränderungen des Blutbildes, Schäden an Embryos
1000 mSv	Strahlenkrankheit: Übelkeit, Erbrechen, Haarausfall
2000 mSv	Hautschäden
3000 mSv	Blutungen, schwere Veränderungen im Blutbild
4000 mSv	schwere Entzündungen, 50 % Todesfälle

B4 Folgen kurzzeitiger Stahlenbelastung

Maßnahmen des Strahlenschutzes Besonders empfindlich sind solche Organe, die ständig neue Zellen bilden. Dazu gehören vor allem die blutbildenden Organe, die Milz, das Knochenmark, die Lymphknoten und die Keimzellen. Aus den Eigenschaften radioaktiver Strahlung und ihrer biologischen Wirkung leiten wir folgende Schutzmaßnahmen ab:

- **Strahlung möglichst vollständig abschirmen!**
- **Großen Abstand zur Strahlungsquelle halten!**
- **Kurze Arbeitszeit beim Experimentieren mit radioaktiven Quellen!**
- **Radioaktive Stoffe dürfen nicht in den Körper gelangen. Beim Umgang mit ihnen sind Essen, Trinken und Rauchen verboten!**
- **Hände waschen nach Versuchen!**

9.3 Kinematik und Dynamik geradliniger Bewegungen

Gleichförmige Bewegungen Die Steigung der Geraden im *t-s*-Diagramm entspricht der Geschwindigkeit des Körpers. Je steiler der Graph verläuft, desto größer ist die Geschwindigkeit.

- **Für Bewegungen mit konstanter Geschwindigkeit lautet das Zeit-Weg-Gesetz:**

$$s = v_0 \cdot t$$

- **Der in der Zeitspanne Δt zurückgelegte Weg Δs entspricht dem Inhalt der Fläche im *t-v*-Diagramm.**

Hat der sich bewegende Gegenstand zum Zeitpunkt $t = 0$ bereits die Entfernung s_0 vom Nullpunkt, so lautet das Zeit-Weg-Gesetz

$$s = v_0 \cdot t + s_0 \quad \text{(Anfangsort } s_0\text{)}$$

Gleichmäßig beschleunigte Bewegungen

- **Der Graph im *t-v*-Diagramm einer gleichmäßig beschleunigten Bewegung ist eine Gerade.**

- **Die Steigung des Graphen im *t-v*-Diagramm ist die Beschleunigung der Bewegung. Steigt der Graph, so entspricht dies einer beschleunigten Bewegung, fällt er, um eine abgebremste Bewegung. Verläuft der Graph horizontal, so handelt es sich um eine Bewegung mit konstanter Geschwindigkeit.**

- **Der Graph im *t-a*-Diagramm einer gleichmäßig beschleunigten Bewegung ist ein horizontale Gerade. Ist die Beschleunigung positiv, dann nimmt die Geschwindigkeit zu, ist die Beschleunigung negativ, nimmt die Geschwindigkeit ab; es handelt sich dann um eine abgebremste Bewegung.**

Gesetze geradliniger Bewegungen mit konstanter Beschleunigung Für die geradlinige Bewegung mit konstanter Beschleunigung a gilt das **Zeit-Weg-Gesetz:**

$$s = \frac{a}{2} \cdot t^2 + v_0 \cdot t + s_0 \quad \text{(Anfangsort } s_0\text{)}$$

Zeit-Geschwindigkeit-Gesetz:

$$v = a \cdot t + v_0 \quad \text{(Anfangsgeschwindigkeit } v_0\text{)}$$

Zeit-Beschleunigung-Gesetz:

$$a = \text{konstant für alle } t \quad \text{(Verzögerung: } a < 0\text{)}$$

Ungleichmäßig beschleunigte Bewegungen Beim Federpendel (→**B2**) wiederholen sich die Werte für Ort, Geschwindigkeit und Beschleunigung nach einer gewissen Zeit. Die Bewegung ist **periodisch**. Im *t-v*-Diagramm entnehmen wir, dass die Momentangeschwindigkeit in den Umkehrpunkten Null ist und maximal jeweils beim Durchgang durch die Ruhelage. Es handelt sich um eine beschleunigte Bewegung. Im *t-a*-Diagramm erkennt man, dass sich a wie s und v periodisch ändert. In den Umkehrpunkten ist a jeweils maximal und beim Durchgang des Gewichtstücks durch die Ruhelage Null.

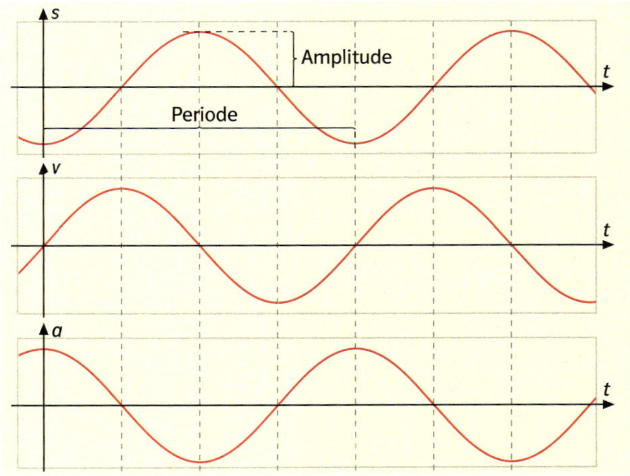

B2

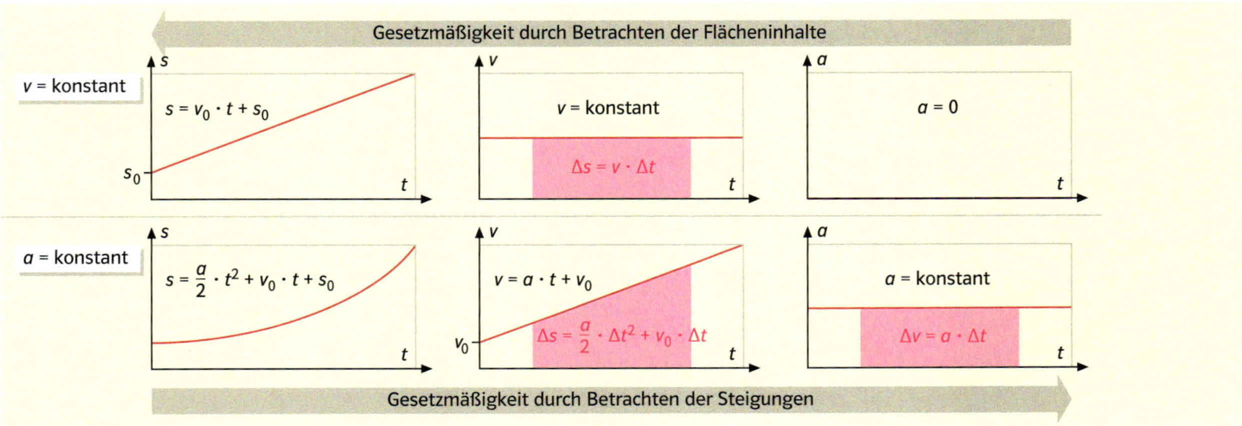

B1

Wichtige Größen und ihre Einheiten

Größe	Zeichen	Einheitenname	Zeichen	Festlegung
Länge	*s*, *l*	Meter	1m	Lichtgeschwindigkeit c_0 mal Zeit
Fläche	*A*	Quadratmeter	$1\,m^2$	$1\,m^2 = 1\,m \cdot 1\,m$
Volumen	*V*	Kubikmeter	$1\,m^3$	$1\,m^3 = 1\,m \cdot 1\,m \cdot 1\,m$
Masse	*m*	Kilogramm	1kg	Grundeinheit, festgelegt durch ein Normal
Dichte	*ϱ*		$1\,kg/m^3$; $1\,g/cm^3$	Masse durch Volumen
Stoffmenge	*n*	Mol	1mol	Grundeinheit, festgelegt durch ein Normal
Zeit	*t*	Sekunde	1s	Grundeinheit, festgelegt durch ein Normal
Geschwindigkeit	*v*		1m/s; 1km/h	Weglänge durch Zeitspanne
Frequenz	*f*	Hertz	1Hz	1Hz = 11/s; Anzahl Perioden durch Sekunde
Kraft	*F*	Newton	1N	$1\,N = 1\,kg\,m/s^2$; Masse mal Beschleunigung
Druck	*p*	Pascal	1Pa	$1\,Pa = 1\,N/m^2$; Kraft/Fläche
Arbeit	*W*	Joule, Wattsekunde	1J, 1Ws	Kraft mal Weg in Kraftrichtung
Energie	*E*	Joule, Wattsekunde	1J, 1Ws	1J = 1Ws = 1N · 1m
Leistung	*P*	Watt	1W	1W = 1J/s; Arbeit durch Zeit
Temperatur	*ϑ*	Grad Celsius	1°C	festgelegte Skala; Temperaturunterschied:
	T	Kelvin	1K	festgelegte Skala; 1°C = 1K
Ladung	*Q*	Coulomb	1C	1C = 1A · 1s; Stromstärke mal Zeit
Stromstärke	*I*	Ampere	1A	Grundeinheit, festgelegt durch ein Normal
Spannung	*U*	Volt	1V	1V = 1Ws/C; Arbeit durch Ladung
Widerstand	*R*	Ohm	1Ω	1Ω = 1V/A; Spannung durch Stromstärke

Vorsilben für dezimale Vielfache und Teile von Einheiten

Vorsilbe	Exa (E)	Peta (P)	Tera (T)	Giga (G)	Mega (M)	Kilo (k)	Hekto (h)	Deka (da)
bedeutet	10^{18}	10^{15}	10^{12}	10^{9}	10^{6}	10^{3}	10^{2}	10^{1}
Vorsilbe	Dezi (d)	Zenti (c)	Milli (m)	Mikro (μ)	Nano (n)	Piko (p)	Femto (f)	Atto (a)
bedeutet	10^{-1}	10^{-2}	10^{-3}	10^{-6}	10^{-9}	10^{-12}	10^{-15}	10^{-18}

Spezielle Einheiten, ausländische Einheiten

1 geografische Meile	= 7420m
1 Seemeile (sm)	= 1852m
1 Knoten (kn) = 1sm/h	= 0,5144m/s
1 Faden	= 1,829m
1 Registertonne	= $2{,}832\,m^3$
1 internat. Karat	= 0,2051g
1 Feinunze (troy ounce)	= 31,1035g
1 inch (in, Zoll)	= 2,54cm
1 foot (ft) = 12in	= 30,48cm
1 yard (yd) = 3ft	= 91,44cm
1 mile = 1760yd	= 1609m
1 acre	= $4047\,m^2$

		englisch	amerik.
1 pint (liq. pt.)	=	0,5683l	0,4732l
1 quart = 2 pints	=	1,1365l	0,9464l
1 gallon = 4 quarts	=	4,5460l	3,7854l
1 petroleum barrel	=	159,11l	158,99l
1 °Fahrenheit (°F)	=	⁵⁄₉ °C; (0°C ≙ 32°F)	
		x °C = (⁹⁄₅x + 32) °F	
1 ounce (oz)	=		28,35g
1 pound (lb) = 16oz	=		453,60g
1 quarter (qu) = 28lbs	=		12,70kg
1 short ton = 2000lbs	=		907,20kg
1 long ton = 2240lbs	=		1016,00kg

Veraltete Einheiten

Druck	
1at	= 98066,5Pa
1atm	= 101325Pa
1Torr	= 133Pa

Energie	
1kcal	= 4186,8J
1kpm	= 9,80665J

Leistung	
1PS	= 736W
1kcal/h	= 1,16W
1kpm/s	= 9,80665W

Beaufort-Skala und Windgeschwindigkeit

(International festgelegt: Messhöhe 10 m über Grund im freien Gelände)

Windstärke	Auswirkungen	Geschwindigkeit in m/s
0	Rauch steigt senkrecht hoch	0 – 0,2
1	nur durch Rauch angezeigt	0,3 – 1,5
2	Blätter säuseln, Windfahne zeigt an	1,6 – 3,3
3	Blätter und dünne Zweige bewegen sich	3,4 – 5,4
4	Zweige und dünne Äste bewegen sich	5,5 – 7,9
5	kleine Laubbäume beginnen zu schwanken	8,0 – 10,7
6	starke Äste in Bewegung	10,8 – 13,8
7	fühlbare Hemmung beim Gehen	13,9 – 17,1
8	bricht Zweige von den Bäumen, erschwert erheblich das Gehen im Freien	17,2 – 20,7
9	kleine Schäden an Häusern (Dachziegel werden abgeworfen)	20,8 – 24,4
10	entwurzelt Bäume, bedeutende Schäden an Häusern	24,5 – 28,4
11	verbreitete Sturmschäden (sehr selten im Binnenland)	28,5 – 32,6
12	schwerste Verwüstungen	32,7 – 36,9

Naturkonstanten (* Zahlenwert ist durch Definition festgelegt)

absoluter Nullpunkt*	$\vartheta = -273{,}15\,°C \triangleq 0\,K$
Lichtgeschwindigkeit* (Vakuum)	$c_0 = 2{,}99792458 \cdot 10^8\,m/s$
Normdruck*	$p_0 = 101\,325\,Pa = 1013{,}25\,hPa$
Elementarladung	$e = 1{,}60217733 \cdot 10^{-19}\,C$

Astronomische Einheiten und Konstanten

1 Lichtjahr = 1 Lj = $9{,}4605 \cdot 10^{15}$ m

Sonne	Masse	$m_S = 1{,}989 \cdot 10^{30}\,kg$
	Radius	$r_S = 6{,}96 \cdot 10^8\,m$
	Oberflächentemperatur	$T = 5780\,K$
	Abstand zum nächsten Fixstern (Proxima Centauri)	$d = 4{,}24\,Lj$
Mond	Masse	$m_M = 7{,}349 \cdot 10^{22}\,kg$
	Radius	$r_M = 1{,}738 \cdot 10^6\,m$
	Abstand zur Erde (mittlerer)	$d = 3{,}844 \cdot 10^8\,m$
	Umlaufzeit um Erde	1 Monat = 29,53051 d
Erde	Masse der Erde	$m_E = 5{,}974 \cdot 10^{24}\,kg$
	Erdradius (mittlerer)	$r_E = 6{,}368 \cdot 10^6\,m$
	Polradius	$= 6{,}35680 \cdot 10^6\,m$
	Äquatorradius	$= 6{,}37820 \cdot 10^6\,m$
	Abstand zur Sonne	$1\,AE = 1{,}4959787 \cdot 10^{11}\,m$
	Umlaufzeit um Sonne	1 a = 365,2564 d
	mittlere Dichte	$\varrho_E = 5{,}520 \cdot 10^3\,kg/m^3$

Dichte/Schmelz-/Siedetemperaturen verschiedener Stoffe

ϑ_f = Schmelztemperatur; ϑ_d = Siedetemperatur; ϱ bei 20 °C

Feste Stoffe	Dichte ϱ in g/cm³	ϑ_f in °C	ϑ_d in °C
Aluminium	2,70	660	2400
Blei	11,35	327	1750
Cobalt	8,80	1493	2880
Eis	0,92	0	100
Eisen (Stahl)	7,86	1535	2800
Glas	2,23	815	
Gold	19,30	1063	2660
Graphit	2,25	3800	4400
Iod	4,93	114	183
Kochsalz	2,16	808	1461
Kupfer	8,93	1083	2582
Messing (MS 7,2)	8,60	320	1160
Natrium	0,97	98	890
Paraffin	0,80 – 0,90	50	
Platin	21,45	1769	4300
Plexiglas	1,16	110	
Porzellan	2,30	1670	
Quarzglas	2,20	1585	
Schwefel	2,06	113	445
Silber	10,50	961	2180
Silicium	2,40	1423	2350
Wolfram	19,27	3390	5500
Zink	7,13	420	907
Zinn	7,30	232	2680

Flüssigkeiten	Dichte ϱ in g/cm³	ϑ_f in °C	ϑ_d in °C
Aceton	0,791	−95	56
Benzol	0,879	6	80
Ethanol, Brennspiritus	0,789	−114	78
Ether	0,714	−116	34,6
Glycerin	1,260	18	291
Petroleum	0,847		150
Quecksilber	13,546	−39	357
Schwefelsäure (rein)	1,834	10,4	338
Wasser	0,998	0	100

Gase	Dichte ϱ in g/dm³	ϑ_f in °C	ϑ_d in °C
Ammoniak	0,771	−77,7	−33,4
Chlor	3,214	−101,5	−34,7
Helium	0,179	−273,2	−268,98
Kohlenstoffdioxid	1,977	−78,5	−57
Kohlenstoffmonooxid	1,250	−204	−191,5
Luft	1,293	−213	−193
Propan	2,010	−187,7	−42,1
Sauerstoff	1,429	−219	−182,97
Stickstoff	1,251	−210,5	−195,8
Wasserstoff	0,0899	−259,5	−252,8
Xenon	5,897	−111,8	−108,1

Radioaktive Zerfallsreihen

Thorium-Reihe

							α		α	
						β	$^{216}_{85}$At 3 · 10⁻⁴ s	β	$^{212}_{84}$Po 3 · 10⁻⁷ s	
$^{232}_{90}$Th 1,4 · 10¹⁰ a	$^{228}_{88}$Ra 6,7 a	$^{228}_{89}$Ac 6,2 h	$^{228}_{90}$Th 1,9 a	$^{224}_{88}$Ra 3,6 d	$^{220}_{86}$Rn 55 s	$^{216}_{84}$Po 0,15 s	$^{212}_{82}$Pb 10,5 h	$^{212}_{83}$Bi 61 min	$^{208}_{81}$Tl 3,1 min	$^{208}_{82}$Pb stabil
α	β	β	α	α	α	α	β	α	β	

Uran-Radium-Reihe

								α		α			α	
							β	$^{218}_{85}$At 2 s	β	$^{214}_{84}$Po 1,6 · 10⁻⁴ s		β	$^{210}_{84}$Po 138 d	
$^{238}_{92}$U 4,5 · 10⁹ a	$^{234}_{90}$Th 24,1 d	$^{234}_{91}$Pa 1,18 min	$^{234}_{92}$U 2,5 · 10⁵ a	$^{230}_{90}$Th 7,5 · 10⁴ a	$^{226}_{88}$Ra 1,6 · 10³ a	$^{222}_{86}$Rn 3,82 d	$^{218}_{84}$Po 3,05 min	$^{214}_{82}$Pb 26,8 min	$^{214}_{83}$Bi 19,7 min	$^{210}_{81}$Tl 1,3 min	$^{210}_{82}$Pb 22 a	$^{210}_{83}$Bi 5 d	$^{206}_{81}$Tl 4,2 min	$^{206}_{82}$Pb stabil
α	β	β	α	α	α	α	α	β	α	β	β	α	β	

Uran-Actinium-Reihe

				α β	α β	β		α		α
			β	$^{223}_{87}$Fr 22 min	$^{219}_{85}$At 0,9 min	$^{215}_{83}$Bi 8 min	β	$^{215}_{85}$At 10⁻⁴ s	β	$^{211}_{84}$Po 0,5 s
$^{235}_{92}$U 7,0 · 10⁸ a	$^{231}_{90}$Th 25,6 h	$^{231}_{91}$Pa 3,4 · 10⁴ a	$^{227}_{89}$Ac 22 a	$^{227}_{90}$Th 18,2 d	$^{223}_{88}$Ra 11,6 d	$^{219}_{86}$Rn 3,96 s	$^{215}_{84}$Po 1,8 · 10⁻³ s	$^{211}_{82}$Pb 36,1 min	$^{211}_{83}$Bi 2,15 min	$^{207}_{81}$Tl 4,8 min
α	β	α	α	α	α	α	α	β	α	β

$^{207}_{82}$Pb stabil

Plutonium-Neptunium-Reihe (künstlich)

											α		
											$^{213}_{84}$Po 4,3 · 10⁻⁶ s		
$^{241}_{94}$Pu 13,3 a	$^{241}_{95}$Am 458 a	$^{237}_{93}$Np 2,2 · 10⁶ a	$^{233}_{91}$Pa 27 d	$^{233}_{92}$U 1,6 · 10⁵ a	$^{229}_{90}$Th 7,3 · 10³ a	$^{225}_{88}$Ra 14,8 d	$^{225}_{89}$Ac 10,0 d	$^{221}_{87}$Fr 4,8 min	$^{217}_{85}$At 3 · 10⁻² s	$^{213}_{83}$Bi 46 min	$^{209}_{81}$Tl 2,2 min	$^{209}_{82}$Pb 3,3 h	$^{209}_{83}$Bi stabil
β	α	α	β	α	α	β	α	α	α	α	β	β	

Ausgewählte Isotope

Angegeben sind in Spalte **1** = Element, **2** = Kernladung, **3** = Massenzahl, **4** = Kernmasse in u, **5** = Halbwertszeit bzw. Häufigkeit im natürlichen Isotopengemisch ($1\,u = 1{,}66053837 \cdot 10^{-27}$ kg)

1	2	3	4	5
H	1	1	1,0072765	stabil, 99,985 %
	1	2	2,0135534	stabil, 0,015 %
	1	3	3,0155004	β⁻/12,346 a
He	2	3	3,014932	stabil, 0,00013 %
	2	4	4,001506	stabil, 99,99987 %
	2	6	6,017793	β⁻/0,802 s
Li	3	6	6,013479	stabil, 7,4 %
	3	7	7,014358	stabil, 92,6 %
Be	4	9	9,009992	stabil, 100 %
B	5	10	10,010196	stabil, 20 %
	5	11	11,006562	stabil, 80 %
C	6	12	11,996708	stabil, 98,89 %
	6	13	13,000044	stabil, 1,11 %
	6	14	13,999948	β/5730 a
O	8	16	15,990526	stabil, 99,756 %
	8	17	16,994741	stabil, 0,039 %
	8	18	17,994771	stabil, 0,205 %
K	19	39	38,953287	stabil, 93,2 %
	19	40	39,953577	β/1,2 · 10⁹ a
	19	41	40,951407	stabil, 6,7 %
Fe	26	56	55,920676	stabil, 91,8 %
Kr	36	82	81,893731	stabil, 11,6 %
	36	83	82,891754	stabil, 11,5 %
	36	84	83,891754	stabil, 57,0 %
	36	85	84,910890	β/10,78 a
	36	86	85,890867	stabil, 17,3 %

1	2	3	4	5
I	53	123	122,877045	γ/13,3 h
	53	127	126,875396	stabil, 100 %
	53	131	130,877045	β/8,05 d
Ba	56	137	136,874780	stabil, 11,2 % *)
	56	138	137,874290	stabil, 71,9 %
	56	144	143,871420	β/11,9 s
Tl	81	206	205,932065	β/4,19 min
Pb	82	206	205,929471	stabil, 24,1 %
	82	207	206,930619	stabil, 22,1 %
	82	208	207,931516	stabil, 52,4 %
Po	84	210	209,936795	α/138,38 d
	84	218	217,962850	α/3,05 min
Rn	86	219	218,962302	α/3,96 s
	86	220	219,964222	α/55,4 s
	86	222	221,970352	α/3,824 d
Ra	88	224	223,971945	α/3,64 d
	88	226	225,977085	α/1620 a
	88	228	227,982865	β/5,75 a
U	92	233	232,989061	α/1,62 · 10⁵ a
	92	234	233,990431	α/2,47 · 10⁵ a
	92	235	234,99346	α/7,04 · 10⁸ a
	92	236	235,995221	α/2,39 · 10⁷ a
	92	237	236,998211	β/6,75 d
	92	238	238,000301	α/4,47 · 10⁹ a
	92	239	239,003821	β/23,5 min
Pu	94	239	239,000534	α/2,439 · 10⁴ a

*) angeregter Zustand $T_{1/2}$ = 2,55 min

Periodensystem der Elemente

(Hauptgruppen I–VIII/0) (Nebengruppen Ia–VIIIa)

* beim Elementsymbol: Alle Isotope dieses Elements sind radioaktiv.
Die Zahl oberhalb des Elementsymbols gibt die Atommasse in u an.
Die Zahl links unterhalb des Elementsymbols ist die Ordnungszahl.
Nach den Gesetzen der Quantenphysik können sich Elektronen im Atom nur aufhalten, wenn sie bestimmte Bedingungen erfüllen. Danach kann man sich vorstellen, dass sie in Schalen (von innen nach außen mit K, L, M, N, O, P bezeichnet) und Unterschalen (Zustände mit s, p, d, f bezeichnet) geordnet sind. Hier wird jeweils der Zustand mit der niedrigsten Gesamtenergie, der Grundzustand, wiedergegeben. Unterschalen, von denen aus Elektronen durch geringe Energiezufuhr den Grundzustand verlassen können, sind farbig hervorgehoben.

Zustand je Schale: s p d f. Schalen: K-Schale n = 1, L-Schale n = 2, M-Schale n = 3, N-Schale n = 4, O-Schale n = 5, P-Schale n = 6, Q-Schale n = 7.

Periode	Gruppe	Atommasse	Element	Name	K (n = 1)	L (n = 2)	M (n = 3)	N (n = 4)	O (n = 5)	P (n = 6)	Q (n = 7)
1	I	1,0794	$_{1}$**H**	Wasserstoff	1						
1	VIII/0	4,0026	$_{2}$**He**	Helium	2						
2	I	6,941	$_{3}$**Li**	Lithium	2	1					
2	II	9,01218	$_{4}$**Be**	Beryllium	2	2					
2	III	10,811	$_{5}$**B**	Bor	2	2 1					
2	IV	12,0107	$_{6}$**C**	Kohlenstoff	2	2 2					
2	V	14,0067	$_{7}$**N**	Stickstoff	2	2 3					
2	VI	15,999	$_{8}$**O**	Sauerstoff	2	2 4					
2	VII	18,998	$_{9}$**F**	Fluor	2	2 5					
2	VIII/0	20,180	$_{10}$**Ne**	Neon	2	2 6					
3	I	22,990	$_{11}$**Na**	Natrium	2	2 6	1				
3	II	24,305	$_{12}$**Mg**	Magnesium	2	2 6	2				
3	III	26,982	$_{13}$**Al**	Aluminium	2	2 6	2 1				
3	IV	28,086	$_{14}$**Si**	Silicium	2	2 6	2 2				
3	V	30,974	$_{15}$**P**	Phosphor	2	2 6	2 3				
3	VI	32,066	$_{16}$**S**	Schwefel	2	2 6	2 4				
3	VII	35,453	$_{17}$**Cl**	Chlor	2	2 6	2 5				
3	VIII/0	39,948	$_{18}$**Ar**	Argon	2	2 6	2 6				
4	I	39,098	$_{19}$**K**	Kalium	2	2 6	2 6	1			
4	II	40,078	$_{20}$**Ca**	Calcium	2	2 6	2 6	2			
4	IIIa	44,956	$_{21}$**Sc**	Scandium	2	2 6	2 6 1	2			
4	IVa	47,867	$_{22}$**Ti**	Titan	2	2 6	2 6 2	2			
4	Va	50,942	$_{23}$**V**	Vanadium	2	2 6	2 6 3	2			
4	VIa	51,996	$_{24}$**Cr**	Chrom	2	2 6	2 6 5	1			
4	VIIa	54,381	$_{25}$**Mn**	Mangan	2	2 6	2 6 5	2			
4	VIIIa	55,845	$_{26}$**Fe**	Eisen	2	2 6	2 6 6	2			
4	VIIIa	58,933	$_{27}$**Co**	Cobalt	2	2 6	2 6 7	2			
4	VIIIa	58,693	$_{28}$**Ni**	Nickel	2	2 6	2 6 8	2			
4	Ia	65,546	$_{29}$**Cu**	Kupfer	2	2 6	2 6 10	1			
4	IIa	65,39	$_{30}$**Zn**	Zink	2	2 6	2 6 10	2			
4	III	69,723	$_{31}$**Ga**	Gallium	2	2 6	2 6 10	2 1			
4	IV	72,61	$_{32}$**Ge**	Germanium	2	2 6	2 6 10	2 2			
4	V	74,922	$_{33}$**As**	Arsen	2	2 6	2 6 10	2 3			
4	VI	78,96	$_{34}$**Se**	Selen	2	2 6	2 6 10	2 4			
4	VII	79,904	$_{35}$**Br**	Brom	2	2 6	2 6 10	2 5			
4	VIII/0	83,80	$_{36}$**Kr**	Krypton	2	2 6	2 6 10	2 6			
5	I	85,468	$_{37}$**Rb**	Rubidium	2	2 6	2 6 10	2 6	1		
5	II	87,62	$_{38}$**Sr**	Strontium	2	2 6	2 6 10	2 6	2		
5	IIIa	88,906	$_{39}$**Y**	Yttrium	2	2 6	2 6 10	2 6 1	2		
5	IVa	91,224	$_{40}$**Zr**	Zirconium	2	2 6	2 6 10	2 6 2	2		
5	Va	92,906	$_{41}$**Nb**	Niob	2	2 6	2 6 10	2 6 4	1		
5	VIa	95,94	$_{42}$**Mo**	Molybdän	2	2 6	2 6 10	2 6 5	1		
5	VIIa	98,906	$_{43}$**Tc***	Technetium	2	2 6	2 6 10	2 6 5	2		
5	VIIIa	101,07	$_{44}$**Ru**	Ruthenium	2	2 6	2 6 10	2 6 7	1		
5	VIIIa	102,906	$_{45}$**Rh**	Rhodium	2	2 6	2 6 10	2 6 8	1		
5	VIIIa	106,42	$_{46}$**Pd**	Palladium	2	2 6	2 6 10	2 6 10			
5	Ia	107,868	$_{47}$**Ag**	Silber	2	2 6	2 6 10	2 6 10	1		
5	IIa	112,411	$_{48}$**Cd**	Cadmium	2	2 6	2 6 10	2 6 10	2		
5	III	114,818	$_{49}$**In**	Indium	2	2 6	2 6 10	2 6 10	2 1		
5	IV	118,71	$_{50}$**Sn**	Zinn	2	2 6	2 6 10	2 6 10	2 2		
5	V	121,760	$_{51}$**Sb**	Antimon	2	2 6	2 6 10	2 6 10	2 3		
5	VI	127,60	$_{52}$**Te**	Tellur	2	2 6	2 6 10	2 6 10	2 4		
5	VII	126,904	$_{53}$**I**	Iod	2	2 6	2 6 10	2 6 10	2 5		
5	VIII/0	131,29	$_{54}$**Xe**	Xenon	2	2 6	2 6 10	2 6 10	2 6		
6	I	132,905	$_{55}$**Cs**	Caesium	2	2 6	2 6 10	2 6 10	2 6	1	
6	II	137,327	$_{56}$**Ba**	Barium	2	2 6	2 6 10	2 6 10	2 6	2	
6	IIIa	138,906	$_{57}$**La**	Lanthan	2	2 6	2 6 10	2 6 10	2 6 1	2	
6	IVa	178,49	$_{72}$**Hf**	Hafnium	2	2 6	2 6 10	2 6 10 14	2 6 2	2	
6	Va	180,948	$_{73}$**Ta**	Tantal	2	2 6	2 6 10	2 6 10 14	2 6 3	2	
6	VIa	183,84	$_{74}$**W**	Wolfram	2	2 6	2 6 10	2 6 10 14	2 6 4	2	
6	VIIa	186,207	$_{75}$**Re**	Rhenium	2	2 6	2 6 10	2 6 10 14	2 6 5	2	
6	VIIIa	190,23	$_{76}$**Os**	Osmium	2	2 6	2 6 10	2 6 10 14	2 6 6	2	
6	VIIIa	192,217	$_{77}$**Ir**	Iridium	2	2 6	2 6 10	2 6 10 14	2 6 7	2	
6	VIIIa	195,078	$_{78}$**Pt**	Platin	2	2 6	2 6 10	2 6 10 14	2 6 9	1	
6	Ia	196,967	$_{79}$**Au**	Gold	2	2 6	2 6 10	2 6 10 14	2 6 10	1	
6	IIa	200,59	$_{80}$**Hg**	Quecksilber	2	2 6	2 6 10	2 6 10 14	2 6 10	2	
6	III	204,383	$_{81}$**Tl**	Thallium	2	2 6	2 6 10	2 6 10 14	2 6 10	2 1	
6	IV	207,2	$_{82}$**Pb**	Blei	2	2 6	2 6 10	2 6 10 14	2 6 10	2 2	
6	V	208,980	$_{83}$**Bi**	Bismut	2	2 6	2 6 10	2 6 10 14	2 6 10	2 3	
6	VI	209,0	$_{84}$**Po***	Polonium	2	2 6	2 6 10	2 6 10 14	2 6 10	2 4	
6	VII	210,0	$_{85}$**At***	Astat	2	2 6	2 6 10	2 6 10 14	2 6 10	2 5	
6	VIII/0	222,0	$_{86}$**Rn***	Radon	2	2 6	2 6 10	2 6 10 14	2 6 10	2 6	
7	I	223,0	$_{87}$**Fr***	Francium	2	2 6	2 6 10	2 6 10 14	2 6 10	2 6	1
7	II	226,025	$_{88}$**Ra***	Radium	2	2 6	2 6 10	2 6 10 14	2 6 10	2 6	2
7	IIIa	227,028	$_{89}$**Ac***	Actinium	2	2 6	2 6 10	2 6 10 14	2 6 10	2 6 1	2
7	IVa	261,109	$_{104}$**Rf***	Rutherfordium	2	2 6	2 6 10	2 6 10 14	2 6 10 14	2 6 2	2
7	Va	262,114	$_{105}$**Db***	Dubnium	2	2 6	2 6 10	2 6 10 14	2 6 10 14	2 6 3	2
7	VIa	263,118	$_{106}$**Sg***	Seaborgium	2	2 6	2 6 10	2 6 10 14	2 6 10 14	2 6 4	2
7	VIIa	262,123	$_{107}$**Bh***	Bohrium	2	2 6	2 6 10	2 6 10 14	2 6 10 14	2 6 5	2
7	VIIIa	269	$_{108}$**Hs***	Hassium	2	2 6	2 6 10	2 6 10 14	2 6 10 14	2 6 6	2
7	VIIIa	268	$_{109}$**Mt***	Meitnerium	2	2 6	2 6 10	2 6 10 14	2 6 10 14	2 6 7	2
7	VIIIa	273	$_{110}$**Ds***	Darmstadtium	2	2 6	2 6 10	2 6 10 14	2 6 10 14	2 6 9	1
7	Ia	272	$_{111}$**Rg***	Roentgenium	2	2 6	2 6 10	2 6 10 14	2 6 10 14	2 6 10	1
7	IIa	277	$_{112}$••*		2	2 6	2 6 10	2 6 10 14	2 6 10 14	2 6 10	2
7	III	284	$_{113}$••*								
7	IV	289	$_{114}$••*								
7	V	288	$_{115}$••*								
7	VI	293	$_{116}$••*								
7	VIII/0	294	$_{118}$••*								

→ Lanthanoide (57–71) füllen f-Zustand der N-Schale auf.
→ Actinoide* (89–103) füllen f-Zustand der O-Schale auf.

Stichwort- und Personenverzeichnis

T

U

V

W

Z

Bildquellenverzeichnis

Einband U1.1: Getty Images (First Light / Robert Postma), München; U4.1: Corbis (Visuals Unlimited), Düsseldorf; – U4.2: Getty Images (Photonica / Noeru Takizawa), München;

6.1 bis 6.4: Klett-Archiv (Peter Anselment), Stuttgart – 7.6: Klett-Archiv (Zuckerfabrik digital), Stuttgart; – 9.1: Mauritius (age), Mittenwald; – 9.2: C. Plath, Fabrik nautischer Instrumente Hamburg; – 9.3: Klett-Archiv (Gunter Klar), Stuttgart; – 10.2 und 10.3: Klett-Archiv, Stuttgart; – 11.2, 11.4: Klett-Archiv (Zuckerfabrik digital), Stuttgart; – 12.2: LD Didactic GmbH, Hürth; – 12.3: FOCUS (EOS/Meckes/MPI), Hamburg; – 13.1: Klett-Archiv (Zuckerfabrik digital), Stuttgart; – 14.3: Getty Images (Science Faction/ISS-NASA), München; – 14.4: Getty Images (Science Faction/HST-NASA), München; – 16.1: http://en.wikipedia.org/wiki/Image:Litchfield_National_Park-Termite_mounds.jpg (Bmdavll); – 16.3: Max-Planck-Institut für marine Mikrobiologie, A. Scheffel und D. Schüler; – 16.4: Schüle; – 17.1: Klett-Archiv (Zuckerfabrik digital), Stuttgart; – 17.2: Matthias Müller, Böbingen an der Rems; – 17.3: Klett-Archiv, Stuttgart; – 17.4: Mauritius (Schmidt-Luchs), Mittenwald; – 17.5: Klett-Archiv (Christian Wolf), Stuttgart; – 18.1: Ingram Publishing, Tattenhall Chester; – 18.2: Klett-Archiv (Peter Anselment), Stuttgart; – 18.4: Steve Jurvetson, www.DFJ.com/J, Menlo Park, CA; – 19.1: Okapia (Ulla Spiegel), Frankfurt; – 19.2: Mauritius, Mittenwald; – 20.1: Klett-Archiv (Zuckerfabrik digital), Stuttgart; – 20.2: Deutsches Museum, München; – 21.3: Klett-Archiv (Zuckerfabrik digital), Stuttgart; – 24.1: Klett-Archiv (Georg Trendel), Stuttgart; – 24.4: Klett-Archiv, Stuttgart; – 24.4: Klett-Archiv, Stuttgart; – 24.4: Klett-Archiv, Stuttgart; – 25.1: Klett-Archiv, Stuttgart; – 25.2: Adam Opel GmbH, Rüsselsheim; – 26.1: Philips AG Köln; – 26.4: DESY, Hamburg; – 26.4: DESY, Hamburg; – 27.1: Klett-Archiv (Gunter Klar), Stuttgart; – 27.2: Klett-Archiv (Zuckerfabrik digital), Stuttgart; – 27.3: Klett-Archiv (Georg Trendel), Stuttgart; – 27.4: TU München H. Beierl; – 27.5: Klett-Archiv (Zuckerfabrik digital), Stuttgart; – 27.6: Philips AG Köln; – 28.1: Harald Lange Naturbild, Bad Lausick; – 28.2: Helga Lade, Frankfurt; – 28.4: Klett-Archiv (Anton Wiedemann), Stuttgart; – 29.1: Superbild, Taufkirchen; – 29.2: Klett-Archiv, Stuttgart; – 34.1: Martin Volkmer, Hamburg; – 35.1: Klett-Archiv (Rudolf Pfaff), Stuttgart; – 36.4: Deutsches Museum, München; – 37.2a und 37.2b: Klett-Archiv (Zuckerfabrik digital), Stuttgart; – 38.2 und 38.3: Klett-Archiv (Zuckerfabrik digital), Stuttgart; – 42.1: Siemens AG Transportation Systems, Erlangen; – 42.2: Transrapid International GmbH & Co., Berlin; – 43.1: Getty Images (Taxi / Eduardo Garcia), München; – 43.3: FOCUS (SPL), Hamburg; – 43.6: iStockphoto (RF), Calgary, Alberta; – 44.1: Corbis (Bettmann), Düsseldorf; – 45.1: aus: Hansjörg Kunze: Geschichte der Physik Band 2, S. 17; – 45.2: Siemens AG, München; – 45.3: aus: Hansjörg Kunze: Geschichte der Physik Band 2, S. 17; – 46.1: RWE Net AG, Dortmund; – 46.1: Matthias Müller, Böbingen an der Rems; – 46.2: RWE Net AG, Dortmund; – 46.3: RWE Net AG, Dortmund; – 46.4: Müller, Matthias, Böbingen an der Rems; – 47.2: Klett-Archiv (Gunter Klar), Stuttgart; – 47.3: Braun GmbH (Peter P. Volkmer), Kronberg; – 47.5: Klett-Archiv (Zuckerfabrik digital), Stuttgart; – 47.6: Klett-Archiv (Dorn), Stuttgart; – 48.2: Klett-Archiv (Peter Anselment), Stuttgart; – 51.1: FOCUS (ANDREW SYRED/SPL), Hamburg; – 51.2: Dieter Busch, Bremen; – 51.3: Picture-Alliance (dpa), Frankfurt; – 51.5: Getty Images RF (Eyewire), München; – 51.3a: BPK, Berlin; – 52.1: Klett-Archiv, Stuttgart; – 53.2: Klett-Archiv (Zuckerfabrik digital), Stuttgart; – 54.3: Klett-Archiv (Zuckerfabrik digital), Stuttgart; – 56.1: Wacker-Chemie, München; – 56.2h: IBM Deutschland GmbH (IBM Deutschland GmbH), Stuttgart; – 56.2i: IBM Deutschland GmbH, Stuttgart; – 56.3b: Klett-Archiv (Spehr), Stuttgart; – 56.4: IBM Deutschland GmbH, Stuttgart; – 58.1: Klett-Archiv (Zuckerfabrik digital), Stuttgart; – 58.4: MEV, Augsburg; – 61.5: Klett-Archiv (Zuckerfabrik digital), Stuttgart; – 65.1a: Siemens AG, München; – 65.1b: IBM Deutschland GmbH, Stuttgart; – 67.1: Mauritius (Hackenberg), Mittenwald; – 68.2: Okapia, Frankfurt; – 69.1: FOCUS (SPL, Secchi-Lecaque), Hamburg; – 72.1: Klett-Archiv (Zuckerfabrik digital), Stuttgart; – 73.1: Klett-Archiv, Stuttgart; – 73.2: Technorama, Winterthur; – 73.3: VDI Technologiezentrum GmbH, Düsseldorf; – 74.1: Mauritius (Photri), Mittenwald; – 74.2: FOCUS (ROSENFELD IMAGES LTD), Hamburg; – 74.3: Klett-Archiv (German Hacker), Stuttgart; – 75.1: Corbis (Cees Van Leeuwen), Düsseldorf; – 75.2: Bildagentur-online (TH-Foto), Burgkunstadt; – 75.3: K+S Kali GmbH, Kassel; – 75.4: Look at Sciences (CNRS), Pantin; – 76.1: Getty Images RF (PhotoDisc), München; – 76.4: Klett-Archiv, Stuttgart; – 77.3: Deutsches Museum, München; – 77.4: Deutsches Museum, München; – 81.2: Bernhard Heinze, Stuttgart; – 82.5: Klett-Archiv (Zuckerfabrik Digital), Stuttgart; – 82.6: Klett-Archiv, Stuttgart; – 83.2: FOCUS (ROSENFELD IMAGES LTD), Hamburg; – 84.2: Uwe Rist, Dortmund; – 85.2 bis 85.5: Klett-Archiv (German Hacker), Stuttgart; – 86.1: Klett-Archiv, Stuttgart; – 87.2 bis 87.4: Deutsches Museum, München; – 88.2: LD Didactic GmbH, Hürth; – 89.2 und 89.3: Okapia, Frankfurt; – 89.4: FOCUS (SPL), Hamburg; – 89.5: Okapia, Frankfurt; – 90.1: laif (REA), Köln; – 91.1: Mauritius (Phipp), Mittenwald; – 91.2: Picture-Alliance (Försterling), Frankfurt; – 91.4: Beuth Verlag GmbH, Wiedergegeben mit Erlaubnis des DIN Deutschen Instituts für Normung e.V.; – 91.5: Prof. Dr. Jochen Feldmann, München; – 91.6: MEV, Augsburg; – 92: Okapia (NAS/Chris Bjornberg), Frankfurt; – 92.1: Deutsches Museum, München; – 93.2: Klett-Archiv, Stuttgart; – 93.1a: Klett-Archiv (Zuckerfabrik Digital), Stuttgart; – 93.1b: Klett-Archiv, Stuttgart; – 93.1c: IFA (Fotostock B.V), Ottobrunn; – 93.1d: Ingram Publishing, Tattenhall Chester; – 93.4b: Okapia (Sovereign/ISM), Frankfurt; – 93.4b: Okapia (CNRI), Frankfurt; – 93.1e bis h: unbekannter Lieferant, Stuttgart; – 95.1: AKG, Berlin; – 95.2: Berlin-Brandenburgische Akademie der Wissenschaften, Berlin; – 95.3: Deutsches Museum, München; – 95.4: Picture-Alliance (Hesse), Frankfurt; – 95.5: Klett-Archiv, Stuttgart; – 95.6: AKG, Berlin; – 96.1: Picture-Alliance, Frankfurt; – 96.1: AMS Radiokarbonlabor Erlangen (Thomas Uhl), Erlangen; – 97.1: Astrofoto (NASA), Sörth; – 98: Corbis, Düsseldorf; – 99.1: Deutsches Museum, München; – 100.1: unbekannter Lieferant (Dr. Bernd Bachmann B), Stuttgart; – 100.5: BPK, Berlin; – 101.1: Kraftwerkunion Frankfurt; – 101.3: Siemens AG Power Generation, Erlangen; – 103.3: Astrofoto (Nordic Optical Telescope,Romano Corradi), Sörth; – 104.2: Max-Planck-Institut für Plasmaphysik, Garching; – 105.2 und 105.3: Klett-Archiv (Zuckerfabrik digital), Stuttgart; – 105.4: Deutsches Museum, München; – 106.1: Klett-Archiv, Stuttgart; – 106.1: Klett-Archiv, Stuttgart; – 106.3: Klett-Archiv (Zuckerfabrik digital), Stuttgart; – 107.2: Klett-Archiv (Zuckerfabrik digital), Stuttgart; – 107.3: AKG, Berlin; – 110.3: Gesellschaft für Strahlen- und Umweltforschung; – 112.2: Arco Images GmbH (C. Huetter), Lünen; – 112.3: Bundesamt für Strahlenschutz, Salzgitter; – 113.1: Okapia (M. Meadows/Peter Arn), Frankfurt; – 113.2: Erich Klemme; – 113.3a: Jünger Verlag, Frankfurt; – 113.3b: Klett-Archiv, Stuttgart; – 113.3c: Frieseke und Hoepfner, Erlangen; – 114.4: MEV, Augsburg; – 115.1: Klett-Archiv (Walter Jordan), Stuttgart; – 116.1: Klett-Archiv (Zuckerfabrik digital), Stuttgart; – 116.2: Klett-Archiv, Stuttgart; – 116.3: Jürgens Photo, Berlin; – 116.4: Klett-Archiv, Stuttgart; – 116.4: Jünger Verlag, Offenbach; – 116.5: Matthias Müller, Böbingen an der Rems; – 117.1: Klett-Archiv, Stuttgart; – 118.1: Klett-Archiv, Stuttgart; – 118.2: Astrofoto (EIT/SOHO/NASA), Sörth; – 119.1 und 119.2: Klett-Archiv (Christian Wolf), Stuttgart; – 119.3: Klett-Archiv (Peter Anselment), Stuttgart; – 120.1: Klett-Archiv (Christian Wolf), Stuttgart; – 120.2: Klett-Archiv (Christian Wolf), Stuttgart; – 120.3 bis 120.5: Klett-Archiv (Christian Wolf), Stuttgart; – 120.6: Photo Affairs, Deisslingen; – 121.2: Klett-Archiv (Michael Wagner), Stuttgart; – 121.3: Mauritius (E. Herfert), Mittenwald; – 121.1a: Corbis (NASA), Düsseldorf; – 121.1b und 121.1c: Corbis (NASA), Düsseldorf; – 122.1: MEV, Augsburg; – 123.1: BMW AG, München; – 124.1: Klett-Archiv (Christian Wolf), Stuttgart; – 126.1: Pressefoto GES, Karlsruhe; – 127.1 bis 127.3: Klett-Archiv (Christian Wolf), Stuttgart; – 128.4a bis 128.4k: Klett-Archiv (Christian Wolf), Stuttgart; – 129.1: Landespolizeidirektion, Stuttgart II, Stuttgart; – 131.1: Picture-Alliance (epa Sipa), Frankfurt; – 132.1: www.dtc-ag.ch, Vauffelin; – 134.1: Klett-Archiv (Martin Donat), Stuttgart; – 135.3a: Klett-Archiv (Christian Wolf), Stuttgart; – 136.1 bis 136.9: Klett-Archiv (Christian Wolf), Stuttgart; – 137.1: Helga Lade (Lothar Reupert), Frankfurt; – 137.3: Visum (Travel Ink), Hamburg; – 137.4: Visum (Marc Steinmetz), Hamburg; – 137.5: Astrofoto, Sörth; – 137.2a: Picture-Alliance (ZB/Hubert Link), Frankfurt; – 137.2b: Getty Images (AFP / JAVIER SORIANO), München; – 145.1: FOCUS (ROSENFELD IMAGES LTD), Hamburg; – 146.2: LD Didactic GmbH, Hürth;

Nicht in allen Fällen war es uns möglich, den uns bekannten Rechtsinhaber ausfindig zu machen. Berechtigte Ansprüche werden selbstverständlich im Rahmen der üblichen Vereinbarungen abgegolten.

9 Physik (2, NTG 2 + Profil)

Physik als Grundlage moderner Technik In den vorangehenden Jahrgangsstufen haben die Schüler einen Überblick über die verschiedenen Bereiche der Physik erhalten, typische physikalische Arbeitsweisen eingeübt und mit der Energieerhaltung ein weitreichendes Prinzip kennen gelernt. In Jahrgangsstufe 9 beschäftigen sie sich eingehend mit der Elektrik und erleben in diesem Zusammenhang, welche bedeutende Rolle die Physik in der modernen Technik spielt. Dabei zeigt sich, wie wichtig solide physikalische Kenntnisse für viele moderne Berufe sind [→ WRWSG-W 9.1, WR 9.1.3] und wie man damit Funktionsprinzipien von Geräten versteht, die im Alltag benutzt werden.

In der Atomphysik erhalten die Jugendlichen einen ersten Einblick in den Aufbau der Materie, die Radioaktivität und die Möglichkeiten der Energiegewinnung durch Kernspaltung bzw. -fusion. Die Schüler erkennen dabei die Notwendigkeit, sich fundiertes und aktuelles Wissen anzueignen, um bei gesellschaftlich relevanten Themen einen eigenen Standpunkt zu finden und in Diskussionen fair vertreten zu können.

An ausgewählten Beispielen aus den angegebenen Vertiefungsmöglichkeiten festigen die Jugendlichen die Fachinhalte und üben die Fachmethoden. Vor allem bei der Bearbeitung der Inhalte aus der Elektrik nutzen die Schüler die Gelegenheit, in Schülerexperimenten durch verstärktes eigenständiges Planen und Auswerten ihre Fähigkeiten beim Experimentieren weiter zu verbessern. Die Angaben zu den Unterrichtsstunden sind so gewählt, dass fünf Stunden für spezielle Aktivitäten wie ein Unterrichtsprojekt zusätzlich verfügbar sind.

Die Schüler des Naturwissenschaftlich-technologischen Gymnasiums haben im Profilbereich die Möglichkeit, sich mit weitergehenden Inhalten aus der Vorschlagsliste in Ph 9.4 vertraut zu machen und vertiefen damit ihre Kenntnisse und Fertigkeiten.

In der Jahrgangsstufe 9 erwerben die Schüler folgendes Grundwissen:

- Sie kennen Modellvorstellungen vom Aufbau der Materie und können sie zur Erklärung von Naturphänomenen heranziehen.
- Sie verstehen technische Anwendungen, die auf der Lorentzkraft bzw. auf der Induktion basieren.
- Sie können das Prinzip der Energieerhaltung in der Atom- und Kernphysik anwenden und die bei der Kernspaltung bzw. -fusion frei werdende Energie abschätzen.
- Sie kennen die Strahlenarten radioaktiver Stoffe, ihre Nachweismethoden und ihre jeweilige Wirkung auf Lebewesen.
- Sie können Bewegungsabläufe (auch aus dem eigenen Erfahrungsbereich) anhand von Bewegungsdiagrammen analysieren und in einfachen Fällen durch mathematische Funktionen beschreiben.
- Sie haben ein vertieftes Verständnis für den Zusammenhang von Kraft, Masse und Beschleunigung.
- Sie kennen die Grundlagen der Kern- bzw. Energietechnologie und können sich bei der Diskussion darüber kompetent beteiligen.

Ph 9.1 Elektrik (ca. 16 Std.) Der Feldbegriff eröffnet den Schülern eine Möglichkeit, Kraftwirkungen im Raum zu beschreiben. Bei der Einführung der Feldlinien erkennen sie eine weitere Art der Modellbildung. Die Jugendlichen verstehen, wie die Funktionsweise zahlreicher Geräte, z. B. des Elektromotors oder der Fernsehbildröhre, auf den Kräften basiert, die in elektrischen und magnetischen Feldern auf Ladungen wirken. Mit der Induktion erschließt sich ihnen ein physikalisches Phänomen, das beim Generator zur Erzeugung elektrischer Energie genutzt wird.

- magnetisches und elektrisches Feld
  - Kraft auf einen stromdurchflossenen Leiter im Magnetfeld, Elektromotor, Lautsprecher
  - Lorentzkraft
  - Kräfte auf freie Ladungen im elektrischen und magnetischen Feld, Fernsehbildröhre
  - Vertiefungsmöglichkeiten: Teilchenbeschleuniger, elektrostatischer Staubfilter

- Induktion
  - Erzeugen von Induktionsspannungen, Generator, Transformator
  - Regel von Lenz mit Anwendungen (z. B. Wirbelstrombremse)
  - Vertiefungsmöglichkeiten: Informationsspeicherung, Magnetschwebebahn, dynamisches Mikrophon

Ph 9.2 Atome (ca. 21 Std.) Die Schüler gewinnen einen Einblick in den Aufbau der Atomhülle und des Atomkerns. Sie lernen, dass Atome Licht und Röntgenstrahlung nur in ganz bestimmten Portionen emittieren und absorbieren können. Dabei vollziehen sie auf einem elementaren Niveau nach, dass das Emissions- und Absorptionsverhalten von Stoffen zu deren Identifikation genutzt werden kann.

Die Jugendlichen bekommen einen Überblick über die Strahlungsarten radioaktiver Kerne, über Nachweismethoden der radioaktiven Strahlung und über Grundaussagen des Strahlenschutzes. Hierbei lernen sie auch die Auswirkung von Strahlung auf Lebewesen kennen und erwerben somit notwendiges Wissen, um zu verstehen, warum radioaktive Stoffe in Medizin, Biologie und Technik eingesetzt werden.

Schließlich lernen sie, dass die universelle Äquivalenz von Masse und Energie die Grundlage für die Energiegewinnung durch Spaltung bzw. Fusion von Atomkernen ist. Sie erfahren, dass der Traum der Alchimie, Elemente ineinander umzuwandeln, durch Kernumwandlungen zumindest für einzelne Atome verwirklicht werden kann.

- Aufbau der Atome [→ CNTG 8.2, C 9.2]
  - Abschätzung des Atomdurchmessers
  - Rutherford-Streuung, Größenordnung des Atomkernradius
  - Aufbau des Atomkerns aus Protonen und Neutronen, Hinweis auf die Existenz von Quarks

- Aufnahme und Abgabe von Energie [→ CNTG 9.1]
  - Demonstration optischer Emissionsspektren, Interpretation als Abgabe diskreter Energiemengen durch die Atomhülle, Photonen
  - Absorption von Photonen als Umkehrprozess der Emission, diskrete Energiestufen
  - Röntgenstrahlung: Einblick in die zugrunde liegenden Vorgänge bei der Entstehung des diskreten Spektrums, Analogie zu diskreten optischen Spektren

- technische und medizinische Anwendungen, z. B. Spektroskopie, Röntgenuntersuchung in der Medizin
- Vertiefungsmöglichkeiten: Sonnenspektrum, Absorptionsspektren, Identifikation von Schadstoffen in der Atmosphäre, Identifikation von Elementen in Sternen

• Strahlung radioaktiver Nuklide
- Strahlungsarten und ihre grundlegenden Eigenschaften
- Funktionsprinzip eines Nachweisgeräts
- Zerfall radioaktiver Stoffe, Halbwertszeit
- biologische Strahlenwirkung; Strahlenschutz; Radioaktivität in Medizin, Biologie und Technik [→ B 9.3]
- Vertiefungsmöglichkeiten: Altersbestimmung, Nutzung des Computers zur Messwerterfassung und zur Simulation des radioaktiven Zerfalls

• Kernumwandlungen
- Kernzerfall, Prinzip der Kernspaltung und Kernfusion
- Energiebilanz bei Kernspaltung und Kernfusion: Äquivalenz von Masse und Energie, einfache Beispielrechnungen
- Vertiefungsmöglichkeit: Energieerzeugung und Strahlungsleistung der Sonne, Bedeutung der Kernfusion und -spaltung für die Energieversorgung

Ph 9.3 Kinematik und Dynamik geradliniger Bewegungen (ca. 14 Std.) Anknüpfend an Grundbegriffe aus der Jahrgangsstufe 7 lernen die Schüler, durch Deutung von Bewegungsdiagrammen den zeitlichen Verlauf von Bewegungen zu analysieren. Bei der Behandlung von Bewegungen mit konstanter Geschwindigkeit bzw. mit konstanter Beschleunigung wird deutlich, dass sich idealisierte Vorgänge durch mathematische Funktionen [→ M 9.2] beschreiben lassen und dass so Vorhersagen möglich werden. An weiterführenden Beispielen zum Zusammenhang zwischen Kraft, Masse und Beschleunigung gewinnen die Jugendlichen ein tieferes Verständnis des Kraftbegriffs.

• Darstellung von Bewegungsabläufen in Diagrammen
- qualitative Deutung von Bewegungsverläufen im Alltag anhand von Zeit-Ort- und Zeit-Geschwindigkeits-Diagrammen
- Untersuchung einer Bewegung mit nicht-konstanter Geschwindigkeit [→ S 9.2] (z. B. Pendel, schiefe Ebene)
- Vertiefungsmöglichkeiten: weitergehende Untersuchungen von Beispielen aus Verkehr oder Sport (z. B. Kraft- und Energiebetrachtungen, Videoanalyse und Messwerterfassung mit dem Computer)

• Bewegungsfunktionen (Zeit-Ort, Zeit-Geschwindigkeit, Zeit-Beschleunigung) für Bewegungen unter konstanter Krafteinwirkung
- Ermitteln der Bewegungsfunktionen ausgehend vom Kraftgesetz
- Vergleich mit experimentell gewonnenen Diagrammen
- Gewichtskraft und freier Fall

Ph 9.4 Profilbereich am NTG Im Profilbereich vertiefen die Schüler des Naturwissenschaftlich-technologischen Gymnasiums anhand von Themen aus der unten aufgeführten Vorschlagsliste die in Ph 9.1 bis Ph 9.3 beschriebenen Inhalte. Die Auswahl der Themen orientiert sich an den Interessen der Schüler und bietet damit viele Anknüpfungspunkte an persönliche Erfahrungen. Ihre Kreativität wird bei vielfältigen experimentellen Untersuchungen gefordert; dabei wird ihnen die große Bedeutung des Experiments als Methode der Erkenntnisgewinnung bewusst. An unterschiedlichen Beispielen erfahren die Schüler die für die Technik charakteristische problemorientierte Vorgehensweise und können diese in einfacher Weise nachvollziehen.

Schülerzentrierte Unterrichtsformen, wie z. B. arbeitsteiliger Gruppenunterricht, Schülerexperimente oder Projektunterricht, ermöglichen den Jugendlichen in hohem Maß, selbständig und selbstverantwortlich zu arbeiten. Das fördert nicht nur die Weiterentwicklung ihrer naturwissenschaftlichen Kompetenzen, sondern auch allgemeine Arbeitstechniken wie den Umgang mit Information, die Zusammenarbeit im Team und das Präsentieren der gewonnenen Ergebnisse.

Die angegebenen Inhalte sind als Anregungen zu verstehen.

Elektrotechnik

• Energietechnik
regionale und globale Energieversorgungssysteme, Hochspannungstechnik zur Energieübertragung, Kraftwerkstechnik, Einsatz regenerativer Energiequellen, Kraft-Wärme-Kopplung, Auswirkungen auf die Umwelt, Nachhaltigkeit

• Haushaltstechnik
elektrischer Herd, Mikrowellenherd, Wirkungsgrad, Laser in CD-Playern, Detektoren für elektrische Leitungen, UV-Lampen, Schuko-System, Gefahren im Haushalt

• Ausgewählte Versuche zur Elektrotechnik
Alarmanlagen, Blinklicht, Elektromotor, Induktionstaschenlampe, Elektrisieranlage

Halbleiter und Mikroelektronik

• einfaches Modell eines Halbleiters, Heißleiter, Photowiderstand, Diode, Solarzelle, Transistor als Schalter und Verstärker, Bau einfacher Schaltungen, z. B. Feuchtigkeitsmelder oder Blinklicht, Ätzen von Platinen [→ CNTG 9.4, CNTG 9.6]

• Grundschaltungen (Und-, Oder-, Nor-Schaltung), Simulation von Schaltungen mit Hilfe eines geeigneten Programms, Flip-Flop, Ampelschaltung, Addierwerk, Bau einer einfachen Schaltung

Neurobiologie [→ B 9.1], Medizintechnik und weitere Anwendungen der Atom- und Kernphysik
• photoelektrischer Pulsmesser, Ultraschall- und Röntgendiagnostik, Kernspin-Tomographie, Signalleitung und -verarbeitung bei Tieren, nuklearmedizinische Diagnostik, Strahlentherapie

• analytische Methoden [→ CNTG 9.1, CNTG 9.6]
Bau eines einfachen Spektrometers, Nachweis von Stoffen, Spurenanalyse in der Kriminalistik

• Computeranwendungen
Computersimulationen zur Bewegung von geladenen Teilchen in Feldern oder zum radioaktiven Zerfall, Aufnahme von Messwerten und Auswertung von Experimenten

Transport und Verkehr
• Abschätzungen bei Überholvorgängen, Steuerung und Regelung, Energiebetrachtungen, Auswirkungen auf die Umwelt, Sicherheit